U0188023

美国大城市的死与生

[加拿大] 简·雅各布斯 著　　金衡山 译

译林出版社

图书在版编目（CIP）数据

美国大城市的死与生 ／（加）简·雅各布斯（Jane Jacobs）著；
金衡山译 . —南京：译林出版社，2020.7（2023.12 重印）
书名原文：The Death and Life of Great American Cities
ISBN 978-7-5447-4058-6

Ⅰ.①美…　Ⅱ.①简…②金…　Ⅲ.①大城市 – 城市规划 – 研究 – 美国
Ⅳ.①TU984.712

中国版本图书馆 CIP 数据核字 (2019) 第 271330 号

著作权合同登记号　图字：10-2019-018 号

美国大城市的死与生　[加拿大] 简·雅各布斯 ／ 著　金衡山 ／ 译

责任编辑　刘　静　熊　钰
装帧设计　薛顾璨
责任校对　孙玉兰
责任印制　董　虎

原文出版　Random House, 1961
出版发行　译林出版社
地　　址　南京市湖南路 1 号 A 楼
邮　　箱　yilin@yilin.com
网　　址　www.yilin.com
市场热线　025-86633278
排　　版　南京展望文化发展有限公司
印　　刷　江苏凤凰新华印务集团有限公司
开　　本　880 毫米 ×1240 毫米　1/32
印　　张　18.25
插　　页　4
版　　次　2020 年 7 月第 1 版
印　　次　2023 年 12 月第 6 次印刷
书　　号　ISBN 978-7-5447-4058-6
定　　价　88.00 元

简・雅各布斯

(1916—2006)

　　简·雅各布斯1916年5月4日出生于美国宾夕法尼亚州斯克兰顿。她的父亲是一名医师，母亲在学校教书，同时是一名护士。高中毕业后，简在《斯克兰顿论坛报》当了一年记者。随后，她来到纽约，开始做一些速记员的工作。纽约形形色色的工作区域深深地吸引着她，于是，她开始作为自由撰稿人写作关于这些地方的文章。这段时期，她还做了许多其他的写作和编辑工作，主题多种多样，从金属冶炼，到为外国人介绍美国地理。1952年，她成为《建筑论坛》的助理编辑。她被分配去报道城市的改造计划，但她发现，这些正在施工中或已完成的计划，不仅无趣、不安全、没有活力，而且对城市经济的影响也是负面的。由此，她对正统规划理念愈加怀疑。1956年，她就此在哈佛大学发表了一个演讲；这次演讲后来发展为在《财富》杂志上发表的一篇文章，名为《市中心为人民而存在》；再后来，又发展为《美国大城市的死与生》一书。这本书出版于1961年，从此以后，不断地影响着关于城市更新和城市未来的讨论。

　　当时，在城市规划上，主持纽约建设工作的罗伯特·摩西和联邦政府的贫民窟清除计划，都倾向于推行大规模的、彻底铲平的政府干预；与此相反，雅各布斯倡导一种自下而上的更新。她强调街区的混合功能，而不是单纯的住宅区或商业区。她尤其欣赏现有街区中人的活力："一个城市有了活力，也就有了战胜困难的武器，而一个拥有活力的城市本身就会拥有理解、交流、发现和创造这种武器的能力……充满活力、多样化和用途集中的城市孕育的则是自我再生的种子，即使有些问题和需求超出了城市的限度，它们也有足够的力量延续这种再生能力，并最终解决那些问题和需求。"雅各布斯没有做过建筑师或城市规划师，因此招致一些批评；但《美国大城市的死与生》还是很快被公认为一部极具原创性的、强有力的著作。《纽约时报》著名记者哈里森·索尔兹伯里称其为"我所见过，关于我们生活中最大问题的最与众不同、最发人深省、最激动人心、最震撼的研究"。而社会学家威廉·H.怀特也认为，这是"一部伟大的作品，它赋予城市生命和灵魂"。

雅各布斯的丈夫是一位建筑师，她说，他教给她足够多的知识来当一个建筑作家。他们有两个儿子、一个女儿。1968年，雅各布斯举家搬迁到多伦多。在这里，她继续积极参与城市发展相关事务，为城市规划和住房政策改革建言献策。她成功地领导市民阻止建设一条主要的高架路，因为这一规划弊大于利。她还协助保护了整个市中心的街区，使其免于被拆除。她的主要作品还有《城市经济》(1969)、《城市与国家财富》(1984)及《生存系统》(1993)等。

简·雅各布斯逝世于2006年4月25日。

谁毁了城市？
六十年后再读《美国大城市的死与生》

俞孔坚

北京大学建筑与景观设计学院教授

美国人文与科学学院院士

2020年3月4日，收到译林出版社的邀请，希望我能为《美国大城市的死与生》60周年中文版作导言，因为编辑觉得我十五年前所写的"城市的生死明鉴：再读《美国大城市的死与生》"的书评"非常合适"。而此时，我正在观看网上流传的一个武汉封城后的视频：随着无人机的镜头，壮丽的文化艺术中心绚丽夺目，博览中心流光溢彩，中央商务区的高楼大厦辉煌壮丽，其四周的广场上却空无一人，唯有八车道的中心大道上，一辆白色救护车在孤独行驶……尽管这场瘟疫给我们留下了一系列待解的问号，但有一点是明确的，那就是它反证了：离开了人，城市便毫无意义，城市的生命和活力来源于活生生的人！这样一个简单的道理，我们的一些城市管理者和决策者却似乎并不理解。

十五年前，我的《美国大城市的死与生》的读后感曾经先后在《新周刊》、《读书》和《北京城市规划》等刊物上，以"雅各布斯的城市生死明鉴"、"高悬在城市上空的明镜"和"城市的生死明鉴"等标题被刊登和转载，尽管文字长短不一，但核心内容一致。之所以我十五年前的读后感在今天仍然被觉得"非常适合"，只因为这十五年过去了，中国的城市建设和管理在这方面仍然亟待改进。尽管我们的城市已经变得更加"高雅"和"高端"，却并没有变得更富有活力。君不见北京的798艺术区，十年前曾经是何其热闹，充满生机，而今却屡有画廊倒闭；君不见在高雅化和高端化的名义下，古老胡同的店面被封，小摊被强行清理和驱逐，街道门可罗雀；君不见在治理环境和美化环境的名义下，洱海边的民宿被大面积拆除，曾经生机勃勃的景致，一夜之间只留下一片空寂。请不要用城市的美化、卫生、治安、环保等堂而皇之的名义来质疑我的上述观点，因为城市街道摊贩、个体艺术家、水边民宿等都只能使城市更加充满活力、更加富有文化、更加美丽、更加清洁，而不是相反。之所以它们都一而再、再而三地成为被割除的对象，只因为它们最富有活力，不是官方规划的，因此要求城市管理者对枯燥、简单而僵硬的城市管理模式做适应性的改变。而这对一个强势的城市政府来说，是极其艰难的。十五年过去了，又有近20%的国民进入城市而成为城市居民，使城市户籍人口达到中国总人口的近60%，从名义上讲，中国已经进入了城市时代。"人民对美好生活的向往"俨然已成为国家执政者的最高目标，而"美丽城市"建设也刚刚被城市建设主管部门作为行动目标，唯其如此，今天，译林出版社再次出版简·雅各布斯的《美国大城市的死与生》才具有极其重要的意义。

城市到底是什么？我们需要什么样的城市？城市的生命来自何处？城市规划的目的是什么？是谁毁了我们的城市？怎样

来挽救我们的城市活力?

简·雅各布斯以其鲜明的、建设性的批判立场,于1961年发表了《美国大城市的死与生》,宣言般地提出了城市的本质在于其多样性,城市的活力来源于多样性,城市规划的目的在于催生和协调多种功用,来满足不同人的多样而复杂的需求;正是那些远离城市真实生活的正统城市规划理论和乌托邦的城市模式,机械的和单一功能导向的城市改造工程,毁掉了城市的多样性,扼杀了城市活力;要挽救大城市的活力,必须体验真实的城市人的生活,必须理解城市中复杂多样的过程和联系,谨慎而精心地,而非粗鲁而简单地进行城市的改造和建设。

雅各布斯关于城市的思想和对策是具体而日常的,却恰恰与正统的城市规划背道而驰,如:

街边步道要连续,有各类杂货店铺,才能成为安全健康的城市公共交流场所;

街区要短小,社区单元应沿街道来构成一个安全的生活的网络;

公园绿地和城市开放空间并不是当然的活力场所,孤立偏僻的公园和广场反而是危险的场所,周边应与其他功能设施相结合才能发挥其公共场所的价值;

城市需要不同年代的旧建筑,不是因为它们是文物,而是因为它们的租金便宜,从而可以孵化多种创新性的小企业,有利于促进城市的活力;

城市地区至少应存在两种以上的主要功能相混合,以保证在不同的时段都能够有足够的人流来满足对一些共同设施的使用;

巨大的单功能的机构和土地使用将产生死寂的边缘,当行政中心、音乐厅等大型设施与城市的居住区和其他功能相分离而独立成区时，必将会出现死寂的边缘带；

贫民区并不一定是正统规划人士所认为的"城市的毒瘤"，相反，可能是城市最具活力和安全的区域，不应采取大规模投资改造和搬迁的方式来加以消灭，而应通过鼓励和培植自我更新的能力来逐渐脱贫；

解决城市交通问题不是靠修更多的道路来解决，那只能使城市最具活力的区域不断受到侵蚀，而是应该通过减少汽车的使用机会的方式来解决，包括提高使用汽车的难度，以及提供多种出行选择来慢慢减少人们对进城汽车的依赖；

城市应该分解成高效的、尺度适宜的社区单位，通过这种社区单位使市民能在城市规划和改造中表达和捍卫自己的利益；

大型旧城改造工程，特别是救济式住房项目，不能与城市原有的物质和社会结构相割裂，改造后的工程必须能重新融入原有城市的社会经济和空间肌理；

城市的视觉设计必须反映城市功能，城市的秩序是城市功能秩序的体现；等等。

《美国大城市的死与生》曾经是，现在仍然是一面高悬在城市上空的明镜，值得每一个开发商、规划师，各级城市的规划、建设和管理者，尤其是市长们时时参考，观照一下自己的行为。

雅各布斯强调城市规划必须以理解城市为基础，而正是从一个城市居民的生活体验出发，雅各布斯发现城市生命和社会经济的活力在于城市功用的综合性和混合性，而不是其单一性。因此，城市规划的第一要旨在于，如何实现多种功用的混合，为各种功用提供足够的空间。城市功用的丰富多样性，才使城市有了活力，城市文明才得以延续和繁荣。

而当时的美国及整个西方世界的正统规划理论和大规模的城市建设实践，恰恰无情地扼杀了城市的活力。《美国大城市的死与生》的矛头所指是20世纪以来，特别是第二次世界大战之后主导西方城市建设的物质空间规划和设计方法论，主要包括霍华德的"花园城市"理论、柯布西耶的"光明城市"理论，以及始于19世纪90年代而流行于北美的城市美化运动（更确切地说是城市化妆运动），合起来，它们被雅各布斯讥讽为"光明花园城市美化"（Radiant Garden City Beautiful）的"伪科学"。它们不是从理解城市功能和解决城市问题出发，来规划设计一个以城市居民生活为核心的、富有活力的城市，而是以逃避城市和营造"反城市"的"花园"为目标，用一个假想的乌托邦模式，来实现一个纪念性、整齐划一、非人性、标准化、分工明确、功能单一的所谓理想城市；凡是与这一乌托邦模式相违背的城市功能和现象，都被作为整治和清理的对象。

确切地说，雅各布斯所激烈抨击的是西方世界自文艺复兴以来一直延续下来的、特别是第二次世界大战之后十多年里那种无视城市社会问题的大规模城市改造和重建方式。在雅各布斯之前，这种批评和反思已经在许多社会学者和城市规划学者中悄然兴起，但雅各布斯的抨击是最无情而有力的。尽管有争议，且并非出自专业规划理论家之手，《美国大城市的死与生》仍被认为是第二次世界大战之后最重要的城市规划理论著作。从某种意义上说，《美国大城市的死与生》代表了西方城市规划思想和理论的一个分水岭。在此之前，城市被理解为建筑的延伸，或是建筑的放大；城市规划被理解为物质空间的设计，尤其是美学意义上的城市整体设计；人们误认为一个优美的城市图案和空间设计就可以解决一切社会问题；城市规划过程被认为是一个纯技术的过程；规划师（常常是建筑师）依据一个乌托邦模式，设计他认为理想的城市；规划成果最终体现为作为终极成果的、类似建筑物施工图的蓝图。《美国大城市的死与生》之后（更确切地说是20世纪60年代之后），城市逐渐被清晰地理解为一个系统，有着复杂的结构和丰富多样的功能，它们之间是相互关联、相互作用的；而城市规划是一个建立在对城市的理解基础上的、系统的调控过程；它是城市中复杂关系和不同人群利益的协调过程，更多的是一个政治过程，绝不是一个纯技术的过程；规划不是以技术蓝图为终结，而是一个多解的过程和一个不断根据系统的反馈进行调整的、动态的城市管治过程。

城市是个活的有机体，城市规划本身也是一个富有生命的活的过程。而价值观和社会道义，更确切地说是尊重和关怀普通人的价值观和道义，是这个生命过程中跳动的心脏和灵魂。

半个多世纪过去了，美国和西方的城市规划及建设的思想早已沿着雅各布斯所呼唤的科学、理性和人文的方向大大前进了，雅各布斯当年提出的许多思想和原理早已成为西方城市规划教科书的内容，并被广泛作为城市规划和管理的导则而付诸实施。

斗转星移，快速的城市化和大规模的旧城改造运动的幽灵从西半球来到了东半球的中国。今天不妨也将雅各布斯的那面城市生与死的明镜高悬在大江南北各大城市的上空，照照我们的大城市。我们会发现，非常可悲的是，我们并没有从美国和西方城市的生死试验中获得经验和教训,利用城市化这个三千年难得一遇的良机来建设美好家园,而是在变本加厉地扼杀我们城市的活力,毁灭城市的特色。

如果说学习西方先进思想需要结合中国特色的话,那么,我更愿意把雅各布斯女士的那面城市生死之镜,比作《红楼梦》中贾瑞从神秘道士那里得到的、警幻仙姑所制的那面"风月宝鉴",它正可照见风花月夜,最终却使人在短暂的欢愉之后,命归黄泉;反则可照见骷髅朽骨,却可以救人于膏肓,有起死回生之效。而我们的城市规划师们,抑或市长们,已经或正在用巨大的社会、经济和文化代价,乐此不疲地为了片刻的短暂欢愉,挥霍着城市机体的生命:

看哪,各大城市的科技园区、大学园区、中央商务区、文化中心、大剧院如雨后春笋出现,创造了多少"干净整洁"的死寂边缘和毫无生机的单一功能区,而原有的故居民宅早已被推土机"三通一平"彻底抹去;

看哪,一个个活生生的"城中村"是如何被无情地"铲除"消灭,并作为城市建设的政绩被广为赞颂;

看哪,街边挣扎着生长出的小摊小贩们,或者是形形色色的特色零售街、艺术家村,是如何被警车和推土机当作有碍市容的垃圾,遭到周期性铲除,充满活力的街道生活无不在美化和净化的名义下不分青红皂白地不断受到遏制;

看哪,我们的一个个居住小区是如何被围困在各自的铁栏围墙内,与城市和街道分得清清楚楚,充满活力的街道生活正在被抛弃,隔阂与冷漠正在城市中滋生;

看哪,宽广的城市车行干道无情切割着城市的社会、经济和

空间结构,恨不得让汽车开进城市的每个角落,步行和自行车空间一再被挤压,使城市的人性空间和活力不断受到侵蚀;

看哪,十几甚至几十公顷的巨大硬地广场、远离居民和其他城市功用的大型体育设施、奥林匹克中心和会议中心正在各地轰轰烈烈地剪彩,谁曾思考,它们除了纪念性的展示作用,对城市的活力又会有多大的贡献?

看哪,我们每个城市的财力和物力是如何被集中挥霍于城市总体规划所描绘的"××轴"和"××中心"等形式的蓝图,当年美国城市美化运动中的故技、当年希特勒所热衷的城市轴线,是如何通过当年帝国建筑师的徒子徒孙们和狂热的信徒们在中国各地城市中上演。

借用雅各布斯"仙姑"的"风月宝鉴",希望我们的民众、规划师和市长们能看到一个个正在走向病态的中国城市,果能如此,则城市生命由此走出歧途。

所以,让我们再次聆听雅各布斯的告诫:城市规划的首要目标是城市活力,城市规划必须围绕促进和保持活力来作文章:

为了城市活力,规划必须最大限度地催生和促进大城市的不同地区中的人及其使用功能的多样性;而要实现城区功用的多样性,必须同时满足四个条件:必须有两种以上主要使用功能,小街区,不同年代的旧建筑的同时存在,足够的人口密度。

为了城市活力,规划必须促进连续的街道邻里网络的形成,它是城市孩子们可以安全健康地成长、大人们可以交流的公共空间,是和谐社会的基础空间结构。

为了城市活力,规划必须打破对城市物质和社会结构有破坏作用的真空边缘带,它们往往由功能单一的设施和机构所造成;

12

只有这样,才能建立市民对大城市和城市分区的认同感和归属感。

为了城市活力,规划必须为原居民的就地脱贫和发展创造条件,由此实现城市贫民区的脱贫,而不是靠阉割手术式的集中安置和大规模拆迁来解决,那样只能使贫民区从城市的一个地方扩散或移植到另一个地方,治标不治本。

为了城市活力,规划必须珍惜和呵护已经形成的,基于功用多样性的城市区域,避免某种强势功能排斥其他有共生关系的弱势功能,导致其向功能的单一化趋势演化。

为了城市活力,规划必须彰显反映城市功用的城市视觉秩序,而不是形式主义的,与功能不符或者有碍功能的城市化妆。

感慨爱因斯坦的名言所揭示的:"世界上有两样东西是永恒的,其一是宇宙,其二便是人类的愚蠢,而对于前者我还不敢确定。"但我更愿看到中国古老寓言所期望的"亡羊补牢,犹未为晚",但愿中国的城市不会落得《红楼梦》中贾瑞的结局,在狂欢与庆典中走向灾难。

2020年3月14日星期六,避疫于云南普洱太阳河

"现代文库"版序言

简·雅各布斯

1958年当我开始写这本书时，我只是期望去描述一下好的城市生活在不经意间会给予的那种彬彬有礼和让人愉悦的服务；同时，想表达一下我对一些规划上的时髦想法和建筑方面的流行思想的失望，这些时尚的东西非但没有加强我说的服务，反而将它们一扫而光，而实际上城市生活是多么需要那些充满魅力的服务啊。此书第一部分的一些内容就是描述这些服务的：这就是我原本想写的内容。

但是随着我开始研究和思考城市街道，以及城市公园的那些棘手的事儿，我一脚踏入了一个意想不到的寻宝旅程。很快，我发现那些不起眼的宝物——街道和公园——里面藏着不少密码，并且还提供了透露城市另外一些固有特征的东西的秘密。于是，一个发现引出了另一个发现，再是另一个……在寻宝过程中收获的这些发现构成了这本书的其他内容。还有一些剩下的没写在本书里的东西，随着它们一点一点地展现，成为我另外四本书的内容。很显然，这本书对我产生了影响，诱引着我走向了随后半生中要做的事。不过，这里也有这么一个问题：除此之外，还有别的影响吗？我自己的估摸是：一半肯定，一半否定。

有些人喜欢走路去做他们的日常活动，或者如果他们住在一个方便步行的地方的话，他们就更情愿步行。另有一些人喜欢乘坐车子或开车做日常凡事，或者觉得会以这种方式去做，如果有车的话。在以往，有汽车以前，有些人会叫来马车，或者是坐上轿子，有不少人还着实梦想过能够这么出行。不过，我们都知道，从那些小说啊，传记啊，还有故事传奇之类的，从这些东西里知道，有些人的社会地位规定他们不能步行，只能或坐或骑或乘而行——在乡间闲逛除外。在这个时候，他们会忍不住朝外瞧上几眼，看看正在走过的街景，盼望能厕身于闹市之中，体验一把冒险和惊讶之感。

为方便起见，我们可以这么来归类一下，把上面描述的那些人分为：步行族与坐/开车族。本书于前者可谓倾心相见，有些是基于亲身体会，另有一些则是缘于乐见其成。他们发觉，书中所述与其喜爱、关切和体验吻合一致，而这并没有什么可奇怪的，因为书中很多信息来自对步行族的观察和倾听。在我的研究中，他们是合作者。一个互相呼应的结果是，本书也赋予了这些合作者一种合理性，让其深信，他们早已熟悉的一些东西其实是有道理在的。那些一直以来被称作专家的人从来就不尊重步行族所知晓和珍重的事物。在其眼里，他们思想陈旧，而且还自私，是历史车轮滚滚向前的路上那些制造麻烦的沙子。没有资格说话的人要面对并反对那些有资格的人，这不是一件容易的事，尽管实际上那些所谓的专业知识不过是无知和愚蠢而已。本书被证明是提供了针对那些专家的有用的军火。但是，就这个意义而言，称这种效果为"影响"并不太确切，更应该称为是证实和确认（无资格之人的正确）。反过来看，于坐/开车族而言，本书既无益于确认他们的看法，也不会给他们施加任何影响。就我的视野所限，至今依然不会。

　　就学城市规划和建筑的学生而言,此事同样颇为复杂,且时有变化。在本书出版之时,这些学生无论是属于步行族还是坐/开车族,无论是缘于生活经验的选择还是脾性所至,他们其实都被严格地塑造成反城市[1]、反街道的设计者和规划者,他们似乎被塑造成一些疯狂的坐/开车族,而且假定所有人也都是那样的。他们的老师也是按照这个模式被培养成的或被灌输这种思想。事实上,整个与城市面貌相关的机构(包括银行、开发商以及那些早已把那种规划和建筑思想及理论牢记在胸的政客)就是以守门人的身份如此行动的,保护城市的形态和发展远景不受城市生活的影响。但是,在这些学生尤其是学建筑的学生中,在某种程度上也包括一些学规划的学生,有一些是步行族。对他们而言,本书还是说出了一些道理。他们的老师会把本书看成是垃圾,或者是"咖啡屋里的扯淡,还那么尖酸刻薄",有一个规划者就这么评论。不过,有意思的是,本书进入了必读或是推荐书单中。有时候,我怀疑,这是不是要让作为实践者的他们提高警惕,防备那些他们本须反对的思想,那些会让他们的头脑变得愚笨的思想?的确,有一个在大学任教的老师就是这么告诉我的。可是,对那些步行族的学生来说,本书具有颠覆性内容。当然,改变他们头脑的并不全是我的思想。其他一些作者和研究者,如著名的威廉·H.怀特,也暴露了反城市思想存在的不切实际和造成城市面貌了无趣味的问题。在伦敦,《建筑评论》杂志的编辑和作者在20世纪50年代中期也都站出来指出了这些问题。

---

[1] "anticity"含有"反城市生活"之意。在雅各布斯看来,以往的规划者和规划活动,如霍华德和勒·柯布西耶之流,使城市丧失了多样性,生活氛围了无趣味。在本书导言中,作者对此进行了分析和批判。——译注

今天，很多建筑师，还有年轻一代的规划师都有一些非常优秀的主意——非常美妙，非常聪慧——这些都可以用来加强和活跃城市生活。他们同时也有贯彻其计划的本领。这些人的声音是一种呐喊，他们的声音高过那些我讥嘲过的无心无肺、充耳不闻的城市规划控制者。

但还是有悲哀的故事在。尽管那些傲慢的老守门人的数量随着时间的推移在减少，但是那些门框本身是另一回事。在美国城市中，反城市的规划行为很是顽固，让人惊诧不已。在多如牛毛的规章、细则、编案中，在因为已有实践的影响而造成的战战兢兢的官僚行为中，以及在因历史而形成但并未经审视过的僵硬的公众态度中，都能找到其影子的存在。因此，可以肯定的是，面对这些障碍，也一直存在着巨大而热诚的反对的努力，尤其是在这样一些时候：当大片大片的城市老建筑被重复使用，发挥了新的和不同的作用时；当人行道被拓宽，而车行道被缩小时——其实本应该这么做，因为这些地方的街道往往行人很多而拥挤；当城市闹市区的办公楼关闭后，此区域依然热闹不减时；当混合了各种精妙用处的街道作用得以成功地培养时；当新建筑挤入老建筑中间时——一方面是那么地显眼，另一方面又能够在一片街区中遮掩老建筑间原来留下来的扎眼的空漏，且这种修补的作用是如此完美，以致根本感觉不到新建筑可以发挥这个用处。国外的一些城市在这个方面本领特别大。但是要在美国做这样的事真是比登天还难，还时时让人伤心不已。

在本书的第二十章，我提出过建议，可以通过两个目标重新规整那些城市中自我隔离的廉租住宅区：把这些住宅区纳入正常的城市街区中，中间连接多个新的街道；在这些新街道上增加一些多样的新设施,那些住宅区自然也就同时融入城市生活区域中。当然,这里的要旨是新增添的商业设施要能够良性运转,经济上能够维系,这是衡量这些用处是真的能够发挥作用还是仅为虚假摆设的标准。

自本书出版以来的三十年里,上述实际有效的规整(就我知道的而言)并没有实施过,这让人很失望。要知道,随着一年又一年时间的过去,要完成这样的任务变得越来越难了。这是因为反城市的规划,尤其是那些大型的住宅项目让城市街区环境愈发滑坡,随着时间的推移,邻近这些地方的健康的城市生活区愈发难以形成。

即便这样,把住宅区转变成生机勃勃的城市的机会还是存在着。首先,可以从简单的开始,这也是一个前提条件,也就是说这是一个富有挑战意味的学习过程。学习总是先易后难。一个好的行动时机是,我们可以从考虑对付城市郊区的摊大饼式发展模式开始,这样的发展实际上是不能无限制地进行下去的。在能源上的消耗、基础建设上的浪费、土地使用上的代价都非常之高。因此,如果现有的摊大饼式发展要有所控制的话,那么从节省资源的角度出发,我们也应该有必要学习如何把这种控制,尤其是与城市生活区的连接,做得更加有吸引力、更加赏心悦目、更加能够持续性发展——对于步行族与坐/开车族都一样。

在有助于制止城市更新[1]和贫民区清除项目的实施方面,本书时常被称赞是做出了贡献。如果确实是这样的话,我很乐意接受这个赞誉。但是,事实并不如此。在本书出版后的很多年里,

---

1　在雅各布斯看来,那些大拆大移式城市更新运动给城市生活带来了毁灭性的后果。——译注

18

在经历了声势浩大的运动后,城市更新和贫民区清除死于凄惨的失败。但是,只要一厢情愿的臆想和时时发作的健忘症还在那儿,那些运动就还会时常沉渣泛起,而煽动它们的则是因为有足够多的有害的钱流向那些开发商,也因为有足够多的政治上的自大和傲慢,以及公共补助的存在。比如,最近的事例是那个壮观但倒闭了的金丝雀码头[1]项目,孤零零地矗立在伦敦破败的码头和已经拆得零碎、一派萧条(却曾受居民喜爱)的多格斯岛社区之间。

回到我在前面说过的寻宝的事,在从一条街道寻到另一条街道的过程中,我意识到我其实是在说有关城市生态的事情。乍一听,这里的"生态"一词好像说的是下面一些事:比如,浣熊在城市街道的后花园和垃圾袋里寻觅能够喂饱它们的东西(在我自己住的城区里它们就是这么做的,有时候甚至在城市中心也有这样的事发生);又比如,老鹰有可能减少摩天大楼间的鸽子的数量,等等。但是,我说的城市生态不同于研究野生世界的学生所关注的自然生态,当然也有相同之处。自然生态系统是这样定义的:"一个物理—化学—生物的活动过程,活跃于一定量的空间和时间单位中。"城市生态系统则是一个物理—经济—伦理的过程,活跃于城市生活的特定时间里,且相互紧密关联。通过类比的方式,我提出此定义。

这两种生态系统——一个由自然造就,另一个由人工形成——在根本原则上有相同之处。例如,两者都需要诸多多样性

---

1 伦敦重要金融区,坐落于伦敦东区多格斯岛 (Isle of Dogs)。20世纪80年代早期开始金融区项目建设,1991年第一批建筑完成,但此时伦敦商用地产市场崩溃,开发商申请破产。此后,经过多次换手,到90年代末金融区逐渐形成。——译注

来维持其发展——当然,首先要确定的是,它们都富有生机。随着时间的推移,多样性都会以一种有机的方式得以进展,内含的各种要素则会以一种复杂的方式互相依赖。在生活和民生中,生态多样性表现越多,则越能体现其持续发展之生命力。在这两种生态系统中,很多微小和含混的构成因子(它们很容易被粗浅的观察所忽视)对整个系统而言是至关重要的,相比于其形状或数量而言,重要性要大得多。在自然生态系统中,基因链形成是宝中之宝。在城市生态系统中,相应的是行为间的互相关联;更甚者,行为方式不仅在不断产生的新组织中重复自己的行为,而且也会发生杂交和嬗变,产生从未有过的行为方式。正是因为存在着各个因子间互相依赖的关系,所以这两种系统都很脆弱,容易受到攻击,也容易被破坏和毁灭。

有时,也会出现没有致命毁灭的情况,这或许说明系统很坚实,很有韧性。再加上,如果运转良好的话,系统会表现出稳定的迹象。但是,从深层次而言,这是一种假象。正如古希腊哲学家赫拉克利特曾言,自然世界中的一切皆在流动之中。当我们以为我们看到的是静态情形时,实际上我们目睹的是起始和终结的过程,且两者同时发生。没有东西是静态的。这个道理于城市而言也一样。因此,研究城市生态与研究自然生态一样,需要同样的思维。只是关注事物本身,期待它们自己能够给出解释,这种做法是不对的。过程总是与本质相关,一些事物能够表现意义是因为参与了整个过程,不管是产生好的还是坏的结果。

这种看事物的方式历史不长,还处在新发展时期,这也许就是为什么要理解,不管是自然生态还是城市生态系统,要学习的知识无穷无尽。所知甚少,所学更多。

　　在这个世界上,我们人类是唯一建设城市的生物。"社会昆虫"赖以聚集的蜂巢在求生、谋事、开发潜能上是如此异样纷呈。总而言之,对我们而言,城市也是各种各样的自然生态系统。这些生态系统不是你想怎么处置就可以怎么处置的。不管什么时候,也不管什么地方,社会欣欣向荣、蒸蒸日上之时,城市的生态系统也正是处于最具活力、运转最顺畅之日。它们真真切切发挥了其应发挥的作用。这个情况现在依然如此。无独有偶,城市的衰落、经济的滑坡和城市问题的成堆上升,这些事往往同时发生。这些情况并不是碰巧走到一起的。

　　尽我们所能去理解城市的生态,这是摆在人类面前的一项紧迫任务。这种理解可以肇始于城市运作过程中的任何一点。没有什么比在一个好的街道、好的街区里进行好的服务,更能成为一个好的行动的开端;这些服务看似不足为道,但事实上再重要不过。也因为如此,当我知道"现代文库"要面向新一代读者出这本书的新版时,我很高兴,我希望他们能够对城市生态感兴趣,尊重其中内含的奇迹,并且发现更多。

1992 年 10 月,于加拿大多伦多

献给纽约城

我来这里是为找寻好运

最终我如愿以偿，因为我找到了

鲍勃、杰米、内德和玛丽

此书也献给他们

致　谢

　　此书的写作得到了很多人的帮助，无论是专门的还是无意的帮助，我都感激不尽。我要特别感谢下面这些人为此书提供的信息、帮助和提出的批评意见：索尔·阿林斯基，诺里斯·C.安德鲁斯，埃德蒙·培根，琼·布莱思，约翰·德克尔·布茨纳，小亨利·邱吉尔，格雷迪·克莱，威廉·C.克罗，弗农·德马尔斯，约翰·J.伊根，查尔斯·法恩斯利，卡尔·费斯，罗伯特·B.菲利，罗萨里奥·法理萝太太，查德布恩·基勒巴特里克，维克多·格伦，弗兰克·哈韦，戈尔迪·霍夫曼，弗兰克·霍奇基斯，利蒂西娅·肯特，威廉·H.科克，乔治·考兹基先生和太太，杰伊·兰德斯曼，威尔伯·C.利奇牧师，格伦尼·M.李尼，梅尔文·F.莱文，爱德华·洛格，艾伦·卢里，伊丽莎白·曼森，罗杰·蒙哥马利，理查德·纳尔逊，约瑟夫·巴韶淖，艾伦·佩里，罗斯·波特，安塞尔·鲁宾逊，詹姆斯·W.劳斯，塞缪尔·A.斯皮格尔，斯坦利·B.坦科尔，杰克·沃尔克曼，罗伯特·C.温伯格，艾里克·文思博格，亨利·惠特尼，威廉·H.怀特，小威廉·威尔科克斯，米尔德丽德·朱克，贝达·兹维克。当然，文责自负，书中的问题与这些人没有关系。事实上，他们中有些人的观点与我的观点大相径庭，但仍然给予了慷慨的帮助。

　　我也要感谢洛克菲勒基金会，它提供的资金上的支持使得我

24

的研究和本书的写作成为可能；我也得感谢纽约社会研究新学院对我的热情款待，感谢《建筑论坛》编辑道格拉斯·哈斯克尔的鼓励和耐心。我最要感谢的是我的丈夫，小罗伯特·H.雅各布斯，现在我已很难说本书中哪些思想是我的，哪些是他的。

目　录

一　导　言　　　　　　　　　　　　　　　1

第一部分　城市的特性　　　　　　　29

二　人行道的用途：安全　　　　　31

三　人行道的用途：交往　　　　　62

四　人行道的用途：孩子的同化　　86

五　街区公园的用途　　　　　　103

六　城市街区的用途　　　　　　131

第二部分　城市多样化的条件　　　165

七　产生多样性的因素　　　　　167

八　主要用途混合之必要　　　　177

九　小街段之必要　　　　　　　209

十　老建筑之必要　　　　　　　220

十一　密度之必要　　235

十二　有关多样性的一些神话　　260

第三部分　衰退和更新的势力　　281

十三　多样性的自我毁灭　　283

十四　交界真空带的危害　　302

十五　非贫民区化和贫民区化　　318

十六　渐次性资金和急剧性资金　　345

第四部分　不同的策略　　377

十七　对住宅的资助　　379

十八　被蚕食的城市与对汽车的限制　　399

十九　视觉秩序：局限性和可能性　　442

二十　拯救和利用廉租住宅区　　467

二十一　城区管理和规划　　482

二十二　城市的问题所在　　510

索　引　　536

插图说明

　　书中所描绘的场景全部是关于我们的。如果你想看插图,请仔细观察真实的城市。当你的眼睛在看时,也不妨听一听,走一走,想一想你所见到的东西。

直到不久之前，我能够想到的文明最令人赞赏的功绩，除了清晰呈现宇宙秩序之外，就是它造就了艺术家、诗人、哲学家和科学家。但我认为那算不上是最伟大的。现在我相信，它最伟大的地方，应该是芸芸众生都能直接感受到的。我们总被认为太奔忙于为生活而活的种种方式，我却要说：文明的首要价值，就在于让生活方式更加复杂；人们需要更大范围的、共同的智力投入，而非简简单单、互不关联的行为，才有可能确保自己的衣食住行。因为更复杂、更热切的智力投入，意味着更充实、更丰富的生活，意味着更旺盛的生命。生活本身就是目的。若问生活是否有价值，唯一答案就在于你的生活是否足够丰富。

　　还有一点不能忘记：我们每个人都濒临绝望。托护着我们渡过绝望之海的，是希望，是深信我们自身难以解释的价值，我们确定不移的努力，以及运用我们自身力量所带来的潜在满足感。

——小奥利弗·W.霍姆斯

一　导　言

　　此书是对当下城市规划和重建的抨击。同时，更主要的也是尝试引介一些城市规划和重建的新原则，这些原则与现在被教授的那些东西——从建筑和规划的流派，到周末增刊以及女性杂志——不同，甚至相反。我所进行的抨击不是对重建改造方法的一些不痛不痒的批评，或对城市设计形式的吹毛求疵。恰恰相反，我要抨击的是那些形塑了现代正统的城市规划和重建的原则和目标。

　　在叙述不同的原则时，我将主要讲述一些普通的、平常的事情，比如：什么样的街道是安全的，什么样的不是；为什么有的城市花园赏心悦目，而有的则是藏污纳垢之地和死亡陷阱；为什么有的贫民区永远是贫民区，而有的即使面临资金和官方的双重阻力仍旧能自我更新；什么使得城市转移了它们的中心；什么（如果有的话）是城市的街区，而在大城市中，街区应该承担什么样的工作（如果有的话）。简而言之，我将讲述城市在真实生活中是怎样运转的，因为只有这样，我们才能知晓，在城市改造中，何种规划、何种实践能够促进社会和经济的活力，以及何种实践、何种原则将扼杀城市的这些特性。

　　有一种一厢情愿的神话，那就是，只要我们拥有足够的金钱——金钱的数目通常以数千亿美元计——那么我们就能在十

3

年内消除所有的贫民区，在那些空旷的、毫无生气的灰色地带——它们在过去很长时间里曾是郊区——扭转衰败的趋势，留住那些四处观望的中产阶级，以及他们的税款，也许甚至还能够解决交通问题。

但是请看看我们用最初的几十亿建了些什么：低收入住宅区成了少年犯罪、蓄意破坏和普遍社会失望情绪的中心，这些住宅区原本是要取代贫民区，但现在它们比贫民区还要糟糕。中等收入住宅区则是死气沉沉、兵营一般封闭，毫无城市生活的生气和活力可言，让人感到不可思议。那些奢华住宅区试图用无处不在的庸俗来冲淡它们的乏味；而那些文化中心竟无力支持一家好的书店。市民中心只有一些游手好闲的人光顾，因为他们也没有别的地方可去。商业中心只是那些标准化的郊区连锁店的翻版，毫无生气可言。人行道不知道起自何方，伸向何处，也不见有漫步的人。快车道则抽取了城市的精华，大大地损伤了城市的元气。这不是对城市的改建，这是对城市的洗劫。

在表面之下，这些"成就"比它们可怜分分的表面假象还要寒碜。这样的规划行为理应对周围地区有所助益，但事实并非如此。这些被"切除"的地区通常会长出急性的"坏疽"。为了以这样的规划方式来给人们提供住宅，价格标签被贴在不同的人群身上，每一个按照价格被分离出来的人群，生活在对周边城市日益增长的怀疑和对峙中。当两个或更多这种敌对的"岛屿"被并置在一起时，就会产生一个所谓的"平衡的街区"。垄断性的购物中心和标志性的文化中心，在公共关系的喧闹之下，掩盖着商业还有文化在私密而随意的城市生活中的式微。

这样的"奇迹"竟然可以实现！被规划者的魔法蛊惑的人

们，被随意推来搡去，被剥夺权利，甚至被迫迁离家园，仿佛是征服者底下的臣民。成千上万的小企业被拆，其业主就此被毁掉，却连一点补偿的影子都没看到。完整的社群被拆散，被"播撒"在风中，而由此"收获"的，则是怀疑、怨恨和绝望，而这些情绪，如果不是亲自耳闻目睹，是很难让人相信的。芝加哥的一批神职人员惊骇于按规划进行的城市改造的结果，他们问道，约伯有可能是想着芝加哥写出以下文字的吗：

> 瞧啊，这里的人们就这样改变了邻居的地界……
> 把穷人赶到一边，密谋欺压那些无亲无故者。
> 他们在不是他们的土地上收获果实，在从别人那里夺来的葡萄园里
> 粗暴地把藤蔓折毁……
> 从城里的街道上传来阵阵哭喊声，街上躺着的遍体鳞伤的人们呻吟不止……

　　如果是的话，那他心里想着的也是纽约、费城、波士顿、华盛顿、圣路易斯、旧金山以及其他许多城市。当下城市改造的经济法则是一个骗局。城市改造的经济运作原则并不是像城市更新理论声称的那样完全依赖于对公共税收补贴的合理投资，它也依赖于来自众多孤立无援的改造受害者的大笔非自愿补贴。作为这种"投资"的结果，城市从这些地皮上得到的退税增加了，但这笔钱只是一种幻象；城市被无情摆弄后只剩下解体和混乱，要消除这些状况则需要增加大笔公共资金，相比之下，得到的退税则少得可怜。进行有规划的城市改造的手段与其要达到的目的一

样可悲。

同时，所有城市规划的艺术和科学都无助于阻挡大片大片城市地区的衰败——以及在这种衰败之前毫无生气的状态。肯定地说，我们不能把这种衰败归咎于缺少应用规划艺术的机会，这样的艺术到底是不是得到了应用并不要紧。让我们来看一看纽约的"晨边高地"地区。从规划理论的角度看，这个地区根本不应该有问题，因为它拥有大片的公园区、校园区、游乐休憩场地以及其他空旷场地。这里有足够多的草地，还拥有一块舒适的高地，有着壮观的河流景观。这里是一个著名的教育中心，有着辉煌的大学——哥伦比亚大学、协和神学院、茱莉亚音乐学院以及其他六七个闻名遐迩的学校，还集结了众多一流医院和教堂。这儿没有工业。这儿的街道大都规划有致，以避免侵入那些坚实、宽敞的中上阶层房屋的私人领域，造成"不和谐的用途"。但是，到了20世纪50年代早期，"晨边高地"很快就变成了贫民区，那种人们害怕穿行其间的真正的贫民区，以致这种情形对周围的机构和学校造成了危机。这里的人与市政府的规划者们一起，应用了更多的规划理论，消灭了这个地区最破败的地方，建成一个中等收入者的合作住宅区，配有商业中心，还有一个公共住宅区，满眼都是清新空气、充足光照和优美风景。这个项目被称赞为拯救城市的一个大手笔。

但是此后，"晨边高地"的衰败过程则越发迅速。

这并非一个不公正或不相关的例子。在一个又一个城市里，恰恰是那些依照规划理论不该衰败的地区在走向衰败。同样重要却不太被注意的是，在一个又一个城市里，那些按照规划理论该衰败的地区却拒绝走向衰败。

在城市建设和城市设计中，城市是一个巨大的实验室，有试验也有错误，有失败也有成功。在这个实验室里，城市规划本该是一个学习、形成和试验其理论的过程。但恰恰相反，这个学科（如果可以这么称呼的话）的实践者和教授者们忽视了对真实生活中的成功和失败的研究，对那些意料之外的成功的原因漠不关心，相反，他们只是遵循源自小城镇、郊区地带、肺结核疗养院、集市和想象中的梦幻城市的行为和表象的原则——这一原则源自除城市之外的一切。

如果说城市中的改建部分以及遍布城市各处的无休止的新的开发项目，正在把城市和周边地区变成一碗单调而毫无营养的稀粥，这并不奇怪。所有这一切，都是以第一手、第二手、第三手或第四手的方式，出自同一碗知识的"烂粥"，在这碗粥里，大城市的素质、需求、优势和行为，被整个地与那些毫无生气的（小城镇）居住区的素质、需求、优势和行为混为一谈。

无论是老城市的衰败，还是新近非都市区的都市化的衰落，从经济层面或社会层面说，都不是不可避免的。相反，在整整二十五年中，我们的经济和社会中没有哪个部分像城市一样曾被这样有目的地加以控制，以准确地达到我们正达到的状况；政府对城市给予了特殊的财政优惠，但最终的结果是出现如此程度的单一、僵化和粗俗。专家们几十年来的宣传、著作和教导都已经使我们和立法者们深信，像这样的"烂粥"肯定对我们有好处，只要草坪随处可见就行。

通常，汽车会被方便地贴上"坏蛋"的标签，要为城市的弊病和城市规划给人带来的失望和无效负责。但是与我们城市建设的无能相比，汽车的破坏效应是一个小得多的原因。当然，无须

6

赘言,规划者们,包括手头掌握着大笔金钱和巨大权力的公路设计者们,在碰到如何让城市和汽车和谐相处时,却茫然不知所措。他们不知道在城市中如何来对待汽车,因为他们原本就不知道如何来规划一个可实际运行的、有活力的城市——不管有没有汽车。

相比城市的复杂需求,汽车的简单需求是比较容易理解和满足的。越来越多的规划者和设计者相信,如果他们能解决交通问题,他们就能解决城市的主要问题。城市有着远比车辆交通错综复杂得多的经济和社会问题。在你还不知道城市是如何运行的、需要为它的街道做些什么之前,你怎么能够知道如何来应付交通问题?你不可能知道。

也许作为人,我们已经变得如此的慵懒,以至于不再在乎事情是如何运转的,而仅仅是关注它们能够给予我们什么样的快速简单的外部印象。果真如此的话,我们的城市,或者说我们社会中的很多事情,就没什么希望了。但是,我不认为事情是这样的。

具体来说,在城市规划这件事上,很清楚的是,有相当多优秀而认真的人对建设和更新倾注了很深的关心。尽管出现了一些腐败问题,以及对他人领域过多的觊觎之心,总体上说,在我们造成的混乱局面背后的意图,还是很有代表性的。城市设计的规划者和建筑师,以及那些紧跟其思想的人,并不是有意识地对"了解事物是如何运转"的重要性采取了蔑视的态度。相反,他们费尽了心思去学习现代正统规划理论的圣人先贤们曾经说过的话,如城市**理应**如何运作,以及什么**理应**为城市里的人们和企业带来好处。他们对这些思想如此投入,以至于当现实矛盾威胁到要推翻他们千辛万苦学来的知识时,他们一定会把现实撇在一边。

例如,可以看一看正统理论对波士顿"北角区"(North End)[1]的反应。这是一个房租低廉的老城区,延伸进入河边的重工业区,它被官方认定为波士顿最破败的贫民区,是城市的耻辱。它展示了被所有有头脑的人视为邪恶的属性(这是因为很多英明之士都形容这些属性是邪恶的)。北角区不仅紧邻工业区,更糟的是里面有各种各样的工作和商业场所,它们与住宅错综复杂地混在一起。与波士顿任何一个住宅单元用地相比,这儿的密度是最高的,也许是美国所有城市中最高的。它的公园用地很少。孩子们在街上玩耍。那儿没有超级街段(车辆禁行街段),甚至连像样一点的大街段也没有,有的只是非常小的街段;用规划的行话来说就是"支离破碎,街道浪费"(badly cut up with wasteful streets)。那儿的建筑都已老化。所有的东西在北角区都像是搁错了位置。用正统规划理论的话来说,这是一本关于已处于破败的最后阶段的"大都市稠密区"的三维教科书。北角区因此成为麻省理工学院及哈佛规划和建筑专业学生经常要做的一个课题,他们常在老师的指导下,撰写论文来探讨,如何把这个地方改变成一个有着超级街段和公园人行道的、规整而文雅的理想地区,同时废除一切不和谐的用途。这一切好像是那么简单,似乎可以把它刻在一枚大头针的针头上。

二十年前,当我第一次碰巧见到北角区时,那儿的住房——不同类型和大小的联排住房,被改成四到五层的出租公寓套间,这些出租公寓先是挤满了爱尔兰的移民,后来又换成了东欧移

8

---

1 请记住"北角区"。在此书中我会经常提到它。

民，最后是西西里岛的移民——已经人满为患，给人的一个总体
印象是，这是一个破败不堪的城区，当然也极其穷困。

1959年再次见到北角区时，我非常惊诧于那儿的变化。几十
幢楼进行了翻新。窗户上的草帘子不见了，取而代之的是百叶帘
和锃亮的新刷的油漆。许多修整过的小房屋现在住着一两户人
家，而原先要挤进三户或四户。有些租房住的家庭（后来我在进
屋参观时了解了这些情况）为了让自家宽敞一点，把原先的两个
套房并在一起，并配上了卫生间、厨房等。我俯视着一条狭窄的
巷道，希望在那儿至少能找到原先又旧又肮脏的北角区，但是没
有：随着一扇门的打开，映入眼帘的是重新嵌过缝的砖墙，新的百
叶窗帘，同时还传来了一阵音乐声。事实上，这是我至今为止见
到过的唯一一个这样的城区，在其中，停车场周边的房屋侧面没
有被肢解得东一块，西一块，或呈现出赤裸裸的原生状态，而是重
新进行了整修，并刷上了漆，很是整洁，就好像要吸引人们来看似
的。间杂在这些生活住宅里的是数量众多的食品店，以及诸如屋
顶装饰、金属加工、木工、食品加工这样的小企业。孩子们在街上
玩，一些人在购物，另一些人在散步、交谈，街道因此生机勃勃。
如果当时不是在寒冷的一月，肯定能看到有人在街旁闲坐。

街上洋溢着的这种活泼、友好和健康的气氛感染了我，我禁
不住向人打听起方向来，只是为了享受和人说话的乐趣。在过去
的几天里，我看了波士顿的不少地方，大多令人沮丧，但这个地方
让我为之振奋。它是城中最健康的地区。但是，我想象不出那些
改建需要的钱是从哪儿来的，因为在当今的美国城市里，像这样
一个既非租金高昂又非郊区翻版的城区，要得到任何一笔数量可
观的抵押贷款几乎是不可能的。为了找到答案，我走进一家酒吧

兼饭店 (那里正有声有色地进行着一场有关钓鱼的谈话),给一位我认识的波士顿规划者打了个电话。

"你到北角区去干什么?"他说,"钱?不,没有任何钱或任何规划行动进入过北角区。不会在那儿做什么事的。当然,最后会的,但还没有到时间。那是个贫民区!"

"可在我看来,这儿并不像贫民区。"我说。

"不,那是城里最糟糕的贫民区。那儿有整整275个住宅单元。我讨厌承认在波士顿有这样的地方,但这是个事实。"

"你有关于它的其他数据吗?"我问。

"有,很有意思。那是少年犯罪率、疾病率和婴儿死亡率最低的地区之一。它还是按收入计算租金最低的地方。好家伙,那儿的人肯定是赚了大便宜了。让我来瞧瞧……儿童人口数量正好是整个城市的平均水平,死亡率很低,每千人8.8,城市的平均水平是11.2。肺结核死亡率也很低,低于每千人1人,真是不能理解,甚至比布鲁克林的还要低。在以往,北角区曾是城市中肺结核最严重的地方,但是,所有这一切都改变了。对,他们肯定身强体壮。当然,那是个令人恐怖的贫民区。"

"你们应该有更多的像这样的贫民区,"我说,"别告诉我你们有计划要消灭掉这个地区。你应该来这儿走走,尽可能多地学点东西。"

"我了解你的感受,"他说,"我自己经常去那儿,只是在街上走走,感受那种兴奋、活跃的街道生活。让我来告诉你应该做什么,你应该在夏天的时候回来,去那儿走走,如果你现在感到很有意思的话。夏天时,你会对它喜欢得不得了。不过,当然我们最终还是要改造这个地方的。我们得让那些人离开那些街道。"

这真是件奇怪的事。我朋友的本能告诉他,北角区是一个很
不错的地方,他的那些社会统计数据也证明了这点。但是他作为
规划者所学的那些关于"什么对城市里的人和城市有益"的知
识,所有使他成为专家的东西,却告诉他北角区必须是一个糟糕
的地方。

我的那位朋友介绍我去找一位波士顿著名的储蓄银行家,一
位"处于权力机构上层的人物",以询问关于北角区的资金的问
题,结果证实了我从北角区居民那里了解到的情况。资金不是
来自美国大银行系统的恩赐,这些银行现在对规划已经知道得
足够清楚,他们对贫民区的了解和那些规划者一样清晰。"向北
角区注入资金毫无意义,"银行家说,"那是个贫民区! 现在仍
有一些移民进入! 再说,在大萧条时期,那儿出现了很多丧失抵
押赎回权的事例;这算是不良记录。"(当时我也听说过这事,但
另一方面,我也听说有的家庭如何努力工作,筹集资金去赎回一
些抵押的房屋。)

这位银行家告诉我,自大萧条以来的二十五年里,进入这个
有着1.5万人口的城区的抵押贷款的最大数额仅仅是3000美元。
"而且这种情况极少出现。"还有些人拿到1000或2000美元。翻
新工作需要的资金几乎都来自这里的商业或房屋所得,一点一点
的投入;该区居民及其亲戚中有一些懂技术的人,这些人的加入
则是另一种代替资金资助的形式。

这时,我知道对北角区的人来说,无力借款改善条件,让他们
焦急、恼怒;更有甚者,一些北角区的人满心焦虑,因为他们似乎
不可能在这块地方盖起新楼,除非以亲眼看着他们和他们的社区
消失为代价,然后再在那儿按照学者们的梦想建一个城市伊甸

园。他们对这样的命运很清楚，它不单单是纸上谈兵，因为它早已彻底毁掉附近一个从社会形态上讲很接近（尽管实际上要更为宽广）的"西区"。他们感到不安的另一个原因是，别的事情不做，只是修修补补，这样的事不能永远进行下去。"有可能为北角区的新的建设提供贷款吗？"我问银行家。

"不可能，绝对不可能！"他说，对我愚笨的提问显得有点不耐烦。"那是贫民区！"

和规划者一样，银行家有他们自己的理论，他们依照那些理论行事。他们的理论和规划者一样来自同一个思想源头。银行家和担保抵押款的政府行政官员们并不发明规划理论，甚至（让人感到惊奇）也不发现关于城市的经济法则。在当今时代，他们只是被启蒙，从上一代的理想主义者那里吸取思想。因为城市规划理论在一代多的时间里并没有采纳什么重要的新思想，所以规划理论家、金融家和那些官僚都处于同一个水平。

直言不讳地说，他们都处于"拥有精巧学问的迷信"这样一个阶段，就和19世纪早期的医学的情况一样；那时，内科医生深信放血疗法，即把认为是造成疾病的带着邪气的血液抽出来。为了这种放血疗法，人们通过多年研习来确切地知道应该切开哪根静脉，通过哪种程序，治疗哪种疾病。一个有着复杂技术的庞大结构通过貌似客观的细节被建立起来，其文献直到今天读来还令人觉得有根有据。但是，即使人们完全沉溺于与"现实"相冲突的"对现实的描述"时，他们依然还保留着一点观察和独立思考的能力，因此，放血疗法在它长期支配的大部分时间里，通常会被一定程度的常识所调和。或者说至少在它于年轻的美利坚合众国达到技术上的顶峰之前，它的影响得到了缓和。但随后放血疗

11

法在这个国度里风靡无阻。其最大的、影响最深远的支持者是本杰明·拉什医生，至今他仍被尊为革命和联邦时期最伟大的政治家兼内科医生，同时也是一位医疗管理的天才。拉什医生做了很多很多的事（有些既有用又有益），其中之一便是推广、实践、教授和传播放血疗法，尤其针对那些在此之前因为谨慎和怜悯而限制了放血疗法的病例。他和他的学生们在那些幼小的孩子、肺痨病人、年龄很大的老人身上进行放血，在他的管辖范围内，任何不幸患病的人都得放血。他这种极端的做法引起欧洲一些放血疗法

12 医生的警觉和恐惧。但直到1851年，纽约州议会任命的一个委员会仍然为其全方位的放血疗法进行严肃的辩护。这个委员会严厉地讽刺和谴责了一位名叫威廉·特纳的内科医生，因为他竟贸然地写了一个小册子，批评拉什的方法，并声称"这种在病人身上抽血的方法有悖于常识、一般经验、理智以及上帝的神圣法则"。特纳医生说，患病之人应该巩固体力，而不是消耗体力，但是他的声音被压制了下去。

把医学上的例子类比于社会机制会显得牵强附会，而且也没有必要将城市中出现的事归因于人的性格问题。但是，对于那些满腔热忱、学富五车的人的所思所想而言，这样的类比还是有意义的；这些人面对的是自己根本不甚了解的复杂现象，却试图用一种伪科学来加以应付。城市改造和规划中的伪科学与医学中的放血疗法如出一辙，经年之学和数不胜数的微妙复杂的教条原来却是建立在一派胡言之上。但用于发展这种伪科学的技术工具逐步得到了完善。随着时间的推移，那些有权力和才能的人，那些让人羡慕的管理者，自然而然就囫囵吞枣地吸收了这种伪科学最初的谬误，同时他们又获取了诸多手段和公开的信任，其结

果便是，他们顺理成章地走到了具备最大破坏力的极端，谨慎和怜悯或许在此前尚能制止他们（但现在已无能为力）。放血疗法能治愈病人仅仅是因为偶然因素或它打破了常规，但后来这种疗法被抛弃了，那时人们转而更相信"一点一点地收集、使用和测试对现实的正确描述"这项艰难又复杂的工作，这里说的"正确描述"不是来自"世界应该是什么样的"，而是来自"它实际上是什么样的"。城市规划及其同伴——城市设计——的伪科学甚至还没有突破那种一厢情愿、轻信迷信、过程简单和数字满篇带来的舒适感，尚未开始走上探索真实世界的冒险历程。

因此，在此书中，我们自己将开始一次冒险历程，即便是微不足道，也值得一做。我以为，要弄清楚城市表现出来的神秘莫测的行为，方法是仔细观察最普通的场景和事件，尽可能地抛弃以前曾有的期待，试着看看能否发现它们表达的意义，是否从中能梳理出有关某些原则的线索。这是我在本书第一部分试着做的事情。

有一个原则普遍存在，并且其形式多样而复杂，我在本书的第二部分集中探讨了该原则的实质，这也是我的论点的中心部分。这个普遍存在的原则就是，城市需要一种相互交错、互相关联的用途上的多样性，这种多样性在经济层面和社会层面都能让各方不断获得相互的支持。这种多样性的内容可大相迥异，但是它们必须以某种具体的形式相互补充。

我认为，不成功的城市区域就是那些缺乏这种相互支持机制的区域，城市规划学和城市设计的艺术，在真实的城市和真实的生活中，都必须成为催化和滋养这种互相关联的机制的科学和艺术。以我所能发现的证据而言，我认为大城市多样性的产生需要四个主要条件，通过有意识地引导这四个条件，城市规划便可引发城市的活力（单靠规划者和设计者本身是永远也实现不了这个目标的）。本书的第一部分主要是关于城市中人的社会行为，这对理解后续内容很有必要，第二部分主要是关于城市的经济行为，是本书最重要的部分。

城市是一个极富动态机制的地方，在那些成功的区域这一点更是突出，那些区域为针对成千上万人的规划提供了肥沃土壤。在本书的第三部分，我从"城市在真实生活中如何被使用"、"城市中的人如何行事"的角度，考察了衰落和更新的某些方面。

最后一部分展示了在住宅、交通、设计和管理实践方面的变化，并在最后讨论了城市向我们提出的**那种**问题——一个关于如何解决有序复杂性的问题。

事物的表象和其运作的方式是紧密缠绕在一起的，这种现象在城市中表现得最为突出。但是，那些只对城市"应该"是什么样的感兴趣，而对它现在如何运转不感兴趣的人，将对本书感到失望。只知道规划城市的外表，或想象如何赋予它一个有序而令人赏心悦目的外部形象，而不知道它现在本身具有的功能，这样的做法是无效的。把追求事物的外表作为首要目的或主要的内容，除了制造麻烦，别的什么也做不成。

14

在纽约东哈莱姆有一个住宅区，那儿有一块很显眼的长方形草坪，它成了该地居民的眼中钉。这个草坪的问题被提出来的频率如此之高，使得一位经常往那里去的社区工作者惊诧不已，无意间她发现居民们非常讨厌那块草坪，并催促把它铲掉。当她询问原因时，通常得到的回答是："这有什么用？"或"谁要它？"最后，有一天一位表达更为清楚的居民说出了完整的理由："他们建这个地方的时候，没有人关心我们需要什么。他们推倒了我们的房子，将我们赶到这里，把我们的朋友赶到别的地方。在这儿我们没有一个买咖啡或报纸，或是能去借个五十美分的地方。没有人关心我们需要什么。但是那些大人物跑来看着这些绿草说：'这不是很美好吗！现在穷人也有这一切了！'"

这位居民讲出了那些道学家已经说了几千年的话：行为漂亮才是真的漂亮，会闪光的并不都是金子。

她的话还有另外一层意思：有一种东西比公开的丑陋和混乱还要恶劣，那就是戴着一副虚伪面具，假装秩序井然，其实质是忽视或压抑挣扎着寻求生存和维护的真实的秩序。

为试图解释这种根本性的秩序，我用了很多纽约的例子，因为我住在纽约。但是本书中大部分基本的思想来自我最初在别的城市注意到的或别人告诉我的事情。比如，我最早对于城市中某些功能综合的强大效应的印象来自匹兹堡，我最初关于城市安全的想法来自费城和巴尔的摩，我最先对于城市中心迂回道路的注意来自波士顿，我原先关于贫民区的改造的线索来自芝加哥。促使这些思索形成的素材就来自我家门前，但也许在那些你不会将事物视为理所当然的情境中，你才最容易一眼看到它们。城市无序的表象之下存在着复杂的社会和经济方面的有序，试着去理解这个基本思想的念头原本不是我的，而是威廉·科克的，他是纽约东哈莱姆联合社区主管，通过指引我观察东哈莱姆区，他也向我指明了一种认清别的街区和城市中心的方法。在每个例子中，我都试着把在一个城市或街区的所见所闻与另一个地方的做比较，互相印证，试图找出一个城市或一个地方的经验到底与其

15

他地方有多大的关联。

我关注的主要是大城市及其内部地区，因为这是一个一直被规划理论回避得最多的问题。我想，随着时间的推移，这个问题也会日见突出，因为目前的城市中很多最糟糕的地方，显然也是最让人头疼的麻烦，就是郊区或那些不久以前还尊贵而安静的住宅区；最终，很多今天崭新的郊区或半郊区将被并入城市，将会经历成功或失败，这取决于它们是否能作为城区成功地发挥作用，是否能成功地适应这个转向。同时，坦诚地说，我最喜欢密度很高的城市，也对它们倾注了最多的关心。

但是，我希望读者不会把我的观察看成是对小城市、小城镇或那些还没有纳入城镇的郊区的布局指南。城镇、郊区或小城市的功能与大城市的完全不同。试图从小城镇的行为或者说想象的行为来理解大城市，这种做法已经使我们陷入了足够深的麻烦。而试图从大城市的角度去理解小城镇的做法，则更会加剧混乱。

我希望本书的每一位读者都会用他们自己关于城市及其行为的知识，经常地、带有质疑地来检视我在书中表达的观点。如果我的观点有不确切的地方，或推理和结论有误，我希望这些错误会很快地得到纠正。关键是我们太需要尽可能多、尽可能快地学习和应用有关城市的真正有用的知识。

我已经对正统的城市规划理论做了不友善的评论，如以后有机会，我还会做出更多这样的评论。迄今为止，这些正统的观念已经成为我们民俗的一部分了。它们让我们深受其害，因为我们想当然地接受了它们。为了说明我们是如何接受的，以及它们是怎样地文不对题,在这里我将快速地给出一个框架,以阐明那些最有影响力的思想来源,正是这些思想生成了现代城市规划和建筑设计正统理论的"真理"。[1]

一个最重要的影响线索或多或少地来自埃比尼泽·霍华德[2],一个英国皇室记者,规划是他的个人业余爱好。霍华德观察了19世纪晚期伦敦穷人的生活状况,他理所当然地不喜欢他看到、闻到和听到的一切。他不仅不喜欢城市中乌七八糟的东西,而且憎恨这座城市本身,他认为伦敦城是一座彻头彻尾的邪恶之城,让如此多的人拥挤在一起是对自然的亵渎。他开出的拯救药方是彻底推倒重来(改变这座城市)。

他在1898年提出的计划是制止伦敦城的发展,同时重新分布周边乡村的人口,那儿的村庄正在衰落,方法是建一个新的小镇——花园城市。在那儿,城市中的穷人或许可以重新贴近自然生活。他们当然需要一份工作养家糊口,因此工业要在花园城市

---

1 那些希望能看到更加完整或类似的叙述(本书不是)的读者应该去翻阅那些非常有趣的资料,特别是:《明日的花园城市》,埃比尼泽·霍华德著;《城市文化》,刘易斯·芒福德著;《进化中的城市》,帕特里克·格迪斯著;《现代住宅》,凯瑟琳·鲍厄著;《走向美国的新城镇》,克莱伦斯·斯坦恩著;《拥挤之无效》,雷蒙德·昂温爵士著;《明日之城及其规划》,勒·柯布西耶著。我所知道的最好的短篇考察是一组节录,题目是《城市规划之假设与目的》,收录于《土地使用的规划:关于城市土地的使用、错用和重用的案例》,查尔斯·M.哈尔著。

2 埃比尼泽·霍华德(Ebenezer Howard, 1850—1928),英国"花园城市"运动创始人。当过职员、速记员、记者,曾在美国经营农场。1876年从美国返回英国后,加入土地改革、消灭城市贫困以及一些其他社会问题的组织和活动。针对当时大批人从乡村流入城市,造成城市膨胀和生活条件恶化,他提出"花园城市"的设想,并将它视为解决城市社会问题的一把万能钥匙。1898年,霍华德出版《明日:一条通往真正改革的和平道路》一书,提出建设新型城市的方案。1902年修订再版,更名为《明日的花园城市》。他认为新城市应是一种把城市生活的优点和乡村的自然环境和谐结合起来的田园式的城市。当城市人口增长到一定程度时,就要建设另一个同样的城市。霍华德的这种设想有可能受到他在美国的生活经历的影响。他在芝加哥的几年里曾目睹很多市民迁移到邻近火车站的郊区新城里,这也许为他试图解决英国的城市问题提供了一个思路。反过来,霍华德的"花园城市"构想对美国的城市规划和建设产生了深远的影响。——译注

中建立起来，如果说霍华德并不是在真正意义上规划城市，他当然也不是在郊区规划建立宿舍之类的东西。他的目的是创造自足的小城市，真正意义上的舒适的小城市，条件是你应当很温顺，没有自己的想法，也不在意与那些没有想法的人共度一生。就像所有的乌托邦计划一样，但凡有点意义的计划，其决定权都只属于手握重权的规划者。花园城市是要被一圈农业带包围的。而工业则是部署在规定的区域里，学校、住宅区和绿化带放在生活区，城市中心公共区域里则是商业机构、俱乐部和文化设施。小城及其绿化带在整体上应由一个公共当局控制，城市在其领导之下，这样可以避免土地使用的投机化和所谓的非理性的变化，同时也可以消除增长人口密度的企图——简而言之，要尽量避免使小城变成大城市。人口应控制在三万之内。

内森·格莱泽在《建筑论坛》一书中很好地总结了这种景观："这种形象就是英国的乡村小镇——只是由社区中心替代了庄园和宅第，几个隐藏在树丛后面的工厂给人们提供工作。"

在美国，最接近的翻版也许就是那种模范企业城镇[1]，它实行利润分红，并由家长—教师联谊会负责日常的、监护性的政治活动。霍华德描述的不仅仅是一种新的物质环境和社会生活，实际上也是一个家长式的政治和经济社会。

然而正像格莱泽指出的那样，花园城市的概念"被想象成了大城市的代替物，一个解决大城市问题的方案；它过去是，现在仍是城市规划思想强大力量的基础"。霍华德曾试图建立两个花园城市，莱切沃斯和维尔温两个地方；当然，自第二次世界大战以

---

1 指随一个大公司或厂矿的建立而兴起的城镇，居民多为公司或厂矿职工。——译注

来，英国和瑞典按照花园城市的原则已建了不少卫星城镇。在美国，新泽西拉德布恩的郊区，以及大萧条时由政府资助建起的"绿带"城镇（实际上就是郊区），也是按照这个思想来建的，只是不完全一致，有点改变。霍华德对今日美国所有城市规划观念产生了深刻的影响，相比之下，对他观念的囫囵吞枣似的全盘照搬根本无法与之相比。那些对花园城市概念没有兴趣的城市规划者和设计者在思想上也深受其无处不在的原则的影响。

霍华德创立了一套强大的、摧毁城市的思想：他认为处理城市功能的方法应是将所有特定的简单用途进行归类和筛选，并以相对自我封闭的方式来安排这些用途。他把重点放在提供"健康"住宅上，把它看作是中心问题，别的都隶属于它；更有甚者，他只是从郊区的环境特点和小城镇的社会特征两个方面来界定健康住宅的概念。他把商业设定为固定的、标准化的物品供应，只是为一个自我限定的市场服务。他认为好的规划是一系列静态的行为；在任何情况下，规划都必须要预见到日后需要的一切，并在建成后得到保护，以防日后出现的变化，一些小变化除外。他同时也把规划行为看成是一种本质上的家长式行为，如果不是专制性的话。对城市的那些不能被抽出来为他的乌托邦式构想服务的方面，他一概不感兴趣。特别是，他一笔勾销了大都市复杂的、互相关联的、多方位的文化生活。他对大城市管理自己的方式、交流思想的方法、政治运作的形式、开拓新的经济部署的方式等问题，都不感兴趣；他根本没有想方设法加强这些功能，因为他本来就不是要规划这样的生活。

无论强调什么，还是撇开什么，霍华德都是从个人的角度而不是从城市规划的角度来发表意见。但事实上所有的现代城市规划理论都是从这种愚蠢的东西改编过来的,或用它来修饰自己。

霍华德对美国城市规划的影响集中在城镇(小城市)和区域规划者以及建筑师两个方面。帕特里克·格迪斯爵士这位苏格兰生物学家和哲学家沿着这种规划思路,不把花园城市概念看成是一种吸引人口增长的方法(而原本这些人口注定是要涌向大城市的),而看成是一种通向更为宏大、更加海纳百川的方式的起点。他是从整个区域规划的角度来考虑城市规划的。这样,在区域规划底下,花园城市就应该是均匀地遍布大区域,与自然资源的分布契合,与农业和林地形成平衡,组成一个分布广泛、合乎逻辑的整体。

霍华德和格迪斯的思想在20世纪20年代的美国被满怀激情地采纳,一批忠于他们的思想又颇具影响力的人则进一步发展了这个思想,其中包括刘易斯·芒福德、克莱伦斯·斯坦恩、已经过世的亨利·赖特和凯瑟琳·鲍厄。他们称自己为区域规划者,但凯瑟琳·鲍厄在最近则把他们称为"非中心主义者(分离者)",这个名字更为合适,因为区域规划的主要目的,正如他们看到的那样,就是要将大城市非中心化、稀疏化,将其中的企业和人口驱散到小型的、分类隔离的城(美其名曰城镇)中去。其时,美国人口正在经历老龄化,人口数量也趋于平稳;因此,问题似乎就不是要为急速增长的人口解决住宅,而仅仅是重新分布静态的人口。

就霍华德本人而言,他对这一批人的影响与其说在于他们接受他的思想的实际内容——这其实微不足道——不如说是他的思想影响了城市规划和立法,而后者又会影响到住房和住房财政。由斯坦恩和赖特提出的主要建立在城市郊区和城市边缘的模范住宅计划,以及由芒福德和鲍厄展示的文章、图片、概述和照片等表明了以下的思想,并将它们通俗化了(在正统理论中,它们早已是司空见惯了):街道对人们来说是一种糟糕的环境;住宅应该背向街道朝里,朝向被隔离的绿化带。过多的街道是一种浪费,只对房地产商有利,因为他们按门前的面积来测算价格。城市设计的基本要素不是街道,而是街段(街道与街道之间的区域),尤其是超级街段;商业区应与住宅区和绿化带分割开来;街区里的居民对商品的需求应做“科学”的测算,不能给商业分配更多的空间;住宅区里那些不相干的人必然成为祸害;好的城市规划的目标必须至少要造成一种单独的、郊区式的隐秘的感觉。非中心主义者们同时也反复强调了霍华德的中心思想,即经过规划的社区必须要成为一个自足的“孤岛”,必须要抵御未来的变化,每个细节在开始时就必须得到规划者的控制,此后就严守不动。简而言之,好的规划就是项目(project)规划。

为了强调和突出新秩序的必要性,非中心主义者们把目标锁定在破旧的老城,并频频向其发起攻击。他们对大城市成功之处漠不关心。他们只对失败有兴趣。所有的一切都是失败。诸如芒福德的《城市文化》一类的书,基本上就是对城市疾病的可怕的、充满偏见的罗列。大城市就等于是大杂烩、暴力之城、丑陋之城,是一个恶魔、暴君,一具行尸走肉。必须要废除它。纽约的中城是一块“彻头彻尾的杂乱之地”(芒福德语)。城市的形状和外貌仅仅是“一种混乱中产生的偶然……是许多自我中心的、不明智的、个人的、随意的、充满敌意的臆想的总和”(斯坦恩语)。城市的中心就等于是“一块充满噪声、污物、乞丐、纪念物和竞相聒噪的广告的地方”(鲍厄语)。

如此糟糕的事情又怎么值得花力气去加以理解? 事实上,非中心主义者的这些分析，原本作为这些分析的同伴和派生物的建筑和住宅设计，以及受到这些新观念直接影响的国家住宅和家庭资金资助的立法——所有这一切里，没有一件是和理解城市或培育成功的大城市有关的，它们本来就没有这样做的意图。它们只是抛弃城市的理由和手段，非中心主义者们对此毫不避讳。

但是，另一方面，在规划和建筑学校里，在国会、立法机构和城市议会中，非中心主义者们的思想却逐渐作为能够建设性地解决城市本身问题的基本指南而被接受。这是这个悲哀的故事中最令人吃惊的事：最终，那些真诚地想要强化大城市的人却接受了这些目的非常明确的、以破坏甚至摧毁城市的系统为己任的处方。

最了解怎样把反城市的规划融进这个罪恶堡垒的人是一位欧洲建筑师，名叫勒·柯布西耶[1]。他在20世纪20年代设计了一个梦幻之城，他称为光明之城，不是由非中心主义者喜爱的低层房屋，而是主要由处在花园内的摩天大楼组成。"试想我们进入一个完全像公园似的大城市，"柯布西耶写道，"我们快速行驶的小车驶上一条特殊的、位于壮观的摩天大楼间的高架桥；当我们驶近时，可以看见二十四层摩天大楼顶着的蓝天时隐时现，在我们左右的每个单个区域的外部是一些政府和行政楼；而最外层是博物馆和大学楼群。整个城市是一个公园。"在柯布西耶描述的这

21   个垂直城市里，每英亩要拥有1200个居民，确实是极其稠密，但是

---

1 勒·柯布西耶 (Le Corbusier，1887—1965)，现代建筑大师，1887年出生于瑞士，1917年移居法国。柯布西耶是现代主义建筑的主要倡导者，同时也是一位有着重要影响的城市规划者。他主张采用新的城市规划原则和建筑方案，设想城市中有应用现代交通工具的整齐的道路网，中心区有摩天大楼，外围是高层和多层楼房，高楼之间有宽阔的绿地。主张在城市规划中采用功能区域划分的原则。有《明日之城》一书出版。——译注

因为楼房是如此之高,95%的地面可以留为空地。摩天大楼将只占5%的地面。高收入者将住在低矮的奢华住宅里,旁边是院子,他们有85%的地面留作空地。饭店和剧院随处可见。

勒·柯布西耶不仅仅是在规划一个具体的环境,他也是在为一个乌托邦社会做出规划。勒·柯布西耶的乌托邦为实现他所说的"最大的个人自由"提供了条件,但是这样的条件似乎不是指能有更多行动的自由,而是远离了责任的自由。在他的光明城市里,很可能没有人会为家人照料屋子,没有人会需要按自己的想法去奋斗,没有人会被责任所牵绊。

非中心主义者和其他花园城市的忠诚拥戴者曾对勒·柯布西耶的公园中的塔楼之城感到很吃惊,现在仍然如此。他们对它的反应,不论是过去还是现在,都很像是先进幼儿园的老师面对着一个完全老式孤儿院的反应。但是,具有讽刺意味的是,光明城市直接就来自花园城市的概念。勒·柯布西耶接受了花园城市最基本的模样,至少在表面上如此,然后把它实际化,适用于人口密度高的情况。他把他的创造描述为能够变成现实的花园城市。"花园城市是虚无缥缈的东西,"他写道,"自然消失在道路和房屋的蚕食之下,原本应有的幽僻之处变成了拥挤的居住地……解决这个问题的方案将在'垂直花园城市'中找到。"

在另外一个意义上,从相对容易被公众接受的角度看,勒·柯布西耶的光明城市也是依赖于花园城市的概念的。花园城市的规划者以及它在住宅改革者、学生和建筑师中不断增加的追随者们都曾不知疲倦地推广超级街段、廉租住宅街区和固定规划的概念,以及草坪至上的思想。更有甚者,他们颇为成功地把这些特征树立为具有人性的、对社会负责的、实用的、超凡脱俗的

规划标志。其实，勒·柯布西耶根本用不着从人性的和城市实用的角度来证明其设想的正确；如果这种城市规划的伟大目标能够

22　让儿童文学作家克里斯托弗·罗宾兴奋不已，那么勒·柯布西耶又何错之有？但是，非中心主义者们要求制度化、程式化和非个性化的口号，在他人看来，则显得既愚蠢又狭隘。

　　勒·柯布西耶的梦幻之城给我们的城市造成了重大的影响。它受到了建筑师们的狂热推崇，并且逐渐在从低收入住宅到办公楼等众多建筑项目中得到体现。除了至少将花园城市的原则在密度高的城市中做一些表面上的应用文章，勒·柯布西耶的梦幻还包括其他奇迹。他试图把汽车放进他的规划，并使其成为不可分割的一部分，在20世纪20年代和30年代早期，这是一个崭新的、令人激动的想法。他将主干道纳入高速单行道。他减少了街道的数目，因为"交叉道是交通的敌人"。他建议把地下道路作为重型车辆和交通运输的道路；当然，就像花园城市规划者一样，他让步行者离开街道，留在公园里。他的城市就像一个奇妙的机械玩具。此外，作为一个建筑作品，他的构想具有一种令人目眩的清晰、简洁以及和谐的风格。它是如此的有序、明确、容易理解。它在一瞬间将所有东西和盘托出，就像绝妙的广告一样。这样的设想以及它大胆的象征一直以来对规划者、住房计划的赞助者和设计者们都产生了不可阻挡的影响，对开发商、贷款者和市长们也是如此。它对那些有着"革新"观念的区域划分者也产生了强大的吸引力，他们制定一些规则，目的是鼓励非住宅项目建造者对梦幻之城进行哪怕只是一点点的思考。不管得出的设计是如何庸俗和笨拙，不管空地是多么单调和无效，不管近距离视觉是多么沉闷，勒·柯布西耶的模仿者总会这么喊道："瞧，我的

作品!"这样庞大而引人注目的作品表现了某个人的成就。但是,至于城市到底是如何运转的,正如花园城市一样,除了谎言,它什么也没有说。

　　尽管非中心主义者因其对温馨舒适的小城生活理想的忠诚,从来就没有与勒·柯布西耶的方案和谐相处过,但他们的信徒恰恰相反。事实上,今天几乎所有的城市设计者都以各种变化的方式融合了这两种概念(花园城市和梦幻之城)。被冠以"选择性的迁移"、"重点更新"、"更新规划"、"保护规划"(意思是说避免对某个破旧地区的整体清空)等各种名称的改建技巧主要是一个诡计,即找出有多少老建筑还可以留下,看看那个地方是不是仍然可以改造成一个合格的光明花园城市的翻版。区域划分者、公路规划者、立法者、土地使用规划者以及公园和游乐休憩场地规划者——他们没有一人生活在意识形态的真空中——不断地运用这两个效力强大的图景,或者更为复杂地,运用这两种图景的混合体,把它们当成固定的参考点。他们或许会在这几个选择前犹豫不决,他们或许会折中处理,或许会将它们庸俗化,但不管怎样,建立在这两种观念之上的思想是问题的生发点。

　　我们还应该简单地回顾一下另一条不太重要的正统理论的来源。它或多或少地开始于1893年芝加哥恢宏的哥伦布博览会,那正好与霍华德形成他的花园城市理论是同一时间。芝加哥博览会对此前已经在芝加哥兴起的激动人心的现代建筑表示了蔑视,相反,它戏剧化地推出了回到历史的模仿文艺复兴的风格。在展览公园里排列着沉重庞大的纪念碑,就像盘子里装着的撒了糖霜的糕点,一排接一排,色彩斑斓,这预示了后来勒·柯布西耶在公园里的一座又一座高楼。把这种厚重的、纪念碑似的建筑以祭神的方式集合在一起的形式抓住了规划者和公众的想象力。它开启了一场名为城市美化的运动,事实上,博览会的主要策划是后来城市美化运动的领头组织者,来自芝加哥的丹尼尔·伯纳姆。

　　城市美化运动的目的是建立城市标志性建筑。一些建造系统林荫大道的宏大计划被制订出来,但大部分没有任何结果。这个运动真正产生的结果是,仿照芝加哥博览会的中心标志物,一个又一个城市建造了市民中心,或文化中心。这些建筑物沿着一条林荫大道,就像费城的本杰明·富兰克林公园大道;或靠着一个商场,就像克利夫兰的市政中心;或比邻公园,就像圣路易斯的市民中心;或与公园交错在一起,就像旧金山的市民中心。不管它们如何布置,重要的一点是这些标志性建筑都分离于城市的其他部分,尽可能最大地体现其效应,整个建筑被作为一个完整的单位对待,鹤立鸡群,轮廓分明。

24　　　人们引以为豪,但这些中心建筑并不成功。其一,中心周围的城市普通区域日复一日地破败下去,而不是振兴起来,周围总能见到一圈墙上布满乱七八糟的涂鸦的小店和旧服装店,非常扎眼,或者干脆是一派无法形容的凋敝破落景象。其二,人们大多远离这些中心地带,当博览会成为城市的一部分时,它似乎就不像博览会了。

　　城市美化运动造就的中心内的建筑在风格上已经过时了。但是,这些中心背后的思想没有受到质疑,而且从没有像今天这样显示其强大的力量。把某些文化或公共功能建筑分离出来,消除其与日常城市的联系,这种思想与花园城市的教条完美地融合在一起。上述提及的几个观念和谐地结合在一起,花园城市和光明城市加之城市美化,于是就有了光明花园城市美化的结合体,就像纽约宽广的林肯广场,那儿建立了一个标志性的城市美化概念的文化中心,周围相邻的是一系列光明城市和光明花园城市概念的住宅、商业和校园中心。

与此相似,城市功用分离的原则——通过压抑除了规划者自己的规划以外的所有规划而带来秩序的原则——已经轻易地延伸至城市功能的各个方面,直到今天,如果某个大城市有一个土地使用的大手笔计划(常常与交通相关),简直就是按照事先的设想,对未被分离的地方进行一系列重新部署。

自始至终,从霍华德到伯纳姆以及到最近城市改造法律的修改,全部的观念和计划都与城市的运转机制无关。缺乏研究,缺乏尊重,城市成了牺牲品。

25

第一部分

城市的特性

二　人行道的用途：安全

　　在城市里，除了承载交通外，街道还有许多别的用途。城市中的人行道——街道中供人步行的部分——除了承载行人走路外，也有其他很多用途。这些用途是与交通循环紧密相关的，但是并不能互相替代，就其本质来说，这些用途和交通循环系统一样，是城市正常运转机制的基本要素。

　　城市的人行道，孤立来看，并不重要，其意义很抽象。只有在与建筑物以及它旁边的其他东西，或者附近的其他人行道联系起来时，它的意义才能表现出来。同样的道理也可以用在街道上，即除了承载马路中间的交通外，它还有其他的目的。街道及其人行道，城市中的主要公共区域，是一个城市的最重要的器官。试想，当你想到一个城市时，你脑中出现的是什么？是街道。如果一个城市的街道看上去很有意思，那么这个城市也会显得很有意思；如果一个城市的街道看上去很单调乏味，那么这个城市也会非常单调乏味。

　　当然，事情并不是这么简单。现在，我们要谈到第一个问题。29如果一个城市的街道很安全，不受野蛮行为和恐怖行为的侵扰，那么这个城市也不用为上述行为担忧。当人们认为一个城市或它的某些地方危险或者混乱,那么他们主要是觉得人行道不安全。

但是,人行道以及走在上面的行人不是被动的安全受益者,或无助的危险受害者。在城市里文明与野蛮行为的斗争中,人行道及其周边地区,还有它们的使用者,都是积极的参与者。维护城市的安全是一个城市的街道和人行道的根本任务。

这个任务完全不同于小城镇或郊区的街道和人行道应有的用途。大城市不是小城镇,区别不仅仅在于比其更大;大城市也不是郊区,区别不在于比其更稠密。它们有着一些基本的不同,其中之一是城市顾名思义有着许许多多的陌生人。对任何一个人而言,在大城市中碰到的陌生人比他认识的人要多得多,不仅在公共场所如此,更为常见的是在家门口。即使是相邻的居民,也会是陌生人,仅仅从一小块区域人口的数量来看,这种可能性也是肯定存在的。

一个成功的城区的基本原则是,人们在街上身处陌生人之间时必须能感到人身安全,必须不会潜意识感觉受到陌生人的威胁。做不到这一点的城区在其他方面也会同样糟糕,并且会给它自己,给城市造成沉重如山的麻烦。

今天,野蛮行为已经占领了很多城市的街道,或者人们正害怕这种行为发生在街道上,其结果和前者是一样的。"我住在一个安静、可爱的住宅区。"我的一个朋友说,他现在正在寻找一个新的住处。"深夜里唯一让人不安的声音是偶尔有人被袭时发出的尖叫声。"这类发生于城市街道,或城区内部的暴力事件,只要有那么几起,就会让人对街道感到恐惧。一旦恐惧产生,人们就会减少上街的次数,而这又会使街道变得更加不安全。

当然有些人会自己吓自己,无论客观情况如何,他们都会感到不安全。但是，这种恐惧与那些在正常情况下谨慎、容忍和乐观的人感到的恐惧是不一样的，后者拒绝贸然在晚上——有些地方甚至是白天——走进一些他们很可能受袭的街道，一旦在那些地方遭到袭击，不会被他人及时看见或者得到及时救援。他们这种想法一点也不过分，常识而已。

造成这种恐惧的野蛮行为或现实（而非想象）的不安全现象，不能只归咎于贫民区。事实上，这样的问题在一些看上去很优雅的、"安静的住宅区"，就像我朋友要离开的那种地方，是最严重的。

也不能把这个问题归咎于城市的老区。在一些改造的例子里，包括一些所谓的最好的例子，如中等收入的住宅区中，这种情况达到了最厉害的程度。一个负责此类住宅区的警官最近警告居民，不要在天黑后出门闲逛，他还告诫他们要在知道敲门者的身份后才开门，而这个住宅区受到全国的羡慕（既为规划者又为贷款者所羡慕）。这里的生活竟和幼儿恐怖故事中"三只小猪"和"七个小孩"的境况差不离了。这个问题不仅在那些大力进行改建工作的城市里非常严重，在改建工作落后的城市里也一样严重。把它归咎于少数族裔、穷人或流浪者，认为他们应对城市的危险负有责任，这也是不明智的。在这些人中间，在他们的居住区之间，文明和安全的程度是大不相同的。比如，在任何时候，纽约的一些最安全的人行道是那些边上住着穷人和少数族裔的地方。同时，一些最危险的街区也是由这类人占据着。其他城市也八九不离十。

少年犯罪和其他犯罪背后是深层复杂的社会痼疾，这在郊区、小城镇和大城市都一样。本书并不打算考察深层的原因。在这里，我们只要说明以下观点即可：要维护好一个能够诊断和知晓自身背后的社会问题的城市，在任何情况下，出发点应该放在加强任何可以用来维护城市的安全和文明的办法上——在城市里，我们并不是没有这些办法。建设这种专为犯罪行为提供便利场所的城区，是再愚蠢不过的事了，但我们现在就在这么做。

31   首先要弄明白的是，城市公共区域的安宁——人行道和街道的安宁——不是主要由警察来维持的，尽管这是警察的责任。它主要是由一个互相关联的、非正式的网络来维持的，这是一个有着自觉的抑制手段和标准的网络，由人们自行产生，也由其强制执行。在有些城市里——一些人口众多的破旧的住宅区和街道是再明显不过的例子——公共人行道的法律和秩序的维持几乎全依赖警察和特定安保人员。这样的地方如同丛林一样，危险无处不在。一个连正常的、一般的文明秩序都无法自行维护的地方，警察再多也不管用。

　　第二件要弄明白的事是，不安全这个问题不能通过分散人群、降低稠密度、用郊区特征取代城市特征的方法来解决。如果这个办法可以解决城市街道的危险问题，那么洛杉矶就应该是安全的城市，因为从外表上看，洛杉矶几乎已完全郊区化了。它已没有真正意义上的可以称得上是人口密度高的城区了。但是，就像别的城市一样，洛杉矶不能避开这个事实：作为一个城市，它的确拥有很多陌生人，他们中总有一些人会带来麻烦。洛杉矶的犯罪数字可以让人目瞪口呆。在十七个人口高于百万的标准都市地区中，洛杉矶的犯罪率高居榜首，其本身就成了犯罪标准参照物。而这一点特别表现在对个人的袭击犯罪中，正是这种犯罪使得人们对街道产生恐惧。

比如, 有一个很有说服力的数据, 洛杉矶每10万人中31.9人的强奸率 (1958年数据), 是紧随其后的两个城市圣路易斯和费城的两倍, 是芝加哥10.1人的比率的3倍, 是纽约7.4人的比率的4倍。

在其他更为严重的人身攻击方面, 洛杉矶拥有每10万人中185人的比率。相比之下, 巴尔的摩是149.5人, 圣路易斯139.2人, 纽约90.9人, 芝加哥79人。

洛杉矶的整体犯罪率是每10万人中2507.6人, 远远超过紧随其后的圣路易斯和休斯敦 (分别为1634.5人和1541.1人), 而纽约和芝加哥则分别为1145.3人和943.5人。

洛杉矶犯罪率高的原因无疑是复杂的, 而且至少很多还扑朔迷离。但是有一点是肯定的, 降低人口密度并不能保证安全、消除犯罪和对犯罪的恐惧。从别的单个城市中也能得出这个结论, 那些城市的一些伪郊区或者说年久破败的郊区, 都是强奸、抢劫、斗殴、拦劫以及其他犯罪的理想之地。

这里, 我们碰到了一个关于城市街道的很重要的问题: 城市的街道到底能给犯罪提供多少方便? 也许在一个城市中, 肯定会有一定数量的犯罪, 罪犯肯定要想方设法找一个犯罪的地方 (我并不相信这一点)。无论是否如此, 不同的城市街道产生不同的野蛮行为和对它的恐惧。

有些城市的街道不给野蛮行为提供任何机会。波士顿北角区的街道就是一个杰出的例子。就这一点而言, 那儿的街道也许可以和世界上任何一个安全的地方媲美。虽然北角区的大部分居民是意大利人或有着意大利血统, 但其他各个种族和背景的人也一直频繁使用着这个城区的街道。有一些陌生人在这个地方和附近工作, 而另外一些人则到这儿来购物或溜达; 很多人, 包括那些住在以前被别人抛弃的危险城区的少数族裔,总是要到北角区的店铺来兑换支票,然后很快在街上买上一星期的货,他们知道在这个地方花钱和买东西时不会丢钱。

弗兰克·哈韦是北角区协会(当地的一个街区服务中心)的主任。他说:"我在北角区已经有二十八年了,在这么长的时间里,我还从没有听说过一件强奸、抢劫、骚扰孩子和其他类似的街头犯罪。如果有的话,在上报前,我肯定会有所耳闻。在过去的三十年间,有大约几十次,那些骚扰未遂者曾试图诱惑一些孩子,或在夜深时袭击妇女。每当这样的事发生时,他们都被一些过路者,正站在窗户旁的好事者或者是店主制止住。"

同时,在罗克斯伯里的榆树山大道地区——一个貌似郊区的波士顿的内城地区,常有袭击事件发生。此外,发生这些事件时,也没有打抱不平者出来保护受害者,这使得一些小心谨慎的人在夜晚都避离街道。毫不奇怪,因为这个以及其他相关的原因(缺少活力,单调乏味),罗克斯伯里的大部分地区都败落了,成为一个被离弃的地方。

我并不想把罗克斯伯里或其曾经风光旖旎的榆树山地带作为一个特别薄弱的地区单列出来。这个地方的无所作为,特别是那种极度凋敝、败落的模样在其他城市也司空见惯。但是在同一个城市里,在公共安全方面存在着如此大的差别,这应该是值得注意的。榆树山大道的基本问题不是因为存在着一个犯罪人群、被歧视人群或贫困人群,而是源自这样一个事实,即实际上它不能在安全方面有所作为,并且无法表现出一个城区应有的相关活力。

即使是被认为相同的地区里的相同地方,在公共安全方面也还是存在着显著区别。发生在纽约华盛顿住宅地——一个公共住

宅区——里的事件就可以说明这一点。这个住宅区里的一帮租房
者为了让他人接受他们，在1958年12月中旬举办了一次室外纪念
活动，他们竖起了三棵圣诞树。最主要的那棵树很笨重，要想移
动、竖起和修剪都非常麻烦，于是它就被挪到了住宅区的"内街"，
一个装点得如画中风景的中心商场和一条散步道。另外两棵树每
棵都不超过六英尺高，很容易搬动，它们被挪到住宅区外角的两个
边缘空地上，这个地方与一条热闹的大道相接，也与老城的街道交
叉。第一晚，那棵大树连同树上的装饰品都被盗走。两棵小树完
好无损，灯、装饰品等全在，直到新年时被取下来为止。"那棵树被
盗的地方，**理论上讲**是住宅区里最安全、防卫最好的地方，但也就
是这个地方，对这里的人，尤其是孩子来说最不安全。"一个一直在
帮助这些租房者的社工如是说。"在这个商场里，人并不比树更安
全，相反，另外两棵树置放的地方是安全的，因为那个地方是住宅
区的四个角落中的一角，刚巧也是对人最安全的地方。"

这是一个大家都熟悉的道理：一条经常被使用的街道应是一
条安全的街道，一条废弃的街道很可能是不安全的。但是，这种
情况又是怎么产生的呢？是什么使得一条城市的街道被用得多
或少？为什么华盛顿住宅地里的中心商场——这应该是一个吸
引人的地方——很少有人去？为什么其西边的旧城的人行道却
人来人往？有些街有时很热闹，有时却突然空无一人，这又是为
什么？

一条城市街道要想应付陌生人，在陌生人多的时候能确保安
全，就像那些很成功的城市街区那样，必须要具备三个条件：

第一，公共空间与私人空间之间必须要界线分明，不能像郊

区的住宅区那样混合在一起。

第二，必须要有一些眼睛盯着街道，这些眼睛属于我们所说的街道的天然居住者。街边的楼房具有应付陌生人、确保居民以及陌生人安全的任务，它们必须面向街面，不能背向街面，使街道失去保护的眼睛。

第三，人行道上必须总有行人，这样既可以增添看着街面的眼睛的数量，也可以吸引更多的人从楼里往街上看。没有人会喜欢坐在门廊里或从窗子里往外看空荡荡的大街。几乎没有人会这么做。相反，很多人常常会通过观看街上的活动自娱自乐。

在一些比大城市更小也更为简单的地区，对公共行为（如果不是犯罪）的监控或多或少是通过一个由声誉、街谈巷议、赞许、反对和制止等行为构成的网络来运转的。如果大家互相熟悉，并且消息传达的渠道畅通，这样的方法很管用。但是，一个城市里的街道不仅要监控城市居民的行为，而且还要涉及来自郊区和小城镇的来访者，他们期望逃离家中的闲言和约束，在城里好好待上一阵，因此，城里的街道必须要通过更加直接和明确的方法来实施监控。城市能否解决这样一个固有的难题还是个问题。但在很多街道，人们做得非常出色。

想通过使得一个地区的一些其他地方，如内部庭院，或有着遮蔽的玩耍空间变得安全，从而避开城市街道不安全这个话题，是没有用的。让我们再次回到街道本身的定义上来。在应付陌生人方面，城市街道责无旁贷，因为这是陌生人来往最多的地方。城市的街道不仅要防备那些干坏事的陌生人，也必须保护众多不会惹是生非、心地善良的陌生人，他们是街道的使用者，他们往来于街道的同时也给它带来了安全的保证。没有人可以在一个与世隔绝的人为环境里度过一生，即使是孩子也不行。每个人都需要使用街道。

从表面上看，我们似乎有一些简单明确的目标：确保街道上的公共空间明确无误，与私人的或什么也不是的空间划清真正的界线。这样，那些需要监视的地方就会有一个清楚、适用的范围。另外就是要确保这些公共街道地带有人在监视，并尽量持续不断。

但是，要达到这些目标不那么简单，尤其是后一点。你不能没有理由就让人们上街，也不能让人们观望一条他们不愿看的街。通过监视和互相监督来确保安全听上去挺残酷，但在实际生活中并不残酷。一条街道，当人们能自愿地使用并喜欢它，而且在正常情况下很少意识到他们在起着监督作用，那么这里就是街道的安全工作做得最好，最不费心思，最不会经常出现敌意或怀疑的地方。

满足这种监视的条件是要沿着人行道三三两两地布置足够数量的商业点和其他公共场所，尤其是晚上或夜间开放的一些商店和公共场所。例如商店、酒吧和饭店能够以不同的、综合的方式维护人行道的安全。

第一，这些小场所位于人行道的边上，给人们——居民和陌生人——提供了具体的使用人行道的理由。

第二，有一些地方本身没有多少吸引力能够成为公共场所，但这些小场所可以让它们成为通向另外一些地方的必经之路，使得这些地方也常常人来人往，熙熙攘攘；这样的影响从地域上讲不会延伸很远，因此，一个城区内的商企应该分布频繁，可以使街上缺少公共场所的地方也拥有很多行人。此外，还应该有众多不同种类的小商企，让人们有理由横穿一些小道。

36

第三，店主和小企业主本身是典型的安宁和秩序的坚决支持者；他们憎恨打碎玻璃以及拦路打劫这种行为；他们不愿看到顾客因为害怕不安全而战战兢兢。如果数量足够多的话，他们是最有用的街道监视者和人行道护卫者。

第四，人们上街办事，或买食品和饮料，这样的活动本身就能吸引另外一些人。

这最后一点，即一些人的活动吸引另外一些人，对于城市规划者和城市建筑设计师们而言似乎是不可理解的。他们的理论前提是城市人追求的是那种空荡的、明显的秩序和静谧感。没有什么比这更加不切实际了。在城市的每个地方都能看到，人们喜爱观看另一些人及其活动。在纽约的上百老汇区，这样的特点几乎达到了滑稽可笑的地步。在那里，街道被正位于路中间的狭长的商场分为两半。在这个南北向的商场连接街道的交叉处，很多椅子被安放在固定的自助餐桌后面，每当天气稍好时椅子上就会坐满了人，一排接一排连着好几个街段，人们在观看那些走过商场的行人，观看交通，观看繁忙的人行道上来来往往的人，也在互相观看。百老汇最后延伸到了哥伦比亚大学和巴纳德学院，一个在右面，一个在左面。这儿有着明显的秩序和静谧的感觉。看不到商店，也没有与商店相关的活动，几乎不见有行人穿马路——当然没有观看者。那儿还有椅子，但即使在天气最好的时候，也是空的。我曾经在那儿坐过，发现了造成这种情况的原因。没有比这更乏味的地方了。即使是这两个学校的学生也会避开这个孤单的地方。他们在俯瞰热闹校园的台阶上做户外散步活动，做作业或观看街上的活动。

其他地方的城市街道也是如此。一条有活力的街道应既有

行人也有观看者。去年，我就到了曼哈顿下东区的这样一条街
上，我在那儿等公共汽车，不到一分钟，还来不及观看街上办事的
人、玩耍的小孩和门廊边蹀着慢步的人的活动，这时候，我的注意
力被街对面一幢公寓楼三层的一位妇女吸引住了。她打开窗户，
朝我大声嚷嚷。当我弄明白她是对着我说话，就走了过去。她朝
下大声对我说："星期六公共汽车不来这儿。"然后，一边大声说，
一边打着手势，她指示我转过一个拐角。这位妇女是成千上万个
顺便照看街道的纽约人中的一个。他们注意着陌生人，注意着街
上发生的一切。如果需要采取行动，不管是指引一个走错路的
人，还是打电话给警察，他们都会去做的。当然，这种行动的前提
是，行动者对"自己是这条街的主人"有一种自我意识，而且也能
在需要的时候得到支持。本书后面的章节会详述这一点。但是
比这样的行为更为基本的是观看本身。

　　并不是每一个城市里的人都会帮着照看街道，很多城市居民
或在城市里工作的人不会意识到街区为什么安全。有一天，在我
住的街上发生了一件事，使我产生了很大的兴趣。

　　我必须要做点解释，我住的这条街的街段比较小，但是里面
的房屋很不相同，从不同年代的出租公寓到三四层楼的住房，这
些房子已被改建成廉租套房，底层是商店，或是一整个家庭居住
的房子，就像我们住的那套房子。街对面大多数曾经是四层砖
楼，底层是商店。但是，十二年前，从街段的拐角到中间的几座楼
房被改建成了装有电梯、租金很贵的小公寓。

　　吸引我注意力的事件发生在一个男人和一个正在反抗的
八九岁小女孩之间。那个男人好像在试图让小女孩跟他走，他一
边极力哄骗她，一边又装出冷漠的样子。那个小女孩靠在街对面

一座楼房的墙上，显得很固执，就像孩子在进行抵抗时的那个
模样。

38　　就在我从二楼的窗户往外观望，心里想着如果可行的话，怎
么来进行干预时，我发现没有必要这么做了。从对面楼房下面的
肉店里出来一位妇女，她和她的丈夫经营着这家店。这位妇女站
在离那个男人不远处，叉着胳膊，脸上露出坚定的神色。同时，经
营一家熟食店的乔·科尔纳基亚和他的女婿也从店里出来，稳稳
地站在另一边。楼上窗户里伸出好几个头来，有一个很快退了回
去，这个人不一会儿出现在那个男人靠着的门后边，有两个男人
从肉店旁边的酒吧里出来，走到门口，等在那里。从我所在的街
的这一边，我看见锁匠、水果店主、洗衣店主都从他们的店里出
来。除了我们的窗外，还有很多窗也打开了，里面的人在观察街
上发生的事。那个男人并没有注意到这一切，但他是被包围了。
没有人会让他把一个小女孩拽走，即使没有人知道她是谁。

　　我很抱歉——纯粹就这个戏剧性的场面而言——因为最后
发现这个小女孩是那个男人的女儿。

　　这个戏剧性场面的整个过程大概有五分钟，只有那个高租金
公寓楼的窗户里没有出现一双眼睛。刚搬到这里来时，我曾满怀
喜悦地盼望，也许过不了多久，所有的楼都会改建成与这个楼一
样。现在我明白了，但同时也产生了很多忧虑和担心，因为最近
有消息说，这样的改建已经提上了议事日程，邻近此楼的街面楼
都要照此改建。大多数这些高租金楼的住户来去匆匆，我们甚至
都不知道他们的样子，[1]他们根本没有一点谁在看管着街道或如

---

1 据一些店老板讲，有些住户很节省，他们只是在这里短住，目的是找一个租金更加便宜的
地方。

何看管的概念。一个城市的街区可以吸引和保护为数不少的这类"过路鸟"，就像我们这个街区那样，但如果整个街区的人都**变得和**他们**一样**，他们就会慢慢地发觉街道不安全了，继而他们就会显出一副茫然的样子，如果事情变得非常糟糕，他们就会转移到其他安全一点的街区，尽管天晓得那里是不是更安全。

　　在一些缺乏自我监视的富人街区，如纽约的公园大道住宅区或第五大道，看管街道的人是雇来的。举例来说，单调乏味的公园大道的人行道，很少有人走，少得让人吃惊；如果有行人的话，他们更情愿去东边和西边的莱克星顿大街和麦迪逊大街，那里的人行道边布满饶有趣味的商店、酒吧和饭馆。一个由看门人、看房人、报童和保姆组成的网络构成了雇来的街区看管队伍，他们的眼睛看住了公园大道住宅区。在晚上，因为有了看门人提供的安全保障，遛狗者能够放心大胆地上街，而这也给了看门人一些助力。但这个地方缺少的是它自己应有的监视的眼睛，而且也提供不了让人来此走走看看的具体理由（来人在第一个拐角处就会离开），因此，一旦此地的租费稍稍下滑，到了拿不出足够的钱来雇看管街区的人的地步，那么毫无疑问，它就会成为一个十分危险的街区。

　　如果一个街道在应付陌生人方面做好了充分准备，当它在公共空间和私人空间之间划定了清楚、有效的界线，而且具备了提供活动和监视人的基本条件时，那么陌生人越多，街区的气氛就会越活跃。

　　在我所住的那条街上，陌生人成为一种重要的资源，特别是到了晚上，他们带来活跃的气氛，而此时也恰恰是最需要安全保障的时候。我们很幸运，在这条街上不仅有本地人常去的一个酒

39

吧以及街角处的另一个酒吧，而且还有一家远近闻名的酒吧，吸引了邻街甚至城外的很多陌生人络绎不绝地到来。这家酒吧出名是因为诗人迪伦·托马斯曾来过这里，并在他的书中提到过。事实上，这间酒吧实行两班制，且风格迥异。早上和下午稍早时候，这儿是老社区里的爱尔兰码头工人和本地其他手艺人的聚集地，这种传统已经延续了很长时间。但是从午后中段开始，这里就开始了另一种生活，有点像大学里喝着啤酒的闲聊，又带有一点文学鸡尾酒会的味道。这样的活动一直要延续到清晨。在寒冷的冬夜，你路过这间名为"白马"的酒吧，酒吧的门敞开着，里面传出一阵阵热闹的谈话声，迎面向你扑来，这时你会感到一阵暖流涌遍全身。人们在这间酒吧进进出出，使得我们的街道一直

40 到早上三点前都看得见很多人，也让你回家时总感到安全。我所知道的街上唯一一起打人事件发生在酒吧关门到天亮以前这段最寂静的时间里。此事被我们的一个邻居制止了，他从窗户里看见了发生的事，于是就进行了干预。他并没有意识到即使是在深夜，他也是街头法律和秩序维护网络中的一员。

我的一个朋友住在上城的一个街道，那儿的教会青年和社区中心经常在晚上有舞会和其他活动，它们也起了和"白马"酒吧一样的作用。正统的规划理论充斥着关于"人们应该如何度过他们的自由时间"的清教徒式和乌托邦式的概念；在进行规划时，这种关于人们私人生活的道德说教却又与城市如何运转的概念深深地混淆在一起。在维护城市街道的文明方面，上面两个例子尽管毫无疑问有着区别，但"白马"酒吧和教会赞助的青年中心为街道的公共文明做出的服务是一样的。城市不仅应容纳这样的不同，以及其他更多在品味、目的和职业兴趣方面的不同，而且

也需要有着不同趣味和癖好的人。那些乌托邦主义者以及那些要强制管理别人闲暇时间的人总是偏好于一种类型的企业和商业。这种做法不仅与城市的特性格格不入，而且还会贻害无穷。城市街道和企业以及商业越能广泛地满足合法的兴趣（严格法律意义上），对街道和城市的安全和文明就越有益。

酒吧，事实上所有的商业活动，在许多城区里名声很坏，其原因正是他们招来了很多陌生人，而那些陌生人则根本没有成为有用的资源。

这种不幸的情况尤其发生在大城市中了无生气的灰暗地带和曾经很风光或至少是很体面但现在已经败落的内城住宅区。因为这些街区都很危险，而且街道都很黑暗，所以一般都认为问题在于街道上照明不够。足够的照明确实很重要，但是仅归咎于黑暗这个原因不能说明灰暗地带根深蒂固的病态，那种极度单调、凋敝的景象。

灰暗地带街道的良好照明的价值在于，能给那些想上人行道的人提供一点安慰，有了光亮，他们也许就会在人行道上行走；如果光亮不足，他们就不会这么做。因此，光亮就会诱使这些人监视街道，为维护街道的安全出一份力。此外，足够的照明显然可以增加眼睛的监视力度，扩大能见范围。而多增加一双眼睛，多扩大一点监视的范围，能为这种灰暗地带带来很大的好处。但是，除非眼睛真的在看，除非眼睛后面的脑子里装着一种几乎是无意识的对维护街道文明的支持的信念，否则再好的照明也起不到什么作用。一旦有效的监视眼睛缺失，即使在灯火通明的地铁站里，骇人的犯罪也会发生。同理，在剧院里，因为周边都是人和

41

监视的眼睛,尽管一片黑暗,一般也不会有犯罪现象发生。街道上的照明就像沙漠中的一块巨石,在它轰然倒下的时候,没有一只耳朵听到它的声音。难道石头没有发出声音吗?没有有效的监视的眼睛,除了实际照明外,路灯还能起什么作用?

为了说明陌生人给城市灰暗地带的街道带来的麻烦,我将从比较的角度,先来谈一谈另一种特殊的、引申意义上的街道——高层公共住宅的走廊,那种光明城市概念的派生物。这些住宅里的走廊和电梯,从某种意义上说,是一种街道。它们是在空中竖起的街道,目的是为了消除地面上的街道,使地面变成荒废的花园,就像圣诞树被偷走的那个华盛顿住宅区的商场。

这些楼里面的通道就和街道一样,不仅因为它们为住户的进出服务(他们中的大多数并不一定互相认识或知道谁是住户,谁不是),而且也因为它们向公众开放。它们是模仿上层社会公寓楼的标准设计的,却出不起雇用看门人和电梯工的钱。任何人不经盘问就可以进楼,使用街道似的电梯和人行道似的走廊。这些内部的街道尽管向外敞开,但外面的人看不见,因此,它们就缺乏一般街道常有的监视和约束。

据我所知,纽约住宅当局在几年以前试着把布鲁克林的一个住宅(我把它称作布伦海姆住宅,这不是它的真名,我不愿意因提到它而给它带来麻烦)的走廊向公众的视线敞开,更多地不是因为在那个人们的眼睛监视不到的地方会有危及人身安全的事件,而是因为财产损坏事件。

布伦海姆住宅楼有十六层之高,这样的高度需要地面有一块面积很大的空地,从空地外和从别的楼里向这里的走廊进行的眺望式监视只能提供一点心理效应而已,但是这种因走廊向外敞开而产生的心理感觉在一定程度上还是有用的。更为重要和有用的是，走廊的设计很好，可以从内部进行监视。除了起上下通道的循环作用以外，还有其他的一些用途被赋予了这些走廊。相对于一般的狭窄走道，这里的走廊很宽，留有玩耍空间。事实证明，这样的设计非常具有活力，很有意思，以至于租户们在它上面又增加了一个新用途，而且还成为他们最喜欢的一个用途：聚餐地点——那些走廊兼阳台的地方可以成为聚餐的地方，尽管这遭到了管理层的反对和威胁，因为他们的设计中并没有这样的**计划**（他们的理由是设计应该考虑到多方面的功能，但确定之后就不能改变）。租户们心仪那些走廊阳台，而正因为经常被使用，这些地方也就时常处于监视之下。在这些特别的走廊上不曾有犯罪的问题出现，也不会有破坏行为，甚至连灯泡也没有被偷过或弄坏过。而在同样大小但缺乏监视的走廊区，仅仅是因为小偷或人为毁坏，每个月替换的灯泡数目就要达到几千个。

到这里为止，一切都还好。

城市安全与城市的监视机制的关系在这里已不言自明！

然而，布伦海姆住宅楼群里也有可怕的破坏行为发生，乃至成为丑闻。照明很好的阳台光亮很足，就像大楼管理者说的那样，"是一个最敞亮、最有吸引力的景观"，因此，吸引了很多陌生人，尤其是来自整个布鲁克林的青少年。那些敞亮的公共走廊吸引了这些外来者，但他们并不停留在这个人人都看得见的地方。他们走进了楼群里那些缺乏监视的地方，如电梯，甚至消防通道和平台。看管住宅楼的保安们上上下下地追踪这些作恶者——他们在无人监视的、十六层高的楼梯里为非作歹——但他们总是能逃之夭夭。把一个电梯开到高层，然后堵住门，电梯下不去，这

样做很容易,随后他们就会在楼里或对碰到的人干尽坏事。这个
问题是如此严重,如此明显地不可控制,以致走廊原有的安全性
能被一笔勾销——至少在那些受到困扰的管理者的眼中是这
样的。

发生在布伦海姆楼群的事件与发生在城市的单调灰暗地带
的事件有相同之处。灰暗地带可怜的一丁点有亮光和活力的地
方就像布伦海姆敞亮的走廊,这些地方确实会吸引陌生人,但是
从这些地方延伸出去的相对死寂、枯燥和无人监视的街区就好像
布伦海姆的消防通道,那些地方并没有应付陌生人的准备,陌生
人在这些地方的出没自然是一种威胁。

在这种情况下,有一种习惯的做法是谴责阳台——或商店或
酒吧,因为它们是招来肇事者的吸铁石。现在正在芝加哥展开的
海德公园—肯伍德改造项目就是这种思想的典型体现。这块毗
邻芝加哥大学的灰暗地带拥有许多漂亮的住宅和花园,但是在长
达三十年的时间里,这个地方饱受街头犯罪之苦,在后来的几年
里,这里的面貌急剧衰败。那些作为放血疗法医师后裔的规划者
为这种衰败给出了一个绝妙的"理由",那就是"凋敝"(blight)的
存在。所谓"凋敝",他们是指有太多的教授和其他中产阶级的
家庭一点一点地搬出了这个危险的、缺乏生气的地方,而他们空
出的位置自然常常被该区域那些社会地位和经济地位都低下的
人占有。这个更新计划的目的是除掉那些"凋敝"之处,换上光
明花园城市式的面貌,通常的做法就是缩小街道。这个计划同时
也在这儿或那儿增加了一点闲置空间,使得这个城区公共空间和
私人空间之间本来就模糊的界线变得越发模糊了,并且肢解了现
有的普通的商业网点。这个改造项目原来的计划包括一个相对

大一点儿的仿照郊区那样的商业中心。但是这种想法会让人或多或少想到这个地区实际已遭遇的问题，因此在整个规划过程中引起了一丝恐慌。建造一个比被改造城区居民所需商场标准还要大的商业中心，这种情况"或许会给这个地区带来外来人"，一位建筑规划师这么说。因此最后，一个较小的商业中心在那儿建了起来。其实，大或小无关紧要。

　　说它无关紧要，是因为海德公园—肯伍德就像所有的城区一样，在实际生活中本来就被外来人包围。这个地区是芝加哥不可分割的一部分，它不可能换个地域，也不可能再恢复从前的那种半郊区状态。如果说它真能做到这一切，能够绕过其固有的功能方面的不足，并且按照这种思维来规划，那么只能产生以下两种可能结果中的一种。

　　要么，外来人会继续随心所欲地进入这个地区。如果事情果真如此，那么不排除他们中会有一些不怀好心的人；就安全而言，如果会有什么变化的话，街道犯罪会变得更加容易（如果确实有的话），因为空地增加了不少。要么，可以通过特殊的手段来执行这个计划，即把外来人坚决挡在外面，就像毗邻的芝加哥大学——这所学校成了启动这个计划的关键——那样采取一些特殊的措施，用警犬每天晚上在校园里巡逻，监控任何一个在这个危险的非郊区校园深处出现的可疑人物。当地媒体对此有过报道。海德公园—肯伍德边缘的新住宅项目构建的屏障，加上这样特别的监控也许确实可以非常有效地挡住外来人。果真如此，就会产生新的问题，周围地区会产生敌意，更何况即使在"堡垒"内部也会有被围攻的感觉出现。在漆黑的夜晚，谁又能保证在"堡垒"内的成千上万的人是可以信赖的？

45   我再一次声明，我并不想选出一个地方，或一个计划（以上述为例）作为谴责的对象。之所以拿海德公园—肯伍德为例，是因为这种城市改造计划中的带有诊断和纠正意义的措施典型地——在这个例子中更带有点雄心——表现了这个国家所有的城市灰暗地带更新改造试验的内容。这就是城市规划，它带上了正统理论的深刻烙印，它不是个别地方意愿的反常表现。

试想，假如我们继续建造或重建这样不安全的城市，我们如何在如此状况下生活？从目前所知的情况来看，似乎存在着三种与这种情况相关的生活方式，也许以后还会有更多的方式出现，但我猜想这三种方式会得到进一步的"发展"，如果"发展"这个词没有用错的话。

第一种方式是让危险放任自流，让那些不幸身陷其中的人自己承担后果。这就是现在在低收入住宅区和很多中等收入住宅区里实行的政策。

第二种是用车辆作为避难所。这是在非洲的野生动物保护区里实行的措施，在那儿，游客们被警告在任何情况下不要离开车，直到到达一个安全处所。这种措施也在洛杉矶实行。我们总是可以听到一些去过洛杉矶的人很吃惊地讲述，贝弗利山庄的警察经常会叫住他们，问他们为什么要步行，并警告说这样做是很危险的。但是这种确保公共安全的措施在洛杉矶似乎并不十分有效，这从当地的犯罪率就可以看出，也许将来的某一天它会有效吧。试想，如果更多一些人，并没有汽车这种"金属壳子"的保护，在洛杉矶这个广阔的、无人监视的大"保护区"内，又会有着怎样的犯罪率？

当然，在其他城市的危险地带，人们也经常用汽车作为一种保护手段，或试图这么做。一封给《纽约邮报》编辑的信这么写道："我住在布鲁克林乌地卡大道一个很阴暗的街道里，因此决定要打车回家，尽管天色并不晚。出租车司机要求我在乌地卡大道的拐角下车，他说他不想开进那条黑暗的街道里去。如果我自己想在那条黑暗街道里走，还要他做什么？"

至于第三种方式，我在讨论海德公园—肯伍德时已经暗示过了，这就是最初由街帮发展起来的、现在已经被城市改造发展商们广泛采用了的模式。正是这种模式滋长了地盘制度(Turf)。

从历史上来看，在这种制度下，一个街帮把某几条街、住宅区或公园——通常是三者都有——划为自己的领域。如果这个区域的街帮不同意，其他街帮的成员不能进入地盘，否则他们就有挨打或被赶跑的危险。1956年，纽约青年委员会因为这种街帮之争而陷入绝境，他们后来通过街帮青年工作者安排了一系列停火协议。有报道说，这些停火协议除了促成了其他条件外，最主要的是促成了街帮间对区域界线的互相理解和认同。

但纽约市警察局长斯迪文·P.肯尼迪对此非常愤怒。他说，警察的目的是保护每一个人在城市的任何一条街上安全行走、不被侵害的权利，这是一种基本的权利。他指出，那些关于地盘的契约是对公众权利和公众安全不可容忍的践踏。

我以为肯尼迪局长是完全正确的。但另一方面，我们也必须要考虑青年委员会的工作者们面对的问题。这是一个实际问题，他们也在尽最大可能，采用他们可以使用的任何实际方法来解决这个问题。公众的权利和行动自由所赖以依存的城市安全正在从那些被街帮所占据的衰败的街道、公园和住宅区里消失。在这种情况下,城市的自由仅仅是一种学界理想而已。

现在来看看城市的重建改造项目:那些中等和上等收入住宅项目占据了城市中诸多土地和很多以前曾是普通街区的地方,它们划定了自己的地界和街道,就像其广告所说的那样,用来为它们的"城中岛屿"和"城中城"服务。这种策略的目的也就是要标明地盘,把其他的街帮挡在外面。起初,并不见有什么围栏出现,几个巡逻保安已足够起到围栏的作用了,但在过去的几年里,真正的围栏还是出现了。

47   也许,第一个围栏是那种高高的防旋风用的围栏,用于一个光明花园城市项目,毗邻坐落在巴尔的摩的约翰·霍普金斯大学医学院(可悲的是大的教育机构似乎都在设置地盘方面很有创见)。为了让人弄明白围栏的意思,此处的街上有这么一个招牌,上面写着:"请绕行。不能穿越。"在一个文明的城市里,看到一个街区像这样用墙围起来,真是让人觉得难以理解。从更深的意义上说,不仅是看起来很丑陋,而且有点"超现实"的感觉。在那个地区的教堂告示板上写着这么一句话:"基督之爱是爱中之爱。"尽管这传达了一种旨在鼓舞精神的信息,但你还是能够想象,此地区是如何难与邻近街区和睦相处。

纽约以自己的方式很快把巴尔的摩的经验搬了过来。事实上,在下东区的一个混合住宅楼群的后面,纽约走在了巴尔的摩的前面。在这个地区公园型步行道的尽头,一扇带铁闩的大门被永久性地上了锁,门上不仅用了金属网,而且还加上一团乱糟糟的带刺铁丝。如此严加防护的步行道果真就把那些下九流的城市地区挡在外面了吗?根本不是。在它的旁边是一个公共游乐休憩场所,边上就有很多收入层次不同的公共住宅区。

在城市的一些重建区域，一排排的栅栏分割了一个个街区，以此来形成街区间的"平衡"。还是在纽约的这个地方，两个"贴着"不同价格标签的居住区之间的"连接点"就很能说明问题：它们是中等收入的考勒斯·胡克合作住宅区和低收入的福莱德克住宅楼群。在前者与其相邻的街区中间有一块隔离带，那是个有着超级街段长度的停车场，旁边是一圈细长的栅栏和六英尺高的防旋风围栏，再旁边是完全封围起来的空地，有三十英尺宽，里面到处是脏兮兮的纸片，随风飞扬；这样做是有意的，为了不让任何人和东西接近旁边的住宅区。从这里开始便是属于福莱德克住宅楼群的地盘。

在上西区，我假扮成一位租房人，曾向公园西村租房公司——"位于纽约市中心的你自己的世界"——的一位出租代理人咨询过，他十分有把握地对我说："太太，商业中心一建成，这整个地方就会被围起来。"

"用防旋风围栏？"

"是的，太太，"最终他把手指向周边地区，"所有这些都会消失。那些人会离开。我们是这儿的开发者。"

48

我猜想，这就像是开拓者们生活在一个围着栅栏的村子里，不同的是真正的开拓者们的目的是确保他们的文明进程获得更多平安，而不是更少。

在一些新的地盘里，有些街帮成员发现很难承受这样的生活。1959年，一封写给《纽约邮报》的信表达了这种感觉："那天，我作为一个斯特伊佛桑特镇和纽约城的居民的自豪感第一次被愤怒和羞耻感替代了。我看见两个约十二岁的小孩坐在一条椅子上，他们正在热烈地交谈着什么，他们的行为很规范——他们是波多黎各人。突然，两个保安走来——一个从北，另一个从南。其中一个指着那两个小孩向另一个打手势。有一个保安走到孩子跟前，朝他们说了几句话后，两个孩子起身离开了。这两个孩子尽量表现出什么也没有发生的样子……如果在孩子们成年以前就被剥夺了这一切，那我们如何能够期待人们拥有尊严和自信？我们这些斯特伊佛桑特镇和纽约城的人是多么可怜，我们竟然不能够和两个小男孩共享一条椅子！"

此信的编辑给这个编读往来栏目取了个标题："待在你自己的地盘上"。

但是，从总体上来说，人们似乎很快就习惯了生活在一个地盘内，不管是实际上有一个围栏，还是只是一种象征而已，而且现在已弄不明白，以前没有围栏的日子他们是怎么过来的。在大城市里出现围栏之前，《纽约客》杂志曾描绘过小城镇里的这种现象。田纳西州的奥克里奇城在战后解除军事管制时要拆除此前建立起来的围栏，这让很多人很害怕，激起很多情绪激动的居民的抗议，他们召开了许多次气氛激昂的全体大会。奥克里奇城里的人在几年前都来自没有围栏的城镇或城市，但现在他们已对保护栏里面的生活习以为常，要是没有了围栏，他们就会担忧他们的安全。

事情就是这样。我的一个在斯特伊佛桑特镇——这个"城中之城"——出生和长大的十岁小侄子大卫，对任何人都能在我们家前的街上行走发出了疑问："有没有人管管，他们是不是在这条街上租房子？"他问道，"谁负责把那些不属于这儿的人赶出去？"

把城市划分成不同的地盘，这不仅仅是纽约的解决方案，也是其他美国城市的改造方案。在1959年哈佛大学设计学术会议上，城市设计者们考虑的议题之一就是地盘这个恼人的问题，尽管他们并没有用"地盘"这个说法。讨论的例子恰好是芝加哥湖滨区的中等收入住宅项目和底特律的拉斐特公园高收入住宅项目。出现在讨论者面前的是一个进退两难的问题：你想把城市的其他地区与这些安全无人监视的地方隔离开来？那样做，不仅很难，而且也会惹恼很多人。那么，让城市的其他地区进来又会怎样？同样会是困难重重，而且根本不可能。

就像纽约青年委员会的工作者们那样，遵循"光明城市"、"光明花园城市"、"光明花园城市美化"这些概念的城市发展商们和居住者们面临的是一个真正的难题，他们只能够在他们的能力范围内（正统规划理论范围内），按照他们所能把握的经验来解决。他们没有多少选择。每当一个重建改造的城市诞生时，这种带有野蛮性质的地盘概念就会紧随而来，因为重建的城市已经抛弃了城市街道的基本功能，与其一起被抛弃的必然是城市的自由。

表面上看来，老城市缺乏秩序，其实在其背后有一种神奇的秩序维持着街道的安全和城市的自由——这正是老城市的成功之处。这是一种复杂的秩序。其实质是人行道精细的作用机制，这为它带来了一双又一双驻足的目光，正是这种目光构成了城市人行道的安全监视系统。这种秩序充满着运动和变化，尽管这是生活，不是艺术，我们或许可以发挥想象力，称之为城市的艺术形态，将它比拟为舞蹈——不是那种简单、准确的舞蹈，每个人都在同一时刻起脚、转身、弯腰，而是一种复杂的芭蕾，每个舞蹈演员在整体中都表现出自己的独特风格，但又互相映衬，组成一个秩序井然的整体。这种让人赏心悦目的城市人行道"芭蕾"，在每个地方都不尽相同，在任何一个地方总会有新的即兴表演出现。

我所在的哈得孙街每天都会推出这样一幕精巧的人行道芭蕾场景。早上八点后，当我出去扔垃圾时，我第一个进入了这个场景，这当然是一件再平淡不过的事，但我喜欢我的这个角色以及放下垃圾袋时发出的声音。这时有一队初中生走过舞台的中心，他们扔下很多糖纸。（这么一大早，他们怎么吃这么多糖呢？）

我边打扫着糖纸，边观看着这个早晨其他的一些仪式：哈尔珀特先生正打开洗衣房小推车的锁，把它推向地下室；乔·科尔纳基亚的女婿正在把一些空箱子搬到熟食店的外面叠起来；理发师把折叠椅搬了出来，放在路边；戈尔茨坦先生正在收拾电线，这表明五金店开门了；公寓看门人的妻子把她脸圆圆的三岁孩子搁在门廊边，身边放着一个玩具曼陀铃，这是一个让他学英语的好地点，他妈妈不会说英语。此时，正在走向圣洛克教堂方向的小学生三三两两走过这里，向南边走去，向圣维罗尼卡十字街方向的孩子则向西走去，而四十一公立中学的孩子则向东走去。另外，在街道的边缘还有两个新近设置的"入口"，穿戴体面、举止优雅的女士和提着公文包的男士从公寓门口和街的一侧出现，他们大多数人去赶公共汽车或地铁，但是也有一些人会走到路边叫出租车，一些出租车就会在这个时候神奇地出现在他们面前，因为出租车本身就是这个早晨各种仪式中的一部分：它们先是从市中心以外地区把乘客送到位于市中心的金融区，现在又把住在市中心的一些人送到城外。与此同时，穿着便服的家庭妇女开始出现在街上，她们碰面时会停下来，简短地聊上几句，不是哈哈笑上几声，就是一致地抱怨什么。现在也到了我赶着去上班的时间了，我与劳法罗先生互道再见，这也算一种仪式了。劳法罗先生个头不高，身体壮实，围着白围裙，有一个水果摊。他站在他家略高于街面的门道上，两手交叉抱在胸前，双脚稳稳地立在地面上，看上去就像大地一般坚实。我们互相点头，并且很快地朝街道的前后扫上一眼，然后回头互相看看，脸上露出微笑。过去十几年间的许多个早上，我们都是这么打招呼的。我们互相都知道它的意义所在：一切皆平安无事。

　　我没怎么见过那一天正中时段的"芭蕾"场景，因为大多数像我这样住在那儿的有工作的人都去工作了，在别的一些人行道上担当起陌生人的角色。但是从那些我不上班的日子里，我对它了解得足够多，知道这个场景会变得越来越复杂有趣。那些当天不工作的码头工人聚集到白马酒吧、理想酒吧或国际酒吧喝啤酒和侃大山。来自西边办公区的一些经理和平时午餐时经常聚在一起的商人纷纷涌向岛晴餐馆和狮头咖啡屋；烤面包店里满是肉市场伙计和传媒学专家。一些与众不同的"舞蹈者"也登场了：一个奇怪的老头，肩膀上挂着几串破鞋；一些摩托车骑手，长着大胡子，车后座上坐着他们的女朋友，身子随着车的颠簸在跳跃，她们的长发披挂在脸前或散在后脑；一个醉汉，头上顶着一个帽子，他倒是真的在听从"帽子协会"的要求这么做，但头上的那顶帽子并不是协会要求的那种。锁匠莱西先生掩上他的店门，他要去找雪茄店的斯卢布先生聊上一阵。裁缝库查詹先生在窗外给窗台上郁郁葱葱的花木浇水，他颇为得意地扫了一眼这些花木，并接受了两个路人对它们的赞美之词，然后他又用手指触摸我们楼

51

前的悬铃木的叶子，露出一个经验丰富的花匠那种赞赏的神态，接着他穿过街道到理想酒吧去喝上一口，在那里他可以关注到他店里去的顾客，他可以隔着街道向他们打手势，表明他马上就来。婴儿车也被推出来了，一大群孩子出现在门口，从拿着玩具蹒跚学步的小孩到带着家庭作业的十几岁的大孩子。

　　我下班回家时，这场"芭蕾"正演到高潮。此刻正是孩子们玩轮滑、踩高跷、骑三轮自行车，以及在门廊下玩瓶盖和塑料牛仔小人的时候，屋檐下、门廊前都是他们玩耍的场所；此刻也正是人们大包小包买东西的时候，从杂货店到水果摊再到肉铺，人群来来往往，熙熙攘攘；此刻也正是那些半大孩子穿戴整齐出来的时候，他们会拦住路人问，他们的衬裙或衣领是不是好看；此刻也正是一些漂亮的女孩从女子学校放学的时候，是消防车穿行而过的时候，也正是在这个时候你会碰到哈得孙街许许多多的熟人。

　　夜幕降临时，哈尔珀特先生又把洗衣推车停靠在地下室的门口，这场"芭蕾"继续在灯光下进行，时有高潮，但主要集中在灯光耀眼的人行道边的比萨摊、酒吧、熟食店、饭店和杂货店。上晚班的人现在在熟食店门口停下来，购买撒拉米意大利香肠和牛奶。夜晚来临了，但街上的"芭蕾"并没有停止。

　　我对夜深时的"芭蕾"和它的内容了解得最清楚的时间，是凌晨一觉醒来照看我的小宝宝的时候，此时坐在黑暗中的我会看着外面的黑夜，听着人行道上的声音。大多数时候，我听到的声音就像是一伙人断断续续的谈话声；在凌晨三点时，会传来歌声，很好听的歌声。有时候是一阵尖锐的、愤怒的或悲伤的哭泣声，或者是一阵寻找一串散落的珠子的声音。有一个晚上，一个年轻人咆哮着一路跑来，向着两个女孩子骂出很难听的话，很显然这两个女孩子是他带来的，但她们并没有让他满意。有很多门打开了，一群警惕性很高的人围着他站了半圈，没有太靠近他，但他们一直等到警察来为止。沿着哈得孙街的很多门洞里也探出很多头来，人们纷纷在说："醉鬼……不正常……肯定是从郊区来的野孩子。"[1]

夜很深了，我几乎一点也意识不到街上到底有多少人，但有一个像苏格兰风笛这样的东西把他们召集到一起。风笛手是谁，他为什么喜欢我们这个街，这些我一概不知。我只知道在二月的一个晚上，风笛嘹亮地响起，仿佛是它发出了一个信号，人行道上散乱的、逐步减少的人的步伐忽然间有了头绪，一队小小的人群迅速而安静地，甚至是奇迹般地在街上出现，人群围成了一个小圆圈，里面有人跳起了苏格兰高地舞。可以看见人行道旁阴影里的人群，也能看见跳舞者，但风笛手本人不见身影，因为他出色的技艺已经淋漓尽致地表现在他的音乐里了。他是一个穿着简单的棕色外套的小个子。当他演奏完毕，转而隐身离去时，跳舞的人和围观的人都拍起了手，掌声也来自外围的听众，那些哈得孙街旁几百个窗子里的听众。然后，窗户关上了，那个小小的人群又分化成了夜晚街上散乱的步伐。

哈得孙街上的陌生人，那些帮助我们这些当地人监视街道、维护街道安宁的人是我们的同盟。他们人数众多，而且好像每天都不同。不过，这没有关系。每天来的陌生人是否总是不同，就像他们看上去的那样，这一点我不太清楚。好像还真是那样的。当杰米·罗根从玻璃窗里掉下来（他正在试图劝开窗下几个扭在

53

---

[1] 后来事实证明他确实是从郊区来的野孩子。在哈得孙街上，我们有时会倾向于认为郊区肯定是一个很难教育孩子的地方。

一起吵架的人）并几乎摔断了一只胳膊时，一个穿着旧T恤衫的陌生人从理想酒吧里冲了出来，快速地对他实施了止血处理，动作很是熟练，后来医院的急救人员说，这位陌生人救了杰米的命。没有人在此前见过这个人，也没有人此后再见过他。又是如何通知医院的呢？一个坐在离出事地点不远的台阶上的妇女冲向公共汽车站，二话没说就从一个正在等公共汽车的陌生人手中抢过一枚十美分硬币，那人手里正拿着十五美分准备买票，紧接着那个妇女又冲进了理想酒吧的电话间。那位等车的陌生人也紧跟着她冲过来递上手中的五美分。没有人记得曾见过此人，也没有人在这以后再见过他。当你在哈得孙街上看见同一个陌生人三次或四次后，你就开始朝他点头。这几乎成了一种相识的方式，当然，是公共场合的相识。

　　我对哈得孙街上每日"芭蕾"场景的描述听起来似乎要比实际情况夸张一点，因为文字对实际情况总会有所放大。在实际生活中，事情不完全是那样。但有一点是肯定的，那就是生活是不间断的，"芭蕾"永远不会停止，但总的情景是安宁祥和的，总的节奏甚至是悠闲的。那些对城市里诸如此类充满活力的街道了解得很清楚的人肯定会知道是什么样的情况。我害怕的是那些不甚了解的人总会在脑子里产生错误的概念——就像早先根据旅游者对犀牛的描述画出来的犀牛图那样。

　　在哈得孙街，就像在波士顿的北角区或任何一个大城市的充满活力的街道上一样，在维护人行道的安全方面，我们住在这个街区里的人并不比那些住在地盘里的人能干多少，那些人所处的地盘无人监视，人们依靠着互相敌视，互不侵犯而生存。我们这里的人成了城市秩序的幸运拥有者，它使我们维护安宁的行为变得相对简单，因为在我们的街上有足够多的眼睛在进行着监视。并不是说这种秩序本身是简单的，或者只是简单的人数问题。这里的大多数人在监视这个工作方面都有着这样或那样的专门经验。他们的经验组合在一起，在人行道上发挥作用，尽管这本身并不是专门组织起来的行为，但这正是力量之所在。　　54

三 人行道的用途：交往

　　一些改革者很久以来一直在观察这么一种现象：城市的人在一些街道的拐角处闲逛，或在一些糖果店和酒吧里消磨时光，或坐在门廊边喝可乐。他们因此得出一个结论，其主旨是："这真是一种可悲的生活！如果这些人有着一个像样的家，一个更隐秘的个人空间或更大一点的林荫遮蔽的户外空间的话，他们就不会出现在街上了。"

　　这样的判断代表了一种对城市的深刻误解。这就好比去饭店里参加一个纪念宴会，然后得出结论说，如果这些人都有烹调技术高超的妻子，他们就可以在家里举办宴会了。

　　纪念宴会和人行道上的社会生活的核心之处正在于它们都是一种公共活动。它们把互不认识的人聚集在一起，这些人并不能够以非公开的、私下的方式互相认识，而且在大多数情况下他们也不会想到用那种方式互相认识。

　　在大城市里，没有人能够做到随时开门迎客，款待任何来访者。没有人愿意这么做。但是，另一方面，如果城市人之间有意义的、有用的和重要的接触都只能限制在适合私下相识的过程中，那么城市就会失去它的效用，变得迟钝。从你的角度、我的角度或任何一个人的角度来看，城市人互相间某种程度的接触是有用的，或是充满乐趣的。但是你并不想让某一个人总是打扰你，别人也一样。

我在谈城市人行道的安全时提到，在街上的每一双眼睛后面的脑袋里应该有一种潜在的关注街道的意识，尤其在关键时刻——比如，在与野蛮行为进行斗争或防备陌生人时，城市的公民必须做出选择，是担起这种责任还是放弃它。关于这种关注意识有一个简单的概括：信任。在长时间的过程里，人行道上会发生众多微不足道的公共接触，正是这些微小行为构成了城市街道上的信任。它来源于以下场景：人们在酒吧前停下来喝上一杯啤酒，从杂货店里得到一个建议，向报摊主提供一个建议，在面包房与别的顾客交换主意，向在门廊边喝可乐的两个男孩点点头，在等着被叫唤去吃晚饭时，向女孩子们瞧上一眼，告诫孩子们注意他们的行为，倾听五金店里的人关于某个工作的闲谈，从杂货店主那儿借一元钱，赞美新生婴儿，对某人外套的褪色表示同情，等等。形式是各种各样的：在有些街区，人们互相比较他们的宠物狗，在另外一些地区，则是比较对他们房东的看法。

很显然，大多数事情都完全是小事一桩，但小事情集在一起就不再是小事。这种在某个街区范围内平常的、公开的接触——大部分都是偶然发生的，都跟小事有关，所有的事都是个人自己去做的，并不是被别人强迫去做的——其总和是人们对公共身份的一种感觉，是公共尊重和信任的一张网络，是在个人或街区需要时能做出贡献的一种资源。缺少这样的一种信任对城市的街道来说是个灾难。对于这种信任的培养是不能依靠机构来进行的。总而言之，**它并不意味着个人必须要承担的责任。**

我曾在东哈莱姆一条很宽的街道两侧看到过有这种信任与 56 没有这种信任造成的鲜明对比。这两侧的居民构成在收入上和 种族上都差不多。在旧城的这一边有很多公共场所和供漫步用 的人行道——那些头脑中总是想着要规划人们的闲暇时间的乌 托邦规划者曾强烈反对设置这些人行道——在那儿,孩子们被照 看得很好。在这个住宅区的街道的另一端,也有一些孩子,在他 们玩耍的地方的旁边有一个打开的消防龙头,那些孩子正在干坏 事。有些屋的窗户开着,他们往里面泼水;有些不知情的成年人 路过这儿,他们就向这些人喷水;有些车经过这里,他们就会向车 窗洒水。没有人敢制止他们。这些孩子不知姓甚名谁,也不知道 是从哪儿来的。要是有人出来呵斥或制止他们,那又会怎样呢? 但谁又会在这个缺少安全监视的地盘里为别人撑腰?没准会遭 到报复呢。最好还是离得远远的。缺少人际交流的城市街道上 会出现不知来历的陌生人。这里涉及的不是对街道上建筑的熟 悉或者是这些建筑对行人产生的神秘情感的问题,而是人行道旁 应有什么样的企业和店铺的问题,以及由此引出的在现实中、在 每天的生活中人们应该如何使用人行道的问题。

城市人行道上平常的公共生活直接与公共生活的其他形式 相关,我将举一个例子用以说明,当然其形式有多种。

城市中一些正规的区域组织经常被某些城市规划者,甚至某 些社工认为是直接产生于这样一些需要:集会通知,作为集会场 所的地点,因为一些明显的公共关注问题的存在等。也许在郊区 或小城镇它们确实是因为这些需要而发展起来的,但在城市里不 是这么一回事。

城市正规的公共组织需要一种非正规的公共生活来映衬,在

其和城市人的私人生活间起到调和的作用。我们可以对比一个
有着公共人行道生活的城市区域与一个没有这一切的城市区域。
一位住宅研究者研究了与纽约某个地区公立学校相关的问题，并
在一份报告中这么写道：

> 　　W先生（一位小学校长）被问到J住宅楼群以及学
> 校周围的社区的消失对学校的影响。他认为有很多影
> 响，而且大部分都是负面的。他提到这个住宅项目赶走
> 了许多能够组织社会活动的机构。现在的氛围与这个
> 住宅区被建以前的那种活跃氛围相比，简直不能同日而
> 语。他发现从总体上说，街上的人变得稀少了，因为没
> 有多少可聚集的场所。他还举了一个有力的证据，在这
> 个项目被建以前，家长联谊会是一个很强的组织，但现
> 在积极参加的成员已经为数不多了。

57

　　有一点W先生说得不对。在这个区域里，可供聚集的场所不
是不多（或者说，从任何数据来看，空间并没有减少），如果我们把
在规划中特意为有助于社会活动而设置的场所算进去的话。自
然，在这个区域里没有酒吧、没有糖果店、没有那种狭小昏暗的杂
货铺，也没有饭店。但是，这里配有全套的聚会室、工艺室、艺术
室、游戏室、户外椅子、中心商场等，甚至足以让花园城市的倡导
者们都感到兴奋不已。

　　但是，如果不花费诸多精力和物力去招引人们来使用这些场
所，继而让使用者对这些地方产生依赖，以便对他们加以控制的
话，这些地方就会变得死气沉沉，毫无用处。为什么会是这样？

公共人行道及上面的企业和商业发挥的作用与那些按照规划设置的聚会场所到底有什么不同？又是为什么？人行道上平常的、非正规的生活如何来支持更为正规的、有组织的公共生活？

要理解这些问题——理解为什么在门廊边喝可乐有别于在游戏室里喝可乐，为什么从杂货店老板或酒吧招待那里获得一个建议有别于从你的隔壁邻居或一个社会机构的女士那里得到建议（后者或许与这个机构的房东有密切的关系）——我们必须要了解城市生活的隐私性。

隐私在城市中是很珍贵的、不可缺少的。也许在任何地方它都是非常珍贵和不可缺少的，但是在很多地方，人们得不到隐私。在一些小地方，每个人都知道别人的事情。而在城市里却不是这样——只有那些你愿意向他们倾诉的人才知道很多关于你的事。这是城市的特性之一，对城市里的大部分人来说都非常重要，不管是高收入者还是低收入者，不管是白人还是有色人种，不管是老居民还是初来乍到者，隐私是大城市生活的一个礼物，受到深深的珍爱和小心翼翼的防卫。

建筑和规划文献从窗户、眺望处和视线的角度来对待隐私问题。这意思是说，如果没有人能从外面窥视你的住处，那么你就拥有了隐私。这是一种头脑简单的想法。窗户里的隐私是世上能够得到的最简单的商品。你只要把窗帘放下来或调整百叶窗就行了。但是，将你的个人隐私限制在你自己选择的、了解你的人之间，并对谁能占用你的时间以及在什么时候占用做出合理控制，这样的隐私在这个世界的大部分地区都是很稀有的商品，与窗户的朝向毫无关系。

《来自波多黎各》一书描述了纽约一个贫穷、肮脏城区中的波多黎各人的生活。此书的作者，人类学家埃琳娜·帕迪利亚讲述了人们互相间了解多少的情况——谁是可以信赖的，谁不是，谁蔑视法律，谁坚守法律，谁能力很强而且消息灵通，谁很笨拙又无知——以及这些情况是怎样从人行道上的公共生活中和相关的店铺中得知的。这些情况带有公共特性。但是，她同时也讲述了被允许进入一个人的厨房喝上一杯咖啡的人是怎样被选择出来的，他们之间的关系有多亲密，这个人真正的密友，即那些分享其私人生活和个人事务的人的数量又是如何只局限于少数几个人。作者告诉读者个人的私事弄得尽人皆知是如何有失体面，而打探别人的私事又是多么有失尊严。这样做侵害了一个人的隐私和权利。从这个意义上来看，她描述的人们与我所在的不同种族混杂但已经美国化了的街上的人们在本质上并没什么两样，与住在高收入者公寓或连体别墅中的人们在本质上也没有什么区别。

人们决意要护卫基本的隐私，而同时又希望能与周围的人有不同程度的接触和相互帮助，一个好的城市街区能够在这两者之间获得令人惊奇的平衡。这样的平衡大部分是由一些细小的、敏感的行为细节组成的，平常人们很不经意地实践和接受这些细节，以至于通常它们都被想当然地认为是原本就有的。

在纽约，人们出门时把钥匙放在一些店铺里，让他们的朋友自己去取，这是一个很通行的习惯，我可以以此为例来说明这种微妙但极其重要的平衡。在我们家里，如果一位朋友在我们周末离家时要用我们房子，或我们家里的人刚巧白天都不在家，或有一个来访者要来过夜，而我们又不愿费时等他，我们就会告诉这个朋友，他可以在街对面的熟食店取我们家的钥匙。熟食店老板

59

乔·科尔纳基亚通常一次手头有十几把这样的钥匙。他有一个专门的抽屉装这些钥匙。

那么，为什么我以及其他人会共同选择乔做钥匙保管人？首先，因为我们信任他，相信他是一个负责的保管人，但同样重要的是我们知道他一方面有一副热心肠，另一方面并不会处心积虑地留心我们的私事。我们让谁住到房子里来，为什么让他来，乔认为这不是他应关心的事。

在我们街段的另一端，人们把钥匙放在一个西班牙人开的杂货店里。乔所在街段的另一端，人们把钥匙搁在糖果店里；在前面一个街段，人们则把钥匙存放在咖啡店里；而再从那儿往前走几百英尺的一个拐角处，人们把钥匙放在一家理发店里。在上东区，一条满是联体别墅和公寓的时髦街道的拐弯处，那里的人把钥匙留在一家肉店和一家书店里；在另一个拐弯处，人们把他们的钥匙交给一家清洁店和一家药店里的人保管。在普普通通的东哈莱姆区，钥匙则被搁在花店、面包房、小吃店以及几家西班牙人和意大利人开的杂货店里。

不管钥匙被搁在哪儿，问题的关键不是那些店主提供的人人皆知的服务，而是提供这种服务的店主是什么样的人。

这样的服务是不能被正规化的。需要确认身份、回答问题、提供保险等，以防不测。一旦这样的服务被某种机构化的形式取代，那公共服务与隐私之间的基本区别就会不复存在。没有一个脑子正常的人会把钥匙留在那样一个地方。这种服务必须要来自这么一个人，他是出于自愿提供这个帮助，而且他对保管的钥匙和钥匙主人的隐私之间的区别有非常清楚的理解，否则这样的服务就根本不能开展。

再来看看我家边上拐角处糖果店老板贾菲先生是怎样来划定这条线的——他的顾客们和其他店主们对这条界线的了解是如此之深，以至于尽管他们一辈子都与这样的界线生活在一起，却从来不会有意识地去想一想它是什么。在去年一个平常的冬天早上，贾菲先生——他做生意时用的正式名字是伯尼，他妻子的名字则是安——在朝向四十一公立学校路边的一个拐角处指导一些小孩子横穿马路，这是他经常做的一件事，因为他觉得此事非常有必要。他将一把雨伞借给一个顾客，又借了一美元给另一位顾客；接过了别人要求保管的两把钥匙；让隔壁楼里要外出的几个人把他们的几件行李搁在他店里；向两个问他要香烟的年轻人教训了几句；又为几个人指路；替另外一个人保管一块表，以便晚些时候街对面的修理匠开门时把表给他；告诉几个打听租房的人有关这个街区租房的各种价格的信息；倾听一个人向他叙述他家中发生的困难事，给对方很多安慰；正告几个小混混，他们不能到这个地方来，除非他们表现良好，并且告诉他们什么是良好的行为；为到他店里来买一些小商品的顾客提供进行六七场谈话的临时场所；为那些常来的顾客分理新到的报纸和杂志，他们会来这里取这些报刊；向一位来买生日礼物的母亲建议不要买那种船模型，因为有个去参加同一场生日晚会的孩子会拿出这样一份礼物；在送报人到来时，从多余的报纸里找出一份前几天的过期报纸（这是给我准备的）。

目睹了他做的这么多生意以外的事后，我问他："你有没有介绍你的顾客互相认识？"

他对我提的这个问题很吃惊，甚至有点惊愕。"没有，"他充满关切地说，"那是一件不应该做的事。有时候，如果我知道在同一时间到我这里来的两位顾客有着同样的兴趣，那么我会在和他们的聊天中提到这个话题，让他们自己去继续这个话题，如果他们愿意的话。但是，哦，不，我是不会做他们之间的介绍人的。"

当我把此事告诉我一个在郊区的朋友时，她立刻就认定，贾菲先生是认为做介绍人一事超出了他所处的社会阶层的要求。根本不是。在我们这个街区，像贾菲这样的店主们拥有很高的社会身份，就像一个企业老板一样的身份。在收入方面，他们与大部分的顾客不相上下，他们拥有的是更多的独立性。他们是一些见识广、经验丰富的男人和女人，人们到他们这里来寻求建议，而且表现得非常尊重。他们作为单个的个人而为大家所熟悉，人们很少将他们作为一种阶层象征来看待。是的，就是这样一条无意识中确定的平衡线，划出了城市公共领域与个人隐私领域的区别。

这样一条界线对任何人来说都可以毫不费劲地把握，因为在人行道沿线的各个店铺里，或者说，人们在人行道上来来往往时，或他们在那儿闲庭漫步时（只要他们愿意），他们可以有各种进行公共接触的机会；也还因为存在着很多个公共的主持人，就像伯尼这样的某个公共聚集场所的主人，人们可以自由地在那儿进出来往，不用附加任何条件。

在这种制度下，人们就可以在城市的街区认识各种各样的人，而不会遭到不受欢迎的纠缠，不会产生厌烦，不会去找没有必要的借口、解释，不用害怕会冒犯别人，不会因要尊重别人强加的事物或承担诺言而尴尬，不会产生交往中常见的各种因承担责任而导致的连锁效应。一个人可以和另一个与自己完全不同的人处于一种良好的人行道上交往的关系，而且随着时间的推移，甚至可以发展为一种熟悉的、公共交往的关系。这样的关系可以，而且也应该能够持续好几年，甚至几十年；但是如果没有这么一条界线，这种关系是不可能形成的，更谈不上持续了。这样的关系之所以能形成，就是因为在不知不觉中它们给予了人们的公共交往一个正常的渠道。

"共有"(togetherness) 是规划理论中一个古老的理想，用"令人恶心"一词来描述它是很恰当的。这个理想的内容是：如果人们能够分享某些东西，那么他们就能分享更多的东西。很显然，"共有"这种新郊区的精神来源在城市里起到了很大的破坏作用。很多东西都被要求"共享"，这样的要求却反而使得城市人各奔东西，互不关心。

当城市的一个地区缺少人行道生活时，那儿的人们就必须要扩展他们的私人生活，因为他们需要寻找与邻居交往相应的活动。可是，他们却不得不满足于一些"共有"的形式，在这样的形式中，人们必须"共享"比人行道上的生活更多的东西，否则他们就只好少一点交往。其结果不可避免地就是两者选一，无论哪个都会产生令人苦恼的结果。

62

在第一种结果的情况下，人们确实是有很多分享的东西，但是在碰到他们的邻居是谁，或他们应该和什么人交往这类问题时，他们变得特别地挑剔。他们不得不这样。我的一个朋友，彭妮·科斯特斯基就是这样无意识地、不情愿地在巴尔的摩的一条街上陷入了这样的困境。她所在的这条街除了住宅没有别的，周围的地区也是如此。作为试验，这条街曾拥有一个漂亮的人行道花园。人行道被扩展，并且被铺设得非常漂亮，机动车不能驶入狭窄的车行道，路边栽上了树和花，放了一尊雕塑。所有的这一切就其本身而言好极了。

但是，没有商店。一些附近街段的母亲会带她们的孩子来这儿，或自己过来找人，但是在冬天的时候为了暖暖身子，打个电话，或为了给孩子找个洗手间方便方便，她们却不得不走进街旁她们相识的人家。那些人家的主人给她们端来咖啡，因为街上没有可以喝咖啡的地方；因此，很自然地，公园周围这样的社会生活和交往大量地产生了。确实很多东西被共享了。

生活在位置便利的住房里、有着两个孩子的科斯特斯基太太却深陷于这种狭隘、纯属意外发生的社会生活中。"我失去了生活在城市里的好处，"她说，"但又没有得到在郊区的好处。"更加令人苦恼的是，当不同收入、不同肤色、不同教育背景的母亲带着她们的孩子来到街心公园时，她们以及她们的孩子会遭到无礼而尖刻的排斥，因为她们唐突而贸然地"共享"了他人的私人生活。这种郊区式的交往方式正是由于缺少城市人行道上的生活而发展起来的。街心公园缺少椅子是有目的的，那些抱定"共有"思想的人不把椅子放在公园里，是因为椅子或许会招引一些不适合共享私人生活的人的到来。

"如果在街上有些店，那该有多好，"科斯特斯基太太哀叹道，"要是有一家杂货店、药店或小吃部，那么打个电话、暖暖身子和一些小聚会就可以很自然地在公共场合进行了，而人们也会互相间更有礼貌，因为每个人都有到这里来的权利。"

发生在这个没有城市公共生活的人行道公园里的事，多多少少也同样发生在中产阶级住宅区或聚集区里，如匹兹堡的查塔姆村,一个著名的花园城市规划的典型。

那儿的房屋聚集在一个一个的"殖民地"里,周围是共用的草坪和休憩用的院子,整个区域还有其他供分享的设施,如居民俱乐部,那里可以开晚会、舞会和聚会,可以开展一些妇女活动,如桥牌和缝纫协会,也可以为孩子们举办舞会和晚会。但是在这里没有任何城市意义上的公共生活。有的只是不同程度的扩大化的私人生活。

作为一个很多东西可以共享的"模范"街区,查塔姆村的成功之处是要求那儿的居民做到在生活水平、兴趣和背景方面相似。总体来说,他们是中产阶级专业人士,他们的家庭是专业人士的家庭。[1]它还要求那里的居民让自己明显区别于周围区域里的人们;后者总的来说也是中产阶级,但属于下中产阶级,这与查塔姆村需要的那种邻里间的亲密气氛大相径庭。

查塔姆村这种不可避免的与别处隔绝的性质(同时还有"内部整齐划一"这种特性)产生了实际的问题。举个例子,就像所有的学校一样,为这个地区开办的初级中学也有不少问题。查塔姆村的面积很大,学校小学部几乎被本地的孩子占有了,住宅区居民的孩子都去那儿上学,因此,他们也就要帮助解决这个学校的问题。但是,在涉及中学部时,查塔姆村的人必须要与其他街区的人进行合作。可是,查塔姆村的人与周围的街区没有任何公共关系,与一些关键的人物也没有互相联系和信任的基础——甚至也没有在较低层次上进行的最普通的公共生活交往的经验实践。查塔姆村的一些居民家庭着实感到无助,当他们的孩子到了　64

---

1 例如,有一个陪审团很有代表性,按照规定,拥有四位律师、两位医生、两位工程师、一位牙医、一位推销员、一位银行家、一位铁路经理、一位规划经理。

上中学的年龄，他们就搬出这个地方；而其他一些家庭则想方设法把孩子送到私立学校。具有讽刺意味的是，像查塔姆村这样的孤岛街区在传统规划理论中却还得到了提倡，具体的理由就是城市需要中产阶级的才智和起稳定作用的影响力。这样的作用可以通过潜移默化一步一步渗透出去。

　　一些不能很好适应这种孤岛生活的居民最后都搬了出去，管理工作也相应地变得复杂，因为需要弄清楚在申请进来的人中哪些是合适的。除了在生活水平、价值观念和背景方面要求基本相同外，这样的安排似乎还要求人们具有很强的克制态度和处事的技巧。

　　有的城市住宅规划依靠的就是个人生活间的这种"共有"方式（因邻里间的互相接触），它也进一步培养这种方式。就社交层面而言（即使这种层面相当狭隘），这种规划对**那些自我标榜的上中阶层**确实很合适。它为一部分容易对付的人解决了一些简单的问题。但就我所发现的来看，这种规划即使按其自身说法也并不适合**所有其他群体**。

　　在那些人们面临的选择是"要么共享所有，要么什么也不共享"的城市里，常有的结果是什么也"共享"不到。在缺少自然的和普通的公共生活的城市区域里，居民通常在很大程度上会处在互相隔离的状态中。如果仅仅是与你的邻居接触了一下就有被卷入他们的私生活的危险，或者，产生将他们纠缠到你的私生活中来的危险，如果你不能确定你邻居是什么样的人（这是那种自我标榜的上中产阶级经常会碰到的事），那么合理的结果绝对是尽量避免对你的邻居表现出友好态度，或随便提供帮助。最好的方法是退避三舍。实际的结果便是，一些本来可以以公共的方式做的事情——就像照看孩子之类的事（对于这样的事，人们必须要主动提出要求），或在一定范围内一些有着共同兴趣的人聚集在一起才能做的事——不能完成。而这种结果产生的人际间的裂缝会大得惊人。

比如，在纽约的一个城市住宅区里——就像所有正统的住宅城市规划一样，那个地方也是按照"要么共享所有，要么什么也不共享"的理念来设计的——有一位非常爽直的女士，她很为自己自豪，因为通过努力，她特意认识了她所在楼中的九十户家庭的每个母亲。她一个一个地拜访了她们。她在门口或大厅里拉住她们，与她们交谈。如果她和她们坐在同一条椅子上，她会提起一个话题，同她们聊天。

65

有一天，不巧她八岁大的儿子被锁在电梯里达八个多小时，尽管他又喊又叫又砸门，但没有人来救助。第二天，孩子的母亲向她认识的九十位母亲中的一位表达了她的气愤。"噢，那是**你的**孩子啊！"这个女人说，"我不知道那是谁家的孩子。如果我知道他是**你的**儿子，我肯定会帮他的。"

在她以前的有着公共生活的街区中——顺便提一句，她现在仍然经常回去体验那种街道上的公共生活——这位女士还从来没有遇到过这种冷冰冰的让人失望的情况，但她同时也害怕如果公共生活不能维持在公共交往的层次上，那么这很可能会使你卷入别人的私生活，或反之。

哪个地方有着"要么共享所有，要么什么也不共享"的选择，哪个地方就会有这种护卫自己的例子。艾伦·卢里，一位东哈莱姆区的社工在她的一份关于低收入住宅区的完整、详尽的报告中这么说道：

有一点……非常重要,应该认识清楚,由于一些非常复杂的原因,很多成年人要么是根本不愿意与他们的邻居建立任何朋友的关系,要么是如果因为某些社交的原因必须这么做,他们只是把关系限制在一个或两个朋友间,到此为止,不再增加。妻子们一次又一次地重复丈夫的警告:

"我不会与任何人交朋友。我丈夫不相信这种关系。"

"有些人太喜欢嚼舌,他们会让我们陷入麻烦的。"

"最好是只管自己的事。"

一位女士,亚伯拉罕太太,经常从她所住的楼的后门出门,因为她不愿干扰站在前门口边的一些人。另一个男人,科兰先生,不让他的妻子在这个住宅区里结交任何朋友,因为他不信任这儿的人。他们有四个孩子,年龄从八岁到十四岁,但是他们不允许孩子们单独到楼下玩,因为害怕有人会伤害他们。[1]各种各样确保自己受到保护的"篱笆"在很多家庭里建立起来。在一些父母亲不太熟悉的街区里,为了保护孩子,他们让孩子们待在楼上的屋子里不出来。为了保护他们自己,他们很少结交朋友。有些人害怕,他们结交的朋友会因为生气或嫉妒他们,编造故事向住宅区的管理层报告,给他们造成很大的麻烦。如果丈夫多挣了钱(他决定不向房屋租赁机构报告),妻子买了新窗帘,来访的朋友会看见,或许会告诉租赁机构,后者会继而进行调查并调高租

---

1 在纽约的公共住宅区,这样的事很平常。

金。害怕麻烦和心存怀疑使邻居间不再需要什么建议和帮助。对这些家庭来说，他们的隐私早已被深深侵害。一些家庭深藏的秘密或丑事不仅为租赁机构所熟知，而且也常常为一些其他公共机构所知晓，如福利部门。为了保护剩下的最后一点隐私，他们不得不选择避免与他人建立密切的关系。即使在一些没有规划过的贫民窟住宅区，这样的现象也能找到，只是程度不同而已，因为在那儿由于其他一些原因，也需要用这样的形式来保护自己。但能够确定的是，这种不与他人建立关系的现象在规划过的住宅区里更为广泛地存在着。即使在英国，诸如此类对邻居的怀疑和由此产生的隔阂在一些对规划过的小城镇的研究中也能找到。也许，这种形式也并没有什么特别之处，只是一种扩大化的集体行为，为的是保护和保存内心的一点尊严，以面对诸多来自外部的趋同压力。

但是在这些地区，与"什么也不共享"一起发生的，还有许许多多的"共享"现象。卢里太太对这种关系也进行了报道：

通常，两个来自第九十九大道不同楼房的女人会在洗衣房碰面，互相认出对方，尽管在第九十九大道她们从未说过一句话，但是在这儿她们突然间变成了"最好的朋友"。如果这两个女人中的一个在自己的大楼里已经有了一两个朋友，另外一个就很可能会被拖进这个圈子，开始结交朋友，不是和她自己的邻居，而是和她朋友的邻居。

　　通过这种方式结交的朋友关系并不会发展成一个不断扩展的圈子。她们在住宅区里经常走的也就那么几条特定路线,过不了多久,她们就不会遇到新的人了。

　　卢里太太在东哈莱姆的社区组织工作,颇有成就。她曾调查了此地租户组织以往所付出的努力。她告诉我说,"共有"本身是造成这种组织难以为继的原因之一。"这些区域并不缺少天生的领导人,"她对我说,"那儿拥有一些有真正能力的人,非常出色的人,但一个典型的问题是,在进行组织工作的时候,领导们发现他们都参与到彼此的社交生活中去了,最后的结果是他们没有与别人交流,而总是自己相互在交往。当然他们也就找不到可以跟着他们一起共事的人。在不知不觉中,最后的结果是形成了一些毫无效用的小圈子,而正常的公共生活却不见踪影。要弄清楚这是怎么造成的又很困难。这使一项再简单不过的社会公益对那些人来说也变得难上加难。"

　　缺少街区商业和人行道生活的未经规划的住宅区,在面临"要么共享所有,要么什么也不共享"的选择时,似乎有时也会跟着那些经历过规划的公共住宅的居民的路子走。因此,一些一心想要找出底特律"灰暗地带"城区的社会结构的研究者,最后得出了意料之外的结论:原来根本就没有什么社会结构。

　　人行道生活的社会结构部分地依赖于那些可谓自我任命的公共人物。公共人物是经常与众多人群接触的人,而且对于做公共人物有着足够的兴趣。要成为一位公共人物用不着特殊的才能和智慧——尽管有很多公共人物都颇具才能和智慧。他只需要在场，当然也需要足够多的与他对等的人。成为公共人物的一个条件是他的确处于公共生活中，他能够与很多不同的人交往。通过这样的方式，一些人行道上的人感兴趣的消息就能流传。

大多数人行道上的公共人物都会稳定地处于一些公共场所。他们是店主或酒吧的主人或诸如此类的人。这些人是一些最基本的公共人物。城市的其他公共人物都依赖于他们——哪怕只是间接地，因为人行道的存在是通过这些小商号及其主人来体现的。

街区服务中心 (Settlement House) *的工作人员和牧师，这两种更为正式的公共人物主要依赖于街头的"暗中消息通道"，而这种渠道的中心就在街边的店铺里。比如，纽约下东区一个住宅区的主管就常常去拜访那些店铺。他从洗衣店老板那儿知道毒贩是不是到街区来了，从杂货店主那儿知道有些捣乱分子要开始行动，得提防着他们一点，从糖果店那儿了解到有两个女孩正在惹一伙男孩争风吃醋，一场群架将要发生。他获得信息的一个重要来源是一个放在芮文顿街的废弃的面包箱。这个面包箱搁在杂货店的外面，被当作椅子或躺椅用，这个位置刚好在街区服务中心、糖果店和台球厅的中间。在那儿，任何关于附近几个街段的青少年的消息，都会准确无误并非常神速地传到他的耳朵里，而其他的消息也会通过街道上的"暗中通道"汇集到这里来。

东哈莱姆联合社区音乐学校的校长布莱克·霍布斯注意到，当他从那些繁忙的老街区招收了一个学生时，他就可以随后很快

68

---

* 指为社区和街区提供各种生活服务的民间机构，常设于廉租住宅区和贫民区。开始于19世纪中期的英国，目的是帮助改善贫民区的条件，后在美国很多地方设置。——译注

招到至少三四个，有时甚至整个街区的孩子都会来报名。但当他从附近的公共住宅区招到一个孩子时——通过公立学校或在操场上做访谈的宣传——他从未能接着招到第二个。在那些缺少公共人物和人行道生活的地方，消息无法传递。

除了一些常常守在某些地方人行道上的公共人物，以及一些人人皆知的活动型的公共人物外，在城市的人行道上还可以有各种身怀特殊技能的公共人物。他们中的某些人能以神奇的方式建立起一种身份，不仅能认识别人，也能让别人知道自己。一则旧金山新闻故事这样描写一位退休的男高音在街区饭店和地滚球厅里的日常生活："对他的朋友而言，因为他的激情、他引人注目的行为方式和他对音乐的终身兴趣，梅洛尼身上洋溢着一种能深深打动他人的情感。"确实如此。

要想成为这样的人行道上的特殊公共人物，并不是一定要拥有艺术才能或像梅洛尼那样的性格——只要有一些相关的特殊之处就可以。事情很简单。我本人就成了我们街道上的特别的公共人物，这当然也是因为在那儿原本就存在一些基本的固定的公共人物。我成为特别公共人物最初是因为格林尼治村（我住在那里）那时正在进行一场无休止的可怕的战斗，试图抢救一个正面临着被一条公路分割的大花园。在进行这场斗争的过程中，应一位当时正远在格林尼治村另一头的委员会组织者的请求，我要把抗议这条拟建中的路的请愿书发放到街区一些商店里去。来到店里的顾客会在请愿书上签名，而我则会时不时地去取那些请愿书。[1]做这种传递员的一个结果是，我从此自然而然地成了请愿

---

[1] 顺便说一句，这是一个很有效的方法，用分散的精力去完成要挨家挨户做的大量的工作。与挨家挨户的方式相比，这样的方式也能更多地开展一些公共谈话和获得公众的意见。

策略方面的人行道上的公共人物。举个例子，不久之后，卖酒的
福克斯先生在把我买的酒包装起来时就向我咨询过，如何让市政
当局把一个早已废弃、让人讨厌的危险场所搬走，那是一个在他
的店铺旁边的被废弃的厕所。如果我能够承担请愿书的起草，并
且找到一条把请愿书递交到市政厅的有效的路子，那么他和他的
伙伴们则会承担打印、宣传和传递的任务。很快，周围的店铺里
都有了搬走厕所的请愿书。现在我们这条街上出现了很多请愿
策略方面的专家，甚至包括孩子。

　　公共人物不仅传播消息，知晓"零售"的消息（如果可以这么
说的话），他们还互相串联，由此实际上以批发的方式把消息传播
出去。

　　就我的观察而言，人行道生活的存在不是要求这样或那样的
人群非得有某些神秘素质或特殊才能。只要存在着一些它所需
要的具体的、可见的设施，人行道上的生活就能开始。这些设施
恰好与保证人行道上的安全的设施是一样的，数量和地点也是相
同的。如果缺少了它们，人行道上的公共接触也就无处可寻。

　　富人们有很多满足需要的方法，而在这方面，穷人们则可以
依靠人行道上的生活来做到——从打听找工作的事，到让饭店里
的侍者主管看上自己。但实际上，城市里的一些富人或接近富裕
的人对人行道生活表现出的欣赏程度，比他人有过之而无不及。
在很多情况下，他们不怕支付高昂的租金，为的就是住进人行道 70
生活多姿多彩的地区。一些活跃的区域，如纽约的约克维尔或格
林尼治，或旧金山北海滩街旁的电报山，富人的数量实际上已超
过了中产阶级和穷人。"静谧的住宅区"至多盛行了几十年，富人
们突发奇想地抛弃了那些单调的街道，留给那些不太幸运的人。

如果你跟哥伦比亚特区乔治敦的人聊天，说不上两三句，你就会听到赞美之词，那里有魅力四射的饭店，"这里的好饭店比其他地方加在一起还要多"，有独特而殷勤好客的店铺，有到一个街角去办事时迎面碰上一群人带来的快乐——最让人自豪的是乔治敦成了整个都市区域的一个特别商业区。在城市里，不管是富人区还是穷人区，还是间于中间的地区，因充满趣意的人行道上的生活和丰富的人行道上的交往而导致麻烦的地区，迄今还没有发现过。

如果公共人物被赋予过多的负担，他们发挥的效用就会急剧下降。比如，一个小店能承受的接触量或潜在的接触量也有极点，如果过多或疲于应付，那它就会失去其社会效应。以纽约下东区考勒斯·胡克合作住宅区拥有的糖果和报刊店为例，可以说明问题。这个按照规划建立的住宅区的商店替代了大约四十家从表面上看规模很小的店，这些小店从这个住宅区以及邻近的街区消失了（但店主并没有得到补偿）。这家商店像一个乱哄哄的工地，店里的职员总忙着找零钱，扯着嗓子向一些小混混进行无效的呵斥，除了"我要这个，我要那个"以外，他们根本听不到别的什么。这种氛围是商业中心规划或压制性区域划分理论在城市街区设计上常见的情况，目的是制造城市街区内的商业垄断。如果在竞争的条件下，这样的商店在经济上是站不住脚的。同时，尽管垄断保证了它在收入上的成功，但在城市的社会公用上它是失败的。

人行道上的公共接触和人行道上的公共安全，这两件事都与我们国家最严重的社会问题——种族歧视和种族隔离——有着直接的关系。

　　我并不是想说城市规划和设计，或城市街道和街道生活的不同形式，可以自动地解决隔离和歧视问题。要消除这些不公，还需要很多其他方面的努力。 71

　　但我的确想说，在大城市的建设和重建中，那些不安全的人行道，那些只能选择"要么共享所有，要么什么也不共享"的人行道上的生活，**会**给美国的大城市在克服种族歧视方面带来**更大的困难**，不管人们在这方面花了多大的精力。

　　在很大程度上，种族歧视反映的是偏见和恐惧，从这个方面考虑，如果人们在人行道上不能感到安全，要克服种族歧视则是难上加难。如果人们无法维系建立在"讲究公共层面的基本尊严"基础上的文明的公共生活，也无法维系建立在"讲究私人基本尊严"基础上的私人生活，那么，克服这种地方的住宅区里的种族歧视是不容易的。

　　当然，一些混合住宅样板方案可以在城市中危险的、缺少公共生活的地区实现——通过花费很大精力和满足左邻右舍的万般挑剔来实现。但这样做规避了问题的实际情况和它的紧迫性。

　　唯有当大城市的街道具备了内在的特性，让互不相识的人能够在文明的、带有基本尊严和保持本色的基础上平安地相处时，宽容以及允许邻里间存在巨大差异的空间才是可能和正常的，这种差异要远远大于肤色间的差别，它在高密度的大城市里是可能和正常的，而在郊区和一些伪郊区却会显得怪异。

　　尽管人行道上的交往表现出无组织、无目的和低层次的一面，但它是一种本钱，城市生活的富有就是从这里开始的。

洛杉矶是一个鲜有公共生活的大都市的极端例子，恰恰相反，这个城市更多地主要依靠个人间的社会接触。

例如，在一趟飞机上，一个熟人曾对此有过评论，说尽管她在洛杉矶已经生活了十年，也知道这个城市有很多墨西哥人，但是她从来不曾有意关注过一个墨西哥人或者是墨西哥的文化产品，更不用说和他们说话。

72

再比如，奥森·韦尔斯曾写道，好莱坞是世界上唯一一个没有戏剧小酒吧的戏剧中心。

还有一个例子更能说明问题。洛杉矶一个实力强大的企业家在公共关系方面遭遇了滑铁卢，而这样的事在别的大城市里是不可想象的。这位企业家发现这个城市"在文化上落后了"。他告诉我说他要做些工作，改变这种局面。于是他组织了一个委员会，募集资金要建立一个一流的艺术博物馆。后来在我们的一次谈话中，他告诉我一些关于洛杉矶企业家俱乐部的情况，他是这个俱乐部的头领之一。我问他那些好莱坞的人是怎样互相联系的。他回答不出来。然后他说他不认识任何一个与电影业有关的人，也不认识有此类熟人的人。"我知道这听起来有点荒唐，"他反思说，"我们很高兴这个城市拥有这项电影产业，但是那里面的人，都是人们不会在社交中认识的。"

这又是一个"要么共享所有，要么什么也不共享"的例子。不难想象这位仁兄在试图建立一座大都市艺术博物馆时遇到的困难。要想达到他的委员会预期的目标，绝对不是一件容易的事，他找不到路子，不管是自己去做还是委托别人去做。

在经济、政治和文化的高层管理方面，洛杉矶的运作方式与巴尔的摩人行道公园的街道或匹兹堡的查塔姆村依照的那种社会隔离的狭隘原则如出一辙。这样的都市缺少汇集必要的思想、激情和资金的渠道。洛杉矶似乎正在进行一个奇怪的试验：不仅要做公共住宅项目、灰暗地带项目，而且还要通过"要么共享所有，要么什么也不共享"这个原则来建设一个大都市。我以为，对一个在日常生活和工作中缺少公共生活的大城市来说，这是一个不可避免的结果。

73

四　人行道的用途：孩子的同化

　　在关于规划和住宅的种种"迷信"说法之中，有一种关于孩子的转变的臆想。其内容如下：有很多在城市街道上玩耍的孩子，是应该受到谴责的。这些脸色苍白、走路跌跌撞撞的孩子处在道德恶劣的环境中，他们互相说着带性内容的脏话，开着肮脏的玩笑，并且很快学会很多新的做坏事的方式，仿佛他们是生活在少年管教所。这种情况被称为"我们的年轻人在街上付出的道德和身体的代价"，有时候，它被简称为"阴沟里的代价"。

　　最好的办法当然是让这些受到侵害的孩子离开街道，到公园和游乐休憩场去，那儿有他们可以玩耍和锻炼的器械，到那些他们可以奔跑的地方去，到草地上去，在那儿他们的灵魂可以得到提升。环境清洁，心情愉悦，孩子们的笑声洋溢在周围，健康的氛围！好了，臆想到此为止吧。

　　让我们来看一看真实生活中的一个故事。故事发现者叫查尔斯·古根海姆，一位圣路易斯的纪录片制作人。他那个时候正在拍摄一部影片，描述圣路易斯一个幼儿园的情况。他注意到，在下午放学时，差不多有一半的孩子不愿离开学校。

　　古根海姆产生了很强的好奇心，想要弄个明白。他发现，那些不愿离校的孩子毫无例外都来自附近的一个公共住宅区。而那些愿意离校的孩子则毫无例外地来自附近一个老"贫民区"街区。他发现秘密其实很简单。那些回到有着玩耍场地和草坪的公共住宅区的孩子要经历被欺负的危险，一些蛮孩子强迫他们把口袋翻出来，否则就挨一顿揍，有时候即使翻了口袋也得挨打。这些小小孩每天回家都得经历这种让他们恐惧的考验。古根海姆发现，那些回到老街区去的孩子则可以不受这种敲诈勒索的危险。他们有很多条街可以选择，他们很聪明地选择最安全的街道。"一旦有人盯上了他们，他们总是可以奔向一些店主，或找到一些可以帮助他们的人，"古根海姆说，"如果有人在路上等着他们，他们也总是可以选择各种逃离的路线。这些孩子感到很安全，自信满满，他们喜欢回家。"古根海姆做了相关的观察，发现那个公共住宅区里装扮得像风景似的庭院和休憩场地是多么乏味而荒凉，相反，在镜头和由此产生的想象里，老街区则显得多么丰富有趣，变化多端。

还可以看看另一个来自真实生活的故事。1959年的夏天纽约发生了一场青少年械斗，造成一名十五岁女孩死亡，而她与械斗的人毫无关系，只是当时碰巧站在她所在的那个住宅区的一个院子里。在接下来的审讯期间，《纽约邮报》报道了此事件造成的最终的悲剧和发生的地点，内容如下：

第一次斗殴大约发生在中午，"运动者"一帮人进入莎拉·德拉诺·罗斯福公园[1]，而这是福斯街"圣男

---

[1] 福斯街挨着莎拉·德拉诺·罗斯福公园，公园有好几个街段那么大。在提到公园对孩子们的影响时，《纽约时报》曾援引杰瑞·奥尼吉牧师，一位公园边上的一座教堂的牧（**转下页**）

75 孩"街帮的地盘……在下午的时候,福斯街街帮的年轻
人决定使用他们最厉害的武器,来复枪和汽油弹……在
混战的过程中,也是在莎拉·德拉诺·罗斯福公园
里……一位十四岁的男孩挨了致命的一刀,另外两个男
孩受了重伤,其中一个只有十一岁……晚上九点左右,
(七八个福斯街的男孩)突然来到"运动者"在丽莲·华
德住宅区附近的出没地点,从D道的无人地带(住宅区
的边界处)把他们的汽油弹扔到了那伙人中间,而就在
这时,克鲁兹蹲下来扣动了扳机……

　　这三场械斗发生在什么地方?发生在公园里和公园模样的
住宅区地界内。在这些械斗发生以后,需要补救的办法之一却永
远是建立更多的公园和操场。这些行为不得不让我们感到有点
丈二和尚摸不着头脑。

　　"街头帮派"的"街头打斗"主要在公园和娱乐休憩场地进
行。《纽约时报》在1959年9月总结过去十年这个城市发生的最
严重的青少年街帮斗殴事件时,发现每一起都发生在公园里。更
有甚者,不仅在纽约,而且也在别的城市,人们越来越多地发现,
陷入这些恐怖事件的孩子们来自一些超级街段,在那些地方看不
见孩子们在街上玩耍的身影(大部分街道本身已经被挪走了)。
纽约下东区青少年犯罪最严重的地带(上述械斗发生的地方)就
是在如同公园般的公共住宅区。布鲁克林两个最难对付的街帮,

　　(接上页)师的话,"你能想到的任何邪恶行径都在那个公园里发生"。但是,这个公园也
曾得到一些专家的赞扬,在为一篇关于奥斯曼男爵——巴黎的重建者——的文章所作的实
例图片中,作者罗伯特·摩西——纽约的重建者——郑重其事地把那刚刚建成不久的莎
拉·德拉诺·罗斯福公园作为一个了不起的成绩,与巴黎的黎沃利大街相提并论。

就源于最老的公共住宅区中的两个。根据《纽约时报》的报道，
纽约青年委员会主任拉尔夫·惠兰报告说，哪儿有新的住宅落
成，"哪儿的少年犯罪率就肯定会上升"。费城最厉害的女子帮派 76
是在这个城市的第二老公共住宅区的场院里发展起来的，而少年
犯罪频率最高的地带也就在那些主要的公共住宅区。在圣路易
斯，古根海姆发现，与该城最大的住宅区相比，少年勒索事件发生
的住宅区相对来说反而更安全。那个最大的住宅区面积有
五十七公顷之大，草坪遍地，游憩场所点缀其间，却不见街道，这
是此城少年犯罪的主要酝酿场所。[1]别的且不提，这种住宅区正是
刻意要把孩子从街上弄走的好例子。这些地方的设计部分地正
是为了满足这个目的。

这种令人失望的设计结果并不奇怪。适用于成人的城市安
全和城市公共生活的原则同样也适用于孩子们，不同的是在危险
和野蛮行为面前，孩子们比成人更加脆弱，更加容易受到侵害。

在实际生活中，如果把孩子们从活跃的城市街道转移到一般
的公园和公共住宅区或游憩场所，有什么重大变化会**确切**发生呢？

在大多数情况下（幸运的是，不是所有的情况都是这样），最
大的变化就是：孩子们从一个能被成人看见的概率很高的地方转
到了成人出现率很低或根本没有的地方。如果认为这代表了城
市中儿童抚育的一个进步，那纯粹是白日做梦。

城市里的孩子们自己最清楚这点；过去的几代孩子都知道这
一点。"当我们要干一些反社会的事时，我们总是去林地公园，因
为那里没有一个成年人能看见我们，"杰西·赖歇克说，他是一位

---

[1] 此地也曾得到专家的赞扬；当这个地方在1954—1956年期间修建时，得到了住宅和建筑
圈的很多赞美，被普遍誉为住宅区的一个杰出典范。

在布鲁克林区长大的艺术家,"在街上玩时,大多数情况下我们做不成什么事。"

现今的生活仍是如此。我的儿子在说到他是怎样逃脱了四个孩子的袭击时说:"当我不得不经过游憩场地时,我怕极了,他们会抓住我的。如果他们**在那里**抓住我,我就完了。"

在曼哈顿西区城中心游憩场地里发生两个十六岁孩子被谋杀的事件几天后,我心情沉重地造访了那个地方。附近的一些街道显然已经恢复了正常。上百个孩子正在玩各种各样的街头游戏,喧闹地互相追逐。他们直接处于人行道上和街边窗户里无数双成人眼睛的注视下。人行道不是很干净,而且过于狭窄,承担不了人们对它的过多要求,另外也需要一些林荫地,用以遮挡太阳。但是,这里没有火药味,没有暴力或闪着寒光的危险武器。在那个谋杀案发生的游憩场地,情况也显然是恢复了正常。有几个小男孩在一张木凳子下点火。另外一个男孩正在挨打,头被撞向水泥地。此地的看守正在专心致志地降下一面美国国旗,动作很认真,也很缓慢。

在回家的路上,我经过我家附近的一个相对来说比较清静的游憩场地,我注意到那个晌午那儿唯一的"居民"是两个小男孩,他们的母亲和那个场地的看守人都不在旁边,这两个男孩正在威胁着用他们的旱冰鞋砸一个小女孩。另外还有一个醉汉,他从地上抬起身子,摇着脑袋,嘴里嘟囔着说他们不能这样做。而在这条街的南边,在那条住着很多波多黎各人的街,却是一副相反的景致。二十八个各种年龄的孩子正在人行道上玩耍,没有暴力、没有火药,最厉害的争吵不过是为了一盒糖而引起的打闹。这些孩子都在这个地方来来往往的成年人不经意的监视之下。这种监视看起来似乎很随意，其实不然。可以证明的是，争糖果的事发生后，很快就被解决了，"和平"和"正义"很快又重新恢复了。这里成人的面孔不断在发生变化，因为总有不同的人从窗户里探出头来，不同的人不停地在这里来往，去办他们的事，有些人匆匆经过，有些人稍稍停留一阵子。但是，成年人的总数大致保持着稳定，在我观察的那一个小时期间，始终在八到十一个之间。到达家里时，我注意到在我们这条街的尽头，在公寓楼、裁缝店、我家的房子、洗衣店、比萨屋和水果摊的前面，有十二个孩子正在人行道上玩，他们同时也在十四个大人的视野之内。

　　当然，不是所有的城市人行道都处在这样的监视之中，这也正是规划要帮助恰当解决的城市问题之一。不经常使用的人行道不能在孩子成长的过程中提供恰当的监视。而另一方面，如果人行道旁的居民总是在不断地、快速地变化，那么即使有更多的眼睛监视，人行道也还是会不安全。但是，在这些街道附近的游憩场地和公园，比这种情况还要糟糕。

　　下一章里我们会看到，也不是所有的游憩场地和公园都不安全，或缺少足够的监视。但是，那些情况良好的公园和游憩场地一般来说都是位于一些有着安全和活跃街道的街区，那些地方盛行的是文明的人行道公共生活。在不同的人行道和游憩场地之间，不管在安全和环境的健康方面存在着如何的不同，就我所发现的情况看，这两者（安全和环境的健康）都青睐看似条件更差的街道。

　　城市里那些要肩负抚养孩子的实际责任（而不是理论上的责任）的人对此都有体会。"你可以出去玩，"城市里的母亲会这么说，"但是一定要在人行道上。"我也是这么跟我的孩子说的。我们这么说,并不仅仅是指"不要到马路上去,那儿的车多"。

一次,一名九岁男孩被一个不知名的袭击者推下一条下水道——当然是在公园里,后来奇迹般地获救。在报道这个故事时,《纽约时报》这么写道:"那天早些时候,孩子的母亲告诉一起玩耍的孩子们不要到高桥公园去……结果给她说对了。"那个男孩的几个伙伴急中生智从公园里跑了出来,回到乱哄哄的街上,他们很快就得到了帮助。

波士顿北角区的住宅小区委员会主任弗兰克·哈韦说,父母们经常来问他这个问题:"我告诉我的孩子们晚饭后在人行道上玩。但我听说他们不应该在街上玩。我做错了吗?"哈韦告诉他们没有错。他举了北角区的例子,那儿的少年犯罪率很低,因为孩子们在那里玩耍时总能够受到很好的监视,而监视最强的地方便是在人行道上。

怀着对城市街道的仇恨,花园城市理念的规划者们认为解决的办法是把孩子们拽离街道,**并且**让他们处于完整的监控之下,办法就是在超级街段的中心为他们建立封闭的园地。这个政策已经为光明花园城市理念的设计者所继承。今天,很多大型的重建改造地区就是按照"在街区内建立封闭的公园式园地"这一原则来规划的。

这样的规划设计存在的问题可以从现有的一些例子中看出端倪,如匹兹堡的查塔姆村、洛杉矶的鲍德温山庄以及纽约和巴尔的摩等地的一些规模小一点的"孤岛"式庭院住宅地。没有一个有活力又爱动的孩子到六岁时还喜欢待在这些趣味索然的地方。大部分人在更早的时候就想出去了。在实际生活中,这些被保护起来的、"共有"的世界适合三四岁的孩子,这个时间在很多方面也

正是最好管理的年龄段。这些住宅区的成人居民也不想让那些大
一点的孩子来他们那些四面围遮起来的院子玩耍。查塔姆村和鲍
德温山庄明确禁止孩子们这么做。那些小小孩是用来做装饰的，
而且也相对温顺，而大一点的孩子则要吵闹得多，他们精力充沛，
是环境的主人，而不是要让环境来限制他们。因为周围的环境早
已是非常"完美"，所以也就不能允许孩子们的活动。再者，正如
从已有的例子和规划中的建设项目可以看到的那样，这种情况要
求楼房面向里面的园地。否则，园地的美丽风景就不能发挥作用，
也不会得到很多目光的关注和居民的光临。那些相对而言没有人
气的楼房背面，或者更为糟糕的是，那些楼房尽头的空白墙，也就
因此面向街道。由此，在几年的时间里，原本并没有什么特别"规
划"的人行道上的安全，被为着一些特别的人群特别设置的安全方
式替代了。当孩子们冒险冲出这个圈子（他们必须，也一定会这么
做），他们就会遭到恶劣对待，就像其他人一样。

　　以上我一直在讨论城市里抚育孩子的负面问题：保护孩子的
多种因素——如何使他们避免受自己的愚蠢行为的影响，如何避
免心怀恶意的成人的影响，以及孩子们相互间的不良影响。之所
以这么做，目的是通过最容易让人理解的问题来表明：认为"公
园和游憩场地对孩子来说是天然适宜的地方，而街道则原本就不
是"的观点，有多么荒谬。

　　活跃的人行道对城市中的孩子而言当然也有很多正面作用，
至少，这与人行道上拥有的安全和对孩子的保护一样重要。

　　城市里的孩子需要各种各样玩耍和学习的地方。此外，他们
还需要有机会接触各种各样的运动，进行锻炼和培养身体技　80

能——需要更多比他们已有的更容易获得的机会。但是，同时他
们也需要一个非专门的户外活动场地，在那儿可以玩耍、嬉闹并
且形成对世界的了解。

　　这样一个非专门的孩子嬉戏的地方，正是人行道能提供
的——城市活跃的人行道可以出色地完成这个任务。如果这种
以家庭所在地为基地的场地被转移到了专门的游憩场地和公园
里，那么不仅孩子会在那里遇到安全问题，而且在人力、设备和场
地方面的投资会被浪费掉，而这些钱原本可以更多地投到溜冰
场、游泳池、可以泛舟的小湖和其他一些专门的户外设施中。

　　在正常情况下，热闹的人行道上总会有很多成人在场，不好
好利用这个条件，而把希望放在雇用他人和使用一些设备（无论
有多理想）来替代他们（街上的成人），这种做法在社会效应和经
济方面都极端轻率，因为在那些比游憩场地更为有意义的场所的
建设上，城市极其缺乏资金和人力——在为孩子们生活服务的其
他设施方面则更是如此。比如，今日的学校系统一般每个班有
三十到四十个孩子——有时候还要更多——这包括各种各样的
问题儿童，从对英语一字不识，到情绪非常不稳定。城市里的学
校需要增加50%的教师以应付一些棘手的问题，也需要减少班级
里的学生人数，从而让孩子们得到更好的教育。1958年纽约市府
下辖的医院有58%的专业护士职位空缺，而在许多其他的城市，
护士的缺少程度更是达到惊人的地步。图书馆，很多时候还有博
物馆，会缩短开放时间，尤其是其儿童专区的开放时间。一些新
出现的贫民区和城市公共住宅区里亟须增加住宅的数量，但面临
资金短缺的问题。即使是现有的住宅区域也缺乏资金以满足项
目的扩展和变化以及人员的增加。公共和慈善资金应该首先把

重点放在这类需求上，不仅是在目前这种资金不足的情况下应该如此，日后资金大幅上涨时也应如此。

这些城市里的人，有他们自己的工作和责任，也缺乏必要的训练，无法胜任教师、注册护士、图书馆或博物馆守卫和社工的工作。但至少他们能监管和指导孩子们随意的玩乐活动，在一些热闹的人行道上他们也正是在这么做。他们**在完成自己工作的过程中**，把孩子们引入城市社会中。

城市的规划者们似乎没有意识到孩子在无拘无束玩耍时需要多少成人在场，他们也不会理解仅有空间和设备是不能让孩子长大的。这些东西可以成为有用的辅助品，但唯有成人才是抚育孩子长大和引导他们进入文明社会的主力军。

在城市建设中，人们常常浪费这种正常的、随处可得的人力资源，并且对这种重要的基础性工作不予理睬，以致产生可怕的后果，或是认为有必要去使用一些替代的人力或物力；这是一种愚蠢的行为。那种认为游憩场地、草地和雇用来的保安或监管人员对孩子来说必然有利，而普通人来往的街道则对孩子有害的看法，说到底是对普通老百姓的深深的蔑视。

在实际生活中，只有从城市人行道上那些普通成人身上，孩子们才能学到（如果他们要学的话）成功的城市生活最基本的东西：人们相互间即使没有任何关系，也必须有哪怕是一点点的对彼此的公共责任感。这种经验，没有人可以通过别人的告知来习得，只有通过让**不是你亲朋好友、对你不承担任何正式责任的人**，来为你承担这点起码的公共责任，你才能学到这种经历。比如，锁匠莱西先生冲着我的一个儿子大声嚷嚷，告诉他不要跑到马路上去，后来我丈夫经过他的店，他把此事告诉了他，这个时候，我的儿子不仅在注意安全和顺从方面得到了一种公开的教育，更多的是，他还间接地得到了一种体验，即莱西先生这位与我们非亲非故的街坊近邻认为自己为他承担着某种责任。在"要么共享一切，要么什么也不共享"的住宅区里，那位被关在电梯里没人理睬的孩子得到的体验则正好相反。同样，住宅区里的那些向人家窗户和过路人身上溅水的孩子，他们的感觉也是同样的——没有人呵斥他们，因为在那些互不相识的住宅区的庭院里，没有人知道他们是谁。

82

城市里的居住者有责任面对城市街道上发生的事，生活在有着各个地区色彩的人行道公共生活里的孩子们一次又一次受到这样的教育。他们可以在非常小的时候就开始吸取这种教益。他们的行为表明这一切都是自然发生的，他们也是这种生活的一分子。他们会主动（在别人向他们打听以前）告诉迷路的人该怎么走；他们会告诉某人如果随便停车就会挨罚；他们会主动告诉楼房看守人要用岩盐而不是砍刀来破冰。城里的孩子们是否有这种街道主人意识，很好地反映了人行道上的大人们是否有对孩子们负责的态度。孩子会模仿大人的态度。这与收入的多少没有关系。有些城市里最穷的地方，人们的小孩在这方面却做得最好。而有些地方的小孩却是最差的。

这样的城市生活体验不是花钱雇来照看孩子的人能传授的，因为这种尽责任的态度本质上不是花钱能够买来的。这样的教益也不是父母亲能够传授的。如果在一个社区里父母亲为陌生人或邻居尽了一点小小的责任，而其他人没有一个这样做的话，只能说明父母亲与别人有点不同（甚至让孩子感到不好意思）或多管闲事，而并没有表明这样做是对的。这样的教导只能来自社

会本身。在城市里，如果有这种教导存在的话，它几乎全部来自
孩子们在人行道上玩耍的偶然时刻。

在热闹的、形式各样的人行道上的玩耍，与现今美国的孩子
们每天进行的随意玩耍的形式有着根本的区别：前者是一种不在
母亲管制下的玩耍行为。

大部分城市的建筑设计师和规划者是男人。奇怪的是，他们
的设计和规划却把男人排除在人们居住地的日常生活之外。在
规划住宅生活的时候，他们的目的是满足预先设定好的无所事事
的家庭主妇和学龄前儿童的需要。简而言之，他们的设计是为了
严格意义上的母系制社区。

伴随着母系制理念的，必然是住宅与生活的其他内容的分　83
隔。这样的理念也体现在为孩子所做的设计中。按照这种设计，
孩子们的玩耍活动被分割出来并限定在一定的范围里。有了受
到这种设计影响的孩子的日常生活，任何一个成人社会都会成为
母系制。查塔姆，这个匹兹堡花园城市生活的典型，无论是在理
念还是在实际操作方面，都完全是母系制的方式，就像最新的郊
外住宅区一样。所有的住宅项目都是如此。

一方面，把工作地和商业场所放在住宅区的**附近**，另一方面
按照花园城市理论定下的传统设置一个与住宅区隔离的缓冲区，
这完全是一种母系制理念的做法，似乎居住区与工作地及男人们
要相隔千里之远。男人不是抽象的物体。他们要么在附近，要么
不在。工作地和商业场所必须在住宅区的中间，如果在日常生活
中男人想要和孩子们在一起的话——举个例子来说，就像在哈得
孙街或附近工作的男人那样。男人应是正常的日常生活的一部

分，与此相对的情况是，有些男人只有在替代妇女或做妇女做的工作时，才偶尔在孩子们的游憩场地露露面。

对在活跃的和丰富多彩的人行道上玩耍的孩子们来说，在既有男人也有女人的世界里嬉戏和长大的机会，是可能的、平常的（在现代生活中，这已经成了一种特权）。我不能理解为什么这样的安排会受到规划和城市区划理论的抵制。相反，现在应该做的是考察促使工作地和商业场所与住宅区混合在一起的条件，从而进一步支持这样的安排。此话题将在本书的后面再做讨论。

研究娱乐活动的专家们早就注意到了城市里的孩子对街道的迷恋，但他们通常对此持否定态度。早在1928年，纽约地区规划协会就在一份报告（它也成为迄今为止关于美国大城市娱乐活动的最详尽研究）中这样写道：

在对很多城市里半径为1/4英里的、条件不一的游憩场地进行仔细考察后发现，大约1/7的孩子，年龄从五岁到十五岁不等，在这种场地里玩耍……而街道是一个很强的竞争对手……要想成功地与充满活力和冒险的城市街道展开竞争，游憩场地再好，但组织得不好的话，仍然还是不行。应把游憩场地上的活动搞得具有强大的吸引力，以便把孩子们从街道上拉过来，让他们每天都把兴趣放在这里，这是一种罕见的引导娱乐活动的才能，是一种高等的个人能力与技术的结合。

还是这个报告，接着哀叹孩子们为什么这么顽固，喜欢"到处瞎逛",而不是喜欢玩一些"被认可的游戏"(被谁认可?)。代表"孩子组织"的那些人希望把孩子们的嬉戏活动圈起来,而孩子们却顽固地倾向于在充满活力和刺激的城市街道上闲逛,如今这种情况与1928年如出一辙。

"我了解格林尼治村就像了解我的手一样。"我的小儿子向我吹牛说。他带我走下一段地铁的台阶然后再走上另一段,给我看他在一条街下面发现的一个"秘密通道",还有一个位于两楼之间的大约九英寸宽的秘密贮藏地。早晨上学的时候,他会沿路从人们扔掉的、等着公共卫生车收取的废品中淘出一些宝贝,然后把它们藏在这里,放学时再取出来(像他那么大的时候,我自己也有这样一个类似的秘密贮藏地,是为了同样的目的,但我的宝地是上学时经过的一道峭壁上的一处开口,而不是两栋楼之间的一处开口,当然他发现的宝贝要比我的更加稀奇和珍贵)。

为什么孩子们总会觉得,在热闹的城市人行道上玩比在封闭的院子和游憩场地里玩要有趣得多? 因为人行道要有意思得多。问题这么问也同样切合实际:为什么大人们会觉得,热闹的人行道要比游憩场地更有意思?

城市街道非常方便这一特点,对孩子们来说也很重要。孩子们比任何人(除了老年人以外)都更容易受便利的支配。他们很大部分的户外活动,特别是上学之后,在他们找到了一些有组织的活动(体育运动、艺术活动、手工或他们感兴趣的活动和当地提供的一些机会等)后,都是在一些零碎的时间里发生的,因此必须要见缝插针地进行。孩子们很多的户外活动是一点一点累积起来的。可以是在午饭后的一点点剩余时间里;可以是在放学后,他们会考虑要做什么,以及和什么人一起玩的时候;可以是在他

85　们等着被叫回家去吃晚饭的时候；可以是在晚饭后与做家庭作业前，或做家庭作业与上床睡觉前的一点点空隙里，他们会抓紧时间进行玩乐活动。

　　在这些时间里，孩子们使用各种方式玩耍或自娱自乐。他们在水塘里踩水、拿着粉笔乱画、跳绳、滑旱冰、弹弹子、炫耀他们的宝贝东西、聊天、互换卡片、玩街头棒球、踩跷跷板、在像肥皂箱一样的助动车上涂鸦、拆卸旧的婴儿车、爬栏杆、跑上跑下等。问题的关键不在于他们玩的内容是什么，也不在于找一个正式的地方，正儿八经地玩。他们那种玩耍方式的魅力在于无处不在的自由自在的感觉，那份在人行道上跑来跑去的自由，这与把他们限制起来圈在一个地方的做法完全是两码事。如果他们不能做到随时随地玩，他们干脆就不去玩。

　　孩子们长大一点后，这种随意的户外活动——比如，在等待被叫唤吃饭的时间里——不再是莽撞的奔跑，而更多地变成了与他人一起闲逛、对大人评头论足、互相调戏、闲聊、推推搡搡和起哄喧闹。青少年经常由于这些消磨时光的行为而遭受指责，但是不这样他们就不会长大。问题就在于，如果这样的行为不是在一个社会圈子里进行的话，就很可能变成违法行为。

　　这种形式多样的随意玩耍活动需要的不是各种浮夸的设备，而是一个直接的、方便的和有趣的地方。如果人行道过于狭窄，上面的活动太多，这样的活动在人行道上就会拥挤不堪，特别是当人行道上建筑线过于规整时，拥挤的情况就会更突出。许多闲逛和玩耍的活动是在人行道上向内突出、并非供人行走的区域内进行的。

　　没有必要在规划时，专门为人行道上的玩耍活动做出安排，除非人行道还有别的各种用途，或为其他庞大的人群使用。各种用途相辅相成，以产生适度的监视和充满活力的公共生活，以及一般意义的人行道上生活的趣味。如果街旁的人行道足够宽，那么孩子的玩耍活动可以和其他的活动热闹非凡地一起进行。如果人行道不够宽，跳绳则会成为第一个牺牲品。接下来就是轮滑、骑三轮车和自行车。人行道越是狭窄，孩子们随意的玩耍就被禁止得越多，而孩子们对车行道的骚扰也会越多。 86

　　三十或三十五英尺宽的人行道就足以承担任何形式的随意玩耍——与此同时，还可以种些树木来为这些活动遮阳，行人也有足够的地方可以行走，大人们也可以拥有自己在人行道上的活动和漫步的空间。但我们很难见到这样宽的人行道，部分的原因是传统上人行道被认为纯粹是行人走路和连接房屋的地方，而其特有的"作为城市安全、公共生活和孩子成长的地方"这一至关重要和不可替代的功能却没有被认识到，也没有被给予重视。

　　二十英尺宽的人行道——它排除了跳绳的可能性，刚刚够玩轮滑以及其他一些带轮子的玩具——现在仍旧可以看到，尽管每年因拓宽车行道，其空间被一点一点地吞噬（通常人们相信，有挡棚的中心购物区和"行人步道"是人行道的有力替代者）。人行道越热闹，来的人越多，活动的形式越丰富，需要的整体宽度就越大，这是为了让上面的活动能更加愉快地进行。

　　但即使空间的大小不够，位置的便捷度和街道对孩子的吸引力依旧重要——另外，对父母来说，足够的安全监视是那么的重要——以至于孩子们会去主动适应狭窄的空间。这并不等于说，我们这样毫无原则地利用孩子的适应能力的做法是对的，事实上，这样不仅对他们有害，对城市也有害。

　　有些城市的人行道对孩子的成长来说无疑是很糟糕的地方。这些地方对任何人来说都是邪恶的。在这样的街区，我们需要的是有助于城市街道的安全、活力和稳定的品质和设施。这是一个复杂的问题，是城市规划的一个中心问题。在一些问题多多的街区，一味把孩子赶进公园和游憩场地，不管是作为解决街道问题的方法还是作为解决孩子问题的方法，都是再糟糕不过的事。

87　　废除城市的街道，而且尽可能地降低和缩小它们在城市生活中的社会和经济作用，这是城市规划正统理论中最有害和最具破坏性的思想。而这种思想常常以种种关心城市孩子的名义出现——那种虚无缥缈的、动听的高谈阔论，则是其最具讽刺性的

88　地方。

五　街区公园的用途

　　一般来说,街区公园或公园样的空敞地被认为是给予城市贫困人口的恩惠。让我们把这个想法颠倒一下,把城市的公园视为是一些"贫困的地方",是它们需要生气与欣赏的恩惠。这种看法与现实更加相符,因为事实是人们赋予了公园用途,并且使其成功地发挥了作用——或是拒绝赋予它用途,公园由此被废弃或不能发挥作用。

　　公园是变化无常的地方。它们会走向"极其受欢迎"和"极其不受欢迎"两个极端。公园的表现远远不能用"简单"二字来描述。它们可以是城区中赏心悦目的风景,也可以是周边地区的经济资源,可惜很少有公园能够如此。它们可以随着时间的推移变得更受喜爱和更有价值,可惜的是,也很少有公园表现出这样持续的魅力。因为虽然有费城的里顿豪斯广场,纽约的洛克菲勒和华盛顿广场,波士顿的公共广场,或其他城市里同样受人喜爱的广场,却也有数量多得多的、让人心灰意冷且也叫作公园的城市空敞地,它们很少有人光临,一点也不招人喜爱,一天比一天破败。正如一位印第安纳州的妇女在被问到是否喜欢城市广场时所说:"没有人去那儿,除了那些脏兮兮的老头,他们嘴里吐着烟草末,老想从你的裙子底下往上看。"

在城市规划的正统理论里,街区的空敞地无一例外受到推崇,就像一些野蛮人对待神秘崇拜物一样。[1]如果你问一位住宅设计者他设计的街区如何在原来基础上更进一步,他会说"更多一点空敞地",这是一副不言自明的良方;如果你向一位区域规划者咨询如何循序渐进地改进一步,他会搬出同样的良方,留出更多的空敞地,这是他们工作的方向。如果你和一位规划者一同经过一个灰不溜秋的街区,尽管此地废弃的公园看上去像疮疤一样,一些景观地则是一副疲惫的模样,遍地都是用过的手纸,但这位规划者依旧会向你描述一番一个有着更多空敞地的将来。

更多的空敞地用来干什么? 为了让拦劫这样的事件发生? 为了留出那些楼与楼之间昏暗的真空地带? 或者是为了让平民百姓来使用、享受? 但问题是人们使用城市的空敞地并不只是因为它在那儿,也不只是因为城市规划者和设计者希望他们去使用它。

从公园的特点来看,每个城市的公园都是个案,不能一概而论。另外,诸如费城的费厄蒙公园,纽约的中央公园、布朗克斯公园和展望公园,圣路易斯的森林公园,旧金山的金门公园,芝加哥的格兰特公园以及小一点的波士顿公共广场等,这些公园每个都不尽相同,它们也从其所在城市的不同地区吸取了不同的影响。大都市公园各种情况的构成因素中,有些过于复杂,本书第一部分难以展开详述,我们将在本书的第十四章"交界真空带的危害"中加以专门讨论。

---

1 比如,《纽约时报》1961年1月的一则故事这么写道:"摩西先生承认,有些新的住宅或许会显得'丑陋、封闭、制度化、千篇一律、没有特点、缺少风格'。但是他建议说,这样的住宅只要周围有公园就可以了。"

　　尽管认为"任何两个城市的公园在实际上或在潜在的意义上都没有翻版的地方"，或是相信"任何一概而论的说法都不能完整地解释每个公园的特点"，都是具有误导性的想法，但是对一些确实影响街区公园的基本原则做出一点概论还是可能的。另外，理解这些原则，在某种程度上，也有助于了解各不相同的城市公园受到的影响——从扩充街道用的户外的小小门廊，到拥有诸如动物园、湖泊、树林和博物馆等主要都市景点的大公园。

　　街区公园比专门的公园更为清楚地表现出公园的某些普遍原则，其确切原因在于，街区公园是我们拥有的公园最普遍的一种形式。它们主要是作为基本的日常事物来使用的，就像是某些街区的公共庭院——不管这个地方主要是一个工作场所，还是住宅区，或是兼而有之。大多数城市广场，就属于这种通用型的、具有公共庭院用途的广场的范畴。大多数的住宅用地，以及利用了诸如河流或山丘等自然风景的多数城市公园区，也属于这种类型。

　　要理解城市与公园之间如何互相影响，首先必须做的一件事，就是摈弃在公园的真正用途和想象（类似于神话）用途间造成的混乱——比如，科幻小说里的说法（不切实际的胡说），说公园是"城市的肺"。要吸收四个人在呼吸、做饭和取暖时释放出的二氧化碳，需要有三英亩的林地。保持城市不被窒息的不是公园，而是在我们周围流动的大量空气。[1]

90

1　洛杉矶，这个比美国任何一个城市都更需要"肺"来帮助的城市，恰巧也比其他任何大城市拥有更多的空敞地。那儿产生的烟雾，部分是因为当地空气流动的特殊性，但也是由于该城大量分散的空敞地本身的缘故。这些地方很分散，因此需要有很多的车辆，而这反过来又造成了导致城市烟雾的大约2/3的化合物。在洛杉矶，300万辆登记在册的车辆每天会释放几千吨造成空气污染的化合物，其中大约600吨是碳氢化合物，这些碳氢化合物在要求车辆装备上燃后排放器后可能最终大部分可以得到消除。但是，大约有400吨是氮氧化物，此书在写作的过程中，对于如何消除这种排放物的研究甚至还没有开始。（转下页）

91　　　　一定量的绿地并不能比同样大小面积的街道为城市增加更多的空气。缩减街道,把原有的建筑面积增加到公园里面或住宅区中心商场去,对城市所能拥有的新鲜空气数量来说是无关的。空气不会理会人对绿地的崇拜,也不会按照这种要求增加或自我选择。

在理解公园的状况时,另一点需要做的是,抛弃那种虚假的自我安慰的想法,即公园是房产的稳定剂,或社区的福地。公园本身什么也不是,尤其不是房产价值或其街区(或其所在城区)那些不稳定因素的稳定剂。

在这一点上,费城提供了一个几乎可以作为核对实验的例子。当佩恩设计这个城市时,他在城市的中央安置了一个广场(现在是市政厅所在地),从这个中心出发,在相等的距离点,他又设计了四个住宅广场。这四个建造年份、大小和最初的用途都相同,而且在地理优势方面也都几乎相同的广场,现在怎么样了呢?

它们的命运迥异。

佩恩的四个广场中,最有名的是里顿豪斯广场,一个用途广泛、人人喜爱、非常成功的公园,是费城现在最大的一笔资产,也是一个时尚街区的中心——事实上,是费城正在重树其锋芒,同时也在扩展其地产价值的唯一一条老街。

佩恩四个小公园中的第二个是富兰克林广场,是城市贫民流浪者聚集的公园,一些无家可归者、无职业者以及贫穷的游手好闲者聚集在这里,附近是廉价住所、廉价旅馆、布道所、二手服装

（接上页）空气和空敞地的矛盾（显然,这不是一个暂时的问题）是这样的:在大城市里,大量的空敞地不会阻止空气污染,相反,它会催生空气污染。这样的效应是埃比尼泽·霍华德很难预见到的。但是我们现在已经不需要先见之明了,我们需要的是事后的认识。

店、读写屋、典当铺、职业介绍所、文身店、脱衣舞厅和小吃店。这个公园破旧不堪，来这里的人也肮脏颓丧，但公园本身不是一个危险地点或犯罪场所。然而，它根本就没有成为有助于地产增值或社会稳定的福地。这里所在的整个街区，都已经上了动迁的日程表。

第三个是华盛顿广场，它曾经是城市商业中心，但是现在改成一个专门的大型办公中心——保险公司、出版社、广告公司等。几十年前，华盛顿广场成了费城的恶人聚集的公园，程度如此严重，以致公司员工吃午饭时都要避开此地，而那儿发生的邪恶和犯罪行为则成了警察和公园员工棘手的难题。在20世纪50年代中期，公园被拆除，关闭了一年多，后来又被重新设计。在这个过程中，人们被禁止入园，而这也正是设计者的意图。今天，来公园的人依旧很少，三三两两，除了在天气晴好的午饭时间，大部分时间空空荡荡。华盛顿广场地区，就像富兰克林广场地区一样，也没有做到维持其地产价值，更不用说升值了。今天，在办公楼群的圈外，大型的城市改造项目正在设计之中。

第四个佩恩广场已经缩成一个小小的交通岛，位于富兰克林大道上的洛根圆形广场，一个按照城市美化运动规划的样板。广场上矗立着一个巨大的喷泉，点缀着漂亮的植物。尽管要步行到那里面并不容易，而且对那些匆匆路过的人来说，这不过是高雅的装饰物而已，但在天气晴好的时候，此地还是能招引来三三两两的人。紧邻这个纪念碑似的文化中心的城区曾衰败得不成样子，被当成贫民区拆迁，并被改建为如今这样的光明城市。

这些广场不同的命运——特别是那三个现在仍然是广场的地方——表明了城市公园典型的变幻无常的状况。这些广场也

正好可以说明公园行为原则的很多方面,我在下面将再回到这个
问题上来,并指出从中得出的教益。

　　公园及其所在的街区易变的状况,可以表现出非常极端的一
面。洛杉矶的普拉扎广场,曾是全美城市所能见到的最漂亮且最
具个性的小公园之一,四周有巨大的木兰花,这是一个既有树荫
又有历史的人见人爱的地方,但如今三面很不和谐地被废弃的房
屋包围,肮脏不堪,臭水都溢上了人行道(公园的另一面是墨西哥
风情旅游集市,状况还算不错)。波士顿的麦迪逊公园位于一个
联排房屋街区绿草茵茵的住宅广场里,这是现在很多复杂的改建
开发计划中的那种公园的样式。它位于街区的中央,但看上去像
是被炸弹轰炸过似的。公园周围的房屋与费城里顿豪斯广场街
区外围那些需求还很大的房屋没什么两样,却因为贬值和疏于维
护而显得摇摇欲坠。联排房屋中若哪一间出现了裂缝就会被拆
掉,住在隔壁的人家就会搬走,寻找安全的地方;几个月以后,另
一间屋子又被拆掉,而旁边的屋子也成了空房。这一切根本没有
一个计划,只是漫无目的地进行,到处是张着大嘴的窟窿,瓦砾成
堆,一片废弃的景象,只有那个在理论上应成为住宅区的一块福
地的小小公园孤零零地立在一片杂乱中间。巴尔的摩的联邦岭
是一个极其美丽和宁静的公园,在那儿可以一览巴尔的摩城和海
湾的风光。公园所在的街区尽管还算像样,但也像公园一样到了
奄奄一息的地步。在过去几代人的时间里,主动来逛公园的人寥
寥无几。在住宅项目的历史上,最让人感到苦涩失望的是,在这
些住宅区域里,公园和空敞地并未能增加周边地段的价值,也未
能稳定(更不用说提高)其所在街区的价值。只要看看一个城市
公园、广场和住宅园区的边缘地带,就可以发现:很少有城市的空

93

敞地,能够持续表现出公园应有的吸引力和稳定力。

我们可以来看一看那些大部分时间废弃不用的公园,就像巴尔的摩漂亮的联邦岭公园那样的。在一个晴朗炎热的九月午后,我在辛辛那提两个最漂亮的公园里——在那儿可以俯瞰底下的河流——只看到了五个游人(三个十几岁的女孩,一对年轻夫妇);而与此同时,辛辛那提市的一条条街道上,行人熙熙攘攘,优哉游哉,这些街道并没有多少吸引人的设施,也没有很多遮阴的地方。在同样天气的一个下午,气温超过90华氏度(约32.2摄氏度),在曼哈顿人口密集的下东区河边风景旖旎、微风习习、绿草遍地的考勒斯·胡克公园里,我只发现了十八个人,他们中的大部分显得很孤单,显然是一些穷人。[1]看不到孩子,任何一个头脑正常的母亲都不会让她们的孩子单独在那儿玩。不用说,下东区的母亲们没有谁脑子不正常。坐船绕着曼哈顿游览会给人们传递一种错误的印象,似乎这个城市大部分是由适于辟建公园的公共用地组成——而公园里几乎没有人。为什么在有公园的地方却常常见不到人,而在没有公园的地方人却很多?

不受欢迎的公园成了麻烦,这不仅因为公园被废弃,失去了很多它们原本可以提供的功用,而且因为它们常常产生的负面效应。它们的问题与缺少眼睛监视的街道面临的问题一样,而且由此产生的危险渗透到了周围地区,结果是公园旁边的街道成了尽人皆知的危险地带,人们避而远之。

此外,使用率不高的公园及其设施会遭到恶意破坏,这与自

---

[1] 非常巧合的是,当我回到家时,我发现在我家旁边的公寓的门庭里也有与公园里同样多的人,十八个人(男女老少都有)。这里并没有类似公园的设施,但他们拥有最重要的东西:享受闲暇、聊天和眼前的城市带给他们的快乐。

然损坏完全是两码事。曾有媒体问时任纽约公园管理部门执行官的斯图亚特·康斯特布尔，是否认为可以在公园里安置伦敦街头使用的电视监视系统，他先是解释说，这种东西在公园里用不合适，然后他补充道："我想这种设置不到半个小时就会不见的。"

　　天气晴好的夏夜，在东哈莱姆老街繁忙的人行道上，可以看见一些电视机放在户外，它们是公用的。从一些店里拉出来的插线沿着人行道接到电视机上。每台电视机都是一个非正式的中心，聚集了七八个人，他们有的看管着孩子，有的手里拿着啤酒，有的对电视内容发表评论，或朝经过的人打招呼。一些陌生人也会停下脚步（如果他们愿意的话），加入观看的人群中。没有人会担心电视机被损坏。相比之下，康斯特布尔完全有理由对其公园管理部门辖区内装置的安全产生怀疑。表达这种怀疑的是一位经验丰富的公园部门主管，在他所管理过的众多公园中，多数是不受欢迎的、危险的和遭到破坏的公园。

　　城市的公园被赋予了太多的期待。但它们没有改变公园周围的基本环境，没有自然地提升其所在街区的价值，恰恰相反，是街区公园本身受到了所在街区的行为方式直接而深远的影响。

　　城市完全是一个有着具体形态和活动的地方。我们在理解城市的行为和了解有关城市的有用信息时，应该观察实际发生的事情，而不是进行虚无缥缈的遐想。佩恩在费城设计的是三个通常类型的城市广场。让我们来看看这些广场与其所在街区有什么具体关联吧。

　　里顿豪斯这个成功的广场拥有一条多样性的边缘地带和一

块同样多样性的街区腹地。其边缘地带依次排列一系列房屋（在我写作本书的时候）：一个带有饭店和画廊的艺术俱乐部，一所音乐学校，一座军队办公楼，一幢公寓楼，一个俱乐部，一个老药房，一幢曾经是旅馆的海军办公楼，一些公寓楼，一个教堂，一所教会学校，旁边又是一些公寓楼，一个公共图书馆分部，然后又是一些公寓楼，边上是一块空地（那里的联排公寓被拆掉了，将来要建一些公寓楼），旁边是文化协会，接着又是一些公寓楼，旁边还是一块空地，在那儿要设计建一些联排别墅，边上又是一个联排公寓和一些公寓楼。越过这条边缘地带，在与其垂直相交的几条街道上，还有更远处与公园一侧平行的几条街道上，有很多老式的房子或很新的公寓楼，开着各种类型的店和服务部，中间还有许多办公间。

如此这般的街区形态对广场公园会有什么具体的影响吗？有的。这种多样性的楼群布置直接给公园提供了不同的使用者，他们在不同的时间出入公园，因为他们每天的日程各不相同。公园因此拥有了一系列繁复的功用及使用者。

约瑟夫·格斯是位住在里顿豪斯广场的卖报员，他曾经通过观察这儿人们的活动而自娱。他说这里的街上"芭蕾"是这么进行的："首先，那些住在公园附近的人早早就来到公园，在里面散步。紧随其后的是住在公园对面的居民，他们在出外上班时经过这里。接下来是住在该城区以外的人，他们到这儿的街区来上班时要穿过广场。在这些人离开广场后不久，一些办事的人开始来来往往，他们有很多人会在这里逗留一会；在上午过半的时候，母亲们带着一些蹒跚学步的小孩来到这里，同时来购物的人也越来越多。中午以前，母亲们和孩子们离开了广场，但是广场上的人

96 还是越来越多，因为公司职员到了吃午饭的时间，另外也有很多人从别的地方到这里的艺术俱乐部和旁边的饭店来吃饭。到了下午，母亲们和孩子们又出现了，购物者和办事人员在广场逗留的时间也更长了，放学的孩子们最终也加入人群。到了下午晚些时候，母亲们已经离开，但是回家的上班族又开始在这里穿行——先是那些离开此地的人，接着是从外面回到这个地区的人。他们中有一些会在这里逗留一时半会。从这时一直到晚上，很多约会的年轻人会来到广场，有些在附近的饭店吃饭，有些人就住在附近，另外一些到这里来纯粹就是因为这儿活跃和休闲的气氛。在一整天的过程里，会出现三三两两消磨时光的老年人，还有一些贫困者和不知从哪儿来的游手好闲者。"

简而言之，里顿豪斯能够保持如此的热闹气氛，基本原因与促使一条人行道保持活跃的原因是一样的：周围地区功能的多样化，以及由此促成的使用者及其日程的多样化。

费城的华盛顿广场——这个早已"堕落"的公园——在这个方面提供了一个极端相反的例子。它的旁边都由一些大办公楼占据，这个地带以及紧挨着它的一块腹地，都缺少里顿豪斯广场那样的多样性——服务部门、饭店和文化场所。这儿的街区腹地住宅的密度非常低。因此，在最近几十年里，华盛顿广场仅仅拥有一些潜在的本地使用者：办公楼里的职员。

这种情况会对此地产生什么具体的影响吗？会的。这些广场的主要使用者每天的日程差不多是一样的。他们都是在同一时间进入这个城区。他们整个上午都待在办公楼里，直到午饭时间，午饭后又回到办公楼。下班以后他们都不见了人影。因此，一个必然的结果便是，华盛顿广场在白天和晚上的大部分时间里都处于真空状态。而填满这种城市真空状态的，只会是某种形式的凋敝。

这里，有必要驳斥一种关于城市的通行观点——认为在对某个地区的使用上，社会地位低的人赶走了社会地位高的人。这不是城市运转的方式，而认为城市如是运转的观点（"与凋敝现象做斗争"），实际上等于是浪费了用于解决城市的某些病症和被忽视现象的人力和物力。那些在金钱方面有更多的主动权或能得到更多尊重的人（在一个信用社会里，这两者是密不可分的），可以非常简单地取代那些地位较低、生活不太体面的人；在那些受欢迎程度高的城市街区里，这是通常发生的事。相反的事倒不太经常发生。那些钱不多、选择有限且名声不太好的人，往往转移到了城市的一些已经衰落的地段，一些已经不再被有很多选择机会的人看上的街区，或者是一些只能通过依靠某些危险资金和高利贷来获得财力资助的街区。而那些新来者必须要尽量适应这种情况，因为种种原因或某些更为复杂的情况，这种地方已经不能再维持受欢迎的程度了。过度拥挤、街区破败、犯罪以及其他的凋敝形式只是一些表面现象，隐藏在背后的是这个城区早已存在的经济和功能方面的深层问题。

那些整体占据费城华盛顿广场达几十年之久的社会闲散人员，是这种城市状况的一个缩影。他们并没有毁掉生机盎然、人人喜爱的公园。他们也没有赶跑那些体面的使用者。他们只是搬进了一个遭到遗弃的地方，在那里扎根生活。在本书写作的时候，那些不受欢迎的人已经被成功地驱赶出去，到别处寻找真空地带去了，但是这个行为并没有使公园接连不断地迎来那些受欢迎的使用者。

97

很久以前，华盛顿广场确实拥有过为数不少的使用者。但随着周边环境的变化，它的用途和本质发生了根本的变化，尽管公园仍是"公园"。就像所有的街区公园一样，它是周边环境的产物，**也是街区周边环境通过功能的多样激发出相互支持（或者说未能激发出这种支持）的方式的产物。**

造成华盛顿广场来人稀少的原因并不只是办公楼。任何强加到使用者头上的单一的日常行为，都会产生这样的效应。如果公园附近只是住宅楼，使用者只是来自街区，那么同样的情况也会发生。在这种情况下，每天潜在的成人使用者只有那些母亲。但是，城市的公园和游憩场所常常不能只是由母亲来占据，正如办公楼不能只是由职员占用一样。那些以其相对简单的方式使用公园的母亲至多只能在那里待上五个小时（大概上午两小时，下午三小时），而这种情况也只有在"来公园的母亲们的阶层各不相同"时才会发生。[1]母亲们每天在公园里的时间不仅相对来说很短，而且还受到各种事情的限制，如吃饭时间、家务事、孩子睡午觉的时间等，另外，也很容易受天气变化的影响。

一般的街区公园如果其周边环境从任何形式上说都是功能单一，那它在一天的大部分时间里不可避免地要成为真空区。而某种恶性循环也就会在这种情况下发生。即使是这种真空区受到了保护，不至于被各种形式的凋敝侵害，它仍然不会对早已数量有限的使用者产生多少吸引力。相反，它让他们感到乏味，因为遭到遗弃的地方同样也是令人乏味的地方。在城市中，生机和

---

[1] 比如，蓝领家庭吃晚饭比白领家庭要早，因为如果是上白班的话，蓝领家庭的丈夫们每天上班和下班的时间要早一点。因此，在我家附近的游憩场所，蓝领家庭的母亲们在四点以前就离开了，而白领家庭的母亲们则要来得晚一点，她们在五点前才离开。

多样性会产生更多的生机，而沉寂和单调则会让生机远离。这是一个重要的原则，不仅对城市的社会状况至关重要，而且对其经济状况也是如此。

但是，"功能上的多样化才能每天给街区公园增加活跃和人气"的原则，也有一个重要的例外。在城市里有这么一群人，只要有他们在，就能让公园显得人气旺盛——尽管这群人很少能再吸引来别的使用者。这就是那些有着充足闲暇时间，甚至连家庭责任也没有的人。在费城，这些人是佩恩的第三个公园——富兰克林广场，一个贫民流浪者公园——的占有者。

贫民流浪者盘踞的公园有很多让人厌恶的地方，这是很自然的事，因为人类的失败在这里表现得太突出了，让人难以接受。习惯上，这种公园与罪犯聚集的公园也没有多少区别，尽管它们有不同之处（随着时间的推移，当然，前者会变成后者，就像富兰克林广场，原本是一个住宅公园，在公园及其所在街区失去了对有很多选择的人的吸引力后，最终成为一个流浪者公园）。

像富兰克林广场这种还算是好的流浪者公园，也有某些值得 99 一说的地方。曾经在这里供求关系也有表现突出的时候，而当这样的机遇来了，那些因为自己或环境的原因失去地位的人就会非常欣赏它。在富兰克林广场，如果天气允许的话，一个全天长的户外招待会占据整个广场。招待会中心的椅子上站满了人，人群转来转去，聊天的人会组成好几个群，然后不一会儿又散开重组。来的人互相间都很客气，对一些私自闯入的人也都彬彬有礼。几乎在不知不觉中，这个胡乱拼凑的招待会就像时钟的指针，慢慢地绕着广场中心圆形的水池移动。的确，它就是指针，因为其行动是绕着太阳走的，总是处在阳光的照耀下。当太阳下山时，指针停止了转动。接待活动结束了,要明天才会再次开始。[1]

并不是所有的城市都有运转得不错的流浪者公园。比如,纽约就缺少这样一个公园,尽管它有很多零散的小公园和游憩场所,但主要是被无业游民占据,那个恶名远扬的莎拉·德拉诺·罗斯福公园就招致了很多游民。很有可能,美国最大的流浪者公园——与富兰克林广场相比,它拥有的人数要多得多——是洛杉矶的潘兴广场,市中心的主要公园。我们也可以从中得知一些公园与其周围环境间的有趣事情。洛杉矶这个城市的中心功能是如此地分散化和非中心化,以致在市中心唯一能够表明都市的特征和活动的是那些闲散的贫民。相比之下,潘兴广场不像一个接待处,而更像一个论坛,一个由几十个小组讨论会组成的论坛,每个讨论会都有一名独白者或协调员。谈话的人沿着广场到处都是,那儿有椅子和围墙,在一些拐角处,闲谈的气氛达到了高潮。有些椅子上写有“女士专用”字样,这样的礼貌方式得到了很好的维护。洛杉矶市中心支离破碎的真空地带没有被一些破坏者占用,而是被一些相对来说还比较文明、充满生气的贫困者利用,这也算是洛杉矶的幸运了。

但是我们总不能仅仅依靠贫民来拯救城市中那些不受欢迎的公园。郊区的一般性公园要想不成为闲散贫困者的总部,只有地点靠近社会和功能的多样化和活跃性都突出的地区,才能自然地、随意地受到人们的享用。如果是在市中心,公园的使用者必须包含购物者、参观者和闲逛者以及在市中心工作的人。如果不

100

---

1 这不是那些你在早晨发现的抱着酒瓶子睡觉的酒鬼。那些人更可能出现在这座城市宏伟的独立广场上,那是个新的真空地带,一些为大家所熟悉的团体(甚至包括贫困者团体)都没在那里占有地盘。

在市中心，公园也应该位于生活内容丰富多彩的地区——那里有工作、文化、住宅和商业方面的活动——尽可能拥有城市能够提供的一切。街区公园规划的主要问题，归根到底就是如何培植一个能够使用和支持公园的街区。

然而，许多城区早已拥有这种被忽视的生活的焦点，而正是这些焦点呼吁着要就近建设公园和公共广场。要认出这些城区生活和活动的中心很容易，因为在这些地方往往可以看到很多以发传单为生的人（如果警察允许的话）。

但是，如果在建公园的过程中不考虑将人聚集起来的**原因**，而是把公园作为它们的**替代品**，那么把公园建立在有人的地方就毫无意义。这是在住宅项目、市民和文化中心的设计中存在的根本错误之一。无论如何，街区公园都不能代替城市的多样性。那些成功的街区公园从来就没有干扰过周围复杂和多样化的城市功能或对其构成障碍。相反，那些公园将周边地区多样化的功能贯穿在一起，起了一种很和谐的组织作用。在这个过程中，它们不仅使已有的多样性锦上添花，而且就像里顿豪斯广场或者其他任何一个成功的公园那样，还给予了周边的环境诸多回报。

在街区公园这个问题上，人们既不能自欺欺人，也用不着搬出大道理来进行一番争论。"艺术家理念"以及那些颇有说服力的计划可以把关于生活的**图景**放进一个拟建中的街区公园或公园式的林荫道里，文字上的推论可以唤起使用者的想象，让他们不得不喜爱。但是，在现实生活中，只有多样化的环境才具有实际的魅力，产生自然的生命之流，招来源源不断的使用的人流。建筑物表面上的变化形式也许会给人一种多样化的感觉，但是，只有在经济和社会方面具备了真正多样化内容（能带来有着不同

101　日程的人群)的环境,才能赋予公园意义,才具备把生命的福祉赋予公园的力量。

如果有一个好的地理位置,一个普通的街区公园可以很好地利用这个资源,但它也可能会浪费这个资源。很显然,一个看着像监狱院子的地方,不可能像一块绿洲似的地方那样既吸引人,又与周边的环境产生互惠的影响。但另一方面,"绿洲"是各种各样的,它们某些看似会成功的突出特征其实效果并不明显。

一些特别突出的成功的街区公园,很少会与其他的空敞地产生竞争。这是可以理解的,因为城市里的人有其他的兴趣,需履行其他的责任,他们不可能为增加本地一些普通的大型公园的活力做出多少贡献。城市人如果对公园有足够大的兴趣,那也只是证明公园建设以及诸如此类事情的正确性,比如,以此来证明中心商场、散步道、游憩场所和一些不确定的土地的使用是正确的,且多多益善。这些都是按照典型的光明花园城市的理念来设计的,并且在正式的城市改造过程中得到了强制实行,按照这种严格规定,大片的土地必须被留作空地。

我们或许已经发现,那些有着较多普通公园的城区,如纽约的晨边高地或哈莱姆区,很少能让全社区的人把公园当作注意力的焦点,或者让他们对公园产生强烈的喜爱,就像波士顿北角区的人对他们的小"布拉多"(Prado),或格林尼治村的人对华盛顿广场,或里顿豪斯地区的人对他们的公园所表示出的喜爱那样。人们钟爱一些公园,是因为它们非同一般,有其特殊之处。

一个街区公园激发激情(或恰恰相反,激发冷漠情感)的能力似乎与这个城区的人口的收入或职业无关。这个推论可以从纽约华盛顿广场这样的公园中得出。许多喜爱这个公园的人收入、职业和文化差别都很大。不同收入阶层与某个地方的公园的关系，有时也可以随着时间的不同而产生变化，这种变化可以是正面的，也可以是负面的。在过去的很多年里，波士顿北角区的居民的经济状况得到了很大程度的提高。不管是在贫困时期还是在繁荣时期，布拉多——这个小却占据中心位置的公园，一直是这个街区人们的关注中心。而纽约的哈莱姆地区则恰恰提供了一个情况相反的例子。在过去的很多年里，哈莱姆从一个人人向往的上中阶层的住宅区，逐渐变成了一个下中阶层的城区，一个主要是穷人和受歧视阶层聚集的城区。在从一个阶层到另一个阶层这种不同人口群的变化中，尽管哈莱姆拥有可以与格林尼治村媲美的丰富的地区公园资源，但它们从来没有成为社区生活的主要中心，也没有得到过社区的认同。同样可悲的例子也发生在晨边高地。同样，在一些住宅场地或庭院，包括某些精心设计的项目中也可以发现这种典型事例。

102

　　一个街区或城区无法带着喜爱之情（以及那种作为后果的、强烈的象征性力量），将自身与街区公园绑定在一起；在我看来，这种情况主要是以下两个负面因素结合在一起造成的：首先，原本可以有所作为的公园因为周边地区缺乏多样性，以及由此导致的单调乏味的气氛而丧失了功能，成了"残疾者"；其次，公园太多，目的又太近似，原本具有的活力和多样性也因此消失殆尽。

　　设计中的某些因素显然也能产生不同的结果。因为如果一般的普通街区公园的目的是吸引尽可能多的日程、兴趣和目的各不相同的人，那么很清楚，公园的设计就应该支持这种普遍化的光临公园的目的，而不是朝着相反的、各个目的都不尽相同的方向发展。主要作为一般公共场地来使用的公园，在设计中应该有四个需要关注的因素。我将它们分别称为互构性、中心作用、阳光作用和封围作用。

互构性 (intricacy) 与人们光临街区公园的各种原因有关。即使是同一个人，也可能是在不同的时间里因不同的原因来到公园：有时是来坐一坐，解除疲劳；有时是来玩耍或者是来观看某个活动；有时是来谈恋爱；有时是来赴约；有时到这里来是为了离开僻静之处，找一个地方体验城市的喧闹；有时则是希望在这里碰到某些相识的人；有时是为了更贴近一点自然；有时是为了让孩子有个玩的地方；有时则仅仅是为了来看看公园里有什么东西。反正看到公园里有人，来的人总是感到很高兴。

如果所有的东西一眼就能浏览无余，就像是一张很好看的海报，如果公园里的每个地方看起来都很相像，而且你在这些地方的体验也与别的地方没什么不同，那么公园就不可能提供激发这些不同用途和情绪的刺激作用，也不存在让人们一再回访的理由。

一位住在里顿豪斯广场附近的聪慧能干的妇女这样评论道："在十五年的时间里，我差不多每天都使用这个地方，有一天我想根据记忆来画出游公园的草图来，却发现做不到。这对我来说太难了。"纽约的华盛顿广场也是同样的情况。在一场从公路建设规划中拯救广场的社区斗争中，那些计划者在多次会议中试图拟出一个公园的活动方案，以说明他们的观点，但太难了。

然而在规划时，这些公园都不是像现在这样难以归纳。能发挥作用的互构性，主要是指眼光所及的平面上的互构造成的复杂景观，如地面的高低起伏、树木的布置、引向各个聚焦点的空旷地——简而言之，要表现出不同的细微之处。在实际使用中，背景中的细微区别由此得到了进一步的扩大。成功的公园在使用时总是要比在闲寂时显得更为繁复多样。

一些成功的广场，即使面积很小，也经常为使用者提供巧夺天工、变化无穷的背景设计。洛克菲勒中心通过在层次上造成四个不同的变化做到了这一点。旧金山市中心的联合广场规划从图纸上看，或从一个高层建筑上往下看，显得特别平凡单调，但是在地平面上它的变化是如此强烈，就像是达利画的软表那样，以致让人感到惊讶不已。(从一个大的方面讲，这正是给旧金山笔直规整的、沿着山坡上下的棋盘式街道带来的变化。) 图纸上的广场和公园的规划具有欺骗性——有时候，满篇都是显而易见的变化，但实际毫无意义，因为这些变化都在视平线以下，或者即使进入了眼帘，也大打折扣，因为它们被重复得太多了。

也许，在互构性中，最重要的因素是中心作用。一些情况良好的小公园一般都有这么一个地方，通常被理解为是中心——最不起眼的至少也是十字路口兼临时驻足处，这便是公园的中心。一些小公园或广场本身就是中心，与其周边产生互构关系，以显示它们之间的细小区别。

人们费尽心思在公园里创建中心或聚焦点，甚至不顾面临很大的困难。但很多时候，这是不可能的。一些长条形的公园，如纽约令人沮丧的莎拉·德拉诺·罗斯福公园，以及很多河滨公园，它们经常被设计成像是浮凸印刷机印出来的。莎拉·德拉诺·罗斯福公园有四个用相同的砖砌成的简易"娱乐"房，它们在同一条线上，每两个相隔一段距离。来到公园里的人是怎么看这些设施的呢？他们在那里来回走动得越多，越会感到他们身处没有变化的同一个地方。这种感觉就像是在重复做一件枯燥无味的工作。这也是在住宅设计中常见的败笔。而且几乎是避免不了的，因为大多数住宅区的设计，在本质上都是一个模子里出来的，其功用也是同一个模式的。

人们在公园中心的利用方面表现得很有创见性。纽约华盛顿广场的喷泉水池就用得很有创见并且作用丰富多彩。曾经在遥远的年代，水池的中心是一根装饰性的铁柱，上面是一个喷头。现在留下来的是一个凹陷的水泥做的圆形水池，一年的大部分时间是干枯的，旁边是四个台阶，拾级而上到达一个石质墙压顶（coping），它形成了一个高于地平面几英尺的外围边缘。事实上，这是一个圆形的表演场，一个圆形剧场，而实际上人们就是这么利用它的，根本就弄不清谁是观众，谁是表演者。每一个人身兼两种角色，有些人则可能更是如此：吉他演奏者、歌手、飞速奔跑的孩子们、即兴舞者、晒太阳的人、闲聊者、卖弄噱头的人、照相的人、旅客，混在一起的还有少数几个糊里糊涂但已完全入迷的观看者——他们并非没有别的选择才来这里，因为显然靠近东面的地方有很多椅子是空着的。

城市的官员们通常会编制一些改进的计划，按照这样的计划，这个广场公园的中心将会改建，让位给草坪和鲜花，然后再用围栏围起来。用一个永远不变的术语来描述这种做法就是："变废地为公园之用。"

这是一种不同的公园使用形式，在很多地方是合情合理的。但就街区公园而言，最好的中心是那种能为人的活动提供舞台的地方。

阳光是公园在对人的活动的安排中需要考虑的一个因素。

夏日炎炎，当然需要有一个遮阳的地方。靠公园南边的高楼能提供挡住太阳的角度，但是同时也挡住了很多进入公园的阳光。里顿豪斯广场尽管有着很多令人称赞的地方，但不幸存在这个弊病。例如，在一个阳光明媚的下午，广场几乎1/3的地方见不到人，一片空空荡荡，一幢新的公寓楼投下的阴影斜斜地遮盖着公园的大片地面，像是一块橡皮抹去了人的踪影。

　　建筑物不应该遮住公园的阳光——如果目的是要使公园得到充分利用的话，公园周围的建筑物的存在方式，在设计上就是一件非常重要的事。建筑物将公园包围在中间，造就了公园这个空间的某种形态，而这将成为城市景致中的一个重要事件。这应成为一个积极的特征，而不是无关痛痒的处理品。被建筑物切割成东一块西一块的空地并不能吸引人，相反，人们对它深恶痛绝，避之不及。人们在经过这些地方时，甚至要穿过马路，尽量避开。在任何有住宅项目切入繁忙街区的情况中，都能发现这种现象的存在。芝加哥地产分析员理查德·纳尔逊观察过城市中人们的这种行为，将它视为影响经济价值的一个线索。他这样说道："在九月一个温暖的下午，匹兹堡市中心的梅隆广场人多得不计其数；但在同一个下午，两小时内只有三个人使用了市中心的盖特维中心的公园——一个在做针线活的老太太，一个流浪汉，还有一个不能确定身份的人，他在躺着睡觉，用一张报纸盖着脸。"

　　盖特维中心是光明城市型的办公楼和饭店区，在中心空地的周围东一个西一个地矗立着诸多建筑物。它不及梅隆广场周边地区那样具有多样性，但也不能说它的多样性低到在一个晴好的下午只能拥有四个人（如果把纳尔逊本人算在里面的话）的程度。城市公园的使用者并不是来找寻作为建筑物的背景的空地，他们

105

要去的就是公园本身,不是布景。对他们而言,公园是前景,建筑物是背景,而不是与此相反。

城市里的一般性公园很难就其本身说明好坏,即使它们所在的城区非常活跃和成功。这是因为无论就位置、大小或形状而言,有些公园基本上无法充当我所说的公共庭院。另一方面,就面积或内在的场景变化而言,它们不适合成为大都市中的大公园。那么,能用它们做什么呢?

106　　有些公园,如果确实很小,可以很好地担当起另一个工作:愉悦眼睛。旧金山在这方面做得很好。三条街道的交叉处形成的小小空间,在大多数城市里,要么会成为填上沥青的柏油地,要么就会围上篱笆,放上几把椅子,成为一处灰尘满地,谁也不会瞄上一眼的死角。但是在旧金山,这样的地方成了自成一体的微型世界,有深深的、凉意拂面的清水和洋溢着异国情调的树木,还有被吸引到这里定居的鸟儿们。你自己是进不到那儿去的,你也用不着进去,因为你的眼睛进去了,把你带到比你脚步所及的范围更远的地方。旧金山给人一种郁郁葱葱、清新放松的感觉,城市原本那种石头建筑的冰冷的感觉被遮掩了。旧金山是一座拥挤的城市,但给人的感觉是,城市并没有占有很多土地。这种效果主要来自很多株虽小但很茂盛的植物,另外,旧金山的绿色给人的感觉是立体的,因为旧金山的很多绿色植物都是沿垂直向分布的——窗台上的小植物箱、树木、藤蔓植物、覆盖在一些"废弃"斜坡上的一块块绿色植被等。

纽约的格拉马西公园处于一个尴尬的境地,但因其景色养眼,所以这个难题就迎刃而解了。这个公园刚好是一个位于公共场地里的私人庭院；公园的所有权属于旁边街道对面的住宅楼。要进到里面去必须要用钥匙才行。这里树木繁茂，环境优雅，景色宜人。因此，它成功地给过路的人提供了一个养眼的好地方，就公众而言，这正是这个公园存在的理由。

按其本质来说，目的是愉悦眼睛（仅此一个，并无其他）的公园应该是眼睛能够看得见的公园，而正因为如此，它们的面积应以小为好，因为如果要履行好职责，它们就必须要漂亮而紧凑，而不是敷衍了事。

最糟糕的公园位于人们不常经过或根本不会经过的地方。处于这样位置的公园——另外，它还背负着因面积过大而带来的痛苦（在这种情况下，这确确实实是一种痛苦）——形象地说，就像是一家位于经济欠佳地区的大商店。这样的商店如果要想得到挽救，一个好办法就是通过销售商家所谓的"必要商品"来摆脱困境，而不是只依赖于顾客的"即兴购买"。如果"必要商品"确实招来了足够多的顾客，紧接着也会带来一些即兴购买。

那么，从公园的角度看，什么是"必要商品"？

我们可以通过考察几个问题公园来得到一些线索。东哈莱姆的杰弗逊公园就是一个例子。它由好几部分组成，主要的部分有着明显的为街区公用的意图——就相当于商业用语中的即兴购买。但是，这个地方的一切都在阻止这个目的的实现。公园位于社区的边缘地带，它的一边紧邻河流。一条宽敞而繁忙的车行道则更是将其隔离于其他地区。公园内部多是很长的、互相没有关联的人行道，中间也没有有用的中心。对一个外人来说，这里看上去很古怪，像是个废弃的地方；对公园里的人来说，这里则是街区中冲突、暴力和恐怖事件的集中地。自从1958

年一个晚上发生了青少年谋杀一个来访者的事件后，这个地方更少有人光临。

但是，在杰弗逊公园几个不同的区域里，有一个区域确实是自己救了自己，而且还做得很漂亮。那是一个很大的户外游泳池，但它显然还不足够大，因为有时里面的人比水还多。

我们可以来看一看考勒斯·胡克公园的情况。在一个天气很好的日子里，在这个靠近东河边的公园，我只看到十八个人，坐在草地上或椅子上。在公园的另一边有一个球场，这并不是一个特殊的球场，但就在同一天里，似乎公园里大部分活动都在这里发生。除了那些毫无意义的草坪外，考勒斯·胡克公园还有一个音乐台。每年总共六次，在夏天的傍晚时分，会有成千上万的人从下东区涌向这里，聆听一系列的音乐会。在一年中，有整整十八个小时考勒斯·胡克公园人气旺盛，人们充分享受着公园提供的欢乐时光。

我们可以从这里看到"必要商品"的运转法则，尽管显而易见它在数量上是很有限的，在时间上也不连贯。但是，有一点是清楚的，人们到这些公园来就是为了某个特殊的"必要商品"，他们到这些地方来不是为了一般的游玩目的，或出于"即兴购买"的动机。简而言之，如果一个一般的城市公园不能通过由周边地区自发形成的多样性所带来的种种用途而得以维持，那么就有必要把公园从一般性的公园改成有某种特殊功用的公园。在公园用途方面的有效多样性，可以有针对性地吸引各种各样不同的使用者，这也应该有目的地引入公园的规划中。

唯有获得的经验、付出的尝试和所犯的错误才能告诉我们，针对某种特殊的问题公园，哪些多样化的内容才能有效地发挥

"必要商品"的作用。我们可以对这些内容做一些粗略的推测。首先是反面的推论：壮观的景色和旖旎的风景并不能起到"必要商品"的作用；也许它们本该能起到这个作用，但是很明显，它们做不到。它们只能起到附带的作用。

而另一方面，游泳池却具有"必要商品"的作用。钓鱼也能起到同样的作用，尤其是在能买到鱼饵，以及同时能划船的时候。运动场地也一样。另外，能起到同样作用的是狂欢或类似狂欢的活动。[1]

音乐（包括灌制的唱片）以及戏剧也可以起到"必要商品"的作用。奇怪的是，公园里这些事却做得非常之少，难道引入随意的、非正式的文化生活不是城市历史使命的一个部分吗？这样的使命在今天还是能够发挥很大作用的，正如《纽约客》杂志对1958年中央公园举办的免费莎士比亚节所做评论中指出的那样：

> 那种氛围、天气、色彩和灯光，以及简简单单的好奇心，把人们引到了这里。有些人还从没有看过任何真人的演出。上千人一次又一次地回来再看。我们认识的一个人说，他遇到了一批黑人小孩，他们说自己已看了五次《罗密欧与朱丽叶》。许许多多迷上了艺术的人的生活视野被扩大了，生活内容大大丰富了；具有同样感

___

[1] 卡尔·门宁格，托皮卡门宁格精神分析诊疗中心主任，在1958年一次有关城市问题的会议上讨论了能够有助于遏制破坏意图心理的几类活动。他列出了以下几项：1. 与足够多的人进行足够多的接触；2. 工作，甚至包括干苦力活；3. 激烈运动（violent play）。门宁格认为城市提供的可进行激烈运动的机会太少了。他列举出了一些被证明有效的类型：运动量大的户外运动，保龄球，还有在狂欢节和游乐园里常见的那种射击活动（但在城市里很少见到，时报广场曾有过）。

觉的还有美国未来戏剧的观众们。但另一方面，正是这样的观众——进剧院对他们来说是新鲜事——不会花上两美元去体验可以让他们感到快乐的事，因为他们根本不知道有这样的事存在。

这表明，在这个意义上说，那些拥有戏剧系的大学（这些学校往往与一些问题公园接壤）或许可以资源共享，而不是牢牢地守住界线分明的敌对政策。纽约的哥伦比亚大学正在采取积极措施来规划运动设施——既面向学校也面向社区，地点在晨边高地，在过去的几十年里，这里一直是让人们恐惧并避而远之的地方。如果再给这些地方加上一点别的活动，如音乐或演出，就能够让一个有可能沦为可怕街区的地方变成一个具有出色街区资源的地方。

我们的城市缺少一些小型的公园活动，它们可以起到小的"必要商品"的作用。有些时候，人们只有在需要时，才会发现这些活动的重要性。比如，蒙特利尔附近一家购物中心的经理发现，每天早上他那做装饰用的水池都会神秘地变得很脏，秘密观察一阵子后，他发现一些孩子偷偷地在这里擦洗他们的自行车。城市太拥挤了，已容不下擦洗自行车的地方、租骑自行车的地方、在地上挖水池或搭简易木头房的地方。那些来到我们城市的波多黎各人没有地方可以在屋外做他们的烤猪肉，除非他们能找到一个私人的院落，但另一方面，屋外烤猪肉以及随后进行的活动都充满欢乐，就像很多城市人都喜欢的意大利人上街欢庆游行那样。放风筝是一项小小的活动，可是很多人非常热衷于此，在放风筝的地方同时也有很多制作风筝的材料出售，还有一些地方可以亲手去尝试制作风筝。在北方的一些城市里，在池塘里溜冰曾受到很多人的喜爱，后来城市把这些地方都给挤掉了。纽约三十一街和九十八街之间的第五大道曾经拥有五个非常时髦的可供溜冰的水塘，有一个离洛克菲勒广场现在的室内溜冰场只有四个街段之远。人工溜冰场使人们重新认识了我们这个时代的溜冰运动，在一些纬度，如纽约、克利夫兰、底特律和芝加哥这样的城市里，人工溜冰场延长了溜冰的季节，几乎可以维持半年的时间。如果有公园的话，每一个城区也许都可以建一个屋外的公园溜冰场，而且还可以招引很多来观看的人。另外，这些相对来说小一点的、位于各个不同公园里的溜冰场要比那些大型的中心溜冰场文明和舒服得多。

　　这一切都需要钱。但是恰恰相反，今日的美国城市在"空敞地肯定就是好东西"、"数量就等于质量"的假象的掩盖下，正在公园上浪费金钱。游憩场地和住宅用地太大，数量太多，而质量又太敷衍了事，位置又太不合适，因此对使用者来说也就太单调，太不方便。

　　城市的公园不是抽象物，也不是天然的良好行为或榜样的表现场所。这就像人行道不是什么抽象的存在一样。一旦它们脱离了具体的、实际的使用，它们就不具有任何意义。因此，同样，一旦它们脱离城区对它们产生的具体影响——不管是好的还是不好的——或者是人们对它们的具体使用，它们就会失去所有意义。

　　普通公园也能够为当地的街区带来很大的吸引力，它们吸引人群，因为人们会发现各种不同的用处。它们也可以给某个街区带来沮丧的感觉，它们不吸引人，因为人们发现它们不能提供多样的用处，相反，它们更加剧了单调、危险和空荡的感觉。一个城市的街道越是成功地融合了日常生活的多样性和各种各样的使用者，也就越能得到人们随时随地的（包括经济上的）支持，促使其更加成功。得到了支持和获得了活力的公园，因此也就可以以优雅的环境和舒适的氛围，而不是空洞无物的内容，回报街区的人们。

111

六　城市街区的用途

"街区"(neighborhood) 这个词听起来有点"情人"的感觉。如果坚持这个词里那种情意绵绵的意味,那么对城市规划来说,这样的"街区"规划会带来害处,因为它会扭曲城市生活,将其变成对城镇或郊区生活的模仿。情感往往会带来甜蜜的意图,但同时也会取代明智的见识。

一个成功的街区应该能够知晓自己的问题,不至于导致问题成堆而积重难返。失败的街区是一个被问题纠缠,甚至在越积越多的问题面前无可奈何、不知所措的地方。我们的城市有各种程度的成功和失败。但总体而言,我们美国人并不擅长处理城市的街区问题,这可以从我们城市的灰色地带长时间积累的问题中看出,另一方面,也可以从城市改造过程中地盘的划定上窥出一点端倪。

一个流行的看法是,诸如学校、公园、整洁房屋这些良好生活的判定标准,将有助于创立良好的街区。如果真是这样的话,那我们的生活会是多么简单! 只要给予一些简单的、看得见摸得着的好处,就能控制一个复杂和麻烦的社会,这是一件多么有魅力的事! 在实际生活中,原因和结果并不那么简单。匹兹堡进行过一项研究,旨在揭示好的住宅区与改善过的社会环境之间的关

112

系，很能说明些问题。这项研究把一个尚未被清除的贫民区的少年犯罪记录与一个新建住宅区的少年犯罪记录进行对比，发现在条件已大为改善的地方，犯罪记录反而多。这个发现让人们尴尬不堪。这个事例表明改善住宅条件反而会增加犯罪？当然不是。但是它表明其他事情或许要比住宅条件更重要，同时，在好的住宅建筑和良好的（街区里的）行为方式之间没有直接的、简单的联系。西方世界的历史、我们全部的文学作品、我们所有的观察总结早已说明这个事实。好的住房就其本身来说只是住房而已。当我们试图说明好的住宅建筑能够创造良好的社会或家庭这样的奇迹时，其实只是虚张声势而已，实际上我们只是在自欺欺人。莱因霍尔德·尼布尔把这种特殊的自我欺骗称为"砖块救赎论"。

同样的情况也存在于学校。好学校当然重要，但若是论拯救一个名声不好的街区和建立一个好的街区，它们则是完全靠不住的。另外，一个学校有好的建筑并不能保证就有良好的教育水平。就像公园一样，学校易成为其所在街区的变幻无常的产物（同样也是更大范围内政策的产物）。在不好的街区，学校不仅在物质条件方面，而且也在社会形象方面，遭受毁灭；相反，成功的街区则会努力争取其学校的提升。[1]

同样，我们也不能得出这样的结论，即中产阶级或上层阶级的家庭能建立一个良好的街区，而贫穷家庭却做不到。比如，在

113

---

1 在曼哈顿的上西区，有一个极其糟糕的地区，那里的社区被无情的推土机和住宅建设工地隔离得东一块，西一块，人们只能绕道而行。在1959—1960学年里，学校的学生转校率达到50%。在十六所学校中，这个数字达到了平均92%的程度。在这样一个不安宁的地方，不管有多少政府或非政府的努力，任何学校都不可能生存下去。在任何环境不安定的、学生转校率高的街区，好的学校都不可能生存下去，这包括一些环境不稳定但也拥有好的住宅建筑的街区。

波士顿北角区贫困的街区、西格林尼治村的滨水街区以及芝加哥屠宰场的贫穷街区 (这三个地方都曾不约而同地被其所在城市的规划者认为无可救药,应该被清除),良好的街区却建了起来。随着时间的推移,这些地区的内部问题越来越少,而不是越来越多。相反,在曾是上层阶级居住的巴尔的摩那优雅、安静和漂亮的尤托区,以及庄严的波士顿南城区,有着诸多文化优势的纽约晨边区域,以及在一些城市中一个又一个体面的中产阶级居住的灰色地区,见到的却是很糟糕的街区,随着时间的推移,人与人之间的冷漠和街区内各种计划的失败越来越多。

高标准的物质设施,或所谓的能力很强和"无问题"的街区人口,或记忆中怀旧的城镇方式的生活,如果试图在这些事物中找到判定城市街区成功的标准,结果都只会是白费工夫。这种做法没有涉及问题的本质:城市的街区是干什么用的? 它们应该在社会和经济方面都对城市有用,如果是这样的话,又怎样去达到这个目的?

如果我们将街区看作一个日常的自治的机构,那么我们就会抓住问题的实质。我们在城市街区上的失败,究其源头就是在自治本地化上的失败。我们在街区方面的成功也就是在自治本地化上的成功。我这里所说的自治是广义的,既指一个社会非正式的自我管理,也指一个社会正式的自我管理。

对自治的要求以及实现这个目标的技术性问题,在大城市和在小地方是不同的。比如,存在着一个陌生人的问题。如果把城市的街区看成是城市自治或自我管理的机构,我们必须首先要抛弃关于街区的一些正统但未切中要害的观念,这些观念或许适用于小城镇的社区,但不适用于大城市。我们必须首先甩掉"把城市看成自我封闭或自守式的单位"这样的一些理念。

114   不幸的是,正统的规划理论深深地沉溺于这种所谓温馨的、内视的城市街区的理想。按其纯粹的理想,最好的街区应拥有7000人,因为他们相信,拥有这样的人口刚好够开办一所小学,并且足以维系便利店和社区中心。然后这个单位再被合理地分成更小的团体,适合于孩子们的玩耍及看护,以及家庭主妇间的闲聊。尽管这种理想很少被真正地实现过,但是这几乎成为所有的街区更新改造规划、所有的住宅项目以及很多当代的区域划分的出发点,而且也是今天很多建筑和规划专业学生的实习作品的出发点——他们今天所学的这一切,将在明天给城市带来痛苦。1959年,在纽约这一个城市里,超过50万的市民已经住在按照这种理念改造和规划过的街区里。这种把城市街区当成封闭、内视的孤岛的"理想",现在是影响我们生活的一个重要因素。

要想弄清楚为何对城市而言这种"理想"是愚蠢甚至有害的,我们就必须要分清楚这些被人为炮制并嫁接到城市上的思想与城镇生活的区别。在一个5000人或1万人的城镇里,如果你走上主街(Main Street,类似于经过规划的街区里那种统一的商业设施或社区中心),你会碰到一些你在工作中、上学时、教堂里认识的人,或是你孩子的老师,或是一些你认识的人的朋友,或是你因其名声而知晓的人。在这样一个有着一定限度的城镇或村子里,人们之间的联系可以频繁地重复进行。在某种程度上,这种现象甚至可以使一个比7000人口的城镇更大一点的城镇,甚至是小城市,成为人际关系紧密、运转良好的社区。

但在大城市里,除非是在某种特殊的情况下,5000人或1万人聚居的地方并不存在这种内在的、自然的交叉人际关系。城市的街区规划,不管它想要达到多么温馨的目标,也不能改变这个事实。如果要改变这种情况,那么就要将城市转变为一堆城镇,其代价则是城市的毁灭。确实如此,这种企图(况且不论是否能实现这种错误的目标)是将城市分割成不同的地盘,相互猜疑,相互敌视。这种街区规划的"理想"(及其各种变体)还存在着很多其他的谬误[1]。

115

近来,一些规划者(最引人瞩目的是哈佛大学的雷杰纳尔德·艾萨克斯)开始非常大胆地质疑在大城市中街区这个概念是否有意义。他指出,城市中的人是流动的,他们可以在整个城市(其至超出城市的范围)寻找与工作、牙医、娱乐或交友、购物,在有些情况下甚至是孩子的学校有关的事。艾萨克斯说,城市中的人,不会受到街区概念这种地区主义的牵绊,他们干吗要那样呢?广泛的选择和丰富的机会不正是城市所要提供的吗?

这确实是城市的要旨。而且,城市人的这种丰富的自由选择和对城市的使用,正是大多数城市文化活动和各种特色行业及商业的基础,因为这些活动能够从很多地方为城市带来技术、物质、顾客,而且形式特别多样,不仅在市中心如此,在具有自己特色的

---

1 面对大城市,即使是那个将建立街区的理想人口设置在7000人的古老理由——满足开办一所小学的需要——都会显得愚蠢。"哪所学校?"我们只要问问这个问题,就会发现问题的存在。在很多美国大城市里,教会学校的入学率与公立学校的入学率有竞争关系,前者甚至会超过后者。认定了学校是街区不可缺少的一部分,这是不是指在一个街区里应该有两所学校,而且因此人口就得增加一倍?或者,人口还是原样不动(7000人),但学校就得减少一半的人?为什么只提小学?如果学校是衡量规模的一个标准,那么为什么不提初级中学,一个在我们的城市里通常要比小学更为麻烦的机构?"哪所学校"这样的问题从来就没有被问起过,因为这个问题的提出从来就没有建立在现实的基础上。学校这个概念只是一个借口而已,但同时又很抽象的概念,用来界定一个单位的**某种**规模,而且只是源自对城市的想象,一个美梦而已。作为一个形式上的框架,这是需要的,因为这可以避免让规划者们陷入思想上的混乱,除此以外,没有别的理由。埃比尼泽·霍华德的模范城镇是这种思想的鼻祖,这是毋庸置疑的,但是这种思想之所以能延续这么久,那是因为它刚好填充了思想的空缺。

其他城区也一样。通过这么一种方式来使用城市的资源，城市里的企业反过来也增加了城市人面对的工作、商品、娱乐、思想、交往和服务的选择。

116

不管城市街区是什么样的（或不是什么样的），不管它们有什么用途（或被认为应有什么用途），它们都不可能以互相矛盾的形式来促成城市的移动和流动作用的形成，否则就会削弱城市的经济。对城市街区而言，抛弃经济和社会方面的封闭性，这其实是很自然的，因为街区本身就是城市的一部分。艾萨克斯说在城市里街区这个概念是没有意义的，他说得有道理——如果我们只是以城镇的街区为模式，只把街区当成自我封闭的单位的话。

尽管城市的街区有其内在的外向性特质，但并不意味着可以就此说，城市人没有街区也能生活得很好。即使是对一个最具城市气息的人来说，不管在街区外面有多少选择，他也得关心他所在的街道和城区的氛围；对于城市人的日常行动和生活而言，他们要在很大程度上依赖于他们所在的街区。

我们可以这么说（实际上也是如此），城市里的邻居彼此拥有的最大共同点，莫过于共享一个地理位置。但是，如果他们不能很好地管理，该处就会成为一个失败的地方。根本就不存在一个精力充沛、什么都懂的"他们"来代替街区本地化的自治。城市中的街区不需要向其居民提供人为的城镇或村庄生活，如果追求这个目的，那结果既是可笑的，也是有害的。但另一方面，城市中的街区确实需要提供一些文明的自治方式。这正是问题的所在。

从"把城市的街区看成自治机构"这一角度来看，我发现有证据表明只有三种类型的街区是有用的：1. 作为一个整体的城市；2. 街道为主的街区；3. 在那些最大的城市中，人口超过10万、达到"亚城市"规模的大型城区。

这三种街区每一种都有不同的功能，但是它们也以复杂的方式互相补充。很难说一种比另一种更重要。任何一个地方，要想获得持久的成功，都需要这三种街区的存在，而且我认为，任何与这三种街区不同的街区都会成为障碍，会使成功的自治变得难以实行或根本不可能。

117

这三种中最明显的一个是作为整体的城市，虽然我们很少用"街区"这个词来称呼城市。在考虑组成城市的各个部分时，我们不能忽视或低估城市这个大社区的作用（就好比是父母亲的作用）。大部分公共资金（不管源头上来自联邦政府还是州政府）流向这里；大多数行政和政策决定（无论精明与否）在这里做出；也是在这里，人们的福利遭遇最严重的冲突，不管这种冲突是公开的还是隐蔽的，非法的还是带着其他利益偏向的。

另外，在这个层面上，我们会发现一些重要的代表特殊利益的社区和压力集团。作为一个大社区的城市，是那些对戏剧、音乐或其他艺术有着特殊兴趣的人互相认识和集中的地方，无论他们本身住在哪里。一些在某些行业或企业待了很久，或对一些特别的问题深表关心的人在这里交换意见，有时甚至组织行动。英国城市经济学专家P.萨金特·弗洛伦斯教授这么写道："根据我自己的经验，除了一些特殊的知识分子集中的地方，如牛津或剑桥，一个人口百万的城市应该给我提供，比方说，我需要的二三十个性情相投的朋友。"这听起来有点目中无人、高傲自大。但是，弗洛伦斯教授说的自有他的道理。可以肯定的是，他希望他的朋友知道他在说什么。比如，联合住宅区的威廉·科克和亨利街住宅区的海伦·霍尔（他们的住处都离纽约城有几英里远），与位置更远的《消费者联盟》杂志社的编辑人员、哥伦比亚大学的研究人员以及某个基金会的受托人团体碰面，讨论在一个低收入住宅项目中，贷款欺诈行为给个人和社区带来的灾难。此时，每个人都知道别人在说些什么，而且他们还可以通过他们拥有的知识弄清楚某些特殊渠道来的钱，这样可以更好地认清这个事件，找到打击这种行为的方法。又比如，我的姐姐贝蒂是一位家庭主妇，她帮助曼哈顿的一个公立学校策划一个项目（她自己的孩子在那个学校上学），通过这个项目，那些懂英语的家长可以给不懂英语家长的孩子补习家庭作业。这个计划成功了，后来被整个城市一些有着同样兴趣的街区采用。结果有个晚上，贝蒂被请到布鲁克林的贝德福德—斯特伊佛桑特地区，向这个城区的家长教师联合会的十位主席讲述计划是如何进行的，在向他们传授经验的同时，她自己也学到了很多东西。

118

一个城市的整体性表现在能够把有共同兴趣的人集拢到一起，这是城市最大的可用资源之一（很可能就是最大的一个）。反过来，一个城区需要的资源之一，就是那些能够接近城市的政界人士、行政当局和特殊利益集团的人，而这里所说的城市指的就是作为整体的城市。

在大部分大城市里，我们美国人在创立属于整个城市的街区方面做得还算不错。有着相近或相关利益的人确实能够很容易找到彼此。事实上，在大城市里他们一般能够有效地做到这一点（除了在这方面很糟糕的洛杉矶，以及相当可悲的波士顿）。此外，就像《财富》杂志的西摩·弗里德古德在《膨胀的大都市》一书中所详尽描述的那样，大城市的市政府，在很多方面是非常有能力和精力的，一般人只是看到城市街区在社会和经济层面无休无止的失败现象，并进而对政府的能力进行怀疑猜测，但实际上政府比他们所猜测的要高明得多。从整个城市的角度来讲，我们的弱点不管有多么巨大，都绝不会是因为高层在组建街区方面的无能。

问题的另一方面是城市的街道，以及由它们组成的各个街区，就像我们所在的哈得孙街的街区。

在本书的头几章里，我已经很详细地讲述了城市街道的自治功能：组建公共监视网，以此来保护陌生人以及我们自己；发展一种小范围的、建立在日常公共生活基础上的网状关系，以此来建立一种相互信任和社会监控的机制；帮助把孩子纳入一种相当负责而又充满包容的城市生活里。

但是，城市的街区在自治方面还有另外一个功能，一个至关重要的功能：当遇到自己解决不了的问题时，街区必须要有效地找到帮助。这种帮助有时候来自作为整体的城市，这是一个天平的另一端，它的含义尚不明确，我将暂时搁置起来，但请读者诸君记在心里。

街区的自治功能是很微弱的，却是不可或缺的。尽管先前有过各种试验，不管是经过规划的还是未经规划的，都无法找到在这一点上可以取代一个活跃街区的选项。

一个城市的街区要多大才能有效地发挥其功能？如果我们看一看实际生活中成功的街道街区，就会发现这个问题是没有意义的，因为在那些功能发挥得最好的地方，其街道街区没有所谓的起点和终点，让它与周围地方截然分开，自成一体。街区的

119

大小这一概念甚至对同一地方不同的人而言都是不同的,因为有些人的行动范围很大,或结交的相识能够延伸到很远。事实上,街区成功的一个很大原因在于各个街区间的互相交错和重合(同时方便转向)。对街区使用者来说,这就是它们能够在经济和视觉上带来很多变化的一个手段。纽约的公园大道看上去像是一个极端单调的街区,如果它是个一长条的被隔离街道街区的话,它确实就会是这样。但是,公园大道的街道街区只是在公园这边开始,很快它就拐弯了,然后又拐了一个弯,成为编织在一起的街区群的一部分,因此也就获得了多样性,而不只是一个长条。

当然,在城市里可以发现很多有着固定界线的孤立的街道街区。一般来说,它们都位于前后路口距离很长的街段里(因此街道数量也不是很多),因为路程长的街段一般都会是自我孤立的。一些明显孤立的街区用不着奢望什么好的结果,它们一般都表现出衰败的迹象。在描述曼哈顿西区一些狭长、单调和自我孤立的街段时,纽约大学人际关系研究中心的丹·W.多德森博士这么提道:"每条街道都像是一个隔离的世界,都有自己单独的文化。很多被采访的人没有街区的概念,只有他们所在街道的概念。"

在总结这个地区的无能时,多德森博士评论道:"目前这个街区的状态表明,这里的人们已经失去了集体行动的能力,否则他们早就会迫使市政府和一些社会机构来解决社区生活中的一些问题。"多德森博士观察到的这两个问题是紧密相关的。

成功的街区不是一些互不关联的个体。它们是具体的、社会意义上和经济意义上的连续体——当然,体量很小,但能组合在一起,就像是一条长长的绳子由很多段短小的纤维组成。

　　哪里的城市街道拥有足够频繁的商业、足够强的活跃程度、足够多的使用和人们足够多的关注，可以来促成一个公共街区的生活的连续体，哪里的美国人就可以很理直气壮地证明他们在街区自治方面的能力。在一些穷人或曾经贫穷的人居住的地方，这种能力尤其受到关注和评论。但是，这种情况也出现在一些居民收入高、功能良好的街区，这些街区也能一直维持受欢迎的程度，而不只是昙花一现，比如从五十街一直到八十街的曼哈顿东区，或费城里顿豪斯地区。

　　应该指出的是，我们的城市缺少足够的适应于城市生活的街道。相反，我们有太多凋零、单调的街道。但是，很多城市的街道在完成它们卑微的工作方面做得很出色，也能做到让街区里的居民听其指挥，只不过因为遇到了它们自己解决不了的巨大问题的打击，或是过久地忽视了一些只能由作为整体的城市来解决的设施问题，或因为街区过于弱小而无法干预某些有目的的规划政策的影响，这些街区后来被摧毁了。

　　现在我们该讨论在自治方面非常有用的第三种城市街区：城区 (district)。我认为，这往往是我们表现得最薄弱的地方，也是遭遇到最大失败的地方。我们有着很多声名显赫的城区，但很少能发挥效用。

　　一个成功的城区的主要功能，是协调不可或缺但政治上天生缺乏力量的街道街区与原本就非常强大的作为整体的城市间的关系。

　　在上层负责城市管理的人中，不乏很多不了解情况的人。这是不可避免的，因为大城市实在太大、太复杂，任何人，不管是从

121

何种角度，要想知道某些细节都有一定的难度——哪怕是处于管理层的高度。但是，细节是基本的问题。东哈莱姆地区的一个市民小组希望安排与市长的见面会，商谈如何解决因为一些不切实际（遥控决定）的决定（大多数这样的决定是出于好意）给这个城区造成的恶果。他们说了这么一句话："我们必须要说明，我们这些在东哈莱姆居住和工作，每天都与这里有关系的人，看待这个地方的角度与那些只在上班的路上经过这里，或在每天的报纸上读到过这个地方的人，甚或在城里的办公桌上做出关于这个地方的一些决定的人的角度是不同的。"我在波士顿、芝加哥、辛辛那提和圣路易斯听到过几乎一样的话。这样的抱怨一遍又一遍地回响在我们所有的大城市里。

城区需要将城市的资源输送到街区需要的地方，同时它们也得帮助把街区实际情况"翻译"成政策和目标，转达给作为整体的城市。而且，它们还得帮助维持某个地区，保持其用处和文明，这不仅是为了这个地区的居民，也是为了这个地区其他的使用者——做工者、顾客、来访者——这都是从作为整体的城市这个角度来考虑的。

要达到这个功能，一个行之有效的城区必须要足够大，大到能够成为城市生活中的一种力量。规划理论中"理想"的街区概念对于这样的角色是不起作用的。一个城区必须要强大到能与市政厅做斗争，否则就不能达到任何目标。应该指出的是，与市政厅做斗争不是一个城区唯一的，或最重要的功能。但是，从功能上讲，这是界定大小的一个好的标准，因为有时候城区要做的确实就是这个工作，同时也因为如果一个城区缺少与市政厅做斗争的力量和意愿，它就不可能在其居民遭遇威胁时，或在其他重要事情上去勇敢地争取和斗争。

　　现在让我们回到街区，重新捡起刚才悬隔起来的话题：一个 122
良好的街区肩负的一个义不容辞的责任，即在遇到自己解决不了
的问题时，如何寻求帮助。

　　没有什么比一个孤立的城市街道在无力解决问题时所表现
出的那种孤独无援更凄惨的了。举个例子，看看1955年在曼哈顿
西区的市郊住宅区发生的毒品泛滥事件吧。这个街区有一些居
民在城市的各个地方工作，有些人在街道里或街道外面都有朋友
或相识的人。在街道上，居民们也有相当活跃的公共生活，一般
都集中在一些住房的门廊前。但是那儿没有街区商店，也没有经
常出现的公共人物。他们与这个作为大街区的城区也没有关系，
事实上，这个地区原本就徒有其名，而无其实。

　　当海洛因开始在这里挨家挨户兜售时，一批瘾君子随之而
来——他们不是到这里来生活，而是来寻找机会。他们需要购买
毒品的钱。结果就是街上发生一连串的打劫和抢夺事件。人们
开始害怕在星期五发薪时回家。有时候，在夜深人静时，可怕的
尖叫声让居民们毛骨悚然。他们都羞于请朋友到这里来做客。
街上的一些青少年成为瘾君子，还有更多的人加入进来。

　　这里的大多数居民都是体面人，也富有责任心，他们做了能
够做的一切。他们多次报警。有些人主动去找负责这个事件的
缉毒警队。他们告诉警队的警官海洛因是在什么地方贩卖的，是
谁贩卖的，在什么时候，哪几天有人来供货，等等。

　　但是，什么动静也没有——而事情却越来越糟。

　　当一条孤立无援的小街道单枪匹马与大城市中最严重的问
题做斗争时，一般不会得到多大的帮助。

是警察被贿赂了？谁又能知道？

这个街区缺乏与所在城区的联系，人们也不知道这里是否有一些关心这个问题并且能够找到解决办法的人，居民们只能做他们力所能及的事。为什么他们不至少打个电话给当地的议员，或与政治俱乐部联系？在这个街道上，没有人认识这样的人（一个议员有11.5万个选民）或认识知道这些人的人。简单地说，这个街道上的人与这个城区根本就没有任何形式的关系，更不用说一些有用的联系了。那些有可能做到这一点的人早就搬走了，因为他们发现这里的情况显然是无可救药了。这个街道完全陷入了混乱，被犯罪行为所包围。

在发生这些事件的时候，纽约有一个精明能干的警官，但是谁也不认识他。缺乏来自街道的有效情报以及来自城区的压力，在某种程度上，他也无能为力。因为存在这个隔阂，往往上层的一些良好的意图到了底下却失去了明确的目的，反之也是如此。

有时候城市并不是潜在的帮助者，而会成为街道的反对者。在这种情况下，同样，除非街道拥有一些特别有影响力的人物，否则单独行事难免陷入无助的困境。在哈得孙街，我们最近就遇到了这样的事。曼哈顿区的工程师决定要将这里的人行道缩窄五英尺。这是典型的为扩大车道而进行的没有头脑、愚蠢的城市行为。

我们这条街道上的居民做了一切能做的事。印刷店的老板把他手头一份急活停了下来，专门在星期六的早上赶印了很多紧急请愿书，这样在孩子们放学时，可以帮助分发。邻近街区的人也拿走了请愿书散发到更远的地方。两个教会学校（一个是圣公会，另一个是天主教）让学生把请愿书带到家里。我们从街头得到了大约一千个签名，通过这个行动，更多人知道了这件事。这些签名肯定是代表直接受到影响的成人。很多公司职员和居民都写了信来，一个有代表性的团体组织了一个代表团，到区里找区长和负责官员上访。

但是，如果光靠我们自己的力量，还是很难成功。我们面对的是一个经过通盘考虑而且得到上层批准的城市整治方案，我们要反对的这个项目对他们来说意味着一大笔钱，而且项目工作安排早就已经开始了。我们在他们拆路以前知道了这个消息，纯粹是幸运。这样的工程用不着公开听证，因为严格地说，这仅仅是对马路牙子的调整而已。

一开始，我们被告知计划不能改变，人行道必须让路。我们因此需要借用其他力量来声援请愿书这个微弱的声音。这个力量来自我们所在的城区——格林尼治村。事实上，我们这份请愿书的一个目的，是要向本城区渲染这件事，尽管不是那么显而易见。让他们知道一个重大的事件要发生了。城区范围的一些组织迅速做出的决定比我们街道街区的意见还要有分量。我们代表团任命的一个成员安东尼·达珀里多是市民的格林尼治村协会的主席，还有一些代表团中说话最有分量的人都是来自别的街道，有些来自这个城区的另一端。他们说话有分量，主要是因为他们代表了城区范围内的舆论和舆论制造者。因为有了他们的帮助，我们最后取得了胜利。

如果没有可能获得这种帮助，大部分城市的街道根本不用妄想会赢得这种斗争——不管阻碍是来自市政厅的，还是因为一些人为酿成的过错。没有人愿意打一场无用之仗。

当然，我们获得的帮助使我们街道上的一些人多了一种责

124

任，那就是，当别的街区需要帮助的时候，向它们伸出援助之手，或为整个城区的事业提供更多的支持。如果不这样做，下次我们再需要帮助的时候，就不能如愿以偿。

一个城区如果能够有效地将街道的意见反映到上面，有时候还能促使将这种意见变成城市的政策。这样的例子有很多，下面的一个可以说明问题：就在作者写作本书的时候，纽约市按计划正在进行医治吸毒者的改革，同时，市政厅也向联邦政府施压，要求扩大和改革它的治疗工作，并且增加投入，严堵从国外走私毒品。对这个问题的调查和触动，帮助推动了这项协议，它们不是来自某些神秘的局外人。第一个公开地要求改革和扩大瘾君子治疗的动议根本不是由官员提出的，而是由来自东哈莱姆和格林尼治村这些城区内部的居民团体所施加的压力。逮捕名单里虚报了一些受害者，而另一方面，毒品贩子却依旧公开活动，没有受到任何的打击，这样丢人现眼的事就是被这样的施压团体揭露出来并公之于众的，不是通过官员，更不是通过警察。这些团体研究问题，并且推动变化，而且还将持续进行下去，那是因为他们与街道—街区的生活保持着直接的联系。与之相反的是，除了告诉你让你滚出他们的街道以外，如上西区那样的"孤街"永远也不会告诉你什么。

有人认为可以由几个不同的街区组成联邦制的城区，这种想法很是吸引人。纽约的下东区就准备按照这种模式组建一个有效的城区，而且因此收到了很多慈善捐款。在实现一些人人都赞同的计划方面，这种联邦制的体制似乎很有成效。如申请建立一个新的医院，并为实现这个目标施加压力。但在一些涉及当地城市生活的问题上，人们通常意见不一。比如，在本书写作时，下东区联邦制的城区组织结构里,既包括一些要保护他们的家园和街区,不让推土机将其推倒的人,也包括一些合作住宅项目的开发商和其他有着各自商业利益的人,他们希望利用政府依法征用土地的力量,赶走那些人。这是一些真正的利益冲突——就像自古就有的猎人和猎物之间的关系。那些想拯救自己的人试图让董事会通过他们的决议,但也只能白费工夫,因为在董事会中就有他们的主要敌人!

在涉及当地某些重要问题的方面,对立双方处于白热战之中,需要使出各自完整的、有力的、全城区范围内的力量(少一点就会前功尽弃),双方都施加压力,希望影响城市政策的形成。为了达到这个目的,他们相互间要斗争,还要和官员做斗争,因为这是取得胜利的至关重要的环节。斗争双方要同一些委员会和官僚机构一同经历"政策制定"过程,但不会有什么效果,因为那些机构并没有制定政策的权力,这种做法分散了斗争者的力量,白白消耗了他们的努力。任何这些行为都是对城市政治生活、市民生活的有效性和自治的削弱。

126

比如,在格林尼治村为保护他们的公园——华盛顿广场——不被公路切分成两半时,大部分人坚决反对这条公路。但是,意见并不完全一致,在赞成修路的人中间有一些富有影响力的领导人物。自然,他们希望把这场斗争局限在本地的小范围内,这和整个城市的想法是不谋而合的。在这个方面,他们的计谋会使大部分人的意见遭遇滑铁卢,更不用说占上风。事实上,事情就是这样,直到内情被雷蒙德·鲁宾诺,一位刚好在该城区工作但家不在这里的人揭露了出来。鲁宾诺帮助组织了一个**联合**危机委员会,一个真正与别的组织都有联系的城区委员会。一个有效的城区组织必须要就事论事,并且更重要的是,在一些有争议的问题上意见一致的市民必须要在城区的范围内行动,否则就会一事无成。一个城区不是由几个小"公国"组成的联邦。如果这些小的"公国"真正要发挥作用,它们只有组成完整的权力与舆论的联合体,而且应该足够大,大到让人觉得有说话的分量。

我们的城市拥有很多小岛式的街区,过于弱小,不能发挥城区的作用。这不仅包括受规划之害的住宅街区,也包括很多没有经过规划的街区。这些没有经过规划的、弱小的街区单位是历史上形成的,通常是一些不同的少数族裔的住宅飞地。在一般情况下,它们将作为街区的功能发挥得很出色,能够令人惊奇地将街区内部的社会问题牢牢控制在手。但是,就像上面所述,孤立无援的街道在面对来自外部的问题时会陷入无助,这些弱小的街区在碰到同样的问题时也会陷入同样的境遇。在公共环境改善和服务方面,它们会受到愚弄,因为它们缺少得到这些东西的力量。比如,在阻止让本地成为抵押贷款黑名单上的一员这件事上,它们无可奈何。这个地方最终会得到一张贷款方面的"死亡通知书",这是一个严重的问题,即使一些力量很强的城区也很难打赢这场战争。如果它们和邻近的街区产生了冲突,双方都会觉得在改善相互关系方面无药可救。事实上,因为隔绝的缘故,它们之间的关系会日益恶化。

127

当然,有时候,一个过于弱小而起不到城区作用的街区,会由于拥有一个有特别影响力的市民或一个重要机构而得到权力的恩赐。但是,当这些人的利益与某些大人物或大机构的利益发生冲突时,他们就要为他们得到的免费权力付出代价。他们斗不过那些政府中的大人物,决策是在那里做出的,**当然他们也就不可能去"教导"或影响那些人。**比如,那些在他们的街区中拥有一所大学的市民,常常就会陷入这种无可奈何的境地。

一个有着足够潜在力量的城区能否作为一个民主、自治的机构发挥效用,在很大程度上取决于弱小的街区是否能摆脱隔绝状态。对于一个城区以及其中争斗的双方而言,这主要是一个社会和政治问题,但同时也是一个现实的物理问题。认为比城区小且各自分离的城市街区是一种有价值的理想,并且按照这个前提去进行规划,是对自治行为的颠覆。也许动机是良好的,但是这并不能带来什么帮助。一些弱小街区因为所在社会公然的等级区分,其物理隔离状态进一步加剧,比如在某些住宅区中,人群是按身家来划分的;在此情形下,这种政策对城市中有效的自治和自我管理有百害而无一利。

能发挥真正力量的城区的价值(此时,街道街区作为最小单位的作用也没有失去)并不是我的发现。这种价值一再被发现并且一次次得到实际体现。差不多每个城市至少都有一个这样行之有效的城区。在遇到危机的时候,更多的地方则是断断续续地发挥出城区的功能。

毫不奇怪,一个相当有效的城区,随着时间的推移,通常会积累很强的力量,最终,也会出现一系列的人物,他们不仅可以在街道里起作用,也能在城区范围内,甚至在整个城市范围内叱咤风云。

要想纠正在发挥城区功能上面的失败,很大程度上需要改变城市的行政管理,这个问题我们现在不需要做详细讨论。但是,这并不是说,我们不需要摒弃关于城市街区规划的常规做法。按

128　照规划和划分理论设置的"理想"的街区，规模太大，作为一个街区，没有意义也不会获得能力；另一方面，作为一个城区又过于弱小，不能发挥作用。真的是左右不是。甚至它根本不能作为讨论的出发点，这就像是对于放血治疗的信仰，是在寻求理解的过程中，走错了路。

　　如果说唯一能够在实际生活中有效发挥自治功能的城市街区是上述提到的三种街区形式，即作为整体的城市、街道为主的街区和城区，那么城市有效的街区就应该达到以下这些目标：

　　首先，要造就生动有趣的街道。

　　其次，在城市辖下具有"亚城市"面积和力量的城区内尽可能**全面地**促成具有这种特性的街道网。

　　再次，将公园、广场和公共建筑作为街道系统的一部分来使用，从而强化街道用途的多样化，并将这些用途紧密地编织在一起。公园、广场等的使用不应该各行其是，互相分离，或与城区内的街区的用途互不关联。

　　最后，要突出一些地域的功能身份，这些地方应大到足够作为城区来运行。

　　如果前三个目标能够很好地达到，第四个自然就会达到。原因很简单：除非是生活在一张地图里，否则没有多少人会认同一个抽象的叫作城区的地方，或对这里表现出多少关心。我们中的很多人认同一个地方是因为我们使用这个地方，对这个地方了解很深且产生亲切感。我们在这个地方四处走动，产生了信赖感。产生这种感觉的唯一原因是周围很多不同且有趣、方便且有用的东西像磁铁一样吸引着我们。

　　几乎没有人愿意在相同的、重复的地方走动，即使并不用付出多大的气力。[1]

　　相异性，**而不是重复性**，造就交叉使用，因此也促使一个人对比他所在街区更大的地方产生认同感。单调是交叉使用的敌人，因此也是完整的功能的敌人。至于地盘，无论是经过规划的还是没有经过规划的，位于地盘外面的人不会有任何可能对这个地盘的利益或地盘里面的东西产生自然的认同感。

　　一些功能中心是在活跃的、多样化的城区里形成的，就像公园中的功能中心是在小规模的范围内产生的。如果这些中心同时还能拥有一个象征这个城区的地标性建筑，那么就能成为这些城区的标志。但是，中心不能单靠自己来承担代表城区的标志作用。不同的商业和文化设施以及不同的景观都会在这个城区里接二连三地冒出来。在这种情况下，一些具体的障碍，如宽广的交通干道、很大的公园、庞大的办公机构楼群等都会在功能上产生破坏性的作用，因为它们阻碍了交叉使用。

　　从绝对意义上讲，一个城区要多大才能算是一个有效的城区？我已经给了一个从功能上测定大小的定义：大到足够能与市政厅进行抗争，但是不能太大，以致让街道街区无法引起城区的注意，并因此说不上话。

　　从这个方面讲，城区的大小与整个城市的大小有很大关系。

1　东哈莱姆区的杰弗逊住宅就是这样，很多人在这个住宅区住了四年，却从没有注意过这个社区中心。它位于住宅区的一个死角 (尽头，说它是死角是指那个地方没有城市的生活可言，旁边只有更多的公园)，住在这个区域其他地方的人没有特殊原因一般不会来到这里。这个地方与这里其他地方并没有什么区别，看上去一模一样。下东区的一位住宅管理者，大街道区域委员会的多拉·坦能鲍姆这么评价邻近住宅区的不同楼群里的人："这些人似乎从来就没有想过，他们与别人是不是有共同的地方。他们的行为表明似乎这个区域另一边的人与他们生活在不同的星球上。"从表面上看，这些住宅区是一个个小单位组成的整体。但是从功能上看，根本就不是这么回事。外表只是一个假象而已。

在波士顿，当北角区拥有接近3万人的时候，城区也就拥有了很强大的力量。现在，它的人口数只有大约一半，原因之一是这里进行的非贫民区化的进程，一些住房被拆除了，这是好的方面，另一半原因是这个城区被一条新修的公路无情地肢解了，这是不利的方面。尽管北角区依旧很有凝聚力，但是它已经丧失很大一部分

130 作为城区的力量。在一个像波士顿、匹兹堡或者甚至更有可能是费城这样的城市里，拥有3万这样的人口数就足够组成一个城区。但是在纽约或芝加哥，一个3万人大小的城区等于什么都不是。根据城区议会主任的说法，芝加哥最有效的城区"后院区"拥有大约10万人口，而且人口还在扩大。在纽约，格林尼治村在有效的城区中属于较小的，但通过利用其他优势弥补了自身不足。它大约拥有8万居民，另外还有一支大约12.5万人的劳动大军 (他们中1/6的人就是这儿的居民)。纽约的东哈莱姆和下东区这两个地方都在努力创建行之有效的城区，每个地方都拥有20万的居民。它们需要这样数量的人。

当然，促使一个城区有效发挥作用的 (尤其是良好的人际交流和优秀的道德规范)，也有其他的因素，而不单单是人口的数量。但人口数量是至关重要的，因为它代表了 (如果大部分时候人们只是隐晦地这样暗示的话) 选票。有两种最主要的公共力量在美国城市的塑造和运作中起了重要作用：选票和对钱的控制。说得好听一点，我们将其称为是"公共舆论"和"专款专用"，但是它们依旧还是选票和金钱。通过街道街区的协调作用，一个有效的城区应拥有这两种力量中的一种：选票的力量。通过这种力量，也只有通过这种力量，它才能有效地影响与之相关的另一种力量——公共资金，不管这种影响是正面的还是负面的。

罗伯特·摩西杰出的才能就表现在，他熟悉这一套，能够把事情做得非常出色，他知道如何使用和控制公共资金去影响那些选民选出来的人，以达到他的目的；而另一方面，选民们却往往要依赖这些选出来的人，来表达他们充满对抗意味的利益。这种情况掩饰的当然是一个古老的民主政府悲哀的故事。这种用金钱的力量来否决选票的力量的艺术被一些正直的行政管理者用得非常有效，但同时一些虚伪的个人利益的纯粹代表也可以得心应手地玩弄这种手法。不管是哪种方法，当选民的力量被分散瓦解时，想要诱惑或扳倒被选上的人就会很容易。

从最大的程度讲，我还不知道一个人口大于20万的地方可以像一个城区那样运转。不管怎样，地理范围的大小也会给人口的数量带来限制。在实际生活中，一个自然形成的、运转有效的城区的最大面积似乎应该是在1.5平方英里左右。[1]也许，这是因为一个城区太大的话，就不利于交叉使用，也不便于这个城区政治身份的表示。在一个非常大的城市里，要使城区运转成功，人口的密度就必须要高；否则，这个城区的政治身份就不能与其实际的地理身份相匹配。

这个对地理面积大小的界定，并不是指一个城市应该按照大约一平方英里大小的区域来划分和设置，使区域与区域之间界线分明，并由此给城区带来生机。造就一个城区的并不是分界线，而是交叉使用和活力。之所以提到面积大小和城区的限度，是从如下方面来考虑的：肯定存在着给交叉使用造成具体的实际障碍的客观情况。一个理想的情况是，这些障碍最好是位于一些地方

131

---

[1] 芝加哥的"后院区"是我所知道的唯一例外。这个例外也许能在某些方面给我们一些有用的启示，这个问题现在我们不必讨论，但在本书的后面会作为一个管理方面的问题被涉及。

的边缘，这些地方应足够大，能起到城区作用，而不是在正常的城区与城区间横上一杠，切断它们之间的有序联系。一个城区的核心在于其内在所是，在于内部的连续和互相交叉的使用上，而不是在于它的尽头在什么地方，或以什么方式结束，或在空中鸟瞰时是什么样子。事实上，在很多情况下，城市里许多受欢迎的城区都会自然而然地扩展它们的边界，除非用一些设置障碍物的方法来阻止它们的扩展。一个城区要是被这种方式阻截得过于频繁，就会遇到另一个危险，即失去能够刺激该区经济的外来访问者。

在街区单元规划方面，按照产生在街区内部的多样性的交叉使用和活力，而不是按照形式上的分界线来界定街区单元，这种做法自然是与正统规划观念相违背的。它们之间的不同在于：一个面对的是充满活力、交叉多样的有机体，有能力塑造自己的命运；另一个却是固定的、没有生气的住宅区，唯一能做的只是照看它们已经被给予的东西。

在说到城区的必要性时，我不想造成这样一种印象，即一个 **132** 行之有效的城区在经济、政治和社会层面上都是自给自足的。当然不是这样，而且也不可能是这样，就像一个街道不可能是自给自足的一样。一个城区也不能是另一个城区的翻版；城区与城区间有巨大的差别，而且也应该如此。一个城市不是一些重复类似的城镇的集合体。一个有吸引力的城区应有自己的特性和特长。它能够吸引外来的使用者（否则就不会在真正的城市的经济多样性中占有一席之地），而城区里的人则从这里走向外面。

　　城区也没有自给自足的必要。在芝加哥的"后院区"，大部分家庭中挣钱养家的人在1940年前都曾经在屠宰场工作，屠宰场位于该区内部。这种情况对城区的形成确实有一定影响，因为这个城区是有了工会组织才形成的。但是这里的居民及其子女逐渐从屠宰场出来，进入了城市的其他工作岗位和公共生活。现在，除了青少年放学后打的零工外，大部分人都在该城区外面工作。这个变化并没有削弱这个城区，相反，却使它变得更加强大起来了。

　　在这个过程中，一个建设性的因素是时间。在城市中，时间是自给自足的替代物。时间是城市中不可或缺的东西。

　　使得一个城区能够正常发挥功能的各个因素既不模糊也不神秘。它们包括每个人之间具体、单独的工作关系，这些人中有很多除了居住在同一地方外，并没有太多的共同之处。

　　从任何一个街区的稳定性的角度考虑，形成城市的一个区域的第一类关系是那些街道街区上的关系，是街道上人与人之间的关系，他们之间应该有一点相同之处，比如，属于一些共同的组织——教会、家长教师协会、企业家协会、政治俱乐部、地区市民协会、卫生运动资金募集委员会，或其他一些公共事业委员会、同乡会（过去在意大利人之间，现在则在波多黎各人中很流行）、业主委员会、街段改进协会、反对非正义抗议者协会等。

　　在大城市有点声誉的地方看上一眼，你就会发现那里的各种组织（多数很小）多得让你头都发昏。费城重建改造开发局的一个官员，戈尔迪·霍夫曼太太，决定对费城一个大约有一万人的单调小区域内的组织和机构做一个个案研究调查。这个地方很快就要进行重建。让她以及其他人感到惊讶的是，她发现在这个

133

小小的地方,竟然有十九个这样的组织和机构。小组织和一些特殊利益集团在我们的城市里,就像树上的树叶一样生长发展,它们以自己的方式表明了生活的持久和韧性。

但是,组建一个行之有效的城区的关键过程并不只限于此。必须发展一个互相关联但保持差异的关系网;通常,这是一种人与人之间的工作关系网,这些人常常是领导人物,他们能够将本地的公共生活扩大到街道和街区以外,以及本地的个别机构和组织以外,并且与一些来自其他区域的、背景与出身都完全不同的人建立关系。在城市范围内,这种"跳跃式的"(hop-and-skip) 关系要比在自给自足的地区内的同类关系更加富有成果,后者往往是被迫结成的关系。也许,在一般情况下,从利益的角度讲,我们做得更多的是把整个城市组成一个利益趋同的大街区,而不是城区。跳跃式的城区内部关系有时候很偶然地产生于这样一些人中间:他们来自城区,但在将整个城市作为一个特殊利益的街区的过程中相识,然后将这种关系带到自己所在的城区。举个例子,纽约许多城区间的网络关系就是这样开始形成的。

相对于一个城区的人口数来说,只需要少量这样的"跳跃者"就可以打造一个真正有效的城区。例如,一个人口十几万的城区,只要百来个"跳跃者"就可以。但是,这些人必须要有时间来互相找到对方,有时间来寻找最适宜的合作,以及有时间深入各个小街区或代表特殊利益的街区中去。

我和我姐姐刚从一个小城市迁到纽约时,曾玩一种叫"消息"的游戏来自娱。我想,我们实际上是在以一种模糊的方式来了解这个巨大的、使人困惑的城市。我们是从一个小地方来到这个大城市的。游戏的做法是选择两个完全不相干的人——比方说,一个是所罗门群岛的猎头，另一个是伊利诺伊州洛克岛上的制鞋匠——并且假定一个人要通过口信把消息传给另一个人。然后，我们俩都会默想出一个具体的人，或可能的话，至少是一连串的人，通过他们把消息传过去。谁能够通过最短的信息链把消息传过去，谁就能获胜。猎头会把消息传给村子里的头人，头人会把消息传给来买干椰子的商人，商人会在巡逻队的军官来到这里时把消息传给他，后者会告诉他下次轮到谁可以休假上墨尔本，等等。在另一边，制鞋匠会从他的牧师那里听到消息，牧师是从市长那里得知消息的，市长是从市议员那里得到消息的，市议员是从州长那里得知消息的，等等。很快，我们就会再想出所能想到的人，让他们加入这个传递消息的环节中，但到了这个长链的中间时，我们就会纠缠不清，搞不明白了，直到我们遇到了罗斯福太太，她帮助我们解决了问题。罗斯福太太干脆利落地跳过了很多中间的环节。她很清楚哪些人是没有用，可以绕过去的。于是，世界一下子变小了，我们从一团乱麻的游戏中跳了出来，当然，游戏也就变得平淡无刺激了。

134

　　一个城区需要一小部分像罗斯福太太这样的人——他／她们知道哪些人有用，哪些人没有用，由此减少不必要的联络过程（而这在实际生活中却不太容易做得到）。

　　住宅管委会的主任经常就是启动这样的跳跃关系链的人，但他们只能开个头，或在适当的时候，扩展这种关系，却不能完全承担这个工作。这种关系链需要一个信任和合作的过程，至少有时候是偶然因素和试探性的结果；它需要一些有着足够自信心的人，或对本城区的公共问题足够关心的人，能够充满自信地代表这个城区说话。东哈莱姆在经历了可怕的分解和人口减少后，缓

慢但有效地重新组织起来与不利因素做斗争。五十二个组织在
1960年参加了一个施压会议,向市长和他手下的十四个官员说明
这个城区需要的是什么。这些个组织包括家长教师联合会、教
会、街区服务中心、各个福利小组、市民俱乐部、租户协会、企业家
协会、政治俱乐部和本地国会议员、州议员和市议员。五十八个
人分别承担了组织会议、制订计划的责任;这些人富有才能,来自
各个行业,来自不同的少数族群——黑人、意大利人、波多黎各人
以及其他难以界定的族裔群体。他们代表了很多该城区的跳跃
链关系。组成这个网络链花去了五六个人多年的工夫和很多的
心血,而这个网络也只能说进入了开始产生效用的阶段。

　　一个城区一旦有了这样良好的、强有力的跳跃关系链,这个
网络就可相对快速地发展并且编织起各类新形式的分支。表明
这个网络链有效的一个迹象是一个新组织的创立,这个新组织多
多少少是在城区范围内为了某个特殊的目的而创立的临时组
织。[1]但是,要让这个网络链运转起来,需要三个条件:有一个开
头(不管是何种形式),有足够的人在使用的具体区域,有时间。

　　就像是组成更小的街道和特殊利益组织关系链的人一样,
组成这种跳跃链关系的人也不能用统计数字来表示,而在规划
和住宅方案中,常常会用统计数字来代表具体的人。统计数字
意义上的人是虚构的人,原因有很多,其中一个是他们似乎永远
是可以互相替换的。真正生活中的人是单个的人,他们花去生
命中的很多年头来和其他单个的人建立重要的关系,这样的人

1　在格林尼治村,这些组织常常有着冗长但含义明确的名字,如:关闭华盛顿广场公园(对所
　有人除紧急交通以外)联合紧急委员会;地下室租户紧急委员会;启动杰弗逊市场法院大
　钟委员会;挫败西村提案和制订一个合适提案联合委员会。

是根本不能被取代的。一旦切断了他们之间建立的关系,他们作为有用的社会一分子的地位就被毁灭了——有时候是暂时的,有时候是永久的。[1]

在城市里,不管是街区还是城区,一旦很多经过长时间发展起来的公共关系被破坏,各种各样的社会混乱就会发生——破坏、动荡和无助泛滥成灾,以至于再长的时间也不能挽回这种局面。

刊载在《纽约时报》题为《心绪不宁的一代》的系列文章中,哈里森·索尔兹伯里指出了城市里人际关系的重要性及其被破坏后的不良结果:

> "即使是贫民区〔他援引一位牧师的话〕,在作为贫民区存在了一段时间后,也能建立起它的社会结构,而这会带来更多的社会稳定,让更多的人参与领导,更多的机构来帮助解决公共问题。"

> 但是〔索尔兹伯里进而指出〕,当清除贫民区的计划进入贫民区时,它不仅仅是扒掉了那些破败的房屋,而且还赶走了人,将其迁移他处,还迁走了教会,砸掉了当地生意人的饭碗,把街区的律师送进了城内的新办公楼里,它挥刀砍向社区各种错综复杂的关系网,使之永不可再恢复。

> 一些老居民从他们的破旧公寓里或寒酸的屋子里

136

---

1 有些人似乎可以做到像统计数字意义上的人那样被替换,在另一个地方照样开展工作,但是这些人必须属于那些本质上非常一致的游动群体,如"垮掉的一代",或常规军队军官及其家庭,或郊区经常出差的中层管理人员的家庭,威廉·怀特的《组织人》(*The Organization Man*)一书对这些人多有描述。

被赶出来,被迫去找陌生的新住处。街区里一下子涌来
成百上千的新面孔……

　　现在的城市更新规划主要是为了保留一些建筑,同时顺便也
保留一部分原有的居民,但是当地其他的人被分散到别的地方去
了。这样的更新规划也会导致同样的结果。同样,一些人口密集
的私人房屋,为了获得一个"稳定"的城市街区带来的高价值,匆
匆地把地产转成本金。在纽约的约克维尔,估计有一万五千个家
庭在1951—1960年间通过这种方式迁往别处。实际上,大部分
人是不情愿离开的。格林尼治村也有同样的遭遇。事实上,如果
说我们的城市还有一些可以发挥功能的城区,那就真是奇迹
了——不是说这样的城区还有多少,而是根本没有。首先,在目
前的城市里,具体物质条件适合于形成一个拥有交叉使用和自己
身份的城区的区域已经很少了(如果有的话,那也纯粹是幸运而
已)。在这种情况下,新的城区,或刚表露出一点点衰败气息的城
区就会面临被肢解、分割和拆迁的命运,而一切都是规划政策的
误导造成的。那些运转有效的城区或许足以保护自己、抵制规划
政策带来的混乱,但最终也逃脱不了在蜂拥而起、毫无规则的"淘
金热"中遭遇践踏的命运,那些参与这场"淘金热"的人目的是想
从这些城区拥有的稀有社会财富中分得一杯羹。

137　　应该指出的是,一个好的城市街区可以吸引新来者,不管是
自己选择到来的新来者,还是临时找个地方安顿的暂住者,而且
它还可以保护相当多的过渡性人口。但是,这是一个逐渐增加的
过程。如果一个街区的自治是在顺利运转的,那么在人来人往的
表面下,必须要有一个连续的人群,是他们组成了街区的人际网

络。这个网络是城市不可替换的社会资本。一旦这种社会资本丢失了，不管是什么原因，这个资本带来的收益就会消失，而且不会再回来，或者除非等到新的资本缓慢地、偶然地积累起来。

　　有些城市生活的评论者注意到，一些力量很强的街区往往都是少数族裔聚集的社区——尤其是意大利人、波兰人、犹太人或爱尔兰人等——于是认为城市的街区需要一个有凝聚力的族裔基础，可以作为一个社会因素发挥作用。这实际上就等于是说，在大城市里只有那些外来的、后来加入美国籍的美国人才有能力进行当地街区的自治。我认为这是很荒唐的。

　　首先，这些有着民族凝聚力的社区并不像外人看上去那样总是自然地凝聚在一起。我们可以再次引用"后院区"这个例子，它的主要人口来自中欧，但也是各种各样的中欧人。比如，这个地方实际上有十几个民族的教堂。存在于这些组织中的传统恩怨和对立，是这个地区最严重的障碍。格林尼治村的三个主要组成部分分别是意大利社区、爱尔兰社区和一个亨利·詹姆斯式的显贵阶层的社区。民族凝聚力在这些区域的形成中也许是发挥了作用，但在打造这个城区的交叉关系链的过程中，却起不了什么作用。这个工作是由一个叫作玛丽·K.司米克维奇的优秀街区服务中心主任在很多年以前开创的。今天，这些有悠久历史的民族社区有很多街道，早已经将来自世界各地的各个民族融入它们的街区。同时，很多中产阶级专业人士也被吸纳了进来。事实证明，他们在城市街道和城区的生活中做了很出色的工作，尽管规划"神话"申明这些人应该集中住到一些孤岛似的伪郊区去，并在那里受到保护。在下东区，有些功能发挥得最出色的街道（在其被迁移以前）被笼统地称为是"犹太区"，但是从生活在这

138

些地方的实际人群看,这里的人来自四十多个不同的民族。纽约一个运转最有效的街区——它拥有令人惊奇的内部交际网,这正是一个奇迹——位于东区市中心,这里完全是高收入人口,这些人难以严格用民族去界定,除非笼统地叫他们"美国人"。

其次,不管有着民族凝聚力的街区是在哪儿发展的,不管这是个多么稳定的街区,除了民族身份外,它们都还拥有另外一个特性,那就是,拥有长期居住在那儿的单个的个人。我认为,这个因素比仅仅有民族身份更有意义、更有作用。一般来说,当这些群体在一个街区定居下来后,需要很多个年头才能创立一个有效的街区,居民才能获得一个稳定的居住地。

于是,这里看上去出现了一个悖论:要保证在一个街区里有足够多的人长期生活,城市就必须要表现出雷杰纳尔德·艾萨克斯所说的流动和移动的特点(这在本章的前面部分提到过)。艾萨克斯认为这个特点能够表明,街区对城市而言是不是有重要的意义。

在不同的时间段里,很多人会变换工作、工作地点和上班时间,或他们的朋友圈子会扩大,兴趣爱好增多,家庭成员会有增有减,收入或升或降,甚至他们的品味也会发生很大变化。简而言之,他们是在生活,而不仅仅是存在。如果他们生活在一个多样化、丰富多彩的城区,而不是单调乏味的城区——特别是,这个城区经常让人们知道或经历一些具体的变化的细节——如果他们喜欢这个地方,他们因此就会在这里待下去,尽管他们爱好或追求的内容和地点会发生变化。有些人随着收入和休闲方式的变化,必须要设法迁移地方和社会层次,从下中阶层移到中产阶层，再到上中产阶层，还有一些小城镇的人必须要从一个城镇挪到另一个城镇或城市，为的是寻找不同的机会。和这些人不同，城市人不用为这些原因而东移西迁。

一个城市拥有的各种各样的机会，以及使人们能够利用这些机会和选择的那种流动性，是城市的一笔资产，可以用来维持城市街区的稳定，而不是对城市造成损害。

但是，这笔资产现在不得不转换成资本了。在一些千篇一律、了无生气的城区，在一些只适应于某一类收入、品味和家庭情况的城区里，这笔资产被抛到九霄云外。只适应固定的、统计数字意义上的、不管具体的人的街区所能提供的，只能是不稳定的街区。统计数据显示的人或许是不变的人，但实际生活中的人并不如此。这样的地方永远只能是过路客栈。

139

在本书的第一部分（现在我们已经到了这部分的结尾），我强调了城市特有的资产和优势，同时也强调了城市特有的弱点和不足。就像其他事物一样，城市只有靠充分发挥其资产的作用才能获得成功。我试图指出城市中哪些地方是这样做的以及是怎样做的。但我并不是要表明，我们就应该按部就班地、表面化地复现那些表现出了优势和成功、作为城市生活的部分展现的街道和城区，这其实是不可能的，而且有时候也会成为建筑复古主义的表现。再者，即使是最好的街道和城区本身也有可能进一步改进，特别是在设施方面。

但是，如果我们能弄清楚城市状况背后的原则，我们就能积累起潜在的资产和优势，从而避免一些目标不一、互不关联的行为。首先，我们必须要知道我们的总目标是什么——仅仅是因为

要搞明白城市生活是如何运转的，我们也要弄清楚这一点。比
如，我们必须知道，我们想要的是活跃的、使用情况良好的街道和
其他公共空间；我们更应该知道我们为什么需要它们。但是，知
道想要什么（尽管这是第一步），还远远不够。接下来，我将从另
一个层面考察城市运转的机制：给城市的使用者提供活跃的街道

140　和城区的经济机制。

第二部分

城市多样化的条件

七　产生多样性的因素

分类电话号码簿告诉我们有关城市的一个最重要也是最简单的事实：城市是由无数个不同的部分组成的，各个部分也表现出无穷的多样性。大城市的多样性是自然天成的。

"我经常这么自娱，"1791年詹姆斯·博斯维尔写道，"想象伦敦对不同的人来说是多么不同。那些头脑狭隘、专盯着一种事情不放的人，看到的伦敦就只有那么一小块，而那些头脑里充满智慧的人，他们会迷上伦敦，从中看出人生的千奇百怪，这样的观察是不可穷尽的。"

博斯维尔不仅给城市下了一个很好的定义，还指出了涉及城市的一个主要问题。通常，人们很容易掉入这么一个陷阱：在考虑城市的用途时，一个一个分门别类地加以考虑。事实上，这样一种对城市的分析方式——按用途逐个分析——已经成了通用的规划策略。最后，把按类别对用途研究的结果集中到一块，"拼成一大块完整的图画"。

通过这种方法得出的"整图"，就相当于把瞎子各自摸象后得出的结论凑在一起，得出一幅大象的"完整图画"一样。这头被瞎子们摸了半天的象当然不知道，在瞎子们的眼里，它是一片树叶、一条蛇、一堵墙、几截树干、一条绳子拼凑起来的一个东西。城市作为我们亲手制作的一个产品,也很有可能让人产生这么一种印象。

　　想要理解城市,我们必须直接完整地涉及城市不同用途的结合或混合用途,而不是单独处理这些用途。在这个方面,我们已经看到了街区公园的重要性。人们很容易(甚至是过于容易)认为公园是一个独立的现象,而且只从公园的面积与人口比例的角度对其加以描述。这样的方法只能说明一些规划者使用的方法,却没有说明街区公园的行为和价值。

　　用途的混合需要有极丰富的内容的多样性,如果这种混合可以做到足够丰富并以此支持城市的安全、公共交往和交叉使用的话。因此,关于城市规划的第一个问题(而且,我认为也是最重要的问题)是:城市如何能够综合不同的用途——足够的多样性——并贯彻到足够多的区域中去,以支撑城市的文明?

　　对单调、凋敝的现象进行严厉申饬,以及弄明白为什么这种现象会毁掉城市的生活,这是应该的,也容易做到,但是这样做本身并不能帮我们解决什么问题。我们可以回想一下我在第三章提到的巴尔的摩那个拥有漂亮的人行道公园的街道遇到的问题。我的朋友科斯特斯基太太说得对,她说从方便使用者的角度讲,这个地方需要开设一些商业点。就像人们可以想到的那样,不方便和缺少街道生活只是这儿的单调住宅的两个副产品而已。另外一个是危险——天黑以后对上街的恐惧。自从发生了两起严重的白天遇袭事件后,有些人害怕白天独自在家。另外,这个地方不仅是缺少商业选择,而且也缺少吸引人的文化生活。我们可以看出这儿生活到底有多单调。

但是，说了这么多，那又怎么样呢？这个地方所缺少的多样　144
性——方便、兴趣和活力——并不会因为人们需要它们、需要它
们提供的好处，就一个个地冒出来。举个例子来说，没有人会傻
到在这里开一个零售店。他没法生存。如果你认为或许在这里
也能产生活跃的城市生活，那就跟做白日梦差不多。这个地方是
一片经济的荒漠。

当我们的眼光扫过那些单调灰暗的地带，或者是一些廉租住
宅区，或者是一些市民中心之类的地方时，我们很难相信这么一
个事实，即大城市是天然的多样性的发动机，是各种各样新思想
和新企业的孵化器。但事实就是如此。进一步说，大城市是各个
行业的万千小企业的天然经济家园。

对城市企业的种类和大小的最主要的研究，恰恰就是关于制造
业方面的研究，最著名的是雷蒙德·弗农的《解剖大都市》，还有
P.萨金特·弗洛伦斯的作品，他曾考察英美城市对制造业的影响。

一个明显的特征是，城市越大，制造业的种类就越多，同时小
制造业主的数量和比例也就越大。简单地说，原因是大企业有更
多的自给自足的能力，它们能够在企业内部获得它们需要的大部
分技术和设备，能够自己贮存这些东西，能够把这些技术和设备
远销到它们能够达到的地方。它们并不一定要在城市里，尽管有
时候在城市里是一种优势，但往往情况是不在城市里反而更好。
但是对小制造业主来说，情况刚好相反。一种典型的情况是，它
们必须依赖其本身以外的技术供应，它们必须服务于一个狭小的
市场，而且还必须就位于这个市场存在的地方。它们还必须要对
这个市场的变化保持敏锐。没有城市，它们就根本不可能存在。

它们依赖于城市中其他形式各样的企业，同时也为这种多样性添砖加瓦。这一点是最应该让我们记住的地方。城市的多样性本身就允许并催生更多的多样性。

对制造业以外的经济活动而言，情况也是类似的。比如，康涅狄格州通用人寿保险公司在哈特福德(州首府)郊区的乡村建了一个新的总部，那里除了提供通常的工作场所和休息室、医疗室等设施外，还不得不修建一个大百货店、一家美容院、一家保龄球馆、一个餐厅、一个剧院和一个玩各种游戏的游艺厅。这种设施注定是无效的，大部分时间里空闲着，需要用补贴来支撑它们，这倒不是因为它们天生就该赔本，而是因为它们的用途不能得到充分发挥。但是，另一方面，它们因肩负着维护职员生存的责任而不得不拼命挣扎。大企业可以支撑这些奢华但注定无效的支出，用其在别的地方获得的盈利来填补亏损。但是小企业就根本无能为力。如果它们要让员工获得一样的或更好的条件，就必须背靠一个活跃的城市，它们的员工在这里可以找到各类他们需要的方便和选择。事实上，有很多人曾认为战后将会产生大公司从城市迁往郊区的潮流，但最后都只是沦为空谈。为什么？其中一个原因(当然此外还有众多其他原因)便是，在郊区土地和空间上所获得的差价，被支付员工所需设施占据的更大空间的费用抵消了，而这些设施在城市里则根本不需要由雇主提供，也不是由某一群雇员或顾客来维持。为什么大企业一直待在城市里，就和小企业一样，另一个原因是很多职员(特别是经理们)需要和企业以外的人进行密切的、面对面的接触和交流——包括来自小企业的人员。

城市可以给小单位提供的好处在零售、文化设施和娱乐方面也同样明显。这是因为城市人口众多，足以满足这些单位的各类不同的选择。当然，我们会发现大型的企业（商场）在小型的住宅区域也有优势。比如，城镇和郊区是巨型超市的天然家园，但对杂货店、标准电影院和剧院来说并非如此。一个简单的原因是，没有这么多人来光顾这些不同种类的商业场所，尽管只要这些场所存在也会有人去（但人数真的太少）。然而，城市是超市、标准电影院（带小吃店）、维也纳面包店、异域杂货店、艺术电影院等场所的天然家园。所有这一切都是共生共存的，标准的和奇特的、大型的和小规模的互相依存。城市那些热闹、活跃的地方中，一般规模小的地方比大型场所人多。[1]就像小型的制造业主们一样，缺少了城市这个环境，这些小商家就不可能在任何地方生存。没有城市，就没有它们。

　　城市里的多样性，不管是什么样的，都与一个事实有关，即城市拥有众多人口，人们的兴趣、品味、需求、感觉和偏好五花八门、千姿百态。

　　即使是一些标准的，但规模很小的店，如单人经营的五金店、杂货店、糖果店和酒吧，在一些城市的热闹街区生意也能够做得很好，因为这些地方有足够多的人在短时间内可以非常方便地对它们提供支持，反过来，它们给人们提供的方便也成了这些小商

1　如果有区别的话，在零售业方面，这种趋势已经发展得非常强劲。芝加哥房地产分析师理查德·纳尔逊考察了二十个城市市中心的零售业发展趋势，发现一个典型的情况是，大型百货商店生意萧条，连锁店则保持收支平衡，而小规模的店和一些专卖店则生意兴隆，而且数量也有所增加。对这些小规模的店和城市的小企业来说，在城市的外面，不存在真正的竞争；但是对那些在城市外面的大型标准化企业商家而言（那是它们的天然家园），它们与城市里面的同类相比更有竞争力。很偶然的是，这种情况刚好发生在我居住的街区里。"沃纳梅克"，一家原先位于格林尼治村的大型百货商店，在那里销售情况不好，相反在郊区则是站稳了脚跟，而与此同时，在原先地方周围的一些小型企业和专卖店则数量成倍增加，生意非常红火。

家保持生意兴隆的一个重要的潜在原因。一旦它们不能得到人们这种短时间内的方便的支持，它们就失去优势。在任何一个城市地区，人数减少一半，相应来说，即使店家的数量也减少一半，但店家互相间距离增加一倍，它们就很难生存。一旦产生了距离上的不方便，这些小型的、形式各样的、人情味很足的场所就会萎靡不振。

随着我们从乡村和小城镇的国家转向一个城市化的国家，商业和企业不仅在绝对数量上大幅增加，而且在比例上也有很大的增加。1900年，在整个美国的人口中，每1000人只有21家独立的非农场企业。在1959年，尽管大企业增长迅速，但在每1000人中仍有26.5家独立的非农场企业。随着都市化进程的加快，大企业越来越大，但小企业在数量上也越来越多。

当然，要说明的是，小规模和多样性不是同义词。城市企业的多样性包括大小规模不同的各种企业。但是，种类的繁多在很大程度上确实是因为有小的因素存在。一个有着热闹活跃景致的城市，其中一个很重要的原因是有许许多多的小型事物的存在。

另外，城区的多样性也不仅局限于有利润的企业和零售业。从这个方面讲，似乎我对零售业强调过多。其实不是。对城市来说，商业上的多样性无论是在经济层面还是在社会层面都对城市有极其重要的影响。我在本书第一部分提到的多样性的各种用途都与众多方便和多样化的城市商业有直接或间接的关系。但是，实际情况不止于此，每当我们发现一个城区的商业生活丰富多彩，我们就会同时发现这个地方也拥有很多其他的多样性，如各种各样的文化机遇、多彩的街头景致等，此外人口和其他的使用者也呈现出多样化的色彩。这并不是巧合。促成商业多样性

147

的物质和经济条件，与城市其他多样性的存在和产生紧密相关。

　　但是，尽管城市被非常恰当地称为经济多样性的天然发动机和新企业的天然孵化器，这并不表明城市只要通过它的存在就能**自动**生发多样性。城市之所以能够生发多样性，是因为它们能够集中各种有效的经济资源。一旦做不到这一点，在生发多样性方面，它们比一些小城镇好不了多少。尽管它们在社会层面也需要多样性——这与小城镇不同，但这个事实也并不能说明多少问题。就我们现在讨论的目的而言，一个最突出的问题是城市在生发多样性方面的不平衡。

　　比如，一方面，在波士顿北角区或纽约的上东区或旧金山的北滩—电报山，人们能够使用或拥有足够多的多样性和地区活力。这里的来访者对此提供了很大的帮助。但是，这些地区的多样性的基础并不是由来访者创造的，同样，很多分布得很零散的拥有多样性和经济效益的地方也不光是由来访者促成的。这些地方的发展有时候出人意料，在大城市尤其如此。哪儿有活力，来访者就往哪儿走，他们在分享这里的多样性，同时也为这里的多样性加了一把力。

　　另一方面，一些居住地区人口众多，但并不能产生任何有用的效应，有的只是一派死气沉沉，以致最后大家对那个地方只有强烈的厌恶感。这并不是因为这些地方的居民与众不同，比别的地方的要迟钝一些，或对活力和多样性没有感觉，或他们是一些嗅觉特别敏感的人，常常跑到其他充满活力的地方去，而是因为这些城区出了问题，它们缺少能够把自身人口优势催化成能跟经济互动，并且以此来组成有效的使用资源的因素。

　　显然，在城市地区，人口数量没有一个限度，人们作为城市人口的潜能不会因此被浪费掉，发挥不了作用。举个例子来说，纽约的布朗克斯区拥有大约一百五十万的人口，但令人不解的是，布朗克斯区却缺乏城市的活力、多样性和吸引力。应该说明的是，此地的居民都还是很忠于这个区的，主要是依恋于这个"古老街区"零零散散地表现出活力的街道生活，可惜这样的情况太少了。

一个拥有一百五十万人口的地区，竟然连"开办一些能吸引人的饭店"这种具有多样性因素的简单事情都做不到。《纽约名胜和玩乐》这本导游手册的作者凯特·西蒙，介绍了几百家饭店和其他商业场所，特别是开在城市某些意想不到的地方的这类场所。她这样做并不是出于势利，而是真正想给读者介绍一些她发现的便宜的地方。但是尽管西蒙小姐费了很大的劲，她还是不得不放弃把布朗克斯这个大号地区作为一个值得介绍的地方推荐给读者，因为它没有任何优势可言。在介绍了布朗克斯区的动物园和植物园这两个不得不提的名胜点，并对其表示了一番尊重后，她百般无奈地推荐了动物园外面唯一一个可吃饭的地方。就这么一个地方，她还是向读者表示了很大的歉意："可惜的是，这儿的街区逐渐缩小，最后伸向一个无人区，这个餐馆也应该再稍稍装饰一下，但是让人感到欣慰的是……布朗克斯区最好的医疗人员很可能就围坐在你的身边。"

这就是布朗克斯，这个地区变成这样真是太不幸了；对于现今住在那儿的人来说，真是太不幸了；对于那些因为经济原因别无他选而在未来不得不接受这个地方的人来说，真是太不幸了；最后，对整个城市来说，也真是太不幸了。

布朗克斯区浪费了城市的潜在资源，如果说这是一个遗憾的话，那么一个更加悲惨的事实是，我们所有的城市，全部的大都市区域都有可能沦落到这种地步——多样性和选择少得可怜。整个底特律城市区域在活力和多样性方面几乎和布朗克斯区一样差劲。一个环路接一个环路都是一派衰败的灰暗地带。即使是在底特律市中心也找不到多少像样的多样性，只有单调、沉闷，到晚上七点时整个地区空无一人。

如果我们非常乐意相信城市的多样性是随意性很强的、没有什么规律可言的，那么制造这种理论的人其实也在制造一种神话，一种关于多样性无处可寻的神话。

但是，产生城市多样性的条件是很容易发现的。只要观察一下那些多样性蓬勃发展的地方，研究一下产生如此强的多样性的经济原因，就能有所发现。尽管得出的结果是复杂的，产生的原因会有巨大的不同，但是这种复杂性是建立在具体的经济联系上的，而这种经济联系，比起因其而产生的城市复杂的综合关系，在本质上要简单得多。

要想在城市的街道和城区生发丰富的多样性，以下四个条件不可缺少：

1. 城区及其尽可能多的内部区域的主要功能，必须要多于一个，最好是多于两个。这些功能必须要确保人流的存在，不管是按照不同的日程出门的人，还是因不同的目的来到此地的人，他们都应该能够使用很多共同的设施。

2. 大多数的街段必须要短，也就是说，在街道上能够很容易拐弯。

3. 一个城区应该混搭各种年代和状况不尽相同的建筑，并且包含适当数量的老建筑，这样一来，它们所创造的经济价值也会各不相同。这种不同建筑的混搭必须相当均匀。

4. 人流的密度必须要达到足够高的程度，不管这些人是为什么目的来到这里的。这也包括，本地居民的人流要达到相等的密度。

这四个条件的必要性是本书一个最重要的观点。这四个条件的结合能产生最有效的经济资源。即使有了这四个条件，也不是所有的城区都能生发相同的多样性。不同城区的潜能因种种原因而表现不同，但是，只要能在这四个条件方面有所发展（或在实际生活中能做到靠近这个方向发展），那么一个城区不管其位置在何方，都应该能够发挥自身最大潜能。阻碍这个目标得以实现的障碍将会被消除。也许像非洲雕塑、戏剧学校或罗马尼亚茶馆这样的东西并非必要，但杂货店、陶器工坊、电影院、糖果店、艺术花店、表演场所、移民俱乐部、五金店、饭店这类场所，都会拥有最佳的发展机会。当然与这些场所一起的还有城市生活，也能得到最好的发展。

在接下来的四个章节中，我将逐一讨论生发多样性的这四个条件。每次只讨论一个条件纯粹是出于方便的缘故，而并不是因为它们中的任何一个（甚或任何三个）完全可以单独成立。四个条件必须**共同**作用才能产生城市的多样性；缺少任何一个都会阻碍一个城区潜能的发挥。

八 主要用途混合之必要

> 条件1：城区及其尽可能多的内部区域的主要功能，必须要多于一个，最好是多于两个。这些功能必须要确保人流的存在，不管是按照不同的日程出门的人，还是因不同的目的来到此地的人，他们都应该能够使用很多共同的设施。

在一些成功的城市街道里，人流必须是在不同的时间段里出现的。这里所说的时间是指小段的时间，按小时来计算。在讨论城市街道的安全以及街区的公园时，我已经从社会的角度解释了这个问题的必要性。现在我将讨论它的经济效应。

我们一定还会记得，街区公园需要人流，这些人来自邻近的区域，由于不同的目的来到公园，否则公园就会冷冷清清，门可罗雀。

大多数面向消费者的商家与企业，和公园一样，需要每天来来往往的人群，但是有一点不同：如果公园闲置下来了，倒霉的是公园本身及其所在的街区，但是公园并不会消失。如果这些企业和商家每天闲得没生意可做，它们就会走人，或者更确切地

152

说，很多时候它们不会再在这个地方出现。店家和公园一样需要使用者。

如果说一个小小的例子就能说明人流的经济效应，我们只需回想下在一条城市人行道上发生的一幕：哈得孙街头的"芭蕾"。这里持续不断的人流（它给街道带来了安全），与混合用途产生的经济基础密不可分。来自实验室、肉品加工厂、五金店的工人，以及那些来自五花八门的众多小型制造业、印刷行和其他小型企业和办公室的人，在中午的时候给那些饭店和其他商铺提供了大部分的人流。我们这些街道上的居民，以及街道旁边的一些居住者，会给这些店家带来一部分生意，但相对来说不是很多。我们占有很多便利、活跃的街道生活以及多样的选择，但这不是单靠我们自己能做到的。那些在街区附近工作的人因为我们这些居民的缘故也获得很多的选择，但同样这也不是光靠他们自己能做到的。通过大家无意识的经济合作，我们才能获得这种互相的支持。假如街区失去了这些产业，那对我们这些居民来说就是一个灾难；因为无法单靠居民的消费来生存，很多店家会选择离开。或者，如果这些工作场所失去了我们这些本地居民，店家因为不能只靠在这里做工的人而生存，也会选择抬脚走人。[1]

上述例子告诉我们，在这里做工的人和本地的居民合在一起的能量会**超过**这两种力量简单叠加之和。我们互相共同支持的那些店家每天晚上都能吸引更多的居民光顾，假如这个街区死气

---

[1] 但是请记住，这个涉及白天时间段的使用者的因素，仅仅是四个生发多样性的必要因素之一，请不要以为只靠这个因素就可以把所有其他因素都说明白了，尽管这是一个最基本的因素。

沉沉,就根本不会有这种现象出现。此外,它们也能或多或少吸引另一部分人的光临,也就是那些从别的街区来到这里寻找新鲜感的人,这就像我们也要常常跑到别的街区寻找变化一样。这种吸引力使得这里的商业活动能够面向更多的、更多样化的人群,反过来,依靠这不同比例的**三种**人群,这里商店的经营能够朝更好的、更多样化的方向发展:在街道的另一端是一家书店,还有一家潜水装备租赁店,旁边的是一家最好的比萨饼外送店,再旁边是一家非常舒适的咖啡屋。

153

使用城市街道的绝对人数与这些人于白天不同的时间在街道上分布的方式是两码事。我将在另一章节专门分析前一个问题。在这里需要提出的是,这两个数字不能相提并论。

时间分布的重要性在曼哈顿下城顶端表现得特别突出,因为这是一个因使用者时间段的分布不平衡而饱受困扰的城区。大约有四十万人在这里工作,该区有华尔街、各个律师事务所和保险公司楼群、市政府办公楼、一些联邦政府和州政府办公楼、几组码头和船运公司以及其他几个办公楼群。在上班期间,有相当多的人(人数不能确定)会光顾这个城区,多数是为了与公司或政府有关的公事。

这个地区的布局非常紧凑,尽管来的人很多,但都可以步行到任何一个地方。每天来到此地的人对吃饭和其他的商品有很大的需求(且不说文化方面的需要)。

但是,相对于需求而言,这个城区能够提供的服务极为有限。这里的餐馆和服装店无论在数量和种类方面都与需求相差很大。该区曾经拥有纽约最好的一家五金店,但是几年以前,这家店入不敷出，关闭了。这里还有一家纽约城中名声最大、历史最悠久、规模最大的食品特产店，但最近也关门了。这里以前还曾有几家电影院，但是后来都成了当地一些游手好闲者的睡觉场所，它们最终也都从此地消失了。这个城区的文化活动的机会更是寥寥无几。

154　　所有这些缺陷从表面上看似乎无关宏旨，却成为这个地区发展的很大障碍。公司一家接一家地离开，迁移到曼哈顿的中城（那里混合用途更多，已经成了纽约的市中心区）。正如一位房产经纪人说的那样，如果不这样的话，他们的人事部门就会找不到或留不住会拼写"molybdenum"（钼）这个词的人。这些方面的损失反过来已经深深地削弱了这个城区曾经拥有的方便，那种能够提供面对面的商业谈判和签约的极大的方便。也正是因为这个原因，现在一些律师事务所和银行都从此地搬了出去，以便可以离客户更近一点，因为很多客户早就搬走了。为公司提供总部的所在地——这是这个城区原有的用途和声望的基础，也是它存在的根本原因，但就此功能而言，这个城区已经沦为了一个二流地区。

同时，在下曼哈顿地区那些高耸入云的办公楼外面，却是另一种景象：死气沉沉、破败凋敝、空空荡荡，仅有一些工业场所搬迁后残留下来的部门。出现在我们面前的是这么一个悖论式的矛盾：一方面是很多的人，更重要的是这些人需要而且非常看重城市的多样性，所以很难，有时甚至不可能做到不让他们去别的地方谋求多样性；而另一方面，与这种需求同时存在的是，这儿有一些方便甚至空无一人的地域，足以让多样性在这里发展起来。到底是哪儿出了问题？

　　要想知道问题出在哪里，只要随便到一家普通的商店，观察一下中午大批的人群，以及其他时候的一片冷清；要想对比这种差别，只需观察一下五点钟以后以及星期六和星期天笼罩在这个城区的死一般的寂静，就能知道问题之所在。

　　"他们像潮水般涌来，"《纽约时报》援引一位女售货员的话写道，"我非常清楚地知道中午过后的时间段。""第一批人在中午和下午一点钟前涌向店里。"这份报纸的记者接着写道，"然后是很短的喘息的时间。"再以后，尽管报纸没有再提下去，但实际情况是两点还不到，这家店再也没有人光临了。

　　这些商店的生意大部分都只是集中在一天的两三个小时中，甚至是一个星期的十分钟或十五分钟里。这样的低利用率用途对任何一个企业来说都是一种悲惨的无效之功。有一些店家，通过最大限度地利用中午时分的人群来挣点钱，补贴一下管理费用。但是这样的情况不会很多，因为想通过这种方式获利的店家太多了。除了午餐和晚餐，饭店也可以通过午间休息或喝咖啡的时段来谋求生存，但条件是饭店的数量不能太多，因为可以让其获得流转资金的时间段太少了。这种情况对这个拥有四十万上班族的地方的生活便利和设施又会产生什么后果呢？不言自明。

　　因此，纽约公共图书馆从这个城区接到的投诉电话多于其他地方，这种情况也就不足为奇了。电话自然都是在中午时分打过来的，问的都是同一个问题："图书馆这里的分部在哪里？我找不到。"这里本就没有分部，否则这就是一个最麻烦的问题了。这是此地区最典型的现象了。如果有的话，它的修建规模也很难大到容下午餐时或下午五点排队的长龙，可是它也很难修得太小，虽

155

然在其他时间也根本不会有多少人。

除了那些在短时间内能有大批顾客盈门的店家外，别的一些零售服务商只能通过尽量压低费用来维持经营。这也正是很多很有特点、很有文化气氛和很有趣的商店，还在努力维持没有关闭的一个原因。另一方面，这也正是为什么它们都待在一些特别明显年久失修的房子里的原因。

代表下曼哈顿企业和金融利益的集团已经和政府合作了很多年，在努力计划并开始着手振兴这个地区。他们已经按照正统的规划理论和原则展开了这项工作。

按照他们的推论做出的第一步是有道理的。他们面对的是问题重重的事实，但同时也是一种普遍的情况。由曼哈顿下城联合委员会准备的一份规划宣传材料这么说道："忽视那些威胁下曼哈顿经济健康的因素就等于是接受这么一个事实，即继续允许那些很有声望的企业以及一些经济活动流失到其他条件更好的地方去，在那些地方它们可以拥有更合适、更方便于职员生活的环境。"

这份宣传材料有迹象表明它们对"在白天分散人群"这一需要有所理解，因为它这么说道："住宅区的人口可以促进购物设施、饭店、娱乐场所和车库设施的发展，而这一切对白天在这里工作的人群都是很有用处的。"

但这仅仅是很浅薄的理解，更何况其规划本身提出的方案与问题的实质毫无关联。

156　　当然，拟议中的规划考虑到了住宅区的人口的因素。在住宅楼、停车场以及空地方面，这些人口将占据很大一片地域，但是在涉及人群的分布方面——规划宣传品是这么声明的——住宅区

的人口将只占白天人口数量的一成。这是不是意味着这么少的
人口却会有着希腊神话中的大力神赫拉克勒斯那样巨大无比的
力量？要支撑上面提到的"购物设施、饭店、娱乐场所和车库设施
的发展，而这一切对白天在这里工作的人群都是很有用处的"这
一点，如果就靠这么一点人口，他们再怎样整天花天酒地极度消
费，恐怕也难以做到。

　　新住宅区的人口问题自然只是规划中的一个问题。其他的
问题则将进一步加剧现有的麻烦境况。这表现在两个方面。首
先，第一个方面的目标，是引进更多白天在这里工作的人并产生
更多的日间的用途——制造业、国际贸易办公楼以及一个巨大的
联邦政府新办公楼（别的且不提）。其次，为了给这些规划中的新
增工作场所、住宅项目以及相关的公路让出土地（除了空置的房
屋和条件很差的工作场所），还需要清空很多靠极力压低管理费
用勉强维持生存的服务业和商店，正是这些商店的存在，那些工
作大军还能得到一些服务。但是对他们来说，无论是种类还是数
量，这些服务设施和商店实在是太微弱了。可即便这样，随着**新
增**工作人口的到来，这些服务设施还将因进一步分散而被削弱，
而另一方面，住宅区微不足道的新增人口对它们不会有任何帮
助。已经是很不方便的境况将变得更加不堪忍受。而且，规划方
案实际上还预先消除了服务业在这个地区的最起码的些许增长
的可能性，因为从经济利益上讲，已根本不存在让一个新企业酝
酿发展的任何空间了。

　　下曼哈顿的确是陷入了很严重的麻烦境地，而那种循规蹈矩
的思考方式和正统规划理论提供的药方则更进一步加剧了这种
麻烦。到底通过什么能够**有效地**从根源上解决问题：改善这个城

区的使用者在时间段上的极度不平衡?

不管如何引进住宅区的居民,都不能有效地解决这个问题。
这个城区白天的使用时间实在是太集中了,相比之下,住宅区的
居民人数再多,在比例上还是一个小数目,起不了什么作用,而另
一方面,他们却利用近水楼台的优势,占据了一个与他们所能产
生的经济效益不成比例的地域。

157　　在计划将一种潜在的新用途融入一个城区时,首先要有一种
切合实际的思想,即如果其目的是要从根源上克服这个城区的问
题,那么这种融入在多大程度上能达到目的?

显然,这种融入的目的是要导致最大数目的人数的产生,以
便帮助解决在这个城区使用时间段的不平衡问题,尤其是在午后
的中间时段(在两点到五点之间)、傍晚、星期六和星期天。在那
些时段,唯一能真正产生作用的集中的人群应是大批的来访者,
这不仅是指旅游者,也指城市地区本身的一些人口,他们在闲暇
的时候会光顾这里。

能够吸引新融入进来的人群的,不管是什么,也应该能够
吸引这里的上班族。至少这些新来者的存在不应让他们厌烦或
反感。

此外,这种设想中的新用途(或多个方面的用途)不能排挤原
有的一些建筑和地域的用途。在一些时间段里有了新的人群的
分布,这对一些商店和服务设施来说是一种刺激,随着新人群的
到来,一些店家可以选择这些地方开业,并可以自由灵活地做出
一些适当的调整。

最后,新用途应该与这个城区的特点相一致,而不是互相冲
突。下曼哈顿的特点是建筑很集中,给人一种激动的感觉,而且

变化突出,这是这个地区重要的资源之一。有什么东西能比下曼
哈顿的塔楼——往往是出人意料地猛然间直冲云霄——更浪漫、
更具戏剧性的变化? 那种高楼间错落有致、楼与楼之间形成的百
丈峡谷似的感觉,就是这个地区最壮观的景致。假如在具有这种
特色的城市地区硬要加入单调的、千篇一律的东西,那可以想象
展现出来的会是什么样的被阉割的景象 (现在的住宅规划呈现的
就是这种被阉割的结果)。

　　在周末的时候,是什么吸引来访者到这里来的? 不幸的是,
过去很多年里,几乎所有能够吸引来访者的有点特色的地方,只
要按照规划可以被清除的,都已被清除掉了。位于曼哈顿的顶端
的巴特理公园里的水族馆曾经是公园里的一个吸引人的主要景
点,现在已经被迁出这个公园,重新安置在科尼岛上,一个最不需
要海洋馆的地方。一个有着浓郁域外色彩、小巧但很有活力的亚
美尼亚街区 (**那儿**颇有特色的房屋,吸引了很多游客和来访者) 彻
底让位给了一条隧道引路。现在导游手册和报纸的女性版把游 158
客们介绍到布鲁克林区,因为在那里可以找到迁移过去的这个街
区的一点痕迹和一些古怪的商店。去往自由女神像的游船还不
如一家超市吸引人,在那儿排队等着付钱的人远远超出上游船的
人。巴特理公园管理处的小吃店就像学校的自助餐厅一样,没有
一点特色,而位于城市最热闹地带的巴特理公园本身则像一个船
头一样延伸到一个码头里,模样就像是一家老人院的庭院。在这
个城区到目前为止因规划行为而遭到严重影响的所有地方 (以及
按照规划设置的更多地方) 都用一种最简单的语言向人们发出这
么一种声音:"走开! 别靠近我!"而不是:"来吧!"

　　不仅如此,还有更多的。

海边地带原本可以吸引很多在闲暇时间出来走动的人,但现在成为第一个被浪费的资源。这个城区的部分滨海地带应该可以成为一个巨大的海洋博物馆——一个海洋生物和奇珍古玩商店的永久落脚点,在这里可以看到最好的收藏品。这样一来,下午的时候就会有旅游者来到这里,到了周末和假日,不仅是旅游者,还有城里人都会来到这里,尤其是夏天的傍晚,这里将成为一大景点。此外,沿着海滩的地带还可以成为游船的出发点,游船可以绕着码头和岛屿兜一圈。这些地方完全可以发挥艺术想象力,搞得富有魅力且妙趣横生。在这种情况下,如果附近没有冒出几家海鲜饭馆或其他商店,那我会去嚼龙虾壳。

应该有一些相关的景点,不是在滨海地带,而是稍稍靠近内陆一点,在中心街道的范围内,主要目的就是能够让来访者沿着这些景点轻松走入城市。此外,比方说,应该建一个新水族馆,和科尼岛上的不一样,而且应该是免费参观的。一个有着八百万人口的城市应该有能力支持两个水族馆,而且也应该能够承担得起免费让人们观看鱼儿的游动。上面提到的人们迫切需要的图书馆分馆也应该建立起来,而且不仅要建普通的图书馆,还要建专门的海洋学科和金融学科这样的图书馆中心。

以这些景点为基础的专门活动可以集中在晚上和周末进行;还应该增加一些低价位的电影院和歌剧院。杰生·爱泼斯坦是一位出版商和研究城市的学生,他曾认真地考虑过借鉴欧洲城市的经验来帮助下曼哈顿地区,他建议建一个环形广场,就像巴黎的环形广场一样。如果这个广场能够建好的话,从长远来说能够为这个城区的商业价值提供充足的经济支持,其有效性远比单一增加工业企业要高得多,且不说这些工厂还要占据很多空间,而且对这个城区需要的能够维持其优点的方面没有任何帮助 (相反,却剥夺了城市的其他城区发展工业的可能)。

当这个城区晚上和周末的气氛活跃起来后,我们可以期待一些新的用途在居住区自然而然地产生。下曼哈顿拥有不少老房子,已经很破旧了,却仍然很有魅力 (在别的地区类似这样的房子在寿命到期前已经得到修复)。有些人就是在探寻这样既有特色又还没有完全消失的东西,他们会把这些房子一一挖掘出来。但是,这些老房子应该是城区多样性的体现,而非起因。

新增加的用途其目的是吸引更多的休闲观光者,我的这个建议是不是显得浮夸和奢侈?

如果是这样的话,那就请估算一下以下方面的花费:曼哈顿下城联合委员会准备的各个规划,包括城市在开辟更多的工作场所和住宅区及停车场方面的开支,以及为这个城区的居民在周末出门而修建的公路上的开支。

根据那些规划者自己的估计,这些项目要花费**十亿美元**的公共和私人资金!

下曼哈顿在白天人群分布上出现的极端不平衡,向我们表明了几个明确无误的原则,这些原则同样适用于其他城区:

不管它的名声有多大,地位如何确定,也不管其人口的密度有多高 (为着某个目的),没有一个街区或城区,可以忽视白天时段里人群分布的必要性,否则就会在多样性的生发方面大打折扣。

再者,一个街区或城区,如果其目标只是朝着单一功能发展,不管这种发展过程计算得如何精确,也不管实现这个功能的各种必要条件准备得如何完备,实际上这个街区或城区并不能提供实现这个功能的必要条件。

　　除非在白天缺少合理人群分布的城区进行的规划涉及了问题的起因，否则最多也只能是换汤不换药，原有的沉闷被新增的单调气氛取代。街区里也许会暂时看上去更清洁，但那不是花费了这么多的钱应该做的事。

　　现在到了说明我的用意的时候了，我其实是在讨论两种形式的多样性。第一种多样性是首要用途，它把人群引向一个地方，因为这种用途本身就是"锚具"(anchorages)。比如，办公楼和工厂等就是一种首要用途。住宅寓所也属于这个类型。某些娱乐、教育和活动场所也属于这样的首要用途。在某种程度上说（换句话，对相当多的使用者来说），许多博物馆、图书馆、画廊也属于这种性质。但不是所有的都是这样的。

　　有时候，首要用途也会呈现出非同寻常之处。在路易维尔，自第二次世界大战以来，一个大型的鞋子交易市场逐渐发展起来，在那儿可以找到便宜以及不太常见的鞋子。这个市场拥有三十家店，集中在一条街道上的四个街段内。格雷迪·克莱是《路易维尔信使报》的房地产专栏的编辑，也是城市设计和规划方面的首席评论家。他报道说，这个地方在展销和存放在仓库里的鞋子大约有五十万双之多。"这个地方位于灰色地带"，克莱先生给我的信中这么写道，"但是消息一传出去以后，很快顾客还是从各个地方蜂拥而来，于是你会看到来自印第安纳波利斯、纳什维尔、辛辛那提的购货者，他们都会做成一桩很大的买卖。我一直在想着这件事。这种发展不可能是有人来事先规划的，也没有什么人来推动它的发展。事实上，最大的威胁来自一条高速公路，它要斜穿过这个市场。在市政厅里似乎没有人关心这件事。我希望炒一炒这件事,让大家投点注意力……"

正如这个例子给我们的启示那样,我们不能从外部印象或其他一些预想中的重要迹象来推断一种用途多有效,多么吸引人。有些**外表**很壮观的建筑实际上却是效用不大。比如,费城的公共图书馆的主楼,它夹在一个有历史意义的文化中心的中间,吸引的使用者比它的三个分馆(包括一个位于城市中心区切斯特纳特街商店中间的、很漂亮但并不张扬的分馆)还要少。就像很多文化设施一样,图书馆结合了两种用途,首要用途和方便用途,只有当这两种特征结合在一起时,图书馆才能发挥出最大的效用。从大小、外表和藏书量上来说,主图书馆楼当然是更重要,但从作为城市的一个用途的角度来讲,比它面积小得多的分馆则发挥了更大的作用,与外表刚好相反。当我们试图理解一种首要用途时,总是有必要从使用者的角度来想一想实际情况是什么样的。

一种首要用途,不管它是什么,如果只是发挥其单一的作用,那从创造城市多样性的角度来说,它的作用是无效的。如果它与另一种首要用途结合在一起,但只是在同一时间里,把人群引入和引出一个地方,那它还是什么目的也没有达到。从实际的角度讲,我们甚至都不能称这两种用途有什么不同。但是,只有当一个首要用途与另一个能够在不同的时间里把人群吸引到街上来的首要用途有效地结合在一起时,它们产生的效应才具备了刺激经济的作用:为第二类多样性的发挥准备了肥沃的土壤。

第二类多样性是指那些为回应第一种用途而发展起来的商业(商店和服务设施),主要是服务于被首要用途吸引来的人群。如果这第二类多样性只单一地服务于首要用途,那么不管这是什

161

么形式的用途,注定是无效的。[1]如果要想产生内在的有效的作用,那就需要服务于混合的多个首要用途,如果其他的三个生发多样性的条件也被充分注意的话,那么这种有效性则会是惊人的。

如果这种多样化的用途在白天时间段里带来了多样化的消费者需求和兴趣,随后就会出现很多的商店和服务设施来满足这种需求,而这是一个良性循环的过程。光顾这些地方的使用者越是背景不同、阶层不同,商店和服务设施就越有必要分流这些来自不同地方的顾客,反过来,也就能吸引更多的人群。因此,在这里还有必要再做一个区别。

如果第二类多样性发展势头很好,而且特点突出,非同一般,那么就很有可能,而且事实上在其发展的过程中已经成为一种首要用途。人们就是冲着这个用途而来的。在一些发展势头良好的购物区就有这种情况发生。说得不谦虚一点,我所在的哈得孙街就属于这么一个街区。这种局面确实值得重视(我并不想夸大这种事实),它对城市街道和城区以及整个城市经济的健康发展,都具有至关重要的作用。

但是,第二类多样性在很多时候并不能光靠其本身就成为首要用途。如果它想发挥长久的影响和拥有长远的发展、变化的活力的话,它就必须拥有一个混合首要用途的基地——白天时段的人流是分散的,这是由一些特定原因造成的。城市中心区的购物情况也受同样规律的影响,之所以在那儿有购物的环

---

1 比如,一些只为住宅区这个首要用途服务的购物中心与下曼哈顿有着类似的问题,只是从时间段的角度讲,情况刚好相反。很多这样的购物中心在早上大门紧闭,只在晚上的时候开门营业。"现在的情况是,"《纽约时报》援引一家购物中心老总的话说,"你可以在中午的时候,向任何一家购物中心发射一颗炮弹,却不会打到一个人的身上。"因服务于某个单一的首要用途而导致的这种内在的无效作用,也是为什么很少有大型购物中心能够对那些小型服务企业(标准化的和资金周转快的除外)提供支持。

境,主要是因为有其他混合首要用途因素的存在,而当这些因素发展严重不平衡时,即使是中心区,其购物环境也会萎缩(不管过程是多么缓慢)。

我在前面已经提到过多次,首要用途的混合必须非常**有效**,才能达到生发多样性的目的。那么怎样才能做到有效?当然,它们必须要与其他三个生发多样性的条件结合在一起。但是,除此之外,混合首要用途本身必须要有效地发挥作用。

首先,有效性是指在不同的时间里使用街道的人群实际上必须使用**相同的**街道。如果他们使用的街道互不相同,或互相隔离,那么实际上就没有什么混合性可言。从城市—街道经济学的角度讲,不同地区之间的互相支持只是一种虚构,或者说只是在地图上表明的一种抽象的结合,没有实际意义。

其次,有效性是说在不同的时间里,使用相同街道的人群中必须要包括一些使用相同设施的人。人群的来源可以互不相同,有些人在某个时间里因某个原因出现在一个地方,另一些人因另外的原因也出现在这个地方,但是这两种人是不同的,需要做到的是不要硬把他们放在同一种条件下来对待。举一个极端的例子,纽约大都会歌剧院的新家与一个低收入公共住宅区在同一条街的两边,但是这样的结合是毫无意义的——即使这个街道可以发展为一个体现互相支持的多样性的街道(但实际上这种多样性只是纸上谈兵而已,因为这里的人群不会使用同样的设施)。这种经济上的"意外事故"在城市里并不是自然形成的,多数情况下是因为规划而造成的。

最后,有效性是指,在白天一个时间段里出现在街道上的人群必须与其他时间段里出现的人群有相当的关系。在谈下曼哈

163

顿的规划时，我已经提到这一点。有些人注意到这么一种现象：在一些热闹的城市中心区，紧邻其旁边一般都有一些延伸到中心区的住宅，那儿的居民喜欢晚上的生活，同时也支持了这种生活。就这一点来讲，这种观察是准确的，也正是基于这一点，很多城市期望城市中心区的住宅能带来奇迹，就像下曼哈顿的规划希望实现的那样。但是在实际生活中，之所以中心区与住宅的结合能产生活力，是因为白天、晚上和周末各个时间段的用途处于一种相当平衡的状态。

同理，在几万甚至几十万的居民中进来区区几千上班族，根本不会在人群的数量和任何时间段上产生显而易见的平衡。再换个例子说，处于一大群剧院之间的一个孤单的办公楼在实际生活中并不会带来多大的平衡。简而言之，对混合首要用途来说，最重要的是怎样能够通过日常的行为平衡不同时间段里的人群以达到最大的经济效应和互相支持。这是问题的核心，一个实实在在的经济问题，而不是那种虚无缥缈的"环境"问题。

我在这里集中谈了城市中心区的问题。这并不是说在城市的其他地区混合首要用途就不需要了。相反，它们是需要的，而且城市中心区（或者是在城市的商业集中的地区）的成功与城市其他地区的首要用途的混合是密切相关的。

我集中谈城市中心区的问题有两个特别的原因。首先，首要用途混合方面的不充分是城市中心区的一个主要缺陷，而且通常是唯一致命的根本缺陷。大多数大城市的市中心实现了——或在过去曾经实现了——生发多样性的四个必要条件。这正是它们能够成为中心区的原因。如今，一般来说，它们仍然拥有四个条件中的三个。但是，另一方面，这些地方太全神贯注于工作用途方面（其中的原因将在第十三章里讨论），所拥有的下班后的人群过于稀少。这种情况已经进入了规划术语之中，按照它们的说法，"市中心区"这个称呼已不用了，改为叫"CBD"——中央商务区。一个"中央商务区"如果完全符合这个名称，那它肯定是一块无用之地。像下曼哈顿那样有着严重的不平衡情况的市中心区并不是很多。大多数地方，除了本身拥有的上班人员外，在上班的时间段里和周末的时间里还拥有很多的购物者。但是，大多数地方正朝着这个方向发展，而且相对于下曼哈顿来说，不可逆转的可能性更大。

强调中心区混合首要用途的第二个原因是其对城市其他地方的直接影响。也许，每个人都会注意到，一个城市通常都会依赖于它的心脏地区。当一个城市的心脏出现了跳动滞缓或碎裂的情况，那么作为一个社会大社区的城市就开始遭殃：原本人们可以通过中心区的活动凝聚在一起，但现在因为失去了这种功能，聚集不到一起。原本各种建议和资金可以通过一个充满活力的中心地区碰巧汇集到一起（很多情况下就是这么发生的），现在却失去了机会。城市的公共生活产生了不能逾越的鸿沟。没有一个强有力的、**包容性的**中心地带，城市就会变成一盒互不关联的收藏品。无论从社会、文化和经济的角度讲，它都很难产生一种整体的力量。

所有这些顾虑都很重要，但我想指出的是，城市心脏地带还会对其他城区在经济方面产生一种更为具体的影响。

就像我已经指出的那样，哪个地区的资源使用率越有效、越成功，城市提供的孵化器就越能发挥明显的作用。在实际生活

中，一些起着孵化器角色的企业能够培养出一些新生企业，并且
在日后逐渐传播到城市的其他地区。

165   威斯康星大学的土地经济学家理查德·拉特克力夫，对这种
经济力量的转移做过很精彩的描述。"非中心化是倒退和衰落的
表现，"拉特克力夫说，"如果这种行为留下一个真空地带的话。
只有在非中心化成为一种向心力时，这种行为才是健康的。很多
城市功能的向外转移是因为它们从中心区被赶了出来，而不是因
为来自外面的力量把它们吸引了出来。"

          拉特克力夫教授注意到，在一个发展健康的城市里，经常可
以看到一些更为集中的用途取代一些不是很集中的用途。[1]"人为
造成的移动是另一回事。在这种情况下，良好的效益和生产能力
有滑坡的危险。"

          在纽约，就像雷蒙德·弗农在《解剖大都市》一书中指出的
那样，曼哈顿岛上越来越集中的白领工作，已经把制造业工人挤
到纽约的其他区里去了（当城市的制造业发展得很大，能够自给
自足时，它们会迁移到郊区或小城镇去，当然，那就要依赖大城市
在经济上的孵化作用）。

          就像其他的城市多样性一样，从多样性和企业孵化器里被挤
对出来的用途表现出两种形式。如果它们属于第二类多样性，服
务于受首要用途吸引的不同的人群，那么它们就必须找到这样一
些地方，在那儿第二类多样性能够顺利发展——除了其他因素
外，这些地方必须能有与首要用途结合的可能性——否则它们就
会萎缩，甚至死亡。如果这种第二类多样性能找到一个适合它们

---

[1] 这种过程会发展到一个极端，并最后毁掉自己，但这是问题的另一面，我将在第三部分讨论
这个问题。现在可以暂时将其搁置起来。

发展的地方的话，这种从一个地方转到另一个地方的行为代表了
一个城市的机会。它们会有助于一个更为成熟的城市的形成，并
且能够加快这个进程。举个例子来说，这就是来自外部的影响哈
得孙街的几种力量之一。这就是开潜水装置店的人能到这里来
的原因，同样也是搞印刷和镜框设计的人以及那位占有了一家已
经搬走的店的雕塑家来到这里的原因。这些小商家是多样性过
于集中的地方的多余产品。

尽管这样的转移是很有价值的（如果这种价值不会因为缺少
适宜经济的土壤而失去的话），但与一些从用途集中的中心转移
出来的首要用途相比，其重要性就没有那么凸显，因为当首要用
途，比如制造业，从一些不再需要它的用途集中的地方转移出来
时，这些用途可以在别的特别需要它们的地方，成为混合首要用
途的重要因素。它们在这些地方的存在，有助于吸引更多的混合
首要用途。

拉里·史密斯，一位土地使用经济学家，非常恰当地把写字
楼称为国际象棋中（兵以上）的棋子。"你们早已经把那些棋子用
光了。"据说，这是他对一位规划者说的话，后者希望做一个异想
天开的新写字楼的规划，以此来振兴几个地段。所有的首要用
途，无论是写字楼、住宅还是音乐厅都是城市的棋子。在棋盘上
走来走去的棋子，如果想取得好成绩，就必须**协调一致**。在国际
象棋里，兵可以升变为王后。但是，城市的建筑与棋子有一个区
别：棋子的数量是固定的，而在城市里，如果运用得当的话，这些
"棋子"的"数量"是可以翻倍的。

在市中心区，公共政策不能直接要求私人企业到这里开业，
这些企业可以在职员下班后为其提供服务，为本地区注入活力。

166

公共政策也不能用任何一种行政命令在中心区留住这些用途。但是，通过非直接的方式，公共政策可以促进这些用途的成长。它可以用抛砖引玉的方式，在适当的地方利用自己的"棋子"(建筑) 和公共场所，来间接地促进这种用途。

纽约西五十七街上的卡内基大厅提供了这种促进作用的鲜明的例子。这条街的街段很长，尽管有着这么一个缺陷，但卡内基大厅仍然在这条街上发挥了出色的作用。因为它的存在，这条街在晚上产生了非常集中的用途，并且很快就导致了另外一个晚间商业用途 (两家电影院) 的出现。此外，因为卡内基大厅是一个音乐中心，于是在它旁边出现了很多小型的音乐、舞蹈和戏剧工作室和练习场所。而所有这些都与本地的住宅产生了混合用途——在其旁边有两家旅馆和很多公寓房，很多人在这里租房，最多的是一些搞音乐的人和音乐教师。这条街在白天也生机盎然，因为这里有一些小写字楼，东面和西面还有大的写字楼。另外，这种白天和夜晚都存在的双重用途提供了对第二类多样性的支持，使得晚间很快也成为吸引人的一个原因。使用者在各个时间段的分布自然也刺激了饭店业的发展，于是就出现各色各样的饭馆：一家很有档次的意大利饭店、一家布置独特的俄国餐厅、一家经营海鲜的饭店、一家咖啡屋、几家酒吧、一个自动售货机、几家卖饮料的店铺以及一家汉堡屋。间杂在这些饭店之间的各种店里，你可以买到罕见的硬币、旧珠宝、旧书或新书、非常好的鞋子、艺术品、花哨的帽子、鲜花、美味食品以及进口巧克力等。你还可以买或卖穿过的迪奥时装，上一年的貂皮，或者租一辆英国运动跑车。

在这个例子里，卡内基大厅是一个强有力的棋子，与其他棋

167

子进行着非常有效的合作。如果说有什么可以毁掉这个地方的话,那就是迁移走卡内基大厅,换上一个写字楼。而这实际上就是险些在这里发生的事。纽约城决定要把所有风格突出的(或者有潜力变成这样的)文化"棋子"从它们的棋盘里迁移出来,将它们搁置在一个叫作"林肯表演艺术中心"的、按照规划设置的"孤岛"里。卡内基险些就遭厄运,多亏了市民的顽强抵制才得以保全,尽管它已不会再是纽约爱乐乐团的所在地,而乐团的乐声也将从城市的普通地带消失。

　　这样的规划让人感到悲哀,它将盲目地摧毁城市现有的用途资源,并且自动产生各种扼杀城市街区生机的新问题。这种行为的目的是要实现美好的"规划之梦",结果却恰恰相反,它成为一个不经思索的行为。"棋子"——在市中心区,在晚上发挥用途的"棋子"可以经公共政策和公共压力的推动而发生——安置在一个地方的目的是为了强化和扩展现有的活力,在一些重要的地区,则是帮助平衡时间段的分布。纽约的中城有许多地方,其白天的用途非常集中,而一到晚上就变得死一般寂静,这些地方需要的就是那些从棋盘上拿走被放进林肯中心的"棋子"。中央火车站和五十九街间的公园大道中心的一片新写字楼地带,就是这么一个地方。中央火车站南边的地区也是同样的情况。另一个例子是三十四街上的购物区。许多曾经非常有活力的城区在过去的岁月里丧失了能够带来吸引力、人气和很高经济价值的混合首要用途,最后都悲惨地衰落了。

　　这就是为什么一些文化或市民中心除了其本身毫无例外地失去了平衡外,也给它们的城市带来了悲剧性的影响。它们分离了用途——而且通常是集中在晚上的用途——将这些用途从它

168

们所在城市地区分离出来，而这些地区恰恰需要这些用途，否则就会衰落。

波士顿是美国第一个规划出专门的文化区的城市。在1859年，一个名为"文化保护"的委员会划定一块地域，专门用来"建立一批教育、科学和艺术机构"，这个动议的出台也正是波士顿作为美国城市中的文化领袖走向一个长期和缓慢的衰落过程的开始。这种把许许多多文化机构从城市的普通地带迁走，集中到一个地方的做法，是否是波士顿文化衰落的原因之一？还是说仅仅是一种早已经因为其他原因而引起的衰退的征兆而已？对此我不是很清楚。但是有一件事是确定的：波士顿市中心因为缺少诸多混合首要用途（特别是晚间的混合用途和活跃的文化用途）而境遇悲惨。

据那些在为大型文化设施募集资金时遇到困难的人说，相对于那些设置在城市的基干地带的单一文化性设施而言，富人们会更乐于也更慷慨地为那些建在隔离的"孤岛"里的大型标志性建筑掏钱。这也是导致产生"林肯表演艺术中心"的规划的合理性因素之一。在募集资金时是否真有这种情况出现，我不清楚；但是有一点不足为奇，即那些富人都是一些开明人士，经过专家们多年的熏陶，他们都相信那些规划中的建筑是城市中唯一有价值的建筑。

在城市中心区的规划者以及与他们合作的企业界人士中，流传着这么一个神话：美国人在晚上都待在家里看电视，或去参加家长教师协会的会议。当你在辛辛那提问起市中心时，人们就会这么告诉你；那儿的市中心到了晚上一片寂静，而且相应地在白天也半死不活。但是辛辛那提人在一年中差不多要到河对面肯塔基的考文顿去五十万次，到那儿去过昂贵的夜生活，而那个地方本身也正遭遇严重的人群平衡的问题。"人们待在家里不出去"，这句话在匹兹堡也经常作为托词来解释死一般沉寂的市中心。[1]

在市中心，匹兹堡停车管理部门下属的车库在晚上八点的时候只有10%—20%的使用率，除了位于中心的梅隆广场的车库以外。如果附近的酒店有活动的话，这里的车库也许能达到50%的使用率。（与公园和消费品商店一样，缺少使用者在时间段上的平衡，停车场和交通设施也注定会处于效率低下和近乎浪费的状态中。）而与此同时，在离市中心三英里的一个叫作奥克兰的地方，停车问题却相当严重。"一批车刚出去，另一批车很快就开了进来。"一位当局官员解释说，"这是一个让人头疼的问题。"出现这个问题也不难理解。奥克兰拥有匹兹堡交响乐团、市轻歌剧院、多个小剧院、最豪华的饭店、匹兹堡运动协会、两个大俱乐部、卡内基主图书馆、博物馆和画廊、历史协会、刹里纳清真寺、梅隆学院、一个非常适于举办晚会的饭店、基督教青年协会、教育董事会的总部以及几家大医院。

在奥克兰地区，闲暇时间用途和下班时间用途的比例非常高，因此不平衡的程度也相当高。不管是在奥克兰还是在市中心区，匹兹堡要想建立用途集中的都市里的第二类多样性都很困难。市中心拥有的是普通商店和档次较低的多样性。而档次较高的商业多样性则多半会选择到奥克兰，因为这里显然比市中心的机会要好一点，但即使在这里也没有多少活力可言，因为奥克兰还远达不到一个都市的中心所应该有的使用资源的水平。

---

1 另外一种企业人士经常自豪地挂在嘴边的话是："我们这里有一个像华尔街那样的中心区。"显然，他们并没有听过关于华尔街街区麻烦的报道。

造成匹兹堡这种两地不平衡现象的，是已故地产运作商弗兰克·尼古拉。早在五十年前，在城市美化运动时期，弗兰克·尼古拉就开始了在一个还尚未开发的奶制品农场上建立一个文化中心的计划。一开始，情况还不错，因为卡内基图书馆和艺术中心已经接受了沙尼雷地产控股公司作为礼物赠予的地点。在那170个时候，匹兹堡市中心根本不是一个能够吸引这样的文化中心的地方，那里环境灰暗，空气污浊，到处都是煤烟。

现在，匹兹堡市中心应该是具有了吸引闲暇用途的潜在能力，这主要归功于企业家团体"阿勒各尼会议"促使城市开展的大规模的清洁活动。从理论上说，市中心因一个时间段用途造成的不平衡很快就会得到部分的纠正，一个市民用的礼堂、一个交响乐厅（不久就会矗立起来）以及一些公寓住房会紧挨着中心区建立起来。但是，奶制品农场的幽灵以及那种与城市分离的文化倾向还是阴魂未散。每一种设置——主干公路、公园地带和停车场——都与城市的中心区处于隔离状态，所有这一切似乎都在表明，这些地方都乐于成为地图上一个抽象的点，而不是活生生的经济现实，即人们在不同的时间段里会在同一条街上出现。美国的城市中心区在神秘地衰落，不是因为它们落伍了，也不是因为它们的使用者由于汽车时代的缘故而变少了，而是因为它们被愚蠢的行为扼杀了，就是那种把闲暇用途和工作用途分离开的有意行为，这种行为被错误地理解为把城市变得秩序井然的规划行为。

作为首要用途的棋子在一个城市里不能随便搁置，不能只考虑在白天分流人群，也不能忽视用途本身的特殊需要——什么才是适合**它们**的好位置。

但是，这样的武断行为是没有必要的。我已经多次赞叹过隐含在城市多样性中的秩序。正是这种秩序之美使得多种混合用途本身（以及某些特殊因素的混合用途）得以成功，而且能够保持和谐而不是互相冲突。在本章中，我已经给出了这种现象的例子（或相应的例子），并且还旁敲侧击地涉及了其他因素，如下曼哈顿规划中新融入的工作（场所）不仅会给该城区增加一些相应的麻烦，同时也会给新到来的职员和官员们增加负担，因为此地商业单调，而且极为不方便。现在我将举例说明，当这种城市活力的内在秩序受到轻视时，会出现什么样的严重后果。

我们或许可以把这个例子叫作"歌剧院和法院案"。四十五年前，旧金山开始建造一个城市市政中心，从那以后一直到现在，这个中心造成的麻烦一直没有间断过。中心位于城市闹市区附近，目的是要使闹市区向它靠拢，但实际上恰恰相反，中心不仅排斥了活力，而且在其周围出现的是那种典型的人为行为造成的后果：沉寂和冷清。除了随心所欲地搁置在中心公园里的一些物件外，这个中心还拥有一个歌剧院、市政厅、公共图书馆和多个政府办公的地方。

我们可以来设想一下，如果把歌剧院和图书馆当作棋子的话，它们如何才能最有效地帮助城市？一个理想的方式是，这两个棋子应该与用途率很高的闹市区以及那里的办公楼和商店**紧密**配合，一同使用。这样的使用以及因为它们而产生的第二类多样性，**也**会为这两个建筑物本身造成和谐环境。但是，现在又是一个什么情况呢？歌剧院与其旁边的建筑物没有丝毫的关系，离其最近的是市政厅后面的城市就业部门的会客室，而图书馆却成

171

了一条平民街的挡风墙。

　　不幸的是，在类似的例子里，这样的错误一个接一个地发生。在1958年，一个刑事法庭要选择建设地点。按理，最好的地点应是靠近其他政府部门办公的地方，可以为律师以及与律师事务相关的街区提供方便，这一点很多人都认识到了。但也有人提到，法庭这样的建筑应该建在邻近保释厅和一些低级酒吧的地方，可以促使这种地方的第二类多样性的产生。那么，怎么办呢？要不就把刑事法庭搁在市政中心旁边或之内，可以靠近一些它可以提供帮助的场所？可是，刑事法庭需要的环境与歌剧院又有何干！更何况这里无法形容的乱糟糟的景象早已经不适合这个中心的地位了。

　　要为这样的尴尬矛盾找出一个解决办法可真是不容易，任何方案都将显得很蹩脚。最后选择的方案是把法庭安置在一个距离很远的很不方便的地方，于是，歌剧院总算是得到了挽救，不至于被不"文明"的生活（且不管这种称呼到底指的是什么）所熏染。

　　这种麻烦多多的混乱状态，并不是由作为一个有机体的城市的要求与个别用途的特殊需求间的矛盾造成的，实际上大多数规划导致的混乱状态也不是由于任何这样的矛盾形成的。之所以形成这种混乱状态，主要是因为规划理论的缘故，而这种理论无论是与城市的秩序，还是与个别用途的需要，都有着尖锐的冲突。

　　这种不切实际的理论——在这个案例中，它也表现为一种审美观念——造成的影响是如此重大，对城市的首要用途的混合性造成的这样和那样的挫折是如此频繁，我在这里不得不对这个案例的引申意义再多说几句。

　　埃尔伯特·皮茨是一位建筑师，很多年来，他一直是华盛顿特区美术委员会的一位持不同意见者。他对上述冲突做过深刻的剖解，尽管他讲的是华盛顿特区的事，但其观点也可以用到对旧金山以及其他许多地方的分析上：

　　我的感觉是，(目前华盛顿城市规划的)背后存在着错误原则的指导。这些原则在历史上就形成了，并且获得了很多既得利益者的支持，因此那些指导华盛顿建筑发展的忙人毫无疑问、不加质疑地接受了这些原则——但是，就我们而言，这正是要反对的。

　　简单地说，现在发生的情况是这样的：政府所在地正在远离城市；政府的办公建筑正向一个地方集中，正在与城市的其他建筑分离开来。这不是朗方(L'Enfant)的思想。相反，朗方尽了最大努力把这两者集中到一起，使其互为所用。他从发挥各个建筑的特点的角度，把政府办公楼、市场、国家社团、学院和国家级的纪念物分布在城市的各个地方，似乎是要把一个国家的首都的印记在各个地方体现出来。这是一种健康的情调，明智的建筑意义上的判断。

　　1893年芝加哥博览会给建筑界带来这么一种思想意识，即把城市看作是一个闪耀着荣耀的纪念碑似的场所，与庸俗、杂乱的"乡野"地区形成鲜明对照……这种态度显然没有把城市看作有机体，城市是一个母体，既值得拥有那些标志性的建筑，同时也要平易地对待它们……这既是社会的损失，也是审美意义上的缺失……

大家可以一眼就看出，这里面存在着两种对立的审美观念。也许这只是一件有关品味的事，因为谁又能在品味上争论不休呢？但问题是这远不是品味就能一笔带过的。把城市当作"荣耀之地"而分离出来这种观念，是与城市的功能和经济需要及其特殊的用途相矛盾的。而另一种观念——城市与单个的建筑焦点互相融合，这些建筑同时又处于日常格局的环抱之中，密不可分——是与城市的经济和其他功能行为和谐一致的。[1]

城市的每一个首要用途，不管其形式是标志性建筑或其他什么，都需要城市"庸俗"的基本格局来紧密配合，使其发挥最大的作用。旧金山的法庭建筑需要的就是这些拥有第二类多样性的基本格局。同样，歌剧院需要的是另一类的基本格局。而城市的基本格局也需要它们这些用途，因为城市可以利用它们的影响来组建自己的基本格局。此外，一个城市的基本格局也需要拥有一些不是那么壮观的、散布在城市内部的建筑（对那些头脑简单的人来说则是"废品"）。否则就不像是一种城市形态，而是像一个（廉租）住宅区，"庸俗"的单调，给人的感觉并不比旧金山市政中心的那种"高贵"的单调好到哪儿去。

当然，任何一种指导原则，如果人们不能正确地理解其原理，那么在运用时就可能产生武断或毁坏性的结果。朗方那种建筑焦点与其周围的平常格局相辅相成的审美理念可以被用来分布首要用途——特别是那些有着标志性建筑外表的地点的首要用途——但会造成这么一个结果，即缺乏对经济和其他功能关系的

---

1 位于第五大道和四十二街的纽约公共图书馆是这种建筑焦点的一个例子；位于格林尼治村的老杰弗逊市场法院是另外一个例子。我相信，每一位读者都熟悉一个城市格局中个别标志性的建筑焦点。

关注,而这正是这些首要用途所需要的。但是,朗方的理论的可取之处不在于其与功能无关的抽象的可视性方面,而是因为它能被用来协调在实际生活中的城市的各种设施和建筑的需求,并使其保持和谐。如果这些功能需求能够得到重视和尊重的话,那么那种美化分流或分离用途的审美理论,无论是"高贵"的还是"庸俗"的,都不可能大行其道。

在以住宅为主或有着很多住宅的城区里,首要用途的种类和复杂程度越多、越高,就越好,这就像在闹市区的情况一样。但是,在这些城区里,需要使用的一个主要棋子是(人们)工作方面的首要用途。就像我们在里顿豪斯广场公园或哈得孙街的例子里所看到的那样,这两种首要用途(住宅和工作)配合得非常和谐;中午时分因为来自住宅的人群稀少,街道正要趋于沉寂时,却因为有了在当地上班的人而又活跃起来,相反,到晚上上班的人离开了,因为有了住在这里的人群,街道仍然可以保持活跃的状态。

那种希望把住宅与工作分离开的声音在我们的耳边回响的次数已经太多了,以致我们非要费很大的劲才能看明白,在实际生活中,缺少与工作混用的住宅区在城市中情况并不很好。哈里·S.阿什莫尔撰写并刊登于《纽约先驱论坛报》的关于黑人贫民区的文章,援引一位哈莱姆政治领袖的话说:"那些白人很可能会再回到这里来,从我们的手中把哈莱姆抢走。不管怎么样,这是整个地区中最有吸引力的地产。我们这里既有山观,也有水景,交通也很便利,而且这是城内唯一一个没有工业的地区。"

但也只是在规划理论中,哈莱姆才是这么一块充满吸引力的地方。在先前白人中产阶级和上层阶级拥有这个地方的时候,哈莱姆就已经不是纽约城里经济活跃和可以让人在此工作的城区，无论什么人住在那里，也许它都永远不会成为那么一个地方，除非（除了在物质条件上有所改善外）它拥有很好的工作（场所），与这里的住宅成为一种健康和谐的共用资源。

住宅区中工作场所的首要用途不是想要就有的，这就像不能对第二类多样性这么期望一样。如何让工作用途进入城市中需要和缺少的地方，公共政策相对来说并不能有多少作为，除非通过间接的方式**允许**并鼓励这样做。

但是，努力和主动地吸引并不是最急迫的需要，也不是在一些灰色地带最能产生成果的方法。最重要的问题是要充分发挥工作（场所）和在正走向败落的住宅区里现存的其他首要用途的棋子的作用。路易维尔的样品鞋市场就提供了一个这种很好地抓住机会的例子，尽管这个例子有点另类。布鲁克林区的很多地方，布朗克斯区的一些区域，事实上，差不多所有大城市的灰色地带都需要这么做。

175　如何抓住机会发挥现有工作场所的作用？怎样能使其融入住宅的功能以形成一个有效的街道使用资源？这里我们必须要注意一般的闹市区和通常受这种问题困扰的住宅区之间的区别。在闹市区，缺少足够的首要混合用途通常是最严重的一个问题。而在大多数的住宅区，尤其是在灰色地带，缺少首要混合用途通常只是问题之一，有时候并不是最严重的。事实上，很容易就能找到住宅与工作融合的例子，但问题是这种融合并不能在**生发**多样性和活力方面给予多少帮助。这是因为大多数城区的街段都太长，这些街段都是在同一时间里建起来的，尽管时间过去了很久，这里的房屋都很陈旧了，但这个最初就存在的问题一直也没有解决。另一个非常普遍的情况是，这种地方人口的数量不够。简而言之，以生发多样性的四个条件来衡量，这些地区还缺乏足够的条件。

首要的问题不是为怎样引进工作（场所）而伤脑筋，而是要在住宅区里去发现并确定工作（场所）是否存在，在什么地方，什么地方的工作（场所）的首要用途的因素正在遭到浪费。在城市里，我们必须要从现有的资源出发去创造更多的资源。要想最大可能地发挥已经存在的或表现出这种迹象的工作（场所）和住宅间的混合用途，一个必要条件是要理解其他三个生发多样性条件发挥的作用。

我会在下面的三章里谈到这个问题。在四个生发多样性的条件中，有两个比较容易对付，主要是解决灰色地带的问题——老建筑都已经在那儿，随时可以发挥潜能；另一个条件是需要增加街道，这也不是办不到的难事，与大规模的土地清空相比（我们已经在这方面浪费了很多资金），这仅仅是一个小问题。

但是，另外两个必要条件——首要用途的混合以及足够的住宅密集程度——相比之下，更难以创造，如果那些地区本身就缺少这两个条件的话。一个明智的做法是先从其中一个条件已经存在或相对容易培养的地方着手。

最难对付的城区是那些住宅灰色地带，既难以引进能够带动这个地区的工作（场所），住宅的密集程度又不够。城市的一些失败地区之所以会困难重重，并不是因为它们本身拥有的东西（建筑物）出了问题（这些东西总是可以作为进一步发展的基点），而是因为它们缺少了一些东西。除非别的至少已经向着混合多样性迈出第一步的灰色地带得到了扶持，并且除非闹市区因为出现

176

更好的白天的人流分布而被注入了新的活力，否则要想对那些欠缺最严重而且又很难解决的灰色地带提供帮助，使其向拥有活力迈出一步，是非常困难的事。不管在城市的什么地区，生发的多样性和活力越是成功，自然，对别的地方而言（包括那些最难以启动的地方），成功的可能性也就越大。

那些拥有很好的首要混合用途并且能够成功地生发城市多样性的街道和城区理应得到珍惜，而不是轻视，甚至破坏——将其融合成一体的各个因素一一分离出来。但是，不幸的是，那些庸常的规划者似乎看上了这些大受欢迎和充满吸引力的地区，势不可挡地在这些地区运用头脑简单且破坏力巨大的正统城市规划理论。他们拥有足够的联邦政府的资金和权力，从这个角度来看，规划者可以很轻易地毁掉城市的混合首要用途，其速度远比这些用途在未经规划的城区的成长要快得多。因此，这样的混合首要用途的损失是全方位的，事实上，这正是今天所发生的事情。

九　小街段之必要

条件2：大多数的街段必须要短，也就是说，在街道
上能够很容易拐弯。

短小街段的优势很简单。

我们可以来看一看这个例子：假如有一个人住在一个很长的
街段里（比如曼哈顿西八十八街，位于中央公园西和哥伦布大道
之间），他要向西走过八百英尺的街段，才能到达哥伦布大道上的
商店，或者坐上公共汽车；同样，向东也要经过长长的街段才能到
达公园，乘坐地铁或另一辆公共汽车。也许在以后的岁月里他永
远不会进入邻近的八十七街和八十九街的街段。

这就带来了严重的问题。我们早已经看到，孤立的、互不关
联的街道街区从社会的角度讲，会陷入孤独无助的处境。这个人
有一百个理由相信八十七街和八十九街或那里面的人与他没有
任何关系。如果他不这么认为，那他的日常生活就得大大变样。

就他住的街区而言，这些自我隔离的街道的**经济**效应同样也
会受到限制。只有当这条既长又独立的街与邻近的另一条类似
的街在某个地方相会合的时候，这两条街上的人才能汇聚一些经

济资源。在这个例子里,这种情况能够发生的最近一处地方便是
哥伦布大道。

179　　哥伦布大道成为附近唯一的这么一个地方,来自那些又长又
缺乏生气、沉闷不堪的街道的成千上万的人汇集到这里,组成某
种使用资源,也正因为如此,哥伦布大道本身出现了一种单调的
景象——商店太多,从街头排到街尾,而且同一商业格式,给人一
种压抑的感觉。在这个街区里,临街的空地非常少,商店在空间

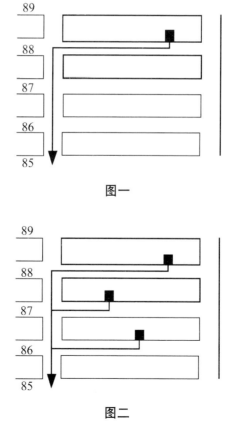

图一

图二

上很少有发展余地,所有的店家,不管开的是什么店,需要什么样的支持,也不管是否会影响使用者的方便(比如距离),都一律同一设置,同一格式。一条长长的街段,灰不溜秋、沉闷单调,让人郁闷、压抑——但在一个交界处,突然间满大街出现了花里胡哨的景致。这正是一个城市的失败地区的典型安排。

这种僵硬地把两条街的常规使用者相隔离的做法,自然也会影响来访者。比如,在过去十五年里,我一直到西八十六街看牙医,就在哥伦布大道旁边。在这么长的时间里,尽管我在哥伦布大道上往南北方向都溜达过,在中央公园西,往北和往南也都走过,但就从来没有走过西八十五街或西八十七街。走这两条街既不方便也没有什么意义。如果在看过牙医后,我要带我的孩子们到位于哥伦布大道和中央公园西的八十一街的天文馆去,那就只有一条可能的路线:沿着哥伦布大道往下走,然后进入八十一街。

相反,我们可以来这么设想一下,如果有另外一条街穿过这些长长的东西走向的街段——不是那种没有人气的“漫步道”(这样的道路在一些超级街段里有很多),而是一条布满了房屋的街道,在那儿可以做一些事情,而且还可以获得经济效益:一些可以买东西、吃喝、观赏和喝上一杯的地方。有了这么一条别样的街道,八十八街上的人要到某个地点去,就不用再走上一段单调、没有什么变化的路程。他就会有各个路线可以选择。整个街区也会名副其实地向他敞开。

住在其他街道上以及那些靠近哥伦布大道并想去公园或地铁的人,也会有同样的感觉。这些道路不会再互相隔离,恰恰相反,它们变得互相通达、融合相间。

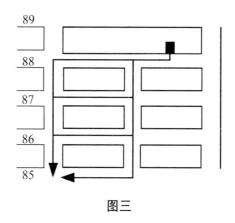

图三

商业点会大幅度地增加,而它们提供的方便也会大大增多。如果西八十八街的居民有三分之一能够光临一家卖报纸和零星杂货的街区小店,就像我们所在的街角边伯尼的店,而且八十七街和八十九街也是这样,那么即使再增加一家类似的店,也有可能会有人光临。如果没有这么多的选择,如果这些人只有一条街可走,那么服务商业点的分布、经济效益的存在以及公共生活的产生都是不可能的。

在这些长街段的例子里,即使是人们由于同样的原因来到这里,也会被互相隔离得远远的,没法聚在一起形成一种互相关联的城市里的交叉使用资源。即使存在着不同的首要用途,也会因为同样的原因而阻碍有效的融合发生。这些长街段会自然而然地将人们分流到一些很难碰到一起的小路里,在这种情况下,即使是在距离上很近的不同用途,实际上也会因为"天各一方"而互不关联。

另增加一条能够带来活的用途的街道,以此来打破那些长街段的沉闷气氛,这并不是天方夜谭。我们可以从洛克菲勒中心

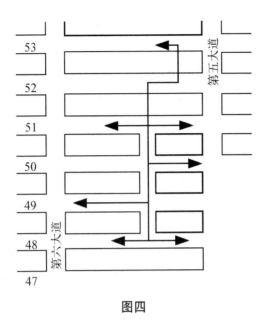

图四

看到这种带来变化的例子。这个中心占有位于第五大道和第六大道之间的三个长街段。洛克菲勒中心就拥有这样一条另增加的街道。

我想请那些熟悉这个地方的读者想象一下，如果没有这条南北走向的街道，洛克菲勒广场会是什么样？如果中心里面的建筑都是沿着各自的街一直从第五大道延续到第六大道，那么中心就不再成为一个中心。不可能是。它会成为一组自我隔离的街道群，只有在第五大道或第六大道上才能集中一些使用资源。即使是艺术想象力再丰富的设计也不能使这个地方成为一个完整的中心，因为是用途的流动性和道路的互通性，而不是建筑的同一性，才使得城市的街区能够共享城市具有的各种用途，不管那些街区主要是以工作（场所）为主，还是以住宅为主。

181

在洛克菲勒中心以北，尤其是到了五十三街，街道的流通作用越来越差，那儿出现了一个带拱廊式的街道，人们用它来延伸街道。在中心的南面，原本是流通的街道使用资源在四十八街突然中断了。下一条街，四十七街是一条自我隔离的街。这条街主要是以批发东西为主（是一个装饰品和珠宝批发中心），这样一条位于纽约城最大的景点旁边的街道，却起到这么一种单调的作用，真是令人惊讶。但是，另一方面，就像八十七街和八十八街的使用者一样，来到四十七街和四十八街上的人在很多年里，不会互相走到对方的街道上去。

从本质上讲，长街段阻碍了城市能够提供的进行孵化和试验的优势，因为很多小行业或特色行业依靠从一些经过大街道交叉口的人群中，招引顾客或主顾。长街段还会使人无视这么一个原则，即如果说城市的混合用途不仅仅是标在地图上的一种虚构，那么其结果必定是这样的：不同的人群，因不同的目的，出现在不同的时间，却使用**同样**的街。

在曼哈顿几百个长街段里，只有区区八个或十个街段表现出与日俱增的生机，或产生很大的吸引力。

我们来看一看格林尼治村的多样性和受欢迎是从哪儿开始，又在哪儿受到了阻碍，从中可以获益颇多。格林尼治村的租房一直在增加，在过去至少二十五年的时间里，有人一直在预测，在正朝北的地方会建立一个切尔西住宅区（艺术家和作家聚集地），一种复古的风尚会在这里复兴。这个预测有它的道理，这是因为切尔西的位置，因为它的建筑的类型和混合，以及每英亩土地上住宅的密集度，几乎都与格林尼治村相同，还有个原因是，它甚至还拥有一种工作场所和住宅的混合用途。但是，这种复兴一直就没有发生。相反,建好的切尔西被一个又一个长长的街段自我隔离开来,被围在这些街段后面的切尔西一天一天地没落下去,在大多数地方,其败落的速度比建起来的速度还要快。今天,它呈现在我们面前的完全是一副贫民区拆迁后的样子,而且长街段的建置仍在继续,并且比以前的更加长、更加沉闷(规划行为对实践中的成功视而不见,对事实上的失败之处却效仿不辍,让人觉得这种伪科学是不是有点走火入魔了)。与此同时,格林尼治村已经迈出了扩展的步伐,向东远远地伸展出去,扩大了它的影响和多样性。在东面位于商业集中的地方有一个狭长的地带,格林尼治村正是从这里向外扩展的,而之所以有这么多的商业集中在这里,毫无疑问是短小的街段和方便的街道用途造成的——尽管这里的建筑不像切尔西的建筑那样吸引人或者那么匹配。这种“一边发展良好另一边却陷入停顿”的现象既不是随意发生的,也不是由什么神秘力量造成的,更不是“混沌中的偶然事件”。它完完全全是对经济效应的回应,什么地方在经济上有利于多样性,就会得到发展,反之则会受挫。

183

另一个在纽约被认为“百思不得其解”的事是,为什么拆走第六大道西面的高架铁路产生的影响那么小,对增加这个地方的声望也不起什么作用,而在第三大道东面,同样是拆掉高架铁路,却带来了很大的变化,也在很大程度上提高了这个地区的声誉。原因很简单,因为长街段已经使第六大道西面变成了一个在经济上无人问津的地方,而且因为这些街段延伸到曼哈顿岛的中心,使得这个问题更加严重;如果利用得好的话,它们本应在第六大道的西面形成一个十分有效的使用资源群。同理,第三大道东面朝向中心的区域是一些短小的街段,在这里,一个非常有效的资源群正好可以有机会形成并乘机得到发展。[1]

从理论上讲,在六十街、七十街和八十街东面的几乎所有的短街段都只是住宅街段。有一点非常有意义,我们可以发现,一些很有特点的商店,如书店、裁缝店或饭店,会非常频繁地落户到这些街段里,一般(不总是)都在靠近街角的地方。但在西边,书店却站不住脚。这不是因为那些心有不满和经常不见人影的人都讨厌读书,也不是因为他们太穷了,买不起书。相反,西面的住户很多是知识分子,而且一直就是以知识分子居多。就像格林尼治村一样,这个地方完全有可能成为一个天然的书市,相比之下,这种"天然的"条件很可能要比东面的好得多。但是,就是因为那儿冗长的街段,西面就从来没有在物质条件上形成过一个能够支持城市多样性的互相关联的街道资源群。

184

《纽约客》杂志的一位记者注意到,人们**试图**在第五大道和第六大道的长街段之间开辟出一条南北向的通道。于是,他就想试试看,能不能从三十三街到洛克菲勒中心之间找出一条临时的小路来。他找到了一个可行(如果不是疯狂)的办法,这个办法要穿过九个街段,因为有很多的阻碍:有些地方是一些商店挡住了通行,还有的地方是围墙挡住了去路,另外在四十二街图书馆的后

---

1 从第五大道往西走,头三个街段,在有些地方是四个街段,都是800英尺长,除了在一个斜线交叉口的百老汇大街以外。往东走,头四个街段的长度各不相同,在400到420英尺之间。在七十街,在曼哈顿岛被中央公园分成两半的地方,随便找一个点,从这里开始的位于中央公园西面和西边大道之间的2400英尺的直线建筑线,中间**只有两处**被两条大道隔断。而在东面,从第五大道延伸到第二大道稍稍过去一点的同样长的建筑线,中间却有**五条**大道将其隔断。东面这段被五条大道穿行而过的路程,比西面只被两条大道隔离而长度相同的路程要受欢迎得多。

面是布莱恩公园,那也是一个障碍。他倒是走通了,但在很多时候不得不委屈一下自己,身子歪歪扭扭地从围栏下面钻过去,或用出吃奶的力气攀越窗户,或低声下气地央求一些看门人让他通过。通过这种办法他过了四个街段,为了避免再有尴尬,在过另两个街段时,他不得不选择走地铁通道。

在那些成功的或能吸引众多来人的城区,街道从来不会消失。恰恰相反,在可能的情况下,它们的数量往往趋于增多。因此,在费城的里顿豪斯广场地区和在哥伦比亚特区的乔治敦,曾经的中心街段后面的小巷,现在都变成了街道,因为它们的路边有不少建筑,来往的人就把它们当成街道一样使用。在费城,这样的地方常常还有一些商业活动出现。

在别的城市里,长街段的情况与纽约相比是五十步笑百步。在费城,有一个街区,一些房子的主人干脆不再看管他们的房屋,任其破旧下去,这个地方位于闹市区和城市主要公共住宅区地带之间。这个地区处于这种无望状态,当然有很多原因,其中之一是这里已被列入城市改造项目,很快就要被整合。但很明显,这个街区本身在物质条件上就没有得到过多少改善。费城普通的街段是四百英尺长(而那些由小巷变成街道的街段只有其一半的长度,但正是在这些地方,城市表现出了其最成功的一面)。在这个一步步走向衰败的街区,一些"街道的浪费部分"在最初设计中就被除掉了;这里的街段有七百英尺之长。自然,从刚被建好的时候起,门可罗雀、死气沉沉的过程就开始了。而在波士顿的北角区,这个被称为"浪费型"街道的典型,却因为其方便灵活的交叉使用,在面对官方的冷漠态度和资金支持不利的情况下,奇迹般地摆脱了贫民窟似的境地。

把很多城市的街道视作"浪费",这种正统规划理论中的"神

185 话"和"真理"之一,当然是来自花园城市和光明城市理论家的思想,他们反对建置街道用地,因为他们想把这些用地整合成"大草原"。这种"神话"有非常大的破坏作用,因为它干扰了我们的理智,迷惑了我们的双眼,使我们无法看清,造成如此之多的失败和呆滞现象的很多原因中,最简单、最不必要发生和最容易纠正的原因。

在一些超级街段(车辆禁行的住宅区)里,很容易发生长街段所拥有的一切问题,而且常常还以更加突出的形式出现。即使在这些地方设有供散步用的林荫道和可让行人穿行的大型商场,也改变不了这个状态。从理论上说,这些地方相隔不远就有一条街道,人们可以择路而行。但这些街道根本没有意义,因为有相当多的人不会选择这些街道,没有这个必要。尽管从这儿到那儿,似乎有很多的景致方面的变化,但这些景致大同小异,从这个意义上说,这些街道也是没有意义的。这种情况与《纽约客》记者在第五大道和第六大道之间观察到的刚好相反。在那儿,人们千方百计地要找出一条他们需要的街道,却无处可寻。而在住宅区里,人们要想方设法避开那些连在一起的商场和道路;在这儿,街道是有的,但起不到作用。

我提出这个问题,不只是要再次斥责项目规划理论造成的种种异常现象,同时也是要表明,街道出现得频繁和街段的短小都是非常有价值的,因为它们可以让城市街区的使用者拥有内在有机的交叉使用。街道的频繁本身不是目的。它们是通向目的的一个手段。如果这个目的——生发多样性和改变包括规划者在内的很多人的计划——由于过多的强制性的规划,或把生发多样

性的可能排除在外的统一化建设，而遭遇破产，那么短小街段就不会产生任何意义。就像混合首要用途一样，街道的频繁**只有在它们以自己特有的方式发挥作用时**，才能有效地帮助生发多样性。它们发挥作用的手段（吸引不同目的的使用者）和它们能够达到的结果（多样性的发展）是密不可分的。这是一种相辅相成的关系。

186

十　老建筑之必要

　　条件3：一个城区应该混搭各种年代和状况不尽相同的建筑，并且包含适当数量的老建筑。

　　老建筑对于城市是如此不可或缺，如果没有它们，街道和城区的发展就会失去活力。所谓的老建筑，我指的不是博物馆之类的老建筑，也不是那些需要昂贵修复的气宇轩昂的老建筑——尽管它们也是重要部分——而是很多普通的、貌不惊人和价值不高的老建筑，包括一些破旧的老建筑。

　　如果城市的一个地区只有新建筑，那么在这个地方能够生存下去的企业肯定只是那些能够负担昂贵的新建筑成本的企业。占据一个新建筑的成本，可以以租金的方式支付，也可以以拥有者的利润或分期付款的方式支付。不管什么方式，该支付的费用还得支付。因此，能够承担这种费用的企业，也就必须能够支付高额的管理费用——相比使用老建筑的成本要高得多的费用。要承担得起这样的高额管理费用，企业就必须要做到以下两者之一：要么有高额利润，要么有很多的资助。

　　环顾四周，我们就会发现，只有那些早已成就卓著、高产出、标准化或资助很多的企业才支付得起使用新建筑的费用。连锁店、连锁饭店和银行会进驻新建筑，但是，街区里的酒吧、外国特色的餐馆和典当铺则会进入老建筑。超市和鞋店常常进入新建筑，而书店和古董小铺则很少会这么做。得到很多资助的歌剧院和艺术博物馆通常会使用新建筑，而一些非形式化的艺术"供养站"——工作室、画廊、乐器店和美术用品店，以及一些后院房屋，里面只有简单的桌椅，并不怎么赚钱，但能汇聚各种经济话题以外的讨论——会使用老建筑。也许，更重要的是，成百上千的普通企业——它们对街道和街区的安全和公共生活是一种必需，人们离不开它们提供的方便和亲近的人际关系——能够在这些老建筑里称心如意地发展，但如果它们进入新建筑，则肯定会被高额的费用压垮。

至于一些确实很好的创意——不管最终有多么赚钱，或者说成功（正如其中一些后来的发展可能会证明的那样）——都不会在费用昂贵的新建筑里经历有风险的试验和失败的过程，因为经不起这样一个过程。旧的理念有时可以在新建筑里实践，但新理念必须使用旧建筑。

即使是能够承担新建筑昂贵费用的城市企业（商业），也需要在紧邻其旁边的地方有一些旧建筑。否则的话，这些企业在经济环境和吸引力方面就会受到限制——以致会影响其活跃程度和提供的方便。在城市的任何地方，成功的多样性指的都是高产出、中产出、低产出和没有产出的企业的混合。

对一个城区或街道来说，老建筑的**唯一**危害最终会来自建筑的老化——这种危害存在于任何年代久远的东西，存在于任何衰老的东西。但是，对于处在这种情况下的城市某个地区来说，并

188

不是因为这个地方年代久了，就会遭遇失败。情况恰恰相反，这个地区变得又老又旧，是因为这个地方遭遇了失败。因为某种或某些原因，这个地方的所有企业或人们都支付不起新建筑的费用。也许，这个地方本身就留不住已经在这里的人或能承担新建筑费用的成功企业；这些企业在刚刚成功时却抬脚走人了。此外，这个地方还吸引不了能带来机会的新来者；因为他们在这里看不到机会或任何吸引人的地方。在另外一些情况里，这种地方在经济上是一片荒芜之地，一些或许会在其他地方获得成功并就地大兴土木以图再发展的企业，根本就不会到这里来投上一分钱。[1]

就建筑而言，一个成功的城区可以成为常备"仓储库"。年复一年，一些老建筑会被新建筑代替——或经过整修，焕然一新。因此，在经历了一些年头后，肯定会出现各个年代和样型的建筑的混合。这自然是一个动态的过程，在这些混合的建筑群里面，曾经崭新的建筑，最终都会变旧变老。

就像我们在讨论首要用途时那样，我们现在面对的又是与时间相关的经济效应问题。但是在现在这个情况下，我们要涉及的不是日间的按小时衡量的时间经济学，而是按年代和时代测算的经济学。

时间使得在一个年代里成本昂贵的建筑成为另一个年代里价格低廉的抢手货。时间可以帮助付清最初的成本，折旧费可以

---

1 这些都是一些与这些城区本身有关的内在原因。但是，为什么有些城区会迅速地衰老下去？这里还存在着另外一个原因。这个原因与内在的问题没有必然的关系。那些抵押借贷人或许会不约而同将这些城区列上了黑名单，就像波士顿北角区曾经历过的那样。这种把一个街区推向不可逆转的衰亡的手段经常可以见到，也具有很大的破坏力。但是，就我们现在所讨论的问题而言，我们面对的是那些影响了城市地区内在经济能力的情况，而这种经济能力可以生发多样性，保持活力。

在建筑所应有的产出中体现出来。对某些企业来说，时间使得建筑的一些结构过时了，但对另一些企业来说则正好有用。时间使得一个年代里建筑内的紧张空间成为另一个年代的剩余空间。在一个世纪里平平常常的建筑在另一个世纪里却成了有价值的珍品。

189

战后，尤其在整个20世纪50年代，建筑成本上涨迅速。从这个角度来说，老建筑在经济上的需要就凸显出来，这并不是一件奇怪的事。需要指出的是，大多数战后建筑的使用费用与那些"大萧条"前的建筑的使用费用的差别非常之大。在商业空间方面，两者每平方英尺的建筑使用费可以相差一倍或两倍，尽管老建筑的质量也许要比新建筑的好，而且所有的建筑（包括老建筑）的维护费用都已经上涨。早在20世纪20年代和19世纪90年代，老建筑是城市多样性的一种必需成分。当今天的新建筑变老时，老建筑仍将成为一种必需。这种情况在过去、现在和将来都会是这样，不管建筑的使用成本会如何异常或平稳，因为不管怎么样，一个已经折旧的建筑的使用成本总要比一个还没有收回投资成本的建筑的使用费用要低。持续上涨的建房成本也是一个导致老建筑必要性的简单原因。这种情况很可能会使老建筑在整个街道或城区中的**比例**有增加的必要，因为建筑使用成本的上涨会在整体上提高新的建设项目的成本，并由此增加承担这种成本的整个财政负担。

几年前，我在一个关于城市商业多样性之社会需要的城市规划设计讨论会上做了一次讲话。我的讲话刚开始，下面的设计者、规划者和学者就回应了我这么一个标语式的口号："我们必须要为街角边的杂货店留出空间!"(这当然不是我的发明。)

　　起初,我以为这肯定是一种修辞。但是,很快我就收到了一些为廉租住宅区和重建区做的规划图,在这些图里,确实有很多地方为街角杂货店留出了空间。随着这些图纸一起寄给我的还有一些信,信上说:"瞧,我们把你的话都记在心上了。"

190　　　这种街角边设置杂货店的把戏,是一种单薄无力、高高在上的"城市多样性"理念。可能对19世纪的某个村庄来说还比较合适,但对今天一个热闹的城区而言,根本就不适合。事实上,那些孤单的杂货店通常在城市里日子都不太好过。它们原本就是缺乏多样性的呆滞地区的象征。

　　但是,尽管这种设计空洞无物,那些设计者的初衷却并不是出于偏执,而是充满好意。也许这是在允许的经济条件下他们能够做得最好的一件事。在住宅区的某个地点建上一个在郊区常见的那种购物中心,再加上这种生意清淡的街角杂货店,这就是他们所能期望的最好的了,因为这种想法早已被纳入成片成片新的建设,或与新建项目同时开展的大片早已安排好的翻新项目的计划书之中了。任何不管是什么样的多样性可能,因为需要高额的维持费用,所以早就被排除在外了(由于缺少足够的混合首要用途,以及因此导致的日间的足够的人流分布,这种地方的前景更加不妙)。

　　那些孤单的杂货店,如果真的建了起来[1],也根本不会是那种设计者们想象的给人温馨感觉的小店。为了承担很高的维持费用,它们要么必须得到资助(但是谁来资助,为什么要资助?),要

---

[1] 通常,在遇上租金这样的实际问题时,这个计划就被弃之于规划之外,或无限期地推延。

么为了生计每日拼命挣扎。

同一时间建立起来的大批新建筑注定会遭遇效益低下的问题，也不会在文化、人口和商业的多样性方面提供多少帮助。在商业方面，效益低下的问题尤其突出。我们可以在纽约的斯特伊佛桑特镇看到这样的现象。1959年，在新建项目完成十多年后，该镇商业区的32家店面，有7家不是空的，就是没有正常生意（只是作为仓储、橱窗广告或类似的东西）。这种没有正常使用或使用率不高的现象占整个街面店的22%。与此同时，在一条邻街的对面，那儿建筑的年代和状态各不相同，在140家街面店中，只有11家是空的或使用率不高，只占7%。实际上，这两个区域的区别要比表面现象还要大，因为那些老街里的空置店面大多很小，按面积来算，要少于7%，而在新建地方的店面就不是这个情况。显然，那个拥有各个年代建筑的街道在商业上占有优势，尽管此地的大部分顾客都来自斯特伊佛桑特镇，尽管他们必须要穿过又宽又危险的一些交通要道才能到达这里。一些连锁店和超级市场也遭遇到了同样的问题，为此，他们一直在建筑物年代混合的地区里开设新的店，而不是去占有新建地区的那些空置的店面。

现在，在一些城市地区的同一年代的建筑有时会得到保护，避免遭受一些更有效益和商业竞争力更强的对手的威胁。这种保护措施本身就是彻头彻尾的商业垄断，但在规划圈中被认为是非常"进步"的行为。费城的"社会山"重建计划将通过划分行为阻止对在整个城区的购物中心的竞争，按照规划，这些购物中心应由发展商建立。这个城市的规划者甚至还专为这个地区制订出了一个"食品计划"，意思是给一家连锁饭店在整个城区的饭店经营垄断性特许权。其他人的"食品"就不许在这里经营！

191

芝加哥海德公园—肯伍德重建地区拥有对所有郊区型购物中心的商业垄断经营权,使其成为推进这种规划的主要开发者的财产。在华盛顿西南部的大片重新开发地区,主要的住宅开发商在这个方面走得更远,以至于不得不消除"自己与自己的竞争"。按照原有的计划,这个地方应建一个郊区型的中央购物中心,再加上一些散布于各个地点的便利店——我们的老朋友,那种孤单的杂货店把戏。一位研究购物中心的经济专家预测这些便利店会导致郊区型购物中心的生意下滑,而后者还要承担高额的维持费用。为保护购物中心,便利店的计划被废弃了。就这样,对城市的一揽子的垄断行为以"计划购物"的名义被兜售出来并得到推广。

垄断规划可以在这种缺乏内在效益的同一年代建筑物获得一些经济上的成功。但是,它不能在城市的多样性方面产生相同的"奇迹"。同样,它也不能取代城市中由(建筑物的)年代不同和使用费用不同而形成的固有的经济效益。

192

从使用或可取性的角度来看,建筑的年龄的确是一个与之关系很大的概念。在一个活跃的城区,没有什么建筑会由于年代太久而被废弃,因为总有人会来选择它——其位置始终不会被新的建筑取代。老建筑这种可使用性并不仅仅是因为它有什么特殊的地方或魅力。在芝加哥的"后院区",似乎还没有发现那些饱经风霜、日晒雨淋、样式平常、年久失修或早已过时的木板房已到了找不到租户,或吸引不了人来这里花钱的地步——因为这不是一个人们在获得了成功,稍稍有点钱后就离开的街区。在格林尼治村,几乎没有一个中产阶级的家庭会瞧不上那些老建筑,他们巴不得在这个活跃的城区里捡到一个便宜货。同样,那些旧房翻修者也不会鄙弃老建筑,旧房对其而言就如金蛋一样。在一些成功的城区,旧建筑会"脱颖而出"。

而在迈阿密海滩却是另外一个极端。在那儿,新奇是最高准则。建成仅十年的酒店就会被认为是旧了而废弃不用,因为有更新的。崭新以及光彩四射的状态是一种表面现象,也是消失最快的商品。

很多城市里的人和企业并没有对这种新建筑的需求。我在写作本书时居住的那个楼层同时还拥有很多家单位:一个带健身房的健身俱乐部、一家教会装饰公司、一个反对派民主党改革俱乐部、一个自由党政治俱乐部、一个音乐协会、一家手风琴协会、一个退休的做进口生意的人(现在则通过邮寄卖巴拉圭茶)、一个卖纸同时也做茶运输的人、一个牙科实验室、一个教授水彩画的工作室以及一个制造珍珠饰品的人。在我进来以前还在这里但不久就离开的租户中,还有一位出租无尾礼服的人和一个海地舞蹈团。新建筑中没有我们所喜欢的东西的位置。新建筑是我们最不需要的。[1]我们需要的(也是很多其他人需要的)是在一个充满活力的城区里的旧建筑,我们中的一些人可以提供帮助,让这个地方变得更有活力。

城市里的新住宅建筑也不一定没有问题。新建筑建好后,随之会出现很多不利因素。不同的人对建筑的不同优点的价值所在,或对一些源自特定缺点的问题,会有不同的看法和评判。比如,同样的钱,有些人喜欢更多一点空间(或同样大的空间,但少

193

---

[1] 不,我们**最不需要的**是那些父亲般的关怀,其内容为我们是否步调一致地在进入这个乌托邦式的梦幻城市里那些受到资助的地方。

花一点钱),而不是那些专为瘦人们设计的新式小餐厅。有些人喜欢隔音好的墙。很多旧建筑可以满足这种条件,但现在的很多新建筑并不具备这种条件,不管是每月租价14美金一个房间的公共住宅,还是每月95美金的高档奢华房间。[1]同样是花钱改善居住条件,有些人会更喜欢加入自己的劳动和想法,而不是完全交给别人,自己没有一点参与权。在一些正在脱离贫民区境地的地方(很多人是自己选择居住在那里的),我们很容易观察到,很多人都听说过如何利用颜色、灯光和装饰来改变空间,把一些昏暗的空间改造成舒适、有用的房间,听说过如何在窗口装电扇来给卧室增加空调功能,学习过拆掉非承重墙甚至于把两个房间变成一个的技能。旧建筑固有的混合用途以及在费用和趣味上的多样化,对形成居住人口的多样性和稳定性,以及企业(商业)的多样性都是至关重要的一环。

在大城市的街道两边,最令人赞赏和最使人赏心悦目的景致之一,是那些经过匠心独运的改造而形成新用途的旧建筑。联体公寓的大厅变成了手艺人的陈列室,一个马厩变成一个住宅,一个地下室变成了移民俱乐部,一个车库或酿酒厂变成了一家剧院,一家美容院变成了双层公寓的底层,一个仓库变成了制作中国食品的工厂,一个舞蹈学校变成了印刷店,一个制鞋厂变成了一家教堂,那些原本属于穷人家的肮脏的玻璃窗贴上了漂亮的图画,一家肉铺变成了一家饭店:这些都是小小的变化,但只要这些城区具有活力,并且能够回应居民的需要,那么这些变化就会在

194

---

1 "亲爱的,你能确定这个炉子是我们住在华盛顿广场村的51个让人激动的原因之一吗?"一张漫画上的一位妇女这么问道。这张漫画是纽约一个昂贵的重新开发项目的一些抗议者分发的。"宝贝,你能大点声吗?"丈夫回道,"我们的邻居刚才在冲厕所。"

这些地方永远延续下去。

我们可以来看一看路易维尔一座无产出建筑的历史。最近它被路易维尔艺术协会进行了重新修整，拥有一个剧院、一个音乐室、一个画廊、一个图书馆、一家酒吧和一家餐厅。这个建筑是以一家运动俱乐部的身份开启它的历史的，后来成为一所学校，再后来变成一家奶制品公司的仓库，然后又成了一所骑术学校，接着又变成了一个舞蹈学校，再往下又成了一个运动俱乐部，然后又改成一个艺术工作室，接着又成了一所学校，再往下是一个铁匠铺、一家工厂、一家仓库，现在则成了一个欣欣向荣的艺术中心。谁能在事先就预想到这个建筑可以经历这么长一串名称的变化，而且始终充满希望，兴盛不衰？谁要是说能，那他就是一个缺乏想象力的人，一个傲慢无知的人。

如果把城市的旧建筑经历的这些充满生机的变化只视为权宜之计，那就过分学究气了。应该说这完全是一种"好钢用在刀刃上"的行为。旧建筑开发了一种用途，如果没有它，这种用途就根本不会产生。

这种"权宜之计"和"不得已为之"的观点的实质是要剥夺多样性的合法性。在纽约布朗克斯区帕克切斯特一片很大的中等收入的住宅区外，那些标准化的、日常的商业活动受到了特别的保护，以避免受到这个区域里的未经授权的竞争或冲击；我们可以看到一些拥挤在一起的商店建筑（对前者会产生潜在危险），却受到了本地居民的欢迎和支持。住宅区一个拐角的另一边，在一块原是加油站的坑坑洼洼的地面上，乱七八糟地挤着一堆这里的人们需要的商店：快速借贷部、乐器店、相机交换部、中国餐馆和廉价服装店。像这种人们需要却没法在这里生存的店还有多少？一边是需要的却没有生存空间，另一边是有着各种用途的旧建筑却被同一年代的建筑取代，结果是境况萧条、效益低下，只得采取"保护主义政策"。

城市需要各种各样的旧建筑来培育首要多样性的混合用途，以及第二类多样性。特别是，它们需要旧建筑来孵化新的首要用途。

如果这种孵化过程成功率高的话，建筑的产出收益就常常能够发生。举个例子，格雷迪·克莱报道说，这样的情况在路易维尔的样品鞋市场早已可见。

"这个市场刚开始招租时，租金很低，"他说，"20英尺宽、40英尺长的店面，租金只是每月25—50美金。现在早已经上涨到75美金了。"很多后来成为城市的重要经济资源的企业一开始都是既小又穷，后来才变得强大，能够有力量去重整居于其中的旧建筑物，或另建一个新的。但是如果在其刚起步时没有产出收益小的地方容纳它们，这个过程就不可能发生。

在一些需要更进一步培育首要多样性的地方，对旧建筑的依赖非常大，特别是在开始试图催化多样性的时候。再举个例子来说，如果纽约的布鲁克林区想要培育它需要的那种多样性和活跃程度，它就必须最大限度地利用住宅和工作场所结合产生的经济效应。没有这种首要用途的结合（有效的和有比例的结合），布鲁克林就很难开发其第二类多样性的潜在能力。

在吸引那些正在寻找落脚点的大型和早已成绩卓著的制造企业方面，布鲁克林不是郊区的竞争对手。至少，现在它做不到。郊区有其**自身的**游戏规则和条件，布鲁克林无法在这个方面超过它们。但是，布鲁克林有其自身的资源可利用。如果它想充分发

195

挥工作场所和住宅的联合优势，那它就必须首先要依赖于培育企业和商业这个行为，然后才是尽可能地留住它们，时间越长越好。为了留住这些企业和商业，它必须要拥有一定密度的人口，以支持这些企业（商业）；此外，还需要有短小的街段，使人们能最大限度地感受到它们的存在。人们越能感受到它们的存在，这个地区也就越能让这些企业（商业）在这里扎下根来。

但是，要培育和开发这样的工作用途，布鲁克林需要旧建筑，它们正好能够帮助布鲁克林完成它的任务。布鲁克林其实就是一个很好的孵化器。每年弃布鲁克林而去的工厂要比从别处迁到这里的多。但是，布鲁克林拥有的厂家数量还是在增长。布鲁克林布拉特学院的三名学生[1]做的一篇研究论文对这个似乎是矛盾的现象做出了很好的解释：

> 这里的秘密是布鲁克林起了工业孵化器的作用。经常有小企业在这里起步。比如，有些机械工给别人干活干厌了，就在自家的车库后面自己干了起来。这些人都干得不错，而且还有所发展，很快车库就装不下他们的企业，于是他们就搬到一个租来的阁楼上；再后来他们就自己买下一所房子。当他们的企业发展到这所房子容纳不下，而不得不自己建房时，他们就会搬出这个地方到皇后区去，或到拿骚或到新泽西。但与此同时，二十个、五十个或一百个像它们这样的企业会在这里开始它们的企业生涯。

---

1 三名学生是斯图亚特·科恩、斯坦利·科根、弗兰克·马赛利诺。

　　那么，为什么这些企业到了自己要建厂房时就需要搬出去呢？一方面，除了一个新企业需要的一些东西 (如旧建筑，以及其他就近能找到的东西，如技术和供应) 以外，布鲁克林能吸引这些企业的其他方面太少了。另一方面，在过去的时间里，该地区对这些企业单位的需求考虑得太少了，比如，很多钱花费在被进出城市的私人汽车堵得拥挤不堪的公路上，而没有相应的关注或资金用在那些工厂业主需要的卡车快速道上，正是他们在使用城市的旧建筑、码头和铁路。[1]

　　就像大多数处于衰落状态中的城市那样，布鲁克林拥有的旧建筑比它需要的还要多。换个角度说，这儿的很多街区在很长时间里已经没有建过多少新建筑。但是，如果布鲁克林真的想要利用其固有的资源和优势的话 (这是城市的建筑要想有所作为的唯一的方式)，这儿地理位置分布得很好的很多旧建筑，将在这个过程中起到至关重要的作用。如果说要改善城市状况的话，那就要提供可以帮助生发多样性 (正在越来越多地减少) 的条件，而不是大片大片地清除旧建筑。

　　环顾四周，我们可以发现，早在廉租住宅建筑的时候就开始，很多衰落街区的例子都发生在同一时间建成的街区里。通常，这些街区刚开始时都风光十足。有时候，这些地方开始就是殷实的

1　传统上，都把地价 (土地费用) 当作今天在城市里建房的一个主要障碍，但相对于建房的费用或甚至是其他费用，现在地价已经持续下降了很多。当时代公司决定在靠近曼哈顿中心的一块昂贵的土地上建楼时，这个决定的做出有着很多原因，其中一个就是，单就公司员工从一个不方便的地方出外办事的出租车费用来看，每年的费用都要比地价的差价多。《建筑论坛》的斯蒂芬·G.汤普森做出了一个判断 (未发表)，对于重新开发的资助，已常常使得城市的地价比一幢房子里的地毯的价格还要低。如果要证明地价应比地毯的价格高，那城市就必须要像一个**城市**，而不是一台机器或一片沙漠。

中产阶级街区。每个城市都有这种外观形态的街区。

但是，就生发多样性而言，就是在这些街区里，往往每个方面都出现了问题。我们不能把这些地方的呆滞和可持续性发展能力差笼统地归咎于它们最大的不幸，即同一时间建成。但是，这确实是这些地方很多问题中的一个，而且不幸的是，即使这些建筑已陈旧过时，这个问题的影响还会持续很久。

当一个街区还是崭新的时候，它却无法为城市的多样性提供什么经济上的机遇。这个原因以及其他原因造成的不利后果（缺乏活力）一开始就已经深深地在街区打上烙印。它成为一个人们要纷纷弃之而去的街区。等到这里的建筑变得陈旧时，它们唯一有用的城市属性就是低价值，但光靠其本身低价值并不能发挥作用。

一般情况下，同一时间建成的街区在很多年里在外观形态上不会有很大的变化。如果有一点点变化的话，那只是情况变得更糟——逐渐地趋于破旧，或零零散散地出现一点新的（商业）用途，却非常寒碜。人们看到了这些零零星星的变化，以为这就是要发生急剧变化的迹象或原因。于是就有"动员起来消灭沉寂单调现象！"的运动。人们感到很遗憾，街区已经发生了变化。但事实是，此地的外观并没有多少变化。相反，是人们的感觉起了变化。整个街区表现出一种奇怪的无能、不会更新、不会增加活跃气氛、不会弥补不足，而且也不会接受新一代的人。它完全像是死了一样。实际上，从这个地方刚一建成，它就已经死了，但是没有多少人注意到这点，直到这具僵尸开始发臭。

在制止或消除单调现象的所有努力归于失败后，最后的决定终于来到：整个街区统统消灭，新的一轮重新开始。也许在这个 198

过程中，一些旧建筑会保留下来，如果它们可以通过更新纳入新建筑的经济效应中去。于是，一具新的僵尸又展露出来。它现在还没有开始发臭，但是已经死了，无法经历一个活的生命必须经历的，从使用到改变到变化的过程。

不知道为什么，这样注定要走向灭亡的令人遗憾的过程要重复发生。如果认真地对这些地区进行一番考察，看看其他三个生发多样性的条件缺乏哪一个，然后尽可能地纠正和补充那些缺乏的条件，那么结果可能是要消除掉某些旧建筑；然后是增加更多的街道，提高人口的密度，开拓更多的新的首要用途，无论是公共的还是私人的。但是，另一方面，必须要保留一些各个年代混合的旧建筑。保留这些旧建筑的意义，绝不是要表现过去的岁月留在这些建筑上的衰败的或失败的痕迹。这些旧建筑将会成为这个城区必要的、有重要价值的庇护所，成为很多中等、低等和无产出的企业的栖身之地。城市里的新建筑的经济价值是可以由别的东西——如花费更多的建设资金来代替的。但是，旧建筑是不能随意取代的。这种价值是由时间形成的。这种多样性需要的经济必要条件对一个充满活力的城市街区而言，只能继承，并在日后的岁月里持续下去。

十一　密度之必要

条件4：人流的密度必须要达到足够高的程度，不管这些人是为什么目的来到这里的，其中包括本地居民。

几个世纪以来，任何一个曾考虑过城市问题的人也许都会注意到，在人口的密度和它能发挥的某种特殊作用之间似乎存在着一种联系。塞缪尔·约翰逊就是这些人中的一位。他在1785年曾对这个关系做过评论。"人群，如果过于稀疏，"他对博斯韦尔说，"倒是会带来一些变化，但那是不好的变化，不会产生什么东西……只有人群集中在一起时才会产生便利的价值。"

在不同时期和不同地方，一些观察者总是在重新发现这种关系。亚利桑那大学的教授约翰·H.登顿就是这么一位。1959年，他在研究了美国的郊区和英国的"新城镇"后得出这么一个结论：这些地方必须要有很容易接近城市的渠道，以此来保护它们的文化发展机会。《纽约时报》报道说，"他的结论是建立在这么一个发现上，即这些地方缺少密度足够大的人口来支持文化设施。登顿先生说非中心化产生了如此稀疏的人口分布，以致能够在郊区存在的唯一有效的经济需求只能是属于一部分人的需求。

他发现，人们能够获取的商品和文化设施也只能是那一部分人所要求的东西"，等等。

约翰逊和登顿教授所谈论的其实就是人口数量产生的经济效应问题，但这个数量不是简简单单地将分布稀疏的零散人口加在一起的数量。他们其实是在说明人口稀疏与人口集中产生的不同效应。用我们的话说，他们是在比较高密度与低密度人口之间的不同效应。

人们一般会在闹市区看到和认识到这种人口集中度（或密度）与有用价值之间的关系。每一个人都会注意到城市闹市区人口的高度集中程度，如果不是这样，那闹市区也就不成其为闹市区，当然也就谈不上闹市区的多样性了。

但是，当我们把目光转向以住宅为主的城区时，我们会发现这种关系并不被很多人注意。可是，正是住宅区域占据了城市的大部分城区。这些住宅区里的居民也就是最常使用街道、公园和当地商店的人。如果缺少来自居住在这里的有着一定密度的人口的帮助，那么在这个城区就不会有什么有用的价值或人们所需要的多样性。

当然，一个城区的住宅区域（就像任何其他的土地用途一样）还需要其他的首要用途来支持，以便使街上的人流在日间能有合理的分布，这样做的经济方面的原因已经在第八章讨论过了。这些别的用途（工作、娱乐或其他）必须高效地使用城市的土地，如果它们可以对形成人口的密度做出一些有益的贡献的话。如果它们只是占有一些空间，但却拥有很少的人流，它们对多样性或活跃度就不会有任何促进。我想不用在这一点上多费口舌。

201　　但就住宅而言，这一点也有同样重要的作用。城市住宅也应该集中而有效地使用土地,原因不仅仅是因为土地的费用问题。另一方面,这并不是说大家都应该住在配有电梯的公寓楼里,或只能住在一两种类型的住宅里。这样的话是从另一个角度扼杀了多样性。

住宅密度对城区,以及未来的发展非常重要,却很少有人注意到它在发挥活力方面的重要作用。因此,我将在本章着重讨论城市住宅密度问题。

在正统规划理论和住宅理论里,高密度的住宅享有很不好的名声。它们被认为会导致各种问题和失败。

但是,至少在我们的城市里,这种认为高密度与麻烦,或高密度与贫民区之间存在着某种联系的看法是不正确的。只要稍稍认真观察一下我们的城市,就能得出这个结论。下面是几个例子:

在旧金山,住宅密度最高的城区——也是房屋占有住宅土地最多的地方——是北滩—电报山地区。这是一个非常受欢迎的城区,在"大萧条"和第二次世界大战后的岁月里,这里依靠自己逐步甩掉了贫民区的帽子。旧金山的主要贫民区是在一个叫作西增的城区。这个城区在过去的时间里一点一点地衰落,现在大部分地方已经被清空了。西增(刚建成时,这是一个很好的区域)的每单元住宅密度要比北滩—电报山低很多,而且也比现在依然很时髦的俄国山和诺布山要低。

在费城,里顿豪斯广场是唯一主动自我更新和扩大地界的城区,也是唯一没有被列入重建或清空的城市内城地区。这个城区的住宅密度在费城是最高的。目前在费城,城市社会问题最严重的地区是城市北边的几个贫民区。那儿的平均住宅密度是里顿豪斯的一半。这个城市里遭遇严重衰败和社会混乱的大片地区, 202

其住宅密度都不及里顿豪斯的一半。

在纽约布鲁克林,最令人羡慕、最受欢迎和最紧跟时代的街区是布鲁克林"高地";它是布鲁克林住宅密度最高的地区。布鲁克林大片衰败的灰色地带的住宅密度都只有"高地"的一半或更低。

在曼哈顿,东区最时髦的一片住宅区和格林尼治村最风光的一个住宅区在人口密度上都与布鲁克林中心地带的"高地"不相上下。但是,我们可以发现,它们之间有着一个值得注意的区别。在曼哈顿,一些非常有活力和多样性程度很高的地方包围着那些时髦住宅区。在这些很受欢迎的外围区域里,住宅密度甚至还要更高。而在布鲁克林则是另外一种景象,环绕着那些时髦住宅区的街区其住宅密度都要偏低,其活力和受欢迎程度相应地也不如前者。

在波士顿,正如在本书导言里已经提到的那样,北角区依靠自我力量脱离了贫民区状况,而且成为城市中最健康的一个地域。该地住宅密度在波士顿是最高的。在已经持续衰落了一个年代的罗克斯伯里地区,住宅地密度只有北角区的1/9。[1]

---

1 下面是这些地区的人口密度的具体数字。它们是按每英亩土地上的住宅单元来计算的。如果是两个数字的话,那就是表明有一个变化度,可以取中间的平均值(这也是这个数据排列出来的方法)。在旧金山:北滩—电报山,80—140,与俄国山和诺布山差不多,但是在北滩—电报山,建筑占有更多的住宅地面;西增,55—60。在费城:里顿豪斯,80—100;在北费城贫民窟,大约40;陷于社会问题中的联排房屋的街区,一般是30—45。在布鲁克林:布鲁克林"高地","高地"中心125—174,其他地区75—124,外围地区则下降到45—74,表明布鲁克林地区正处于衰落或麻烦之中,贝德福德—斯特伊佛桑特,一半在大约75—124之间,另一半在45—74之间;瑞德胡克,大部分在45—74;布鲁克林一些处于衰退之中的地区只有15—24。在曼哈顿:东城最时髦的区域是125—174,在约克维尔上升到175—254,在格林尼治村,时髦的地区是124—174,在其他一些拥有稳定、年代长久和非贫民窟的意大利社区的地区会上升到175—254,甚至255。在波士顿北角,275;在罗克斯伯里,21—40。

纽约和波士顿两个城市的数字来自测量和制图规划委员会;旧金山和费城的数字则来自规划或重新开发工作人员的估计。

尽管所有的城市在住宅规划中都非常注重细致的密度分析,但令人惊讶的是(转下页)

在规划文献中,那些密度很高的住宅区往往是一些拥挤的贫民区。而在实际生活中,美国的贫民区往往是一些死气沉沉的低密度的住宅区。在加州的奥克兰,贫民区问题最严重、占据面积最广的是一个拥有两百个街段的地区,街段与街段之间互相没有关系,每个街段都只有一两个家庭。这种地方的密度很难够得上城市所需要的密度。克利夫兰问题最严重的贫民区也是一个占据一平方英里的地区,问题都差不多。在现在的底特律,更是有很多这样的低密度地区,而且大得无边无际。在纽约,东布朗克斯这个几乎可以成为灰色地带象征的区域,已经变成城市的无可救药之地。这里的密度在整个城市里算是很低的。在东布朗克斯的大部分地区,密度都远远低于整个城市的平均水平(纽约的平均住宅密度是每英亩净住宅土地55单元)。

但是,如果就此下一个结论,认为城市里的高密度地区都是运转很好的地区,那也不对。实际情况并非如此,如果认为密度就是解决问题的"答案",那就太简单化了,甚至会让人觉得滑稽。比如,曼哈顿的切尔西、市郊西区的很多失败地区以及哈莱姆的很多地方,其住宅密度与格林尼治村、约克维尔和近郊的东区都在同一个层次上。曾经极为风光但现在问题成堆的河滨大道的密度甚至要比这个地方更高。

204

如果我们把人口密度和产生多样性之间的关系看成一种简

(接上页)很少有城市有关于非住宅密度的确切的数据。(一位规划主任告诉我说,他认为研究那些数据没有什么用,除了在涉及迁移问题时会注意到没有那些数据还真是个问题。)就我所知道的城市而言,没有哪个城市研究过那些成功的和受欢迎街区的密度平均值包括了建筑密度的哪些不同的类型。"要找出一个城区的那种规律太难了",一位规划主任向我抱怨说。我向他询问了他所在的城市中一个最成功的城区具体的密度类型。这样做确实很难,那是因为很少有人对这些城区做过统一的一致化的调查。这种随意的、无同一尺度的做法,正是成功城区的密度平均值中最重要也是最被疏忽的一个事实。

单的、直接的数学问题，我们就不能理解高密度和低密度的效应
到底是什么。这种关系的结果（约翰逊博士和登顿教授都用他们
的简单、直接的方式提到了这个问题）还受到其他因素的很大的
影响；其中三个因素就是前面三个章节讲的内容。

　　一个住宅区的住宅密度不管有多高，如果因为其他方面因素
的不到位而阻碍或压制了多样性，那么密度再高也起不了什么作
用。比如（也许是一个比较极端的例子），在一些严格按照规划设
置的住宅区里，密度再高也没有用，因为多样性早已经被"定制"
好了。同样的情况，因为不同的原因，也会发生在城市一些未经
规划的街区里。在那些地方，建筑过于标准化，或者街段过长，或
者除了住宅以外，没有其他的首要用途。

　　尽管如此，住宅的有效密度仍然是城市促进多样性的**一个必
要条件**。同样，对一些人们居住的城区来说，这就是指在一些住
宅区域里要有足够高的住宅密度。如果没有这个条件，促进多样
性产生的其他因素也就不会有什么作用。

　　为什么传统上城市的低住宅密度享有好的名声（却没有事实
依据），而高密度却名声很不好（同样也没有得到确证），原因是高
住宅密度和住宅的过于拥挤这两种情况经常被混淆了。高密度是
指每英亩土地上住宅的数字大，过于拥挤是指在一个住宅里人口
的数量要大大超过房间的数量。人口普查对于"过于拥挤"的定义
是每个房间1.5个人。这与在一块土地上建有的住宅数量没有什么
关系，就像在实际生活里，高密度与过于拥挤没有关系一样。

　　这种高密度与过于拥挤之间的混淆——我将对此做一些简
单的分析，因为它影响对密度作用的正确理解——是我们从花园

城市规划理论中继承过来的另一种混乱概念。花园城市的规划　**205**
者及其追随者研究过一些贫民区，那儿既有高密度的住宅，也有
过于拥挤的住宅，却不能看出这两者的区别，即过于拥挤的因素
与住宅用地的高密度因素之间的区别。当然，无论如何，对这两
种情况他们都不喜欢，并且将它们像火腿与鸡蛋一样配成一对。
因此，直到今天，住宅设计者和规划者在提到这两种情况时用的
是一个词，似乎它们原本就是一回事："高密度拥挤"。

　　给这种混淆乱上添乱的是一种极其恶劣的统计数字，经常被
那些改革者用来支持他们的"神圣"住宅运动——一个单纯的按
每英亩土地上多少人的统计数字。这些常常让人感到惊诧的数
字从来不告诉你每英亩土地上住宅的数量或房间的数量，如果这
是一个针对情况很糟糕的地区的数字——这几乎已成了一个惯
例——从数字揭示的表象来看，背后的问题相当严重，让人觉得
人口密度高得不可思议。但是，也许在一个房间里住有4人，可是
情况并没有想象的那么糟，对这样的事实，这种数字则一概不管。
在波士顿北角区，每英亩住宅土地上有963人，死亡率是每千人
8.8人（1956年数字），肺结核死亡率是每万人0.6人。而在波士顿
南端，每英亩住宅土地上只有361人，但是死亡率是每千人21.6
人，肺结核死亡率是每万人12人。如果就此得出结论说，南端如
此严重的情况说明每英亩住宅土地361人是危险的，应该上升为
1000人，这岂不是荒唐！这里数字反映的情况远比数字本身要复
杂得多。但是，反过来，认为每英亩住宅里拥有1000人是一种悲
惨的境况，而就此得出判断说这个数字表明罪孽，这同样是非常
荒唐的。

　　这种高密度与过于拥挤之间的混淆相当普遍，以至于一位名

声很大的花园城市规划者,雷蒙德·昂温爵士给他的一个小册子取了这样一个题目:《过于拥挤——无利可得》。这本小书与过于拥挤根本没有关系,相反倒是和低密度区实行的车辆禁行办法有关。到了20世纪30年代,因住宅里人多而造成的过于拥挤,与被一些人认定的住宅土地上建筑房屋的"过于拥挤"(例如,城市居住密度和土地覆盖面积) 实际上已经被当成一回事,意思相同,结果也一样。当一些如刘易斯·芒福德和凯瑟琳·鲍厄这样的观察者不可避免地发现,一些非常成功的城市地区都拥有高密度的住宅和高密度的土地占有率,但是住宅或房间里居住的人却并不多时,他们依旧坚持上述逻辑 (芒福德至今如此),即那些幸运地住在这些舒适的、很受欢迎的地方的人其实是住在贫民区里,只不过他们太不敏感,所以并不知晓当然也不表示怨恨这种状况。

单位住宅里的人过于拥挤和住宅的高密度经常是互不相容的。北角区、格林尼治村、里顿豪斯广场以及布鲁克林"高地"在其各自的城市里算是拥有高密度,但除了极少数例外情况,这些地方的住宅本身并不拥挤。波士顿南城、费城北部和贝德福德—斯特伊佛桑特拥有很低的密度,但是其住宅常常是过于拥挤,单位住宅拥有过多的人。如今,相对于高密度地区,我们常常能在低密度地区发现过于拥挤现象。

在我们的城市里经常可见的清除贫民区的行为,同样也无法对付过于拥挤带来的问题。相反,清除贫民区和更新贫民区常常会导致这个问题的发生。当旧的建筑被新的住宅取代时,一个城区的住宅密度通常要比以前的低,因此也比以前的住宅数量少。即使住宅密度与以前的相同或比以前甚至还高一点,但是住进来的人还是要比搬出去的少,因为被迁移出去的常常是处于拥挤状态中的人。结果是过于拥挤的情况在别的一些地方更加严重了，特别是如果被迁移出去的是一些有色人群的话，他们常常很难找到住的地方。所有的城市都会有针对过于拥挤的法律，但那仅仅是纸上谈兵。当城市本身的重建规划促使过于拥挤现象在新的地方发生时，这些法律就成了一纸空文。

在理论上，人们或许可以这么认为，帮助产生城市街区多样性的高密度的人口可以住在密度足够高的住宅区里，也可以住在低密度但过于拥挤的住宅区里。在这两种情况下，人口的数量是一样的。但是在实际生活里，结果是不同的。在足够多的人和足够多的住宅这种情况里（前一种情况），多样性可以产生，人们可以与有着各种混合用途的街区建立一种密切的、忠诚的关系，而不会积蓄起一种内在的破坏性的力量——因每个房间人太多而造成的住宅里面过于拥挤——这种力量会起反作用。在这种情况下（足够多的人和足够多的住宅），多样性及其吸引力与可接受的生活条件密不可分；所以很多有更多选择的人都倾向于待在这里。

在我们的国家里，住宅或房子里过于拥挤，几乎总是贫穷或受到歧视的征兆，而且也是很多让人愤怒和沮丧的，成为穷人或住宅区歧视受害者或两者皆是的可能性中的一种（但仅仅是一种）。事实上，低密度区的过于拥挤也许会比高密度区的过于拥挤更加压抑、更加具有破坏性，因为在低密度区很少有公共生活可以用来消遣娱乐和逃避，或者在政治上向非正义和缺少权利做斗争的手段。

每个人都憎恨过于拥挤，那些不得不对此忍耐的人更是对其恨之入骨。几乎没有一个人会是自己选择过于拥挤的状况，但是

207

人们确实会自愿选择住在高密度的街区里。过于拥挤的街区,不管是低密度还是高密度,常常是一些问题滞留的街区;这些地方曾经并不拥挤,居住在这里的人也都是能够拥有很多选择的人。但这些人后来都离开了。那些很长时间以来或几代人以来一直都能保持非拥挤状态的街区,都是一些能够自行解决问题的街区,而且能够留住和吸引住在那儿的居民,特别是那些拥有选择的人,促使他们与街区建立起一种忠诚的关系。那些包围着我们的城市的成片低密度灰色地带、那些正在走向衰败和经历被抛弃的过程,或正在经历衰落和过于拥挤的过程的灰色地带,是大城市发出的一个重要信号,它表明了在**低**密度区发生的典型的失败现象。

城市住宅区的合适的密度应该是什么?

对这个问题的回答,有点类似于林肯对他自己提出的问题的回答,"一个人的腿应该有多长?"长到能够够着地,林肯回答说。

就是这样,合适的城市住宅区密度是一个根据实际情况判断
208 的问题。不能根据一些抽象的数据来得出密度是多少,即根据土地的数量来测算理想状况下应该配有多少人(这就像是生活在一个想象的一切皆是安排顺当的社会里)。

如果密度不是有助于而是阻碍城市的多样性,那么这样的密度不是过高就是过低。这种实际表现中的缺陷,也决定了**为什么**是过低或过高。我们看待密度,就应该像看待卡路里和维生素一样。实际情况是多少就应该是多少。在不同的情况下,合适的尺度也是不同的。

让我们先从低密度这头说起,看看为什么在一个地方,实际

情况很不错的密度在另一个地方却很糟糕。

很低的密度，如每英亩土地上6幢或少于6幢住宅，在郊区可以算是很合适。在这种情况下，这种平均密度下的单位地块面积为70英尺×100英尺或更大。当然，有些郊区的密度要高一点；如果每英亩10幢住宅的建筑用地，其单位地块面积低于50英尺×90英尺，对住在郊区的人来说，当然应该是很拥挤的，但是只要规划地址选得好，再加上好的设计和真正的郊区位置，这样的区域可以成为郊区，或者相当于郊区的地方。

每英亩10—20幢住宅可以算是半郊区特征的[1]，在一块方方正正的地皮上房屋与房屋间要么分得很开，或者就是两个家庭合在一起的房子，要么就是面积很大的联体房，但院子或草地相对就要小一点。这样的设计尽管单调，但还是可以接受，也是比较安全的。如果离城市生活较远的话，比如，在大城市的边缘地带外面，这些地方不可能会有城市的活跃生活或公共生活——它们的人口太稀疏了——也不会对维护城市的人行道安全有什么帮助。但是，它们也许没有必要这么做。

可是，从长远来看，围绕着城市的这种低密度区域会产生很多危机，最终成为灰色地带。当城市持续发展时，原本能够使得这些半郊区地域还有点吸引力的特征消失了。当这些区域被纳入城市，成为城市的一部分时，它们原有的靠近真正的郊区或乡村的优势消失了。但更为严重的是，在这种状况下，很多人在经济或社会方面都将不适应各自的生活，于是这些区域将失去这些人的支持，而且这些地方还将失去原有的远离一些城市特有问题

209

1　严格的花园城市规划最好的理想曾经就是这个数字：每英亩12幢住宅。

的优势。一方面，这些地区被吸纳进城市并卷入它的常见问题中；另一方面，它们并不拥有与这些城市问题进行斗争的活力和力量。

简而言之，每英亩12幢或更少的住宅密度是正常的；只要这些地方的住宅和街区不会完全成为大城市的一部分，那么这样的密度还是有充分理由的。

如果高于这样的半郊区密度，就很难避免陷入城市的现实生活中，而且这种情况很快就会发生。

在一些城市里（那些地方不具备地方自治能力——也许你还记得这一点），每英亩20幢或更高的住宅密度则意味着，很多在距离上住得很近的人互相间却并不认识，而且将永远成为陌生人。不仅如此，从外面来的陌生人会发现进入这个地域很容易，因为旁边的街区也有同样高甚至更高的密度（于是街区安全就会成为问题）。

一旦半郊区密度被超过，或郊区的位置被纳入城市范围，那么忽然间，一个完全不同的社区就会产生——这个社区面临的是不一样的情形，需要的是不同的处理方式，它缺乏一种类型的资源，但是拥有另一种潜在的资源。从这个角度来看，这样的城市社区需要的是城市的活力和城市的多样性。

但不幸的是，一些地方住宅密度很高，带来不少内在的问题，但同时这样的高密度却并不能必然地在生发城市的活力、安全、方便和吸引力方面起到应有的作用。此外，在半郊区特征和城市功能消失的地带与多样性活跃和公共生活能够产生的地带之间，存在着一个处于大城市不同密度之间的地域，我称之为"间于"(in-between) 密度地带。这些地方既不适合于郊区生活也不适合于城市生活。总的来说，它们什么也不适合，只适合制造麻烦。

这些"间于"密度地带会向城内延伸，一直到真正的城市生活涌现以及有利条件开始起作用的地域。这样的地域应该在什么地方，每个城市都各不相同。即使在同一个城市里，也不相同，视情况而定，要根据住宅能从其他的首要用途，或从来自区域外面的受到这里的活力或特殊性吸引的使用者中得到多少帮助而定。

210

像费城的里顿豪斯广场和旧金山的北滩—电报山地区这样的行政区（它们都很幸运，拥有众多的混合用途和各种能吸引外来者的地方），可以拥有差不多每英亩100住宅单元的密度，这个水平明显可以维持街区的活力。另一方面，在布鲁克林"高地"地区，这个密度显然是不够的。在那儿，如果平均密度在100以下，活力程度就会下降。[1]

我只发现一个仍然拥有活力的城区，那儿的密度在100以下，这就是芝加哥的"后院区"。这个地区能够成为一个例外，是因为政治的原因使它得到了一般情况下只给予高密度城区的利益。这个"间于"密度地带拥有足够多的人，会因此在大城市有相应的分量，因为其能发挥功用的区域范围可以延伸到很远，在距离上要比其他地区能达到的更远（并非就名义上的管辖范围而

1　一些规划理论家一边呼吁要促进城市的变化和活力程度，一边却规定了"间于"密度的标准。如，在1960—1961年冬天的《景观》杂志上，刘易斯·芒福德这么写道："现在，城市的一个巨大作用是……允许，实际上更应该是鼓励和激发最大可能的人与人之间、阶层与阶层之间、组织与组织之间的会面、碰头和挑战，就像我们常说的那样，提供一个舞台，社会生活这台大戏可以在这里演出，演员可以当观众，观众可以当演员。"但是，在下一个段落里，他严厉斥责那些拥有每英亩位于200—500人（黑体为我所强调的内容）之间的密度的地方，并且建议"那些将允许公园和花园成为整个设计不可分割的一部分的住宅区，其密度不要高于100人，或至多在一些没有孩子的居住区域里，每英亩125人"。每英亩100人就是指每英亩的住宅单元在25—50人之间。像这样的城市性和"间于"密度只有在理论上才能结合在一起；实际上它们是不能相匹配的，因为生发城市多样性的经济机制不同。

言）；该区使用了极大的技巧和手段来发挥这个政治影响力，以得到它们所需要的东西。但是，即使像后院区这样的城区也免不了会出现这样一些可能：视觉单调，空间狭小，日常生活不方便，以及对任何看起来面相古怪的陌生人的恐惧，这种情况尤其在"间于"密度地带经常出现。后院区正在提高其密度，以跟上这个城区的人口的自然增长。这样逐步提高密度，就像这儿正在做的那样，根本不是削弱这个城区的经济和社会资源。相反，是加强经济和增加社会资源。

211

对于"'间于'密度地带止于何地"这样的问题，一个有用的答案是：当土地全部用于住宅的城区的密度达到一定程度，能使其首要用途的多样性帮助生发第二类城市多样性和活力，那么"间于"密度就在这儿消失了。但是，在一个地区达到这种程度的密度数，可能在另一个地区会显得很低。

与其在数字上找答案，不如在功能上找答案（不幸的是，这样的数字答案甚至还可能会让那些教条主义者对来自生活的更加实际的、更加细致的报告置若罔闻）。但是，根据我的判断，从数字上讲，要达到消除"间于"密度的程度，应该在每英亩100幢住宅左右，同时具备**所有其他方面的适于**产生多样性的条件。一般情况下，我认为每英亩100幢住宅的密度还是太低了。

现在我们可以假定解决了制造麻烦的"间于"密度地带的问题，让我们回到"城市密度的可行性"这个题目上来。城市住宅密度究竟"应该"达到多高？能够达到多高？

显然，如果我们面对的客体是活生生的城市生活，那么住宅密度就应该高到能够最大限度地促进所在城区潜在多样性的需要。城区和城市人口都拥有创造充满活力和吸引力的城市的潜力，为什么要浪费这种潜力呢？

但是，接下来的问题是，如果密度高到开始压抑而不是激发多样性的程度（不管是什么原因造成的），那就是过高了。这样的情况确实会发生，因此，我们需要确定到底高到什么程度是过高。

当密度过高时，住宅密度会开始压抑多样性的产生，理由如下：有些时候，为了能让一个住宅区拥有很多住宅，规划者们就会起用建筑的标准化。发生这种情况是致命的，因为建筑年代和样式的多样化与人口、企业（商业）和景致的多样性有着直接而明确的联系。

城市里各种各样的建筑（不管是旧的还是新的）之间，从增加 212
同一地面上的住宅的数量上说，有些总不如另一些更加有效。在某一个数平方英尺的地面上，一幢三层楼的建筑肯定要比一幢五层楼的建筑拥有的住宅少；而一幢五层楼的要比十层楼的要少。如果这个数字一直往上升，那在一块给定的住宅用地上的住宅数量会是惊人的——就像勒·柯布西耶设计的公园中的摩天大楼群所表明的那样。

但是，在一块面积固定的土地上叠加住宅的过程并不会带来什么有效性，而且从来就不曾有过。应该为建筑的各种类型留下存在的空间。按照这个模式，那些住宅效益低的建筑就会被淘汰。在这个意义上，最大的效益或任何接近最大效益的过程等于标准化。

在特定的地方和时间里，只要有技术和资金的条件，一些往一块土地上叠加住宅的特殊方式会取得最佳的效益。比如，在有些地方和有些时候，一些狭窄的三层联体房屋显然是获得城市住宅数量最佳效益的答案。在这些地方，这种类型的房子挤走了其他类型的住宅，但同时也造成了一片单调景象。在另一些地方，一些不带电梯的五层或六层的出租公寓大楼则是效益最好的住宅类型。当曼哈顿的河滨大道建好的时候，十二或十四层带电梯的公寓楼显然就是获得住宅叠加效益最好的答案；就是以这种标准为基准，曼哈顿岛上密度最高的地带才得以形成。

如今，带电梯的公寓成了在建筑用地上叠加住宅最有效的方式。在这种类型的范围内，还有一些效益很高的亚型，如慢速电梯可以达到的最高层，通常是十二层的公寓，还有在使用钢筋混凝土方面能达到最大高度和最大经济效益的建筑 (这样的高度又和起吊机的技术更新联系在一起，每隔几年，建筑高度的数字就会上升。在写作本书时，最高楼层已经达到二十二层)。带电梯

213 的公寓不仅是叠加住宅最有效的方式，在条件不利的情况下，正如一些低收入住宅区的经验告诉我们的那样，这样的方式也许是最危险的方式。当然，在有些情况下，这样的公寓是最好的方式。

电梯公寓导致标准化并不是因为它是电梯公寓的缘故，就像三层楼的房屋导致标准化，并不是房屋本身的缘故。但是，电梯公寓确实会导致标准化，如果整个街区就只有这种模式的建筑——当整个街区只有三层楼房这样一种模式的时候，一种单调的标准化就产生了。

城市街区不能只有一种房屋模样，即使是增加到两种或三种，那也不会是一种好的方式。房屋的种类越多，情况才会越好。一旦建筑类型的种类下降，人口和企业的多样性也会下降或趋向滞缓，而不是增加。

要融合建筑的高密度和多样化不是一件容易的事，但这事必

须得去尝试。反城市（多样性）的规划和划分行为，实际上就是要阻止这种尝试，正如我们会看到的那样。

很受欢迎的高密度城市地区拥有种类繁多的建筑——有时候甚至数量很大。格林尼治村就是这么一个地区。这里的密度在每英亩125—200居住单元，没有那种标准式的建筑。这个范围内的数字包括各种类型的房屋，从一个家庭的住宅房屋、带有套房的房屋、出租公寓以及各种小套房的房屋和公寓房，到各个年代和大小不一的带电梯公寓。

格林尼治村能够如此好地融合高密度与多类型住宅的原因在于，住宅用地（所谓"纯住宅用地"）的大部分都被建筑物覆盖。只有很少部分留为空地，未建有任何建筑。在这里的大部分地方，建筑的覆盖率平均在用地的60%—80%，剩下的20%—40%作为庭院或诸如此类的东西。这是一个很高的覆盖率。**用地本身的使用率如此之高，以至于它可以允许在建筑物里面存在着相当多的"效益不高"的地方**。大部分的房屋并不需要通过叠加来达到高效益，但即使是这样，高密度也达到了。

现在，我们设想一下，只有15%—25%的住宅用地建有房屋，剩下的75%—85%留为空地或没有建筑物，那该是一种什么情况？这个数字就是在公共住宅区项目里经常能见到的数字，这样的规划留下的大片空地在城市生活中很难得到有效控制，会产生很多麻烦，滋生产生问题的空间。较多的空地意味着较少的建筑空间。如果空地翻一番，从40%扩大到80%，建筑用地就会被减少2/3！与前面提到的60%的用地被房屋覆盖相反，现在只剩下20%用来建房了。

如果这么多的用地被留置为空地，那么土地本身的使用就存

214

在"效益不高"的问题,至少从建在这些土地上面的那些叠加型
住宅来看是这样的。在只有20%或25%的用地可以建住宅的地
方,肯定存在着很多的约束。住宅的密度必须要非常低,或者另
外一个情况就是建在这么一小块土地上的房屋里的住宅必须要
一个个叠加在一起以发挥最大效益。在这种情况下,高密度与多
类型的融合是不可能的。带电梯公寓,而且常常是那些高层的电
梯公寓因此不可避免。

在曼哈顿的斯特伊佛桑特镇,住宅区的密度是每英亩125幢
住宅,这样一个密度在格林尼治村应该属于比较低的一类。但
是,在用地覆盖率只有25%(75%留置空地)的斯特伊佛桑特镇,
要安置如此多的住宅,一个结果便是住宅必须严格地按照标准来
建,一排又一排的住宅完全是出于一个模式,全是大型的带电梯
公寓。想象力丰富的建筑师和位置规划师或许能够按照不同的
样式来安排这些住宅房,但是再怎么做也还是表面文章。在用地
覆盖率如此低的地区,即使是天才也难以逾越这个数字的限制,
去引进确实有用的多类型住宅房。

建筑师兼住宅规划专家亨利·惠特尼,曾经在理论上提供了
带电梯建筑与低密度建筑相结合的可能方案,这些建筑都是在用
地覆盖率很低的公共住宅区和受联邦政府资助的重建区里。惠
特尼先生发现,不管怎么安排,要想高于现有的低密度(每英亩40
幢左右)同时又避免标准化,除了一小块作为象征的地方,这根本
就是不可能的——**除非增加用地覆盖率**,也就是说除非空地面积
减小。在低覆盖率的情况下,要达到每英亩100幢住宅,即便是象
征性地表示也很难做到——但是这样的密度很有可能是最小的,
如果要避免那种不受欢迎的"间于"密度的话。

因此,低用地覆盖率——不管是通过什么方式造成的,是当地的划分行为还是联邦政府的法令——与建筑的多样化以及可行的城市密度是处于一种互不相容的状况中。在低覆盖条件下,如果密度高到可以帮助生发城市多样性的时候,同时也很有可能会变得过高,以至于无法**容许**多样性。这就是内在固有的矛盾。

我们可以假设提高用地的覆盖率,但问题是一个街区的密度能够高到何种程度,才不至于让街区成为标准化的牺牲品?这在很大程度上取决于街区已经拥有多少不同类型的建筑,都是什么样的类型。已有的类型为现在新增加的类型(以及将来的类型)提供了一个基础。已经是标准化的街区,不管是三层楼住宅房还是五层出租楼房,现在即使增加一两种新的类型也不会产生多大的变化。在这种情况下,过高的密度就会产生,而且无法遏制。最糟糕的情形是根本就没有以往的基础:空地一片。

要期望许多真正的不同类型的住宅或用作住宅的建筑**在同一时间里**加进来,这是不太可能的。如果认为这是可能的,那只是一厢情愿而已。建筑是有流行风格的。在这些风格后面,存在着经济和技术的因素。此外,这些风格**在任何一个特定的时间里**,会排除城市住宅建筑的其他可能性,除了少数真正不同的可能性以外。

在一些密度太低的城区,可以通过在不同的地点同时增加新的住宅建筑的方式来提高密度,同时增加建筑类型的多样化。简而言之,这样做可以提高密度,增加新的建筑——但必须是逐步进行,而不是忽然间蜂拥而上的行为,也不是与此相反的行为,即在这以后的几十年里不见有任何这样的行动发生。逐步但同时连续地增加密度的过程本身也能够促使类型的变化,由此最终可

216

以达到两者的融合，而同时不受标准化的影响。

　　最高密度能够达到多少，同时又不被标准化，这当然最终是要受到用地的限制，即使是用地的覆盖率很高。在波士顿的北角区，高密度（每英亩平均275个住宅单元）包括相当种类的建筑类型；但是这种融洽的关系部分地是以牺牲用地覆盖率的代价来取得的。在一些建筑的后面，用地覆盖率非常之高，以至于过高了。过去，一些小街段里，在一些房子的后院与前庭之间建起了很多房子。事实上，这些街段里的房子对增加密度没有多少作用，因为它们都很小而且通常也很矮。它们也不碍眼，尽管看上去有点怪，但却很有吸引力。问题是这样的建筑太多了。随着在这个城区增加了几幢带电梯公寓——北角区缺少这类住宅房——街段里的空地应该有所增加，而同时不会降低该区的密度。同时，该区的住宅房的种类也会增加，而不是减少。但这一点却不能做到，如果因为引进了电梯公寓就要实施低覆盖率这种僵化政策的话。

　　在没有普遍一致的标准化的情况下，我认为密度再高也不会高过北角区的每英亩275个住宅单元的密度。对大部分城区来说——那些地方缺少北角区固有的历史上遗留下来的不同类型的房屋——强制实行标准化的警戒线必须要比北角区的密度低得多；我认为大约应该在每英亩200个住宅单元左右。

　　现在让我们再来关注街道的问题。

　　我们知道在高密度区，高用地覆盖率对房屋类型的多样化是一个必然条件。但是，当覆盖率过高，尤其是达到70%时，就会让人不能忍受。特别是当住宅区中间没有了分割作用的街道时，就更让人受不了。高覆盖率再加上长街段，会让人感到很压抑。频繁出现的街道可以在房屋之间留下很多空间,因此可以弥补街道旁边高覆盖率的不足。

城区原本就很需要频繁的街道,因为可以生发多样性。因此,街道与高覆盖率的关系本身就更加强了这种需要。

但很明显,如果街道多了,以街道的形式出现的空敞地就会增加。如果我们再加上一些活跃地区的公园,空敞地就又会增加。此外,如果非住宅建筑与住宅房屋相容得很好(如果混合首要用途多的话,这样的相容肯定就会出现),就会出现类似的效应,即从总量上来说,这个城区的住宅就会相应地减少。

这几种现象的结合——更多的街道,在活跃地区更多的公园,各种非住宅建筑与住宅的融合,再加上住宅建筑本身的多样性——会产生一种与受过高密度和覆盖率困扰的地区完全不同的效应。同样,这样的结合也会产生很多与不受高密度制约的地区完全不同的效应,这些地区由于拥有不少空敞住宅地而减少了过高密度的影响。不管怎么样,这种结合产生的结果与上述两种地区非常之不同,因为这种结合的每一个组成部分不仅仅是解决过高覆盖率的问题,而是以各自不可或缺的方式为一个地区的多样性和活力做出了贡献,由此,从高密度中可以产生一些有益而不仅仅是滞后的因素。

提出城市需要高住宅密度和高住宅用地覆盖率——就像我现在所做的那样,从惯常思维的角度来看,这种观点无异于与吃人的鲨鱼站在同一个立场上。

但是,时代已经不同了。从埃比尼泽·霍华德站在伦敦的贫民区前,得出结论说为了拯救这些人必须抛弃城市生活,一直到现在，时代变了。很多领域的进步（相比之下，城市规划和住宅改革倒真的是奄奄一息），比如在医学、公共卫生和流行病学、营养和劳工立法方面的进步，都深刻地改变了过去曾经与城市的高密度生活密不可分的危险和恶劣条件。

同时，在都市范围内（城市中心地带以及郊区和卫星城镇），人口一直持续在增长，现在已经到了吸纳整个人口增长的97%的程度。

芝加哥大学人口研究中心主任菲利普·M.豪泽说："这种势态还会继续……因为这样大的人口增长代表了我们这个社会从来没有预见过的最有效率的生产者和消费者群体。我们的大都市区域拥有的如此大的规模、密度和集中程度，正是最宝贵的经济资源，尽管对此有些城市规划者持反对态度。"

豪泽博士指出，在1958—1980年间，美国的人口增长将保持在5700万（考虑到1942—1944年间人口出生率下降的因素）到9900万（考虑到出生率会比1958年增长10个百分点）。如果出生率持续保持在1958年的水平，增长幅度将达到8600万。

基本上，这些新增长的人口都会进入都市地区。当然，增长的很大部分将直接来自大城市本身，因为大城市已不再像不久前那样只是吸纳人口，它们现在已成为人口提供者。

新增长的人口可以消化在郊区、半郊区和一些了无生气的新出现的"间于"地带——这些地带从城内缺乏活力和"间于"密度的地带延伸出来。

或者，我们可以充分利用都市地区人口的增长，至少是其中的一部分，开始重建当前一些与城市生活格格不入、在"间于"密度间挣扎的城区——重建的方向是使人口的集中度能够支持拥有活力和自己特性的城市生活，同时与其他的生发多样性的条件相结合。

我们面临的困难已不再是如何将人口集中在都市地区，而不受疾病、恶劣的卫生条件和童工问题的蹂躏。如果现在还是从这个出发点来思考问题，那无疑是落后于时代了。今天我们面临的困难是如何将人口集中在大都市内，而同时避免产生病恹恹、无可救药的街区。

解决的办法不能只是在都市范围内规划一些新的、自给自足的城镇或小城市，这样做只会徒劳无功。我们的大都市早已经拥有很多这样的互不关联的地区，它们**曾经**都是一些相对自给自足、完整的城镇或小城市。但是，一旦这些地方被吸纳进都市复杂的经济区域，卷入形式多样的工作场所、娱乐和购物的各种选择时，它们就会开始在社会层面、文化层面以及经济层面上失去自己的完整性和特性。我们不能同时拥有两套生活方式：20世纪大都市经济生活和19世纪封闭的城镇或小城市生活。

因为我们面对的是大都市和大都市人口这样一个事实，而且城市和人口都会变得更加庞大，因此，我们要做的是如何运用我们的智慧，开创一种真正的城市生活，提高城市的经济实力。否定这样一个事实——我们美国人是城市人，我们生活在城市经济中——是愚蠢的，在否定这个事实的过程中，我们实际上也失去了大都市拥有的真正的乡村地带。在过去的十年间，我们以每天大约3000英亩的速度失去这些地区。

但是，这个世界不是完全由理性来统治的，在我们这个国家里也是如此。那种缺乏理性的教条主义的观念认为，像波士顿北角区这样的高密度地区，尽管很健康，**也必定**是一个贫民区，或**肯**

219

定是一个不好的地方，因为密度高。这样一种缺乏理性分析的教条观念是不会被现代规划者接受的，如果不存在两种完全不同的看待高密度人口问题的方式，如果这两种方式不是在根本上带有很强的感情色彩的话。

集聚在人口集中和密度很高的大城市中的人们，会不由自主地感到生活在恶劣的条件中。这是一种常见的观念：人总是在数量少时才显现出魅力，而在数量很多时则会表现出令人憎恶的一面。从这一观点出发，一个自然而然的逻辑便是，应该通过一切手段使人口的密度减少到最低程度：一个方法是尽可能地稀疏人口，另一个方法便是把目标瞄准郊区的草坪和小城镇的安宁这种假象上。另一个逻辑则是不应该过分强调高密度人口中固有的丰富多彩的一面，相反应该有所收敛，并且把它改造成缺少变化的、符合少量人口的情况，或者干脆就是人口稀疏的情况下常常表现出的那种一体化的模式。按照这样的逻辑，这种混乱的情形——如此众多的人集中在一起——应该尽量得到解决，将人口分流或分散，解决得越体面、越悄无声息越好，就像是在生产鸡蛋的现代农场里对待鸡的方式那样。

在另一方面，集中在城市里的具有一定密度的人口，可以被认为是一个积极的因素。这个观念是基于这么一个信念，即这样的情况是值得的，因为这些人口是巨大的城市活力的源头，而且在一定范围内，他们代表了丰富无比的差异性和可能性，这些差异性中的很多是独一无二和不可预见的，所以更表现出其价值的所在。从这个观念出发，我们就可以得出这么一个推论，城市中大量人口的存在应该作为一个事实得到确确实实的接受，而且应该将这种存在当作一种资源来对待和使用：在需要激活城市生活的地方,提高人口的密度,同时,把目标定在促进街区生活的活跃程度,不仅在经济而且在视觉方面,竭尽全力激发和增加多样性。

一种思想体系,不管怎样试图做到客观,其背后总会有感情色彩和价值观念的支持。现代城市规划和住宅改革一直以来就充满着强烈的感情色彩,表现在对集中的城市人口的冷漠拒绝上,认为它不具有任何价值;这种对集中的城市人口的否定态度导致了规划理论失去生命力和理性。

对于这种建立在感情厌恶基础上的观念,即高密度的城市人口不值一提,无论是对城市设计、规划还是经济或者人口本身而言都不会有任何好处,我的观点再明确不过了:人口的集中是一种资源。我们的任务应是改善城市人的生活,希望他们居住的环境既有密度又有足够的多样性,并以此给他们提供一个发展城市生活的良好机会。

221

十二 有关多样性的一些神话

"混合用途会产生丑陋的视觉,会导致交通阻塞,会招致混乱的后果。"

这样一些无端的恐惧造成了城市与多样性之间的战争。有了这样的信念才有了城市的区划规范,才有了城市重建改造导致活力枯萎、千篇一律这样的现象。这种思想阻碍了促进城市多样性的规划,后者本应该可以提供多样性发展的必要条件,促使其得到自由发展。

城市不同用途之间的互相融合不会陷入混乱。相反,它代表了一种高度发展的复杂的秩序。到这里为止,本书所讲述的都是在表明这种复杂的混合用途的秩序是如何运转的。

建筑以及其他用途间的融合是城区获得成功的必要条件,即使这样,人们还免不了要问:多样性就不会产生丑陋、用途间的冲突和拥挤这样的恶劣状况吗?(尽管这样的问题本身来源于正统规划的宣传。)

这种状况如果存在的话,那多半指的也是那些失败城区的形象,在这些城区,多样性不是太多了,而是太少了。那些城区给人留下的是这样一种景象:破败凌乱、没有人气的住宅区域,偶尔点缀着几个模样寒碜、小本生意的企业；或者是一些低价值的用地，就像废弃的停车场或垃圾场；或者是外表花哨，实际却在拼命挣扎、不敢松懈丝毫的商业。当然，所有这一切都与城市多样性无关。相反，它们代表的正是发生在一些城市街区的枯萎凋零的景象，在这些地方，原本生机勃勃的多样性随着时间的推移要么遭遇失败不再发展，要么干脆走向死亡。它们代表了发生在一些半郊区的境况，那些地方被吸纳进了城市，却不再继续发展，在经济上也与一些成功的城区大相径庭。

欣欣向荣的城市多样性由多种因素组成，包括混合首要用途、频繁出入的街道、各个年代的建筑以及密集的使用者等。这种多样性是不会含有那些规划理论的伪科学在传统上臆测的恶劣情况的。现在我来说说为什么不会有这种情况的发生，为什么这只是有些人的臆想，就像所有的臆想一样，当它们被认为是真理的时候，它们就会干涉、操纵现实。

让我们先来看一看"多样性产生丑陋的外貌"这个观点。任何事情如果做得不好，都会产生丑陋的后果。但这个观点说的并不是此意。它指的是，城市用途的多样性在外表上注定会产生凌乱的结果；同时，它也表明，那些拥有统一用途的地方则肯定在外观上要更好，或者不管怎样，至少看上去更舒服，更经得起审美的检验。

然而问题是，在实际生活中，用途间的一致性或近似会产生审美效果上的很多困惑。

如果用途间的一致性不加任何掩饰地展现出来，那只有一种效果——单调。从表面上看，这种单调或许可以被视为是一种秩序,但那是没有生气的秩序。从审美效果上说,很不幸的是,这种一体化的地方实际上更是表现出深层次上的混乱:一种失去方向感的混乱。在这样到处千篇一律、重复拷贝的地方,任何人走上一会儿就会发现失去了方向,不知道该往哪儿走。南北是一样的,或者,东西是一样的。有时候,甚至东西南北全一个模样;当你身处某些大型住宅区时,就是这种感觉。方向感是需要差异——在不同方向的不同的差异——来维持的。景观完全一致的地方缺少这种自然方向标志,或者即使有的话也很少,因此,这些地方给人一种摸不着方向的感觉。这就是混乱的一种类型。

一般来说,人人都会认为这种形式的单调现象太压抑,不应是人们追求的目标,但那些住宅规划者或大部分头脑单一的房产开发商不是这么想的。

相反,在一些用途统一的地方,我们常常能看到人们在建筑间特意做出一些特别的标志,以示差异和不同。但是,这种人为做出的差异会产生审美效果问题,因为本身应有的差异——那些来自真正的不同用途的差异——在这些建筑及其背景中很缺乏,因此,那些人为做出的区别就会**显得**非常刺眼。

早在1952年,《建筑论坛》的编者道格拉斯·哈斯克尔就惟妙惟肖地描述了一些类似的更突出的例子。他称其为"吸引眼球建筑"。那个时候,在路边的一些商业地带基本上一体化和标准化的企业建筑中,可以发现这样的例子,真的非常"吸引眼球":经营热狗的摊铺被建成热狗的模样,经营冰淇淋的商店被弄成冰淇淋筒的样子。通过出风头般的手法,展现这些店铺的明确无误的一致性,目的是要突出其独特性,以区别于类似的商业街区。哈斯克尔先生指出,这种要显示与众不同(而不是**真的**与众不同) 的动机在一些更加复杂的建筑上也能看到：
古怪的屋顶、古怪的梯子、古怪的颜色、古怪的标志，一切都是那
么古怪。

　　近来，哈斯克尔先生发现类似的爱出风头的迹象也已经开始
在一些被认为尊贵的地域出现。

　　确实如此，在一些办公楼、购物中心、市政中心、飞机场入口
到处可以看到这个现象。哥伦比亚大学建筑学教授尤金·拉斯
金在一篇题为《论变化的本质》的文章中对这个现象做了评论。　224
文章发表在1960年夏季的一期《哥伦比亚大学大型论坛》上。拉
斯金指出，真正的建筑上的变化不应是表现在使用不同的颜色或
结构上。

　　变化可以体现在相对立的形式上吗 (他问道)？ 只要到某个
大型购物中心走一趟就可以回答这个问题 (在我脑子里显现的是
位于纽约维斯特切斯特县的购物中心，别人可以自己任选一个)：
尽管这个地方充斥着各种形状的建筑，长方形的、塔楼形的、圆形
的以及飞旋的楼梯，但最终结果是惊人的一致性，给人的感觉完
全是地狱般的折磨。也许，这些不同的形式会给你一些刺激，却
很痛苦……

　　当我们建设一个地区，比方说一个商业区，在这个地方，所有
的人都是以做生意谋生，或者一个住宅区，所有在那儿的人都要
肩负家庭的使命，或者是一个购物区，所有的人都和金钱以及商
品的交换有关——简而言之，在人们的活动形式只包括一个内
容的地方，建筑不可能会达到令人信服的多样化，不可能体现出
人的活动的多样化的风格。设计者或许会使用各种颜色、结构和

形式，直到殚精竭虑，但依旧不会产生真正的变化。这再一次证
明了一个观点，艺术这种媒介不接受任何谎言，无论谎言编得多
圆滑。

　　街道或街区用途的一体化程度越高，企图突破这种形式，表
现出不同特性的欲望也就越强，但所能做到的也只有一种方式而
已。洛杉矶的威尔榭大道就是这么一个例子；在连绵几英里全是
一片写字楼的单调区域里，可以一次又一次地看到为显示区别而
精心设置的标志，但那只是表面现象的标志而已。

　　在这种单调一致的景观方面，洛杉矶并不是独一无二的。尽
管旧金山对洛杉矶的景观表示了极大的轻蔑，但其在城市外缘地
区新建的形单影只的购物中心和住宅区的景观也完全一致，原因
也基本相同。克利夫兰的尤克理德大道曾经被很多评论者认为
是美国最漂亮的大道之一（在那个时候，那儿基本上是一条郊区
大道，拥有很多宽敞、漂亮的住宅，各个房子带有很大、很漂亮的
花园），但现在受到了批评家理查德·米勒严厉却公正的指责。
225 他在《建筑论坛》上把这条街斥为全美最丑陋、最混乱的城市街
道之一。在被转变成一条城内用的道路的过程中，尤克理德大道
被一体化了：同样，我们看到的是一式的写字楼；同样，有很多表
面文章的区别标志；同样，这些试图显示区别的种种努力造成了
很大的混乱。

　　用途的一体化提出了一个不能规避的审美难题：一体化是要
做到使其外貌保持一致（正如很多地方已经做的那样），换言之，
单调统一，还是要非统一化，追求吸引眼球，但毫无意义且紊乱不
堪的差异（就像有些地方已经表现的那样）？在城市里，这其实是

在对一致化的郊区进行划分时遇到的一个既古老又熟悉的审美问题：划分是应该按照外表一致的要求进行，还是要避免完全统一？如果要避免完全统一，那么应在什么地方划出一条分界线，以示设计上的区别？

在城市地区，如果某个地方在用途和功能上都一体化，那么这本身就会让城市陷入一个左右为难的地步，而且情况要比郊区更加严重，因为城市地区的主要景致都是建筑。要让这些建筑都归于一体化，这实在是太荒唐了，必然不会有什么好结果。

相反，用途的多样化，尽管经常也会出现很糟糕的情况，但会拥有提供真正的不同内容的可能性。这些是能吸引眼球的真正的差异，而不只是一些拙劣的、新奇的表象。

位于四十街和五十九街之间的纽约第五大道的多样化程度非常高，拥有各种大大小小的商店、银行大楼、写字楼、教堂和其他一些机构。这里的差异不仅表现在这些建筑的用途和年代上，也体现在建筑的技术和历史风格上。但是，第五大道并没有给人一种紊乱、零散或者拥挤不堪的感觉。[1]第五大道建筑的差异主要在于内容的不同。这些差异是自然的、合理的。所有的建筑组成了一个整体，但同时却不见丝毫单调的景象。

226

纽约公园大道新写字楼区的标准化程度要比第五大道的高多了。公园大道还拥有一个优势，在其写字楼中，有几幢是现代设计的杰作。[2]但是，用途的一体化或者建筑年代的一致在审美上

---

1 唯一凌乱碍眼的东西是在四十二街东北角的一组广告牌。这些牌子是有意竖在那里的，目的是鼓动过路的人群一起来祈祷（除了雨天以外），与犯罪现象做斗争。这种方式究竟能否产生推动争取社会改革的力量，实在令人怀疑，但它们破坏第五大道的景观的力量是毋庸置疑的。

2 利佛大楼、力格隆、百事可乐和联合碳化物。

给公园大道带来什么帮助了吗？恰恰相反，公园大道的写字楼街段在外表上是一片凌乱，相比于第五大道，建筑的任意性带来的混乱效应要严重得多了，使人产生厌烦的感觉。

很多城市多样性的例子包括了住宅用途，而且也很成功。费城的里顿豪斯、旧金山的电报山、波士顿北角区的一部分都提供了很好的例子。小单位的住宅建筑群样式会很类似甚至相同，但并不一定会出现单调现象，只要在住宅群之间设置一个短小的街段即可，但最好不要很快就重复这种街段。在这种情况下，我们就会把一个住宅群当作一个整体来看，在内容和外观上会把它区别于邻近的住宅或其他建筑。

有时候，用途的多样性与建筑年代的多样性的结合甚至可以帮助一些很长的街段摆脱单调沉闷的坏名声——而同时却并不需要通过刻意表现来达到这个目的，因为存在着真正有内容的差异。位于纽约第五大道和第六大道之间的十一街就是这么一个例子，很多人赞美这条街，说走在上面让人感觉不仅有趣，而且很高贵。在它的南端靠西的地方，有一座十四层的公寓楼、一座教堂、七幢三层楼的住房、一幢五层楼的住房、十三幢四层楼的住房、一座九层的公寓楼、五幢街面房（四层楼的餐馆和酒吧）、一座五层楼的公寓房、一个小葡萄园、一座街面房是饭店的六层公寓楼；在北面，同样是靠西的地方，有一座教堂、一座四层楼的住房（里面有一个托儿所）、一座九层的公寓楼、一座八层的公寓楼、五座四层楼的住房、一座六层楼的居民俱乐部、两幢五层的公寓楼（旁边还是一幢五层楼的住房但年代不同）、一幢九层的公寓楼、纽约社会研究新学院的扩建部分（临街的是一个图书馆，里面的庭院提供了一个公共景观）、一座四层楼的住房、一座五层楼的带有一个临街饭店的公寓住房、一座价格低廉的洗衣清洁房、一座三层楼的公寓住房（带有一个临街的卖糖果和报纸的店铺）。这些都是住宅房，但同时也有至少十个其他的用途。即使是纯粹的住宅建筑本身也体现了很多不同时代的建筑技术和风格，而且很多住宅的样式和价格也都很不同。这样的差异尽管不是很大，但确确实实存在：底层的高度各不相同，门口的设计和与路边的衔接也各不相同。造成这些差异的直接原因就是这些建筑的类型和年代的不同。这些差异形成非常安宁和不虚张声势的效果。

有些城市的建筑样式差异对比要大得多，但同样也可以不用刻意表现或使用其他一些虚假的手法体现出很有意义的视觉差异来——差异对比大是因为它们原有的差异基础就很突出。城市中的大部分标志性建筑和建筑焦点——这些建筑我们需要更多而不是更少——与周围的环境会形成鲜明的差异（这是它们的用途之一），这些差异本身就是体现它们特殊性的因素。这当然就是皮茨所指的意思（参见第八章），他赞成把标志性或壮观的建筑放在城市的基本格局里面，而不是将它们分离出来，与旁边其他一些风格相似的建筑一起形成一个"高雅区"。

同样，我们也不应该在审美上认为那些普通但差异很大的区域有什么不妥。它们也一样可以不用通过刻意追求表面的手法而提供对比产生的快乐、流动和方向感，如一些混杂在住宅中间的工厂车间，与鱼市相邻的厂房建筑和画廊（每次我去买鱼都会感到很开心）；再比如在另外一个地方，一家很有点傲慢的美食店的旁边是一家热闹非凡的酒吧（爱尔兰移民常常到这里来打听工作的事），它们形成鲜明对照，那是一种平和、安宁的对比。

228

就像拉斯金颇具眼光地指出的那样，城市建筑景致中真正的差异能够表明：

> ……人的不同行为的融合。所谓人的不同行为就是指人在做不同的事情，出于不同的理由和不同的目的，而建筑就要反映和表达这种差异性——问题不仅仅是形式，更主要的是内容。作为人而存在以及人的存在应是我们最感兴趣的。建筑就像文学和戏剧一样，是人的差异产生的丰富性才给人的环境带来活力和色彩……
>
> 现在再来看看单调现象带来的危害……我们的城市划分法则中存在的最大误区就是它**允许**整个区域只有一个用途。

在寻求城市视觉秩序的过程中，城市可以有三个可能的选择，其中两个不会提供任何希望，另外一个则是充满希望。城市可以把目标锁定为建立一个视觉效果完全一致的一体化区域，但结果则会是令人沮丧，让人搞不清东南西北。它们也可以把目标定在一个一体化但视觉效果不同的区域，可是得到的结果会是庸俗化和虚假化。或者，它们可以以多样化为追求的目标，表达真正的差异，由此会得到两种结果，再差也不会让人感到无趣，而最好的话则会使人心旷神怡。

如何在视觉上使城市拥有多样性，如何尊重城市的自由，但同时又在视觉上表现出秩序的形式，这是城市面对的一个重要的审美问题。我将在本书的第十九章讨论这个题目。现在我们至少可以得出这个结论：城市多样性并不存在着内在的丑陋的一面。有这种想法完全是一种误解，是最简单化的、不加思考的误解。但是，城市如果缺少多样性，那就注定会一方面导致压抑，另一方面也会导致混乱的感觉。

那么，多样性会不会真的导致交通拥挤？

交通拥挤是由交通工具，而不是由人造成的。

在任何人口稀疏，而不是集中的地方，或者，在任何没有多样性用途的地方，任何一个能招引人来的地点都会发生交通拥挤。像诊所、购物中心或电影院这样的地方都会带来交通的集中——更加严重的是在交通来往多的地方造成阻塞。在这种情况下，任何需要使用这些用途的人都要通过汽车才能达到目的。即使是一所小学也会产生交通拥挤，因为孩子必须要用车辆送到学校去。缺少多层次集中的多样性使人们做任何事情都不得不依靠汽车。道路和停车需要的空间使得一切更加向外发展，导致了车辆更多的使用。

在人口分布得比较分散的地方，这种情况还可以忍受。在人口众多或者持续增加的地方，这种状况就会变得难以忍受，并且对其他有用的价值和方便之处造成破坏。

在很多人口集中和用途多样化的城市地区，人们仍是以步行为主，但在郊区或大部分灰色地带，步行则根本行不通。一个地方的多样性越是丰富多彩而又有条不紊，人们就越会愿意步行。即使是开车或通过公共交通从外面来到多样化的充满活力的地方，他们到达后也会步行。

那么，城市的多样性用途是不是真的会带来毁坏？允许所有的用途都存在是不是会有破坏作用?

要回答这个问题,我们需要分清几种不同的用途——有些用途确实是有害的,而另外一些是在习惯上被认为是有害的,其实并不是。

有一类用途(垃圾场就是其中的一种),对一个城区的便利、吸引力和人口的集中都不会有什么好处;不仅不会带来好处,相反,这些用途还会荒废土地,影响审美景观。二手车车场就属于这一类。另外,一些被废弃的建筑或长期没有使用的建筑也都是这一类型。

很可能,每个人(除了这些场所的主人)都会同意,这一类的用途大煞风景。

但这并不意味着,垃圾场以及诸如此类的事物因此就是城市多样性必然带来的威胁。成功的城区从来就不会有随意散布的垃圾场,但这也并不是这些城区成功的**原因**。恰恰相反,应该说,

230 这些地方找不到乱七八糟的垃圾场,是**因为**它们很成功。

一些不仅占用空间、破坏环境而且经济用途很低的地方,如垃圾场和二手车车场,就像地上的野草,在它们成长的过程中**早已经**乌七八糟,毫无价值可言了。拥有这种场地的地方一般都很少有步行的可能,环境缺乏吸引力,空间也没有高价值的竞争力。它们原本就属于那些灰色地带和日渐萧条的闹市区边缘。在那些地方,多样性和活力如鬼火一般微弱。如果任那些公共住宅及中心商场随意发展,一些使用率很低的地方的状况就会进一步恶化,垃圾场和二手车车场正是在那些地方应运而生的。

垃圾场表现出的问题远比那些凋敝现象的斗士想象的要复杂。如果只是叫喊"把它们清理走! 它们不应该在这儿!"一点

用处也没有。问题是要在一个城区里培育一种经济环境，使土地的使用不仅有利可图，而且合理。如果不能做到这点，土地还不如就让垃圾场占用，毕竟不管怎么样，那也是**一种**用途。唯有这个方法可行，其他任何途径都不可能获得成功，这包括一些公共用途，如公园或学校场地，这些地方陷入了悲惨的境地，原因就是对于一些依靠地区吸引力和周遭环境的活力的其他用途来说，这些地方的经济氛围太差了。简而言之，垃圾场这样的问题不是通过对多样性的恐惧和压抑可以解决的，而是要通过催生和培育针对多样性的适宜经济环境来解决。

规划者和区划者们习惯上认为的有害用途还有另外一类，特别是当这一类用途与住宅区混合在一起时，其危害性就更大。这一类包括酒吧、剧院、诊所、营业场所和生产场所。这一类场所当然是不会有什么危害的；那种认为应该对这些用途严格控制的论调是基于它们在郊区和单调沉闷且有内在危险的灰色地带产生的效应，而不是在活跃的城区的效应。

数目很少，寥若晨星的非住宅用途在灰色地带有害无利，因为灰色地带不具备防范陌生人的能力——或者保护他们的能力。但是，同样，这个问题的存在就是因为多样性太微弱了，包围着它的是无处不在的沉闷和灰暗的气氛。

在丰富的多样性生根开花、到处充满活力的城区，这样的用途不会带来什么危害。相反，它们是必然的积极条件：一方面因为它们对安全、公共交往和交叉使用的直接贡献；另一方面是因为它们对其他多样性提供的支持，那些多样性同时也拥有这样的直接效应。

工作或生产场所对一些人来说也是造成恐惧的根源：烟囱冒

231

着浓烟,垃圾满天飞扬。自然,冒着浓烟的烟囱和满天飞扬的垃圾都会带来危害,但是,这并不是指城市的一些生产强度很高的工厂(这种工厂大部分并不产生这样恶劣的情况)或其他工作场所就必须要与住宅分离。事实上,通过区划土地分类来消除浓烟或废气这种做法本身就很荒唐。流动的气体并不会知道不同区域的边界。只有针对有害气体本身做出的措施才是有的放矢的行为。

对规划者和划分者而言,土地用途中一个最大的禁忌曾是炼胶工厂。"你们想在你们的街区里安置一家炼胶厂吗?"这曾经成了一种诅咒。为什么炼胶厂有这么坏的名声,我不知道,也许炼胶厂会让人联想到死马或死鱼的皮。这样的联想会让任何一个正常人战栗,以至于不敢再想下去。我们家附近曾经有一家炼胶厂,这家工厂在一个很漂亮的小砖楼里面,是这个街段里最干净的地方之一。

如今,炼胶厂被另一种不同的"恐惧"代替了,那就是"太平间",这是一个说明那些可怕的事情是如何渗透进对用途不加控制的街区的最好的例子。但是,太平间(或城市里人们所说的殡葬间)并不会带来什么危害。应该说,在拥有丰富多样性的城市街区,这样的地方并不会让人想到死亡,相比之下,倒是在了无生气的一些街区,阴沉沉的气氛则会使人联想到死亡。奇怪的是,那些提出要对用途进行严格控制的人在坚决抵制"死亡"的同时,也在坚定地反对在城市里四处盛开的生命。

格林尼治村的一个街段通过自己的努力提高了经济价值,增加了吸引力,刚巧,这个地方也拥有一个殡葬间(在本书写作的时候),而且这里已经有很长时间了。它引起人们的反对了吗?很

显然,这件事并没有影响这里的一些家庭把钱投入到他们在街边　232
的联体住宅房屋的整修上,没有阻止一些商人在那里投资建设或
装修更多的房屋,也没有让一些开发商停止建一些高租金的新
公寓。[1]

　　一个世纪以前,当城市改革者们赞成把一些年代很久的小墓
地从波士顿闹市区的教堂里搬走时,"'死亡'应该是城市生活中
不应被提起或不应被人们看到的一部分"这个奇怪的想法在波士
顿就显然遭到了反驳。一位名叫托马斯·布里奇曼的波士顿人
提出这样一个看法:"埋葬死者的地方,就其影响来说,代表着美
德与宗教……它是对愚蠢和罪恶永恒的谴责。"他的观点得到了
很多人的拥护。

　　有关城市殡葬间产生的危害的言论,我所能找到的唯一出处
在理查德·纳尔逊的《零售店位置的选择》一书中。纳尔逊用统
计数字表明,到过殡葬间的人一般来说不会再有买什么东西的念
头。因此,零售店最好不要在殡葬间旁边。

　　在一些大城市的低收入街区里,比如纽约的东哈莱姆,殡葬
间能够,而且经常可以成为一个积极的因素。这是因为有殡葬间
就意味着有一位殡葬人。就像药师、律师、牙医和神职人员一样,
殡葬人在这个街区里也代表着尊严、抱负和智慧这样的品德。他
们通常是一些知名的公共人物,在当地的市民生活中非常活跃。
最后,他们常常也会进入政治领域。

1　很凑巧的是,这个街段在当地被认为是一个很好的住宅街,事实上,住宅房屋是这个地方
　的主要用途,实际如此,从外表上看也一样。但是,不妨看一看,除此以外,夹杂在住宅之
　间的还有什么(本书写作的时候):一个殡葬间,一个地产办公室,两个洗衣房,一家古董商
　店,一个存贷款办公室,三个医生办公室,一个教堂和一个犹太会堂(合在一起),教堂背后
　的一家剧院,一家理发店,一个声乐教室,五家饭店,还有一个有点神秘兮兮的楼房(可能
　是学校,也可能是一家手工艺厂,或一个康复中心)。

正如正统规划理论中的很多东西那样，被一些人认定的这种或那种用途造成的危害在某种程度上得到了接受，但很少有人问这样的问题："为什么会有危害？危害是如何产生的，这种

233　危害到底是什么？"我怀疑有哪一种合法的经济用途（和极少的不合法经济用途）会比缺乏足够的多样性对城区产生更多的危害。没有哪一种城市凋敝现象会比城市街区死气沉沉的凋敝现象更为严重。

在谈过上面几类情况后，我现在要提到最后一类用途。除非能对其安置地点有所控制，否则它们往往会在城市的多样化地带产生很多危害。这一类用途是：停车场，大型或重型卡车维修厂，加油站，大型室外广告[1]，以及某些企业——它们的危害不是因为本身的缘故，而是因为**在某些街道上**，它们的规模不适合这些街道的具体情况。

所有这五个会产生问题的用途都是能带来利益的地方，因此都有能力在活跃的、多样化的城市地区找到它们的位置。但同时，它们常常会成为城市街道的毁坏者。从视觉上说，它们破坏了街道的秩序，而且程度非常严重，以致很难甚至不可能会有什么办法改变这种状况，不管是在街道用途还是在街道外观的改变上。

前四个问题用途造成的视觉效应很容易被发现，而且也容易引起人们的思考。问题的产生主要是因为这些用途本身**种类**的缘故。

但是，第五个问题用途就有点不同，因为问题的原因不是来

1　这种情况经常发生，但不总是发生。如果没有巨型室外广告的话，时报广场会是怎样一种状况？

自它本身的种类，而是规模或大小。在有些街道上，任何一个街面场所，如果规模过大，从视觉上看就会成为街道秩序的破坏者，而从另一方面说，同类的场所，如果规模小，就不会产生任何危害，而且事实上还会成为一种资源。

比如，很多城市的住宅街道，除了拥有住宅外，一些商业和工作场所也夹杂其间，这些场所能够和住宅保持和谐，如果它们所占有的街面不大于一处普通住宅占用的面积的话。在这种情况下，不管是从实际的情形，还是象征的角度来说，这些企业用途可以说是融入了整个街道布局。街道因此拥有完整统一的视觉效果，既有基本的秩序，也有变化。

但是，同样在这样的街道上，如果某个场所非常不和谐地占用了过大的面积，这种突兀的感觉就像是在街上扔下了一颗炸弹，把整条街炸得支离破碎。

234

从通常的城市划分的角度来看，这样的问题与场所的用途本身无关。比如，饭店或小吃店、杂货店、制作柜子的店、印刷店等都能适合于一条街道。但是，同样类型的场所——比如，一家很大的自助餐厅，一家超级市场，一家木制品工厂或印刷厂等——就会带来视觉上的混乱（有时候是听觉上的混乱），因为这些场所的规模不适合于所在的街道。

这样的街道需要一些控制手段来防备过于宽松的多样性可能给它们带来的毁坏。但是，控制并不是对于用途的类型的控制，而是对于占用街面大小的控制。

这是一个在城市里非常明显而且无处不见的问题，任何人都会认为区划理论肯定会包括对这个问题的解决方案。但实际情况是，区划理论连这个问题的存在都没有认识到。就在本书写作的时候,纽约市规划委员会召开了几次会议,讨论关于一个直到最后时刻才形成新的完整的区划方案。一些有兴趣的组织和个人被邀请来研究拟议中的需要归入区划的场所类别,街道将根据这种类别来布局,同时他们还被要求提出建议,哪种类别是值得包括在内的。这个方案包括几十种用途类别,每一个都被仔细认真地做了甄别——但所有的类别都与实际生活中多样化城区的问题用途没有关系。

在这种区划方案背后的理论——不仅仅是细节——还没有经历变革和重新认识的时候,你又能提出什么建议呢? 这种状况也导致了一些市民组织中很多荒唐可笑的关于策略的讨论,如格林尼治村的市民组织。很多很受欢迎和可爱的住宅小街拥有各色各样的小场所。它们的存在是因为它们没有被住宅划分列入在内,否则的话早就算是违反了划分的规则。每个人都喜欢这些小场所的存在,对于这个问题没有任何争议。如果说有争议的话,则是集中于这样一个问题,即什么类别的场所在新的划分方案中最不可能会与实际生活的需要产生冲突,因为包括在这个方案中的每一类场所都会产生不可克服的问题。比如,对划分方案中的街道上的一个商业类别场所的争议:虽然这样的街道可以允许小规模的场所的存在(作为一个资源),但同时它也会允许纯粹是作为一种用途的场所的存在,而不考虑它的规模,比如大型超级市场会被允许进入这些街道,当地的居民非常害怕,把它当作一颗炸弹,因为它会改变街道原有的特性。另一个争议是,建议把住宅作为一种类别归入划分之内,但同时可以让一些小的场所进入街道,但这样就会与划分规则产生冲突。反对把住宅作为一个类别的意见是,也许有人会很认真地对待住宅这个类别,这样的话，反对那种"非统一"的形式各样的小规模的场所的划分规则就会被强制执行。那些心中装有街区利益的正直市民于是在讨论会里绞尽脑汁考虑如何能够想出一个绕过这种困境的方法。

这个不仅是一个亟待解决的难题，而且也是一个现实问题。比如，格林尼治村的一条街，最近就遇到了这样一个问题。这条街上的一个面包房曾经是一家小零售店，现在发展得很红火，成为一个很有实力的批发商，它申请免除区划规定的限制，以进一步扩展地盘（占有其隔壁的曾是洗衣店的店铺）。这条按照划分应属于"住宅街"的街道近来正在自我升级，很多对街道抱着一份日益增长的自豪和关心的业主以及租户决定反对面包房的要求。但是他们的诉讼输了。这并不奇怪，因为他们要打的这个官司本身就很模糊。这场斗争的一些领头者，他们自己拥有房产，或小规模的非住宅用途的街面场所，他们本身就有着和面包房同样的要求。但是，另一方面，这个地方能够产生吸引力，住宅的价值能够提高，不是因为那些大规模的场所，而恰恰是因为那些小规模的非住宅用途的场所——这些场所的数量一直在增加，包括一个地产办公室、一家小型出版公司、一家书店、一家饭店、一家画框店、一家制作柜子的店、一家销售旧海报和印刷品的店、一家糖果店、一家咖啡屋、一家洗衣店、两家杂货店和一家小型实验剧院。它们是这条街上受欢迎的东西，这条街上的人很清楚，因为是它们使这里有意义而且安全。

236

我问这场反对面包房的斗争的一个领头人，他也是这条街上一所整修过的住宅的主要拥有者，依他来看，哪一个选择对他的住宅的价值产生更大的危害：是把街上的非住宅用途的场所一点一点全消除掉，还是面包房的扩展？他回答说第一个选择会更具破坏力,但他紧接着说:"这样的非此即彼的问题,难道本身不就很荒唐吗?"

的确很荒唐。按照流行的划分理论,像这样的一条街是一个什么也不属于的"四不像"。即使从商业划分的角度来说,它也是一个让人不知所措的麻烦问题。随着城市的商业划分变得越来越"进步"(也就是说越来越模仿郊区的情形),它也开始强调"小地方的便利店"和"地区商业"之间的区别。上面谈到的纽约最新的划分方案就包括这样的内容。但是,诸如出现面包房事件的这样的街道又怎么来归类呢?它拥有最纯粹的为本地提供便利的商店(如洗衣店和糖果店),也有在整个城区范围内名声很大的店(如柜子制作店、画框店和咖啡屋),更有在整个城市有影响的场所(如剧院、画廊、旧海报店)。这样的混合用途是独具特色的,但这种情况本身体现的不能归类的多样性的形式不是独一无二的。所有充满活力和惊奇的城市多样性地区与郊区都处在两个完全不同的世界里。

当然,并不是说所有城市街道都需要按街面场所的规模进行划分。很多街道,特别是一些以大型建筑为主的街道,不管是住宅用途还是其他用途,或两者都有,能够容纳占有很大街面面积的企业,同时还能与旁边的小型场所相处和谐,而且不会显得突兀、支离破碎或鹤立鸡群。第五大道就拥有这样的大规模的和小型的场所的融合。但是,对于那些需要按规模划分的街道来说,这一点就非常重要,这不仅仅是为了它们本身的原因,而是因为拥有一个完整特色的街道本身就会给城市的景致增加一份多样性。

拉斯金在他关于变化和差异的文章中指出,城市划分的一个最大误区便是它**容许**了单调现象的产生。我认为这个观点是正确的。也许，另一个重要的误区是，它无视用途的**规模**（在规模会成为问题的地方），或者说是与用途的**类别**相混淆，而这一方面导致街道的视觉性紊乱（有时候是功能性紊乱），另一方面则会对用途类别的大小或效应不加区别，一视同仁。由此，多样性非但没有得到起码的有限表现，某些地方反而遭到了压抑。

需要指出的是，多样性蓬勃发展的城市地区会冒出一些奇怪的和不可预测的用途和别样的景致。但这不是多样性的不足之处，而是它的一部分。这种情况的发生与城市的使命是不谋而合的。

哈佛大学的神学教授保罗·J.蒂利希这么写道：

> 从城市的本质来说，大都市应该提供人们只有在旅行中才能得到的东西，那就是新奇。因为新奇会导致提问，并且打破已有的观念，因此它也会将我们的理解力提升到相当的高度……没有什么比那些集权当局千方百计不让他们的人民看到新奇的东西更能说明它的重要……大城市被切割成一小块、一小块，每一块都被监管、纯化和一体化。新奇带来的神秘感和人们的批判理性精神一同被清除出城市。

这样的思想为很多赞赏城市、喜爱城市的人所熟悉，尽管他们的表达方式相比之下要更为温和一些。《纽约名胜和玩乐》一书的作者凯特·西蒙说的也是同样的意思，她这样建议："带孩子到葛兰饭店……他们会碰上一些人,这些人喜欢的东西,孩子们也许从来没有在别的地方见到过,而且也许一生都不会忘记。"

一些城市导游手册重点突出某些新发现点、新奇地方和特色场所,这其实就是对蒂利希教授思想的最好阐释。因为只有当所有人都是城市的创造者时,城市才有可能为所有人都提供一些东西。

第三部分
衰退和更新的势力

十三　多样性的自我毁灭

到现在为止我的分析和结论可以总结为这么一句话：在我们美国的城市里，我们需要各种各样的多样性，各种互为联系、互相支持、错综复杂的多样性。我们需要这样的多样性，城市生活由此可以进入良性和建设性运转，城市中的人也因此可以保持（并进而推进）社会和文明的进程。公共和半公共组织应负责组织有助于城市多样性的事业——比如，公园、博物馆、学校、大部分的礼堂、医院、一些写字楼和住宅。但是，大多数城市多样性是由无数不同的人和不同的私有机构创造的，他们拥有众多不同的思想和目的，可以在公共行为的正式框架外面进行规划和构想。就公共政策和行为而言，城市规划和设计的主要责任是使城市发展成为一个适宜于这些非官方构想和行为充分发展的地方，使其能够和公共事业一同展翅飞翔。城区将在经济和社会层面成为适宜于多样性拓展自己和发挥最大潜能的地方，如果这些城区较好地结合了基本的用途、众多的街道、年代不一而布局合理的建筑和高度集中的人口的话。

在接下来的关于衰退和更新的几章里，我将着重讨论在一个地区缺乏生发多样性的四个必要条件中的一个或更多的情况下，

将会影响城市多样性和活力的几股强大势力,这种影响可能有利
也可能有弊。

产生不利影响的几股势力:城市里极其成功的多样性的自
我毁灭倾向;让城市中许许多多个别的因素(很多是必需的或
者可取的因素)产生滞缓影响的倾向;人口的不稳定阻碍多样
性发展的倾向;以及公共资金和私人资金阻止或扼杀发展和变
化的倾向。

需要指出的是,这些势力是互相关联的;城市变化中的所有
因素都与其他因素互为关联,但是,还是有可能就各个因素本身
加以考察,并且还会非常有用。认识并理解这些因素的目的是为
了与其斗争,或说得更好一点,是将其转化为积极的因素。除了
影响多样性本身的发展,这几种势力有时还会对生成多样性的基
本条件的引进产生影响,使容易的变成困难,困难的更加困难。
如果对这些势力不加关注,即使是最好的把生发活力作为目标的
规划也会陷入举步维艰的境地。

在这几种强大的势力中,第一种是城市里极其成功的多样性
的自我毁灭倾向——其原因纯粹就是太成功。在本章里,我将讨
论多样性的自我毁灭,除了其他的一些问题外,这股势力的一个
表现就是导致城市的闹市区时刻不停地改变中心位置,永远处在
迁移的状态中。这种势力造成的一个后果是制造很多"曾有"
(曾经存在,现在已不复存在)的地区,以及城市内的停滞和衰败。

多样性的自我毁灭可以发生在街道,在拥有活力的一些小地
方,在几条街道组成的区域里(街道群),也可以在整个城区里。
242 后一种情况最为严重。

　　不管自我毁灭会表现出哪种形式，从大的方面来说，下面描述的就是其发生的情景：城市中一个拥有混合用途的地方多样性发展得非常成功，成为一个极其受欢迎的地方。正因为这个地方很成功，而且多样性发展趋势日新月异，吸引力与日俱增，因此，争夺空间的激烈竞争在这里开始了。就像别的领域里的一阵风现象，这是在经济领域里刮起的一阵风现象。

　　这种争夺空间的竞争的胜利者代表的只是一小部分用途，而这个地方的成功是由大部分用途一起创造的。在这里最有盈利的用途，不管是哪一类的或哪几类的，都会被模仿、重复，造成的后果便是挤对那些盈利不如它们的用途形式，给其增加很大压力。如果受到这个地方的活力、积极的气氛和提供的方便等条件的吸引，大批的人来到这里居住和工作，同样，这种竞争也只是局限在人口中的一小部分。如此多的人要进来，那些已经进来的或留下来的就会因为费用的问题而被分流出去。

　　零售业利润方面的竞争最容易对街道产生影响。而针对工作或生活空间方面的竞争则最容易对街道群或整个城区产生影响。

　　因此，在这个过程中一个或几个"技压群芳"的用途最后凸显出来，成为胜利者。但是这种胜利并没有多大意义。一种在经济和社会层面互为支持的最错综复杂、最成功的机制在这个过程中被毁灭了。

　　从这时起，除了那些从这个过程中获益的胜利者外，其他一些人会逐渐舍弃这个地方——因为他们已无目的可求。无论从功能上或视觉上，这个地方都会变得越来越萧条、单调。因人流在日间分布不合理而产生的各种经济上的弱点都会在这里发生。

即使是一些适合于那些"胜利者"用途的条件也会开始走下坡路，原来适合曼哈顿闹市区一些管理人员用的写字楼的条件现在正处于越来越糟的过程中，就是因为这个原因。最后，曾经是辉煌一时，各家必争之地的区域如流星陨落一样，不再灿烂，变得边缘化。

243　　在我们的城市里有很多这样的街道，它们曾经兴盛，却日趋衰败。而另一些则正在经历这样一个过程。我现在住的街区附近的第八大街就是这样的一个例子。这条街是格林尼治村的一条主要商业街。三十五年前，这条街还根本没有成形。那个时候，那儿的一个主要业主之一，查尔斯·艾布拉姆斯（他恰好也是出色的开明的规划和住宅专家）在街上建了一家很小的夜总会和一家影剧院，这在当时是很不寻常的（一个看电影用的狭窄的礼堂和一个咖啡吧在一起造成一种亲昵的气氛，这种形式后来被广泛模仿）。事实证明，这样的一些营业场所很受欢迎。它们在晚上和周末吸引了很多人来到这里，除了日间在这里经过的人群以外，创造了一个人群流动的新时间段。正因为这样，它们带动了一些便利店和其他特色经营的发展。后者又吸引了更多的人在白天和晚间来到这里。如前所述，像这样的拥有两个时间段人群活动的街道从经济上讲最适合饭店的发展。第八大街的历史证明了这点。饭店业在这里很兴盛，而且种类也不少。

　　在第八大街的所有营业场所中，饭店成为每平方英尺空间中挣钱最多的地方。自然，饭店越来越成为第八大街的主业。与此同时，在第五大道的一个拐角处，一种由俱乐部、画廊和小写字楼组成的多样性正遭遇一些租价很高、单调而毫无特色的公寓的淘汰。在这个过程中，唯一与众不同的就是艾布拉姆斯本人。大部分人要么想不到正在发生的事情会产生什么结果，要么只会担忧眼前的良好态势会受到影响。而唯有艾布拉姆斯与众不同，他进行了认真的观察，尽管心情有点忧郁，他看着那些书店、画廊、俱乐部、手工业人以及那些普通商店一个个被挤了出去。同时他也看到，一些新的想法在其他街上冒了出来，但进到第八大街的却越来越少。他可以看出这个趋势正在给那些街道带去活力和多样性，而同时第八大街却正在慢慢地、一步步地走向多样性的反面。按照这种趋势，这条街最终会失去人们的青睐。为了他自己在这条街的主要区域里的产业利益，艾布拉姆斯决定主动出去寻找一些租户，他们或许会做一些与饭店不同的经营。但是，他发现这件事很难，因为面对着生意正红火的饭店业，那些人都要掂量再三。很显然，这种情况会增加他们的商业风险。简而言之，第八大街的多样性及其长远的成功面临的最大危险就是现在它正在享受着的成功。

　　另一条邻近的街道，第三大街，也面临着同样的困境，而且程度更甚。这条街的几个街段一直以来很受旅游者的欢迎，那些很有波希米亚情调的咖啡屋首先把旅游者吸引了过来，然后是街区里的酒吧，尤其是那些烛光夜总会更是大受人们的青睐，而所有这些又与这个城区的商店以及居民意大利风格的艺术化生活相容无间。大约是在十五年前，晚间来访者是这个地区一个重要的多样性促进因素。他们给这个地区带来了活力，同时他们本身也成为一个吸引点。今天，这个地方到处都是晚间人群聚集的场所，而且也成了压倒一切的生活方式。这个地方曾经非常善于迎接和保护陌生人，但现在它们招来的陌生人太多了，而且很多人的行为方式太不负责，即使是再好的城市社区也无法以正常的方

244

式应对他们。就像在城市中经常发生的,对一种单一用途的无限制的模仿产生的后果一样,对这种盈利很好的用途的模仿和重复,正在消解其本身的吸引力。

我们都习惯于把街道划分为某几个功能化的用途——诸如娱乐、写字楼、居住和购物。确实,很多街道于是就确定了这种形式,但这要看它们是否能保持成功。比如,有些街道第二类用途如服装店利润非常好,以致整条街几乎都是服装的天下,但是随着一些头脑里想着其他第二类用途的人逐渐舍弃这个地方,这条街就会开始它的衰落。如果这样的街还拥有长街段,那么它就会进一步影响街道的交叉使用功能,同时,使用者的分流和由此产生的停滞现象则会更加严重。如果这样的街道属于总体上说只有一个主要用途的城区——比如工作场所——那么改善现状的希望就非常渺茫。

这种多样性自我毁灭的现象可以发生在街道的一个区域,也可以发生在活动既多又非常成功的街道的某个交叉口上。过程是一样的。举个例子来说,费城的切斯特纳特和布劳德大街的交叉口就是这么一种情形,几年以前这块小地方是切斯特纳特街道上最繁华的地方,这儿有购物的场所,还有其他各种各样活动的场所。这个交叉口被地产商们称为"一个百分之百物有所值的地方"。它受到了很多人的青睐。一家银行占有了这个地方的一个角落。后来又来了三家银行,占据了其他三个角落,显然也是冲着"百分之百物有所值"而来。但是,从那以后,这个地方就不再是"百分之百物有所值"。今天这个交叉口成了切斯特纳特街的一个死角,不见了多样性和其他活动——它们已经离开这里,移到别处去了。

245

　　这些银行犯了我认识的一个家庭曾经犯过的同样的错误。这个家庭在乡村买了一块地，准备在那里盖座房子。但是在以后的很多年里，他们缺少足够的钱来建房子。因此，他们就常常到这个地方来看一看，在一个圆丘上野餐，这个圆丘是这个地方风光最好的地点。他们非常喜欢这个地点，想象他们长久住在这里的情形，以致他们最后决定就把房子盖在这个圆丘上面。可是等到他们可以建房子时，圆丘不见了。他们怎么也不会想到是他们自己毁掉了这个地点。

　　街道（尤其是街段短的街道）有时候可以经受住对一些成功用途的过多的模仿和重复行为，或者说在经历了一段时间的衰败和停滞以后，还有能力自动地更新自己。这样的恢复是可能的，如果周围城区拥有强盛的各色多样性——尤其是一个很强的首要多样性的基础的话。

　　但是，如果所有的街区，或者是整个城区都对名声最响、利润最好的用途进行过分的模仿，那么问题就麻烦了。

　　在很多城市闹市区都能见到这样的灾难性的例子。波士顿闹市区有很多个历史上的中心区，一个接一个地连在一起。就像考古挖掘层一样，这些地方的用途也被划分成一个一个"层区"，每一"层"都缺少首要混合用途，每一"层"都处于停滞的状态中。专门分析闹市区用途的波士顿规划委员会用不同颜色在地图上把这些"层"标示出来。一种颜色表示一种功能，如管理人员和金融工作人员办公室、政府部门、购物、娱乐等。从地图上看，这些地方不同的颜色组成了一连串的呆滞地区。在另一方面，在闹市区一个尽端，"后湾区"在那里的一个拐角处与

246

公共花园的一个拐角处相交,这块地方在地图上被标以红条和黄条,表明与其他地方的不同。这个地方没有什么特点,只能用红条和黄条表示"混合"的意思。就是这样一个地方现在成了波士顿唯一还处在变化和发展过程中的区域,像一个活跃的城市区域。

人们通常认为,像波士顿这样的曾经是城市中心的闹市区街区的衰变是中心迁移造成的,是中心迁移到别处造成了这样的情形。但事实并非如此。是过度的重复和模仿造成了中心的迁移。过度模仿和复制成功的用途,其结果便是多样性的瓦解。一些新的主意选择了次好的位置,除非在刚一开始时它们就得到相当有力的金融支持,或者它们很快就获得了成功(而这种情况则很少发生);这样,次好的地方取代了最好的地方,但是在兴旺了一段时间后,最后这个地方也因为自我重复而走向了灭亡。

在纽约,闹市区的分化早在19世纪80年代就被记录在当时的一首打油诗里了:

> 第八大街往下,男人们在挣钱养家。
> 第八大街往上,女人们在花钱找乐。
> 这个城市就是这副模样,这副模样。
> 第八大街往上,第八大街往下。

薇拉·凯瑟在《我的死敌》一书中描写过麦迪逊广场,那时这个地方正成为多样性集中的中心。她这样写道:"麦迪逊广场那时正在走向分裂,表现出双重品性,一半是商业化,另一半是社会化,南边是商店,北边是住宅。"

　　凯瑟小姐非常准确地指出了这种双重品性的特征,这种特性
标志着一个成功的中心地带走向其顶峰的开始。但是,它并不代
表"走向分裂",而是不同方面的融合和集中。

　　麦迪逊广场曾经是一个有着壮观的写字楼和很多商业场所
的城区,在顶峰时期还拥有一个广场花园(现在被一个写字楼取
代),与那时相比,现在的麦迪逊广场冷冷清清,早已失去中心地
带的位置。自那以后,纽约市还从没拥有过这样落落大方、充满
魅力的集会广场,因为自那以后,在纽约市广受欢迎的,有着很好
的混合用途,而且地价昂贵的中心,就一直不曾出现过这样的集
会广场。

　　麦迪逊广场长时期的衰落和最终的失势,当然不是一个孤立
的事件。它是整个大趋势的一部分,它的组成内容来自一波又一
波的经济压力,目标当然是有着良好混合用途的地区。这种压力
的规模远比表现出的要大,这种为争夺空间而形成的竞争压力,
一次又一次将多样性挤对出纽约曼哈顿下城的中心地带,并且在
下城的上半部分把多样性搅个乱七八糟;造成的结果便是中心的
迁移,留下的是一个不可救药的城区。

　　在留下一堆堆过多的重复以外,迁移走的中心往往还会留下
一块块什么也没有的地方,这些地方遭到最为集中的各种新的多
样性的遗弃,或者说是特意避开。由此形成的一个结果是,这些
地方很可能会长期处于这种状态中,因为周围那些混乱的地区在
日间提供的人流非常可怜。这儿有空间,却没有东西来激活它的
用途。

　　很显然,这种因过度重复而造成的城区多样性的自我毁灭
也发生在伦敦。1959年在英国的一份《城镇规划研究所学报》

247

期刊上，刊载了一篇揭示伦敦中心区规划问题的文章。它这么写道：

> 多样性从中心区离开已经有很多年了（主要是银行和金融中心）。在那儿，日间熙熙攘攘的人群与晚间区区五千人形成鲜明的对照。在中心区发生的情形也在西城发生。那些在西城拥有办公室的人引以为豪的是，对他们的主顾和顾客来说，他们可以提供旅馆、俱乐部、饭店这样的设施，对他们的雇员来说，有商店和公园。但是，如果这种情形继续下去的话，优势会被一个一个地吞噬掉，西城将会成为一片由办公室街段组成的枯燥无味的海洋。

在美国的城市里，极其成功的住宅区少得可怜；大部分的城市住宅区从来就没有拥有过生发多样性的四个基本条件。因此，在成功度突出的地区发生自我毁灭的例子通常都会是在闹市区看到。但是，那些有能力生发多样性和活力，并且变得非常成功的地区，最终也逃脱不出被那些自我毁灭的势力控制的命运，就像在闹市区发生的情形一样。情况往往是这样发生的：很多人都想住到有利可图的地方，有些人即便是要掏很多钱也要往那儿挤，结果人数超出了常态。这些人一般没有孩子。现在，这样的人不仅仅是一些可以支付高价的人，而且也是能够或者愿意为了一个小小的空间而掏出最多的钱的人。为适应这一小部分有钱族而提供的住宅成倍地增加，牺牲的却是另一部分人的利益；很多家庭被挤了出去，丰富多彩的景致被改样了，一些经营场所因为无法支付新建筑的费用而被迫撤走。这样的情形现在正在格林尼治村、约克维尔和曼哈顿东区的近郊地带的很多地方迅猛地发展。这些地方被过度重复的用途与在闹市区中心地带被重复的用途有所不同，但整个过程是一样的，发生的原因是一样的，最终的结果也是一样的。那个大家都喜爱的圆丘被它的拥有者、被这种占据行为本身所毁灭。

上面描述的情况只发生在小区域里，因为这样的情况只发生在极为成功的地方。但是，这种破坏力造成的影响和严重程度要远远超过其面积所能表明的程度。"这种情况发生在极为成功的地带"这个事实本身，就会使得城市很难在这种地方进行进一步的建设。而这种地方也往往很快走向衰落。

更何况，那些导致一些成功地带走向衰败的过程，本身就会给城市带来双倍的破坏力。新建用途和范围狭窄的用途的成倍增加，破坏了一个地方各种用途间的互相支持，在这种情况发生的同时，这种情况实际上也是在剥夺这些用途在其他地方的存在和出现，在那些地方这些用途会**增加**多样性，增强用途的互相支持，而不是减弱它们。

因为某些原因，银行、保险公司和一些著名公司的办公间会成为这种情况下最大的破坏者。如果到银行和保险公司扎堆的地方来看一看，你就会发现这里曾是一个闹市中心，但现在被取代了，一个已经被移平了的圆丘。你见到的是一个早已经成名的地方，或正在成名的地方。我想这个让人不解的现象都应被归因于两个事实。这样的组织（公司）都是保守派。在城市里选择办公位置这一方面，保守主义的意思是指在投资上要选择在早已经

249

成功的地方。如果说这样的投资有可能会毁掉成功，那就要求他们看得太远了——那些人看得最重的是已经取得的成绩，所以对那些有着成功潜能（但还没有表现出来）的地方总是感到有点困惑，或者说没有足够把握，因为他们不懂得为什么城市里有些地方应该成功，而有些地方却不是。另一方面，这种公司组织有钱，因此有能力取代他们的竞争对手，占有他们想要的地方。因此，"在圆丘上安顿下来"这种愿望和能力，在银行和保险公司以及著名公司的办公间上得到了最有效的体现。后者可以从银行和保险公司那里很方便地借到钱。在某种程度上，"公司间相距很近"这种方便之处是很重要的，正如这样的方便之处对城市的其他很多活动来说一样很重要。但是，这并不能说明这些组织对各种成功的多样性的取代就是正确的，也不能解释它们这种行为在多大程度上是可行的。一旦对工作场所用途的过度重复（以牺牲别的用途为代价）造成了一个地方的停滞，一些比较兴盛的企业就会离开这个原本很舒适的安乐窝，因为现在它已经没有吸引力了。

但是，如果认定城市里各种不同用途中的某一个是这种情况的罪魁祸首，那么就有可能会导致错误的结论。太多其他的用途会产生相同的经济压力，并导致同样毫无意义的"胜利"。

我认为，一个更有用处的观点是把这个问题看成城市本身的功能发生障碍的问题。

首先，我们必须明白，多样性的自我毁灭是由成功，而不是由失败造成的。

其次，我们必须明白，这个过程与取得成功本身的过程是一样的，是后者的继续，是它不可缺少的一部分。多样性在城市的一个地区成长起来是因为这个地区有经济发展机会和吸引力。

在多样性增长的过程中，一些作为竞争对手的用途被挤出空间。所有的城市多样性的发展至少部分地是以牺牲别的一些用途为代价的。在这个发展过程中，甚至连一些有特色的用途也会被淘汰出局，因为这些用途占用的土地与它们的产出不成比例。如果这些特色用途是一些垃圾场、二手车车场或被废弃的建筑，那么我们认为它们的淘汰是应该受到欢迎的，因为这是好事。在多样性的增长期间，很多新的多样性的发生并不只是以一些低价值的用途的消失为代价，它也会促使一些已有的重复用途的消失。在多样性增加的同时，内容一样的用途减少了。这种针对空间的经济竞争的一个结果是多样性的纯粹增长。

多样性增长到某个时候，就会到达一个极点，如果再有新的增长则主要会形成对已有的多样性的竞争。在这种情况下，相对来说，内容相同的用途减少得很少，也许根本就不再减少。这就是一个地方的多样性达到顶峰的情形。如果新增加的多样性确实是与众不同的用途（就像位于费城一个角落的第一银行），那么还不至于出现多样性的纯损失。

上面描述的过程说明，在一段时间内，一个地方的功能的表现是健康的、有益的，但这种情况会因为在某个关键时候因自我调节方面的失败而出现功能障碍。用一个形象的类比来说，就是"虚假反馈"。

电子反馈在计算机和自动化的发展方面已广为人知，一个机器的行为或一系列行为是一个信号，可以用来调节和指导下一个行为。类似的反馈过程——通过化学反应，而不是电子来达到——现在被认为可用来调节细胞的行为。《纽约时报》的一篇报道因此这样解释：

251

在细胞这个环境中,一个终端产物的存在导致产生它的机制缓慢或停止。波特博士(威斯康星大学医学院)把细胞的这种行为方式的特征称为"智能"行为。相反,一个被改变了的细胞的行为就像是一个"傻子",它会继续产生甚至是它自己也不需要的产物,而同时不发出任何反馈信号。

我认为最后一句话非常贴切地描述了城市中那些被多样性的成功所毁灭的地方的行为。

尽管所有的经济行为都存在超常之处,但我们仍然会认为这是一种表示成功的迹象——典型的"虚假反馈"。在创造城市的成功的同时,我们人类也创造了奇迹,但我们也同时传达了错误的反馈。我们怎么做才能弥补这个缺陷呢?

我怀疑我们能够为城市提供任何真正的反馈系统,可以自动地、准确无误地提供情况。但是,我想我们可以用一个并非十全十美的替代品达到同样的目标。

关键的问题是要阻止在一个地方过度复制一种用途,并把这种重复分散到别的地方去,在那些地方,它们就不会是重复,而是有益的增补。那些地方相距或远或近。但是,不管怎么样,不能人为武断地确定某个地方。这样的地方**必须**能让相关用途拥有良好机会,并获得持续成功——这样的机会是那些注定要自我毁灭的地方所不能提供的。

我认为可以通过三个方法的结合来促进这样的分散,这三个方法我称之为:目标是多样性的划分、公共建筑的"坚强性"和竞争性分散。我将在下面分别做简单的分析。

目的是多样性的区划必须要与通常的目的是一致性的区划区别开来，但是，就像是所有的区划那样，这种区划也会具有压抑性。这种区划的一个形式在某些城区早已广为人知：为反对拆除具有历史价值的建筑而进行的管控。这样做的目的是要保持这些建筑与周围地区的不同，尽管区别早已经存在。格林尼治村的市民组织提出了一个比这个观点稍微激进一点的观点，并且在1959年得到了纽约市的采纳。那儿的一些街上，对建筑高度的限制曾被大幅度地取消。虽然后来制定了新的限度，但是大部分受到这个新规定影响的街道早已经拥有远远超过新限度的建筑。然而即使这样，也不表明这样做是逻辑不通的，相反，恰恰说明为什么还需要这种新的限度：因为这样做杜绝了对那些更有价值的高建筑的复制，保护了剩下的较矮的建筑。同样，内容相同的用途被划分出去——或者说，实际上是通过这样的划分保存了差异——尽管很有限，而且相对来说也只局限在几个街道上。

多样性划分的目的，不应该只是僵化地集中于某些条件和用途。如果这样做，就会带来灭亡。恰恰相反，问题的关键是确保变化或替换不会形成完全一样的模式，因为这些变化和替换确实会时常发生。通常，这是指对很多地方建筑的频繁更新行为的限制。一个非常成功的城市区域需要某个具体多样性划分的计划，或某几种计划的结合，而同样的地方也会因为发展多样性而遭遇自我毁灭。我认为，这两个过程可以是不一样的。但是，从逻辑上说，根据建筑的年代和建筑的大小来进行划分会是一个主要的手段，因为住宅类型的差异通常是表现在用途和人口的差异上。比如，一个被多座重复的高层办公楼或住宅公寓紧紧包围的公园，或许应该在某一片区域（特别是在公园的南面）划出一个专门是低层建筑的地方来，这样做可以实现两个目的：其一，保证公园在冬天也能获得阳光。其二，在某种程度上，至少可以在公园周围获得用途的多样性。

所有目标是多样性的划分——主要目的是遏制对一些利益最好的用途进行复制的行为——同时都应该配合税收的调整。不仅需要阻止一些土地有可能效仿利益最好的用途的行为，而且还要在税收上体现出来。我们现在的做法往往是矛盾的。一边是对一些地产发展的控制，不管是通过高度、大小、历史或审美价值，或者其他的什么方法，而另一边却是让对这些地产的评估，去反映附近发展得更有利可图的地产那些不相干的价值，这种矛盾说明这样的做法是不现实的。事实上，因为附近的用途利益看好而提高本地地产的评估，是现在造成过度重复的一个非常重要的原因。即使有限制重复的规定存在，这样的压力也照样会产生。提高一个城市税收基数的方式不是要用尽每个地点的短期税收的潜能。这样做会削弱整个街区长期税收的潜能。提高一个城市税收基数的方式，应是扩大城市成功区域的数量。强有力的税收基数是一个城市拥有强大吸引力的必然产物；它的必要成分之一——维持城市的成功曾是其目标——对地区税收收益进行稳妥、周全、精细的适度调整，以稳住多样性和遏制自我毁灭的现象。

遏制无限制的用途重复的第二个手段，是我所说的公共建筑的"坚强性"。所谓公共建筑的"坚强性"，是指公共建筑和半公共组织为了它们自己的地产应该采取一种政策，就像查尔斯·艾布拉姆斯采取的用来保护他自己在纽约第八大街上地产的方法

253

一样。艾布拉姆斯通过寻求别的用途来和对饭店用途的过度重复做斗争，以捍卫他自己的利益。公共和半公共组织应该在某个地点上构置他们自己的建筑和设施；在这个具体的地方，首先，他们的建筑和设施会给街区带来有效的多样性，而不是重复已有的用途。然后，作为一种用途，这些建筑和设施应该挺直腰板，不管它们的地位多值钱（因为周围地产的成功——其实这也是它们帮助形成的，尤其是如果它们的位置恰当的话，则更是如此），不管有些准备要取代它们以重复一些成功用途的人出的价码有多高，它们都不能够折腰。对于市政当局和公共组织来说，这是一种小处不着算，大处着算的政策，因为它们对城市的成功投下了远见卓著的一注，类似于通过税收来推行多样性划分的政策。处于一个价值极高的位置上的纽约公共图书馆，比附近所有的高收益的重复用途对本地域贡献还要大——因为无论是在视觉上，还是在功能上它都如此与众不同。纽约卡内基大厅，私人拥有者曾经准备将它出售，用于与周围建筑相同的用途。纽约市民向市政府施压，说服市政府借款给一个准公共组织，卡内基大厅因此变成一个音乐厅和礼堂。之后，一种持续的、有效的混合用途也因此在街区里安顿下来。简而言之，公共组织和有着公共精神的组织在这方面可以发挥很大的作用，当然它们需要在**不同的**用途中间，尤其是在滚滚而来的金钱面前保持气节。

254

　　目的是多样性的划分和公共用途的"坚强性"这两种手段，都是针对多样性自我毁灭的保护措施，它们就好像是一堵挡风墙，可以抵挡一阵经济压力的强劲之风，但是不能期望它们能挡得住持续不断的强风。任何形式的划分，任何形式的公共建筑，任何形式的税收评估政策，不管它们是多么开明，最后都会在强

大的经济压力之下败下阵来。这种情况曾经发生过,以后很可能
还会继续发生。

因此,在采取保护性措施的同时,必须还要实行另外一种手
段:竞争性分散。

有这么一种广为流传的说法:美国人憎恨城市。我想,一种
可能的情况是美国憎恨失败的城市;种种事实告诉我们,美国人
并不憎恨成功的、充满活力的城市。相反,因为太多的人想要享
受这些地方,太多人想在这些地方工作、生活或来往,所以才会有
城市的自我毁灭这样的事情发生。我们用金钱扼杀了千姿百态
的成功的多样性,这就有点像温柔的谋杀。

简而言之,对一个具有活力和多样性的城市地区来说,需求
远远大于供应。

如果极其成功的城市区域要阻挡自我毁灭的势力——如果
防止自我毁灭的努力要真正发挥效力——那么,就必须要增加城
市里拥有活力和多样性区域的数量,即增加供应的数量。而这一
点实际上又使我们回到对城市街道和城区的一个基本要求上面,
即让**更多的**街道和城区获得城市多样性的四个基本条件。

当然,在任何一个时期,多样性在有些城区总是要比别的城
区好得多,更受欢迎,也因此更有可能由于对一些高收益的短期
用途的重复而遭遇自我毁灭。但是,如果其他一些区域在机会和
利益上不是相差很大(另有一些区域则更是在紧紧追赶),这些区
域就可以提供"竞争性分散",分散对更受欢迎的城区的压力。
255 这些区域的存在会对在更受欢迎的城区的用途重复造成阻碍,由
此也强化了它们分散压力的能力。即使是这种能力不够强,但也
必须有所体现。

　　反过来，当这些具有竞争力的区域发展得很成功，以至于到了需要城市提供反馈信号的时候，这些区域就应该要求得到一些保护措施，以防止过度的用途重复。

　　城市的一个区域发展到某个时候，其行为就会变成一个"傻子细胞"。这样的时候根本不难发现。任何熟悉一个极为成功的城区的人都会知道，在整个过程中这样的转变会在什么时候发生。那些用途正在开始消失的设施，或带着一种愉快的心情看着它们消失的人知道得很清楚，一个地区的多样性和利益在什么时候会开始走下坡路。他们知道得很清楚，什么时候一部分人口会被挤出去，什么时候人口的多样性会缩小，特别是如果他们自己正面临着被挤出去的时候。他们甚至在这些情况还没有形成的时候，就已经知道了事情的结果，因为在日常生活中，在日常的生活现象中，他们就可以想象出这些情况的结果。整个城区里的人都会谈论这些事情；远在地图和统计数字（不仅缓慢而且太晚）显示出已经发生的糟糕情形之前，他们已经目睹了多样性自我毁灭的事实和结果。

　　从根本上说，这种极其成功的多样性的自我毁灭的问题是一个如何使（充满活力和多样性的街道和城区的）供需关系成为一种和谐、合理的关系的问题。

256

十四 交界真空带的危害

　　城市中大量的单一用途都有相同的一面。一个单一用途与另一个单一用途之间组成交界处,这些交界地带在城市里往往会成为窝藏破坏力的街区。

　　一个交界地带——一个大面积的单一用途的区域——形成了"普通"城市一个地区的边缘地带。通常,交界地带被认为是一个消极的对象,或者干脆就是一个边缘地带。但事实上,交界地带可以发挥积极的作用。

　　铁轨就是一个典型交界地带的例子。很久以前,轨道也代表了一种社会交界地带的意思。"轨道的另一边",此话的含义一般是指与大城市接壤的小城镇地区。我们现在要谈的不是这种含义的交界处,而是指它对周边区域带来的实际的和功能上的影响。

257　　以铁轨这个例子来说,在轨道一边的城区或许会比另一边的城区要好一点或差一点。但是,就实际情况来说,最糟糕的地方是直接紧邻轨道的区域,而且两边都一样。如果说在轨道的两边会有某些活力和多样性产生,或者是旧貌换新颜的现象发生,那么这种情况肯定不会发生在这些区域里,而是在它们的外面,在远离轨道的地方。紧邻轨道两边的区域不仅土地价值很低，而且一片破败景象；这种情况的一个外在表现是这个区域里面的所有用途深受其害，那些直接靠铁路获益的建筑除外。这样的情况令人不解，因为以往我们经常可以发现在一个时期里，有些人非常看好这个区域，在这里建新房，甚至是一些很大的建筑，而现在这个区域却是如此衰败。

造成铁轨沿线区域这种凋敝现象的原因，常常被归为噪声、蒸汽机时代火车头产生的煤灰以及轨道旁边的环境天生不好等。但是，我认为以上只是原因的一部分，而且是很小的部分。果真如此，为什么不从一开始就阻止这些地带的开发？

此外，我们可以发现同样的情形也常常发生在河滨区域，而且情况更多，更糟糕。河滨区域可不是天生就嘈杂、肮脏或环境不宜。

同样令人不解的是，在紧邻大城市的大学校园、城市美化理念式的市政中心区、大型医院区以及大型公园的街区里，我们常常能看到凋敝现象特别严重的情形，而且这些区域即使在外观形态上没有衰败，却也处在停滞的状态中——这正是开始衰败前的特征。

但是，如果现行的规划理论和土地使用理论没有错的话，如果安静、清洁确实能如人所愿地发挥积极的作用，那么这些区域就应该是经济上非常成功，在社会生活上极其活跃的区域，而不应该像现在这样如此令人失望。

铁路沿线、沿河区域、校园、高速路、大型停车场地区和大型公园，这些地方在大多数情况下，都是互不相同的。但是，它们也拥有一个共同点，那就是，极有可能与死气沉沉或景象萧条的区域接壤。如果我们观察一下城市里大部分吸引人的地区，即真真切切、实实在在吸引人的地方，我们可以发现这些幸运的地方很少位于与大型单一的用途毗邻的区域里。

产生这种情况的根源是，作为"邻居"的交界处对城市的大部分街道使用者来说，很容易会形成一个死角。对大部分人而言，大部分时间，这些地方表示的是"此路不通"的意思。

在这种情况下，与交界处接壤的街道一般来说都只是起一个终端的作用。如果这条街——对于来自城市里"正常"地带的人来说，这是一条一头不通的街——同样得不到来自单一用途区域内的人们的使用，或者是使用得很少，那么它就注定会成为一个死角。一旦形成了这样的死角，它还会产生进一步的后果。因为很少有人使用紧邻交界处的街道，其结果是与其平行的街也就会很少有人使用。这些街道甚至连往交界处方向走的人都很少会顺路使用它们，因为根本就很少有人往那儿走。如果这些紧邻交界处的街道因此变得空空荡荡，那么邻近它们的街的使用率也会很低。于是，死气沉沉的现象就会随之产生，除非来自某个具有强大吸引力的、拥有众多用途的区域的势力影响到这里，并且打破这种局面。

交界处的周边区域由此会形成一个用途的真空地带。或换一种说法，因为在城市的某个地方进行的用途过于简单化的行为，将会产生连锁反应，而且这样的地方规模都会很大，邻近的区域也会受到影响，那儿的用途也会同样经历简单化的过程，即越来越少的使用者，越来越有限的用途和可达范围。那些经历了简单化过程的区域在经济方面都会是一片荒瘠之地，而这种情况越是严重，这个区域的使用者就会越少，经济的贫瘠程度就会越发严重。停止建设，或让衰败现象自行发展的过程，就会在这个区域开始。

这个现象的结果是严重的，因为只有走到一起来的人流（这些人是因不同的目的来到这里）才是维护街道安全的唯一办法，而且也是培育第二类多样性的唯一办法。同样，也是唯一促成把自我隔离、互不关联，或者是死水一潭的诸多街区组成街区的方法。

而那些纯粹是形式上的非直接的城市用途间的联系，则达不到这个目的（尽管在不同的情况下有可能会有点帮助）。

259

有时候，交界处的衰败过程清楚可见，甚至可以用一条曲线来表示每一个具体地点的经历过程。这样的例子可以在纽约下东区的一些地方看到。问题最突出的是在晚上：大型低收入住宅区的交界处空空荡荡，漆黑一片，而那儿的街道也一样是漆黑一片，空无一人。除了几个由住宅区里的人自己经营的店以外，其他的商店都已经倒闭，很多店面房子都空置着，很长时间没有使用了。当你离开这里跨过几条街后，才会开始一点一点地见到光亮和生活的气息，但是一直要走过很多街道后，你才能看到活跃的经济活动和川流不息的人流。每一年，这样的真空地带似乎都要向外扩大一点。一些不幸位于这样两个交界处之间的街区和街道则确实会有可能成为"死亡"地带。

一些报纸经常会刊载一些报道，生动描述具体的衰败过程。比如，1960年2月《纽约邮报》就曾报道这么一个事件：

> 星期一晚上，在一百七十四街164E号的科恩家开的肉店里发生的谋杀案件并不是一个孤立的事件，而是

这条街上发生的一连串盗窃和抢劫案的必然后果。……
一位杂货店的老板说，自从两年前穿越布朗克斯的高速
公路在街对面开工以来，各种麻烦就像瘟疫一样在这里
蔓延开来。……一些本来要开到晚上九十点钟的商店
在七点钟就早早地打烊了。一些购物者很少敢在天黑
后去购物，因此，许多店主认为既然这样还不如早早关
门，以免在晚上遭遇危险……这次谋杀事件对附近的一
位杂货店主产生很大的震动，这家店经常是要开到晚上
十点。"我们吓死了，"这位店主说，"我们是这里唯一开
到这么晚的店。"

有时候我们可以从一些信息里推测出关于这样的真空地带
的情况。比如，一家报纸登载了这么一个售房广告（便宜得惊
人）：一个新近修缮好的拥有十个房间的砖房，售价才1.2万美元。
从地址上我们看出了原因的所在：位于一个大型的住宅区和高速
路的交界处内。

有时候，"不安全的人行道"这么一个很简单的现象会成为主
要的原因，它会逐渐地、一步步地从一条街蔓延到另一条街。纽
约的"晨边高地"地区拥有一个狭长的街区，一边和一个校园接
壤，另一边是一个很长的河边公园。此外，这个狭长的街区还被
一些机构前的屏障东一块、西一块地截断。在这里，无论你往哪
儿走，都会很快就走到一个交界处。在这些交界处，晚间行人最
少的曾是公园边的交界处，过去几十年里一贯如此。但是，认为
"这个区域存在着不安全因素"这种共识已经慢慢地，甚至是不知
不觉地影响到了越来越多的地方，以致到了今天，只有一条街的

一边还能听到夜行者的脚步声。这条单边街道是百老汇延伸出来的一部分，位于一个很大的校园的对面，那儿是一片死寂。就是这样一条街，在深入到街区里面时，行人也会越来越少，因为那里被一个又一个交界处占据了。

在大部分情况下，交界处的真空地带并不是由于什么神秘的原因造成的。实际情况很简单，就是缺乏人气，而且大家都对之熟视无睹，认为本来就是这样的。约翰·契弗的一篇小说《沃普萧纪事》里有一段很好地描述了这样的真空地带："在公园的北边，你进入一个街区，一片萧条景象——不是说这个地方有什么大问题，而是说人不是很多，似乎是一张脸上长出了很多粉刺，或患上了哮喘的人，这个人的肤色不是很好——没有光彩，皮肤好像是一块一块拼起来似的。整个地方就像是缺少了什么似的。"

至于交界处人气少和使用少的确切原因，每个地方都不同。

一些交界处对用途的简单化处置的方法，是把穿行于这个地方的道路变成单行线。城市廉租住宅区就是这种模式。住宅区里的人要在交界处进进出出，不管是人多还是人少，通常总是在住宅区的一边进出。而附近区域的人在大部分情况下则总是待在交界处的他们这一边，似乎这是一条死胡同，或没有任何用途。

有些交界处不允许两边的交叉使用。非封闭的铁轨或高速公路就是最好的例子。

有些交界处具有来自两边的交叉使用，但在很大程度上局限于白天，或者使用人数在一年中的某个时期锐减。大公园是常见的例子。

有些交界处的使用率低，那是因为这个地方的单一用途的土地使用密度相对于其拥有的区域来说太低。面积广阔的市政中心就是一个好例子。在本书写作的时候,纽约市规划委员会正试图在布鲁克林区建一个工业园区,而且宣布这个计划将占地一百英亩,里面的工人总数将达到三千人。每英亩三十个工人,这样的比例就城市土地使用来讲密度太低,而一百英亩是一片方圆极大的区域。这样的计划本身就将造成交界处地带人气和使用都过少的现象。

不管是什么样的原因,一个总的效应就是使用过少(使用者少),而这种现象发生的地方则都是大型的或延伸得很远的区域。

交界处真空地带这个现象让城市设计者们觉得非常尴尬,尤其是对那些非常看重城市的人气和多样化,憎恶死寂和紊乱现象的人来说则更是如此。有时候,他们的推论认为,交界处很容易提高区域密度,使城市形成一个一个有着明显界线和轮廓的区域,就像是中世纪的城镇外的城墙。这种看法有现实依据,因为有些交界处确实是起到了集中的作用,因此造成了城市区域密度的提高。旧金山和曼哈顿的水上屏障就有这样的效果。

但是,即使是某个主要的交界处提高了城市的区域密度,就像上面提到的那样,然而交界地带本身很少反映这种密度,或多少分享了这种密度。

要理解这种"反常的"行为,我们或许可以做这样一种分析,即把城市的用地分成两种形式。第一种形式可以称为普通用地,主要是为步行的普通大众的人群的流动之用。在这些用地上,人们可以自由行走,自己选择,想到哪儿就到哪儿。这包括街道、一些小的公园,有时候也包括一些建筑的走廊区,这些地方可以用做街道,供人们自由行走。

第二类的用地形式可以是特殊用地,通常不是当作步行用的大街。在这上面可以建房也可以不建，可以是公共场所也可以不是，可以让人们进入里面也可以不让进入。但这不是问题的所在。关键的问题是人们要绕过它走，或沿着它的边走，但不是在其中穿行。

现在让我们暂时把这种特殊的形式当成一种障碍来对待，以便　262
与步行的形式形成对照。对于公众来说，这是一种地理上的障碍，因为它一方面挡住了他们的去路，另一方面与他们没有多少关系。

从这个角度来看，城市里所有的特殊用地形式都会与普通的形式产生冲突，前者是对后者的一种干涉。

但是从另一个角度看，这种特殊的形式又会对普通的用地形式产生很大的促进作用。它带来了人。用地的特殊形式带来了人流，方式可以不同，或者是提供住宅，或者是提供工作场所，或者是通过其他的目的把人流吸引到这里来。如果没有城市的建筑，也就不会有城市的街道。

因此，这两种土地使用形式都会对人群的流通做出贡献。但是，在它们之间总会存在着某些紧张的关系。在特殊用地形式的两个角色之间总是存在着一种通过相互牵制产生平衡的关系：一方面是土地的普通使用的促进者，另一方面是这种用途的干涉者。

这种关系早就被一些闹市区的商人们所熟知，而且他们可以轻而易举地用他们的方式来解释这个现象。无论什么时候，当闹市区的一个街道里出现一块很醒目的"死寂地带"时，很快这个地方步行者的密度就会下降，而且使用者也会因此减少。有时候，这种下降在经济层面表现得尤其突出，以致这里的商业活动都会倾斜到这个"死寂地带"的一边。这样的"死寂地带"实际上可以是一块空地，或者是很少被光临的某个纪念物，或者是一个停车场，或者干脆就是几家银行——在下午三点后，这些地带就会空寂一片。不管是哪种形式，这种"死寂地带"扮演的地理障碍角色击败了它的普通土地用途的促进者的角色。这两者之间的对峙平衡的关系开始松弛了。

　　普通用地形式可以吸纳消化大部分特殊用地造成的"死寂地带"的后果，特别是当这种后果在地理面积上不是很大的时候。特殊用地和普通用地在密度上会出现一些变化，这是需要的，因为出现一些范围不大的安静地带和商业繁忙的热闹地带是街道和城区的多样性的一个必然结果。

263　　但是，如果特殊用地成为一个极大障碍，存在于这两种用地形式之间的互相牵制和平衡关系就会松弛，向一边倾斜，就不可能出现互相弥补和消化吸收的结果。作为一种地理上的障碍（或作为一个对用途的使用的阻碍），它对普通用地形式有多大影响？在使用者的集中方面，它对普通用地形式又有多少促进作用？在这个等式关系上找不出一个正确的答案，往往就意味着在普通用地方面出现了一个真空地带。问题不是为什么用途的集中会是如此诡异，以致不能出现在很正常的交界处，而是为什么我们就是这么想的和这么做的。

　　除了在其周边区域的普通用地里容易导致真空地带（由此多样性和社会活力难以在这些地方生长），交界处还会把城市分割成东一块、西一块。它们会把位于其两边的城市"正常"部分的街区分割开来。从这个方面来说，它们与小公园的行为方式刚好相反。小公园可以从各个方向把邻近它的街区连到一起，并且让来自各个方向的人流汇集到这里，如果它本身是一个受欢迎的公园的话。交界处与城市街道的行为方式也恰恰相反，因为城市街道也常常把其区域两边的用途联系到一起，让使用者们汇集到一起。交界处的行为方式与其他醒目但小规模用途的行为也背道而驰（它们本应该有很多相同之处）。比如，一个火车站与周围区域相互关系，就和铁路轨道与其周边区域的关系不同；一个单一的政府建筑与其街区的相应关系，就不同于一个大型的市政中心与其街区的相应关系。

交界处这种分割或"切割"城市产生的后果其本身并不总是有害的。如果被交界处分离的两个区域很大，具有足够大的用途和使用者资源，以至于可以组成强有力的城区，那么这种分离的后果就不会产生什么不利之处。事实上，它还有积极的、有用的一面，可以作为一种帮助人们识别他们所处的位置的手段，一种活地图的标志，以及有助于理解由一个单一区域形式组成的城区的概念。

如果一些城区被交界处分割得支离破碎（就如在第六章中描述的那样），以致街区被分离成一片一片的，街区应有的内容消失殆尽，而城区因此不能发挥应有的那种小城市的作用，那么问题就会出现。很多交界处，不管是由交通干线、机构所在地、大型住宅区、工业园区还是由其他大型特殊用地形式形成的地方，都会以这种方式把城市撕成碎片。

了解交界处产生的问题，应该可以使我们不再重复这种不必要的行为，改变一些不正确的看法，比如，"不用费一分一厘就能得到的交界处代表了城市一种高级形态秩序"这样的观点。

但是，这并不是说，那些切割城市并有可能在其周围产生一个交界地带的所有地理结构的所在地或其他设施，就应该被视为

264

城市生活的敌人。相反，它们中的很多是应该存在的，而且对城市非常重要。一个大城市需要大学、大型的医疗中心、拥有都市价值的大型公园等。一个城市需要铁路，也需要河边地带，可以发挥其经济优势，也可以将其转化成一种设施；一个城市也需要一些高速公路（尤其是为了卡车的通行）。

问题根本不是在于要贬低这些设施的用途，或者是降低它们的价值，而是要认识到这些设施有有利的一面，也有不利的一面。

如果我们能做到避开不利的一面，那么它们就能更好地为我们服务。对于那些使用这样的地方的人来说，被由这些设施造成的单调、死寂（更不用说破落衰败）的地带所包围，可不是一件"值得庆幸的好事"。

有些交界地带是可以做一些改变的，最容易做的是可以在其周边区域发展出更多用途。

比如，我们可以来看一看纽约的中央公园。沿着其东边的区域，它拥有几处很集中的用途（大部分是日间的用途），组成其周边区域或紧邻区域的有动物园、大都会博物馆、船模水域等。在其西边，有一块狭长地带，从公园边缘一直深入到公园里面（很是让人奇怪），这个地方尤其引人注意，因为它是在晚上发挥作用，也因为这个用途是使用者自己创造出来的。这是一条延伸到公园里面的特殊的人行横道，大家不约而同地把它变成一条在傍晚或晚间遛狗的步行道，当然同时也成了一条人们休闲漫步的小路；任何人在晚上都可以通过这条小道进入公园，并且感到安全。

但是，中央公园的周边——特别是西边——也有很多范围很广的空寂地带，而且给其相邻的地方造成了真空效应。同时，在公园深处有很多设施，但只有在白天能使用，这不是因为其本身的原因，而是因为所处位置的原因。很多人想使用这些设施，却发现很难找到它们。象棋屋就是一个例子（这个地方看上去像是一个灰不溜秋的车库）。旋转幻灯放映屋则是另一个例子。公园的警卫出于对人们安全的考虑，在冬季下午四点半时就催促人们离开这些地方。这些设施不仅建筑样式笨重、难看，而且因为公园深处似乎是与世隔绝，毫无生气可言。要让一个本应是人声鼎沸的旋转幻灯放映屋变得"沉默寡欢"、半死不活，也不是一件容易的事，可是在中央公园这样的事却轻易地做到了。

像这样的公园用途应该被安置在公园的交界地带，使其成为公园和与之交界的街道的连接点。它们的一边可以与街道接壤，另一边则连接到公园里面，这样一种双重的性质会给其带来很大的魅力。它们不应该被当成是把公园圈起来的"围墙"（那将非常可怕），而应是充满了吸引力的有着各种集中用途和活动的交界处。应该鼓励开发它们在晚上的用途。这些场所不必非常大，分布在周边区域的有着自己建筑特色和布景的三四个下象棋或跳棋用的亭子，远比一个四倍大的象棋或跳棋屋有用。

街道（即城市的"正常部分"）一侧也有责任避免真空地带的出现。我们经常可以听到一些要求给公园增加一些没有明确目的的用途的建议。商业化的压力无处不在。有些建议让人很困惑，比如，赠送给中央公园一个作为礼物的新咖啡屋。它在纽约已经引起了很大的争议。从公园地图上看，它应是在交界线上，实际也是如此。很多这样的半商业化或完全商业化的用途位于交界处的城市"正常部分"这一侧，这样做的目的是特意为着突出和强化交叉使用（以及交叉监视），即交界处的两边都可以使用这个场所。一般来说,它们应该与公园这边的交界地带的用途建立一种合作的联系。比如,公园的旱冰场应该**紧邻**公园交界线,而在街的另一边则是咖啡屋;因此,溜冰者可以来喝上一杯,在咖啡屋里的人则可以从咖啡屋外面或露台上观赏溜冰者。同样,没有什么理由可以不让咖啡屋和溜冰场在傍晚甚至晚上也发挥作用。在大型的公园里,骑自行车应该没问题,但是租借自行车的业务则可以在交界处的街道一侧进行。

简单地说,关键是要去发现位于交界线上的用途,并且创造新的用途,在保持城市(正常部分)与公园各自形态的同时,突出它们之间的互构关系,并且使得这种关系明晰、充满活力和无时不在。

《城市的形象》一书的作者,麻省理工学院规划专业副教授凯文·林奇,从另外一个角度对我们这里所说的原则进行了出色的阐释。"对一个边界地带来说,如果人们的目光能一直延伸到它的里面,或能够一直走进去,如果在其深处,两边的区域能够形成一种互构的关系,"他在书中写道,"那么,这样的边界就不会是一种突如其来的屏障的感觉,而是一个有机的接缝口,一个交接点,位于两边的区域可以天衣无缝地连接在一起。"

林奇谈的是交界地带的视觉和审美效应的问题,这样的原则同样可以适用于交界处的功能问题。

大学至少可以把它们校园的一部分变成接缝口,而不是屏障。它们可以把一些公共用途安置在边界地带的关键地点,也可以把一些公众会喜爱的景观安置在边界地带,而不是深藏在"闺中",使得边界处成为一个毫无视觉障碍的公开景致。位于纽约的社会研究新学院在一个小范围内(因为这个学校很小)利用一幢做图书馆用的建筑做到了这点。这个图书馆成了街道和学校的小小"校园"之间的连接点，而后者则是一个庭院式的花园。图书馆和校园景观都毫无障碍地出现在行人的视觉里，成为街上一个赏心悦目的景致。就我的观察而言，城市里许多大学很少对它们这个地域能起的作用做过多少考虑，或者发挥过想象力。一个常见的现象是，要么它们把自己紧闭起来，与世隔绝，或打扮成乡间的模样，但同时又否认这种怀旧的情结，要么干脆就装出一副写字楼的模样。(当然，哪一种它们都不是。)

河边地带也可以变成接缝处，而不是现在这种状态。解决河边真空地带衰败状态常用的一个方法是建一个公园替换它，但是，接下来，公园又会造成一个交界处——通常很少有人使用——而这样的真空地带效应会向城市腹地蔓延。解决这个问题的关键，是要弄清楚问题出在哪里。问题是在岸线地带，解决的目标是要把岸边变成一个接缝处。岸边的一些工作场所用途通常是一些能吸引人的景致，但常常被长长的、横亘在前面的边界地带挡住，同时也把水的景观挡在城市视野之外。这样的边界地带应该允许有一些通道，可以让公众进入，眺望水面，观察水上的交通。在我住的地方附近，有一个年代很久的公共码头，在方圆几英里之内这是唯一的码头。它靠近垃圾焚烧场和驳船抛锚处。在码头上可以进行各种各样的活动：钓鳗鱼、热光浴、放风筝、检修汽车、野餐、骑自行车、卖冰淇淋和热狗、向过往的船只招手，以及在旁观别人下棋时指指点点 (因为这个地方不属公园管理部门管，因此干什么都可以，不受限制)。在炎热的夏夜，或夏季的某个懒洋洋的周日，再也找不到一个比这儿更快乐的地方了。当装运垃圾的卡车把垃圾倾倒进驳船时，空气中常常会充满

267

"吱啦、吱啦"的声音。这当然不是一件惬意的事,却让码头上的人感到很有意思。进入岸边工作场所的通道应该靠近在边界的两边都能看到工作场所的地方(装船、卸船和码头作业),而不是与工作场所隔离开来,什么也看不见。划船、坐船游览、钓鱼以及游泳(在可能的地方)这些活动,都有助于在岸边与水面这个容易出现问题的交界处,形成一个有机的接缝处,而不是屏障。

有些交界处不可救药,不用奢想把其变成接缝处。高速公路以及旁边的斜坡就是这样的例子。其实,即使在一些大型公园、校园或河边地带这样的地方,屏障问题也只是在沿着其边界地带的地域才能得到有效控制。

我认为,在这种情况下,唯一能克服真空现象的方法是要靠邻近区域强有力的干涉势力。这就是说,在交界处附近的人口密度应该比一般情况下高(以及多样化),附近的街段应特别短,街道的潜在用途应特别强,首要混合用途应特别丰富,而建筑年代的混合也应该如此。这些可能本身并不能给交界处用途的集中带来多少帮助,但是可以把真空地带限制在最小区域内。纽约中央公园附近,麦迪逊大街东边的大片区域就可以作为一种干涉势力,对公园交界处的真空地带起到一种限制作用。但是,在西边就不存在这种邻近的干涉势力。在南边,这样的干涉势力一直可以延伸到公园对面的人行道。在格林尼治村,这样的干涉势力已经逐步减少了河边真空地带的面积,部分的原因是这里的街段非常短——有些仅一百六十英尺长——在这种情况下,活跃的街道就很容易一点一点占据真空地带的一些地面。

城市免不了会有一些交界处,因此,动用干涉势力来限制一些**无法避免的**交界处的全部意义就在于：动用尽可能多的城市各种因素来形成一个活跃的、混合的区域；城市里很多因素都有可能导致交界处，应尽量减少这些因素被用来产生不必要的交界处的可能性。

住宅（无论是得到资助的还是没有得到资助的），一些主要的会堂、礼堂、政府办公的建筑、大部分的学校、大部分的城市工业以及商业，这些都应该以一种混合的形态组合成城市复杂有序的全部内容。如果这些内容不是以混合的形态出现，而是分流独立，各自形成一种大型的单一用途，那么其结果不仅会很容易导致交界地带，而且由于缺少混合用途，对于单一用途，很难有力量去形成干涉势力。

对于一些步行街的规划而言，**如果在旁边建停车场，并在这个原本就很脆弱、很难融合在一起的区域造成交界地带，那么不但没解决问题，反而会导致更多的问题**。可是，这已经成为一种风行的规划思想，是闹市区购物街和城市改造地区"市中心"遵循的规划方针。城市交通和主要干线的设计常常会导致很多问题，其原因就是根本没有理解城市的运作方式。其中的一个危险是，这些原本充满很多好意的方案实际上却会导致无边无际的交界真空带和互相没有关联的用途，而在一些地方，这些真空带和互不关联的用途会带来无穷尽的麻烦。

269

十五　非贫民区化和贫民区化

　　贫民区以及里面的居住者是一些问题的受害者(和始作俑者)，这些问题似乎只有开始，没有结束，而且还互相纠缠在一起，一天比一天严重。贫民区的行为就像怪圈一样。随着时间的推移，这些怪圈总有一天会吞噬整个城市的运行。贫民区的扩大要花费大笔的公共资金——不仅是公共财政资助的改善条件或维持原样所需的资金，更主要的是需要花更多的钱来对付不断扩大和日益严重的衰败现象。对钱的需求越来越大，来源却越来越少。

　　我们目前的城市改造法则是希望打破这种怪圈，斩断其中特殊的关系链，而采取的方法则是直截了当地消除贫民区和分散里面的居住者，用一些能产生更高税收的住宅区取而代之，或者是吸引一些比较容易对付的、不会产生很多昂贵的公共需求的人口到这里来。但是，这个计划失败了。从最好的方面看，它至多是把贫民区从一个地方转移到了另一个地方，给贫民区平添了一份困苦和混乱。很多贫民区街区拥有积极向上、努力改进的社区，因此这种做法一个最坏的结果便是破坏了这样的街区。那些街区需要的是积极的鼓励，而不是不分青红皂白地把它们一股脑儿端掉。

就像在一些正在衰落成贫民区的街区里进行的消除凋敝现象的运动一样，转移贫民区的行为也遭遇了失败，因为这样的行为并不是真的在解决问题，而只是在纠缠于一些表面症状。有时候，这种计划的执行者们认为某些现象极其重要，但其实它们只是反映了以往的问题，从中根本看不出现在或将来要面临的严峻情形。

针对贫民区及其居住者，现行的规划理论采取的完全是一种居高临下的态度。这种家长式的作风产生了一个问题，那就是规划者希望带来彻底的变化，但采取的又是非常表面的做法，这两种行为都不可能实现他们的想法。想要解决贫民区的问题，我们必须要把贫民区居住者视为和我们一样的正常人，能够根据他们自己的利益来做出理性的选择；事实上，他们就是这么做的。我们应该理解、尊重现有的状况，并且在贫民区里现有的条件基础上进行重建工作。在实际情况中，这样的做法被证明是十分有效的。以为使一些人拥有更好的生活就是对他们的恩惠，这种居高临下的态度与我们提倡的做法根本不是一回事，但现在这却是普遍遵循的规划思想。

贫民区怪圈确实是一个很难理顺的问题。原因和结果混淆在一起，难解难分，确实如此，而且纠缠的方式还非常复杂。

但是，存在着一个关键的环节。如果能够突破这个环节（但不是那种简单的提供更好的住宅的方式），贫民区就可以自动地非贫民区化。

在一些"永久性贫民区"里，一个要突破的关键环节是很多人离开贫民区的速度太快了——不仅如此，而且一直有人都在梦想着离开这个地方。如果没有别的解决贫民区或贫民区生活的

方法，那么这是一个应该被突破的关键点。在很多地方，这样的
关键点实际上已经被突破，或者处于被突破的状态中，如波士顿
的北角区，芝加哥的"后院区"，旧金山的北滩，或者是我现在居
住的曾经是贫民区，但现在已经非贫民区化了的区域。我们也许
可以怀疑这一点是不是希望的所在，因为只有一小部分美国城市
的贫民区能够做到这一点。这些地方表现的也许也只是虚假现
象而已。但根本的问题是，有很多贫民区已经开始进行了非贫民
区化，却没有被注意到，而且还经常遭遇挫折，或者干脆被消灭
掉。纽约东哈莱姆区域已经在非贫民区化上走了很长的路，但遭
遇了一系列挫折：先是找不到必要的资金，这种状况减慢了非贫
民区化的过程，但还不至于带来衰退，可接下来，这个区域的大部
分街区都干脆被消灭掉了——取而代之的是一些新的住宅区，可
是这些地方很快就表现出了只有贫民区才患上的毛病。下东区
很多已经开始非贫民区化的地方都被消灭掉了。我自己住的这
个地方，在20世纪50年代初从被肢解的危险中得到抢救，只是因
为这儿的居民表现出了与市政府斗争的强大能力。另一个原因
是政府官员们面临一个令他们尴尬的事实，即这个地方正在吸引
一些口袋里揣着钱的人，尽管在已经进行中的脱离贫民区化的诸
多积极因素中——这些因素并没有被官员们注意到——这个现
象是最不重要的一个。[1]

在1959年美国规划研究所的刊物上，宾夕法尼亚大学的社
会学家赫伯特·甘斯，对波士顿西端这个正在进行非贫民区化但
没有被关注的贫民区，做了冷静但恰当的描述（此时，正是西端要

271

---

[1] 1961年，市政当局又一次试图争取联邦政府的资金重建这个地方，将其变成那种空洞的假
郊区。当然，整个街区正在对此进行艰苦的斗争。

被消灭掉的前夕）。他指出，西端尽管被官方认为是一个"贫民区"，但实际上更为准确的说法应是"一个稳定的、低收入的区域"。甘斯写道，一个地方被确定是贫民区，"因为这个地方的社会环境本身被证明会产生问题和病态现象"，如果按照这个标准来看的话，那么西区就应是一个贫民区。他谈到那儿的居民对那个地方强烈的归属感，高度发达的非正式的社会安全监视系统，很多居民已经对他们所住的套房进行了现代化改造和改进这样的事实——所有这些都是贫民区非贫民区化的典型特征。

一个看似非常矛盾的事实是，非贫民区化依赖于留住贫民区里相当部分的人口，取决于贫民区里相当比例的居民和经商者是会相信留在这里发展自己的计划是值得和可行的，还是觉得他们应该完全迁移到另一个地方。

我将用"永久性贫民区"这个指称来描述这样一些地方：在长时间里，这些地方没有表现出社会或经济环境改善的迹象，或在有了一点改善以后又陷入了衰退。但是，如果生发城市多样性的条件能够被引进到这些地方，如果非贫民区化的迹象能够得到关注，而不是被一棍子打死，那么我相信不会有永久性贫民区的存在。

永久性贫民区需要留住居民才能进行非贫民区化，但在这个方面它却软弱无能，这也是贫民区严重化的一个迹象。有这么一种说法：在贫民区形成过程中，它有一些健康的因素会被一个一个恶意地挤走。这样的说法根本没有事实依据。

在产生明显衰退的迹象以前，贫民区过程开始的第一个特征是停滞和单调。单调、毫无生气的街区不可避免地会被一些能量很大、有抱负或富有的市民抛弃，一些年轻人也会离开这里，另觅他处居住。这些街区不可能吸引有自我选择能力的人的到来,这也是不可避免的。于是就造成这样的情形:一些人选择离开,而同时又无法选择补充新鲜血液;除此之外,一个更加严重的情况是,最终,这些街区里的尚未贫民区化的人口会在某个时候突然集体"大逃亡"。导致这种结果的原因已经在上面说过了,根本的问题在于措施的不切实际,这是导致单调现象蔓延至整个城市的根本原因。

非贫民区化人口的集体出走,表明街区向贫民区化走出了第一步。目前,造成这种现象的原因有时候被认为是街区靠近另外一个贫民区的缘故(特别是如果这是一个黑人贫民区的话),或者街区里有几家黑人家庭的存在也会被认为是一个起因;就像在过去,贫民区的形成有时候被认为是因为邻近意大利人、犹太人、爱尔兰人的家庭,或因为有这些种族的家庭存在的缘故。有时候,又被归咎于住宅的老化和样式过时,或者是笼统、含混地被归咎于某些条件的缺乏,如缺少游憩场所,或者是邻近工厂,等等。

但是,所有这些因素都是不足为凭的。在芝加哥,离湖滨公园只有一两个街段的地方,你可以看见一些街区。这些地方离一些少数族裔的聚集区还远得很,里面到处绿草茵茵,让你直想在上面打几个滚,那里的建筑坚实牢固,而且很有气派。但是,这里到处挂着表示迁移的牌子:"出租","空房","出租房:永久或临时","欢迎来租","卧室出租","家具齐备出租房","出租房,没有家具","备有套房"等。这些住宅房想要找到租房者很不容易,但这个城市里,一些有色人种市民挤在破屋里,而且租费远远超出应有的价格,情形令人惨不忍睹。这些房子就差要乞求人们来租了,原因是它们只出租或出售给白人——而白人却又拥有足够多的选择，并不一定要住到这里来。这种尴尬局面的受益者，至少从现在来看，是从乡村移居过来的"乡巴佬"；他们的经济选择有限，而城市生活的经验更有限。他们的受益问题重重：他们占有了这些街区，但同时这些地方也因此会变得更为单调和危险，因为他们对城市生活的不熟悉最终会赶跑一些比其更有能量、更为成熟的居民。

需要指出的是，故意设置一个圈套，使整个街区的人离开，换另一批人进来，这样的阴谋确实存在。一些房地产商通过欺骗的手法从惊慌的白人手中低价买来房子，然后再以极高的价格出售给那些长期无房居住、到处打游击的有色人口，从中捞上一大笔。但是，即使是这样的欺诈行为，也只是在早已经停滞和没有活力的街区才行得通。(有时候，如果进来的有色人种市民比离开的白人更有能量，在经济上更有力量，这样的行为会出人意料地推动街区条件的改善，但在另外一些时候，这种故意欺诈的行为会带来另一种后果：一个冷漠、冷清的街区被一个拥挤不堪、乱成一团的街区取代。)

由于一些拥有选择能力的人的离开，造成了贫民区街区缺乏活力，而贫民区里的居住者和从他处移居此处的贫民们却在承受着城市的失败，如果没有他们，贫民区缺乏活力这个问题将仍旧存在，而且也许还将变得更加严重。这样的情形可以在费城的一些地方看到：在一些没有生气、停滞现象严重的街区里到处可以见到一些空荡荡的"体面、安全和卫生"的住宅。这些地方的原居住者搬到了新的街区，但那些地方本质上与他们搬出的街区并没有什么两样，唯一的区别只是那些地方还没有成为城市失败的一部分。

今天我们很容易看到贫民区是在哪儿开始形成的,在其形成的区域里,街道是如何单调、灰暗和缺少变化,因为这一切都在我们眼前发生。我们不容易发现的——因为它发生在过去——是

274 这样的事实:缺乏有生命力的城市特性通常是贫民区现象发生的初始原因。这个事实在传统的关于贫民区改造的文献里找不到。此类文献——林肯·斯蒂芬斯的《自传》就是一个很好的例子——确实是关注到了一些贫民区的问题,但那些贫民区早已经解决了最初的缺乏活力的问题(但是同时又遇上了别的麻烦)。我们经常可以看到这样的例子:某个贫民区因为人口众多而显出乱哄哄的样子,但因此就会传达出一种极其错误的信息,即这样的地方会被认为不可能有什么变化,现在是贫民区,将来也会是贫民区,除非将其连根拔掉。

我现在居住的这个曾是贫民区的地方,在20世纪的头几十年里就是这么一个人口众多的地方;这儿的街帮"哈得孙扫荡者"在整个城市臭名昭著,但是此地的贫民区生涯并不是开始于这种混乱之中。我们可以从离此地几个街段的一个圣公会教堂的历史中了解这个贫民区的形成过程,时间大概是在一个世纪以前。那时,这个街区曾拥有农场、村庄街道和一些避暑的房屋,后来这里发展成一个半郊区,再后来就融合进了这个城市的快速发展之中。街区的周围全是黑人和欧洲移民,无论是从社会方面,还是从实际情况看,街区都不具备应付这种情况的条件——显然没有今天的半郊区这样的条件。于是,先是一些参加教会的家庭三三两两地离开了这个安静、漂亮的地方——至少从照片上看是如此。这个圣公会教堂留下来的那些人开始惊慌了,最后也大批大批地离开。教堂建筑移交给了三一教区,后者把它改为一个传

教和慈善会堂，专为大量涌入的占据了这个半郊区的穷人的传教之用。迁移走的圣公会在上城区更远的地方重新建了一个教堂，并在所在地又重新开辟了一个街区，很安静，但极其没有生气，单调乏味。这些迁移者在什么时候又接着制造了下一个贫民区，我们现在还无从知道。

令人惊讶的是，在过去的几十年里，贫民区形成的原因和发生的过程没有多少改变。唯一不同的是，现在那些不想在这里待的人走的速度更快了，而贫民区也因此比原先还没有汽车的时代向外延伸得更远了。在那个时候还有政府做担保人的郊区发展计划，因此当街区出现了一些城市中常见的、不可避免的条件时（如陌生人的存在），一些有自我选择能力的家庭即使想离开，实际上也不是很容易办到。然而问题是，这些街区本身的状况使得它们没有办法把这些条件变成资源。

在一个贫民区刚刚开始形成的时候，那里的人口会迅猛增长，但这不表明任何受欢迎的程度。相反，这表明那儿的住宅正变得拥挤不堪；这表明那些为贫困所迫，或受到歧视，没有选择余地的人正在涌入这个不受欢迎的地方。

住宅单位的密度本身可能会增长，也可能不会增长。在一些年代久的贫民区里，住宅单位密度一般都会增长，因为建了很多廉租的经济公寓。但是住宅密度的增加实际上并不会降低过度拥挤的程度。相反，随着高密度住宅里的拥挤程度的增加，整个人口比例大幅上涨。

人口的迁出是造成贫民区的原因，一旦一个贫民区形成后，迁移这种现象并不会减弱，而是将继续下去。正如像贫民区形成前的情况,会出现两种迁出情况。一些成功人士,包括一些只是口袋里稍稍有了一点钱的人会持续不断地离开。但同时也可能会有这样的情况,即在某一个阶段里,当人口的整体经济状况稍稍有点好转时,会出现大批人的迁出。这两种情况都有很大的破坏力,但显然第二种比第一种更危险。

过度拥挤这个表明人口不稳定性的征兆,也将继续下去。过于拥挤的存在不是因为太多的人留在这里,而是因为很多人的离开。一些有能力拥有克服这种状况的人不是选择在这里想办法改善他们的条件,而是选择离开。紧跟着他们进来的是一些目前还没有多少选择的人。在这种人口数量变化迅速的情况下,住宅自然会形成居住状况不成比例的情形。

在这种状况下,"永久性贫民区"的居住者会经常发生变化。有时候,这样的变化值得引起关注,因为由经济条件变化而引起的迁出和迁入会带来族裔的变化。但是,这样的迁出和迁入在所有的贫民区都会发生,包括几乎全是少数族裔的地方。比如,像纽约哈莱姆中心区这样的黑人贫民区在相当长的时间内一直都会成为黑人贫民区,但是会在人口比例上有很大的变化。

居住者经常不断的迁出造成的后果,自然不仅仅是一些等人来住的空置房屋。这种行为造成的是整个社区永远处于一种原始的状态中,或者是处于一种无助的"婴儿"时期,或者是向着这种状态倒退。住宅建筑的年代并不表明一个社区的年代或历史,一个社区的标志是居住者的连续性。

从这个意义来说,一个"永久性贫民区"总是在后退,而不是前进,这样的情况则更加剧了其他存在的问题。在有些"集体"迁出和迁入的情况里,人们可以感觉到,似乎他们重新开始的不是一个社区,而是一个你争我夺的"丛林"。这种情况尤其发生在新来者大批涌入的时候,一切都重新开始,但他们之间却很少有共同之处,而那些寡廉鲜耻、手段厉害的人则会趁机行事,把整个社区的游戏规则控制在手中。如果哪个人不喜欢这样的"丛林"规则——几乎是涉及每个人,因为这种地方人口的变化基本上是全社区范围的——那么他要么尽其所能尽快搬离,要么就是每天梦想着早点离开。但是,即使在这种似乎不可救药的情况下,如果社区里的人口能够被留住,那么情况的改善还是会缓慢地开始的。我知道纽约的一个街道就属于这种情况,但问题是要想让有足够多的人留在那里不走则比登天还难。

有些地方是按照规划形成的区域,但后来成了贫民区,而有些贫民区则位于没有经过规划的地域。无论是哪种,这种朝后退的现象都会发生。一个主要的区别是,在经过规划的贫民区里不会出现无限制的过度拥挤现象,因为在这些地方住宅里居住者的数量是有规定的。刊登于《纽约时报》的关于少年犯罪的系列文章中,哈里森·索尔兹伯里描述了发生在低收入住宅区的怪圈的一个关键环节:

> 在很多情况下……新的砖墙和铁栅把贫民区封闭了起来。在这些冷冰冰的砖墙里面,人们见到的是恐惧和无奈。这里的社区努力解决了一个社会痼疾,但同时加剧了别的问题,甚至还导致一些新的麻烦。能否进入这种廉租住宅区,基本上是由收入的水平决定的……宗教和肤色能造成人们之间的隔离,但在这里,隔离不是因为宗教和肤色,而是完全因为收入这把双刃剑。它对

277 　社区的社会结构造成的后果在相当长的时期内都不会
消失。那些有能力、条件开始好转的家庭常常不得不离
开这里……经济和社会状况开始恶化……一个导致社
会弊病的条件开始形成,社区不得不依靠持续不断的外
来帮助。

　　那些经过规划的贫民区的开发商最希望的是,随着时间的推
移,这些贫民区会自我改善。但就像是在非规划区域的贫民区里
发生的情形那样,时间并不能带来良好的期望,相反,时间越长情
况越糟。因此,正如人们可以预料的那样,那些封闭的贫民区中
情况最糟糕的永远是那些年代最久的低收入住宅区,这与索尔兹
伯里的描述是一致的。在那些地方,"永久性贫民区"持续不断地
后退的现象早就开始了,而且持续的时间最长。

　　现在,这样的形式出现了一些改变,但那是一种不祥的征兆。
随着规划区域的贫民区的增加,以及在新住宅区里重新安置的人
口比例的上升,有时候这些新住宅区在刚开始时就已经沾上沉
闷、消极的气氛,那种老住宅区或非规划区域的"永久性贫民区"
才有的氛围——似乎还在它们的孩提时期,它们就早已经注定要
经历变化无常的分化和瓦解。这也许是因为很多居住者早已在
他们原来居住的地方有过这样的经历,因此自然也就会像携带行
李一样把这种情绪带到新的地方。联合社区的艾伦·卢里女士
在描述一个新住宅区时这样写道:

　　　　通过对那些新租户(这些家庭被安置在公共住宅
里,因为他们的原住地被城市改造占有了)的访问,很容

易得出一个结论。这些心情郁闷的人对住宅当局强制把他们赶走很不满，他们完全不明白让他们迁移的原因。在这个新的环境里，他们感到孤独和没有着落。面对这样的居住者，管理当局的难度并不亚于对一个大型住宅区的管理，这是一个可以让他们伤透脑筋的任务。

无论是迁移贫民区还是封闭贫民区，这两种方法都不能突破使贫民区永久化的关键环节——很多人过快地离开贫民区这个趋势。这两种方法只是加剧和加快贫民区后退的速度。只有非贫民区化才能解决城市贫民区的问题，而实际上这个过程已经改变了一些贫民区的状况。如果非贫民区化过程还没有出现，那就让我们来创造这个条件，使其出现。但实际上，它已经存在，而且还发挥了作用，因此现在要做的是让这个过程发生得更快一点，在更多的地方发生。

非贫民区化的基础是创造一个活跃的气氛，使得贫民区里的人能够享受城市的生活和人行道上的安全。最糟糕的是贫民区里沉闷单调的气氛，这样的情况只能会使一个地方贫民区化，而不是相反。

贫民区里的人是不是应该自愿留在贫民区里，即使经济条件已经允许他们离开这个地方？这主要与他们个人生活的满意程度有关，而这正是规划者们和城市的设计者们不能直接触及或者控制的领域——他们本来就不愿意这样做。留还是不留这种选择与贫民区里居住者的人际关系有关，他们相信他们自己做出这种选择的理由，这关乎他们自己的生活价值——什么是重要的，什么是不重要的。

但是，间接地说，影响留与不留的一个明显因素是街区的现实条件。安全不仅仅是口头上说说而已，应该落实在实际中，让人们远离恐惧——这是一个人人都需要的条件。那些街道空荡荡、走在那儿让人心惊胆战、人人都有一种不安全感觉的贫民区，自然不会自动进入非贫民区化的过程。从另外一个角度来说，那些留在尚未进入非贫民区化过程的贫民区里，并且在本地街区里改善了自己条件的人，经常会提到他们与街区或街道的一种紧密的关系。这是他们生活中的一个重要部分。他们会有这样一种感觉：他们的街区在世界上独一无二、不可替代，尽管有缺陷，但其价值是别的地方没有的。他们有这样的想法是完全正确的，因为使一个城市的街道或街区充满活力的诸多因素和特性，总是独特、复杂有序，并拥有不可复制的原创价值。已经非贫民区化的或正在进行非贫民区化的街区是一些非常复杂的地方，与那些简单的，往往是非常类型化的地方大不相同。后者正是容易形成贫民区的地方。

当然，我并不是说，所有能够拥有足够多样性、吸引人以及便利生活条件的贫民区都能自动进入非贫民化过程。有些并不能——或者更进一步地说，有些确实开始了非贫民区化的过程，而且还经历了一段时间，但是最后结果表明这个过程是不实际的，因为存在着太多的障碍（大多数是财政方面的），需要的变化太多了。结果，这些地方不仅没有前进反而后退了，或者也许被消灭了。

有些贫民区居住者与街区的紧密关系会促使非贫民区化的发生。但不管怎样，这种关系在非贫民区化开始前就应该存在。

如果人们是出于自愿选择留下来，那么他们在选择前就应该建立起了与街区的紧密关系。如果再晚点那就太晚了。

人们做出自愿留下的选择后，街区会出现一些变化。其中表明这种变化的一个早期征兆是人口的下降，但并不伴随着住宅空置率的增加或住宅密度的下降。简单地说，就是在一定数量的住宅里，居住者的人数下降了。矛盾的是，这其实是此地开始受到欢迎的信号。也就是说，曾经是拥挤在一起的居住者，因为经济条件的好转，开始就地解决过度拥挤的问题，而不是采取离开的方法。后者的结果是，一批新人涌入街区，开始新的过度拥挤的过程。

当然，人口的下降同时也表明一些人的离去，这是很重要的一点（我们很快就会看到这种重要性）。现在需要指明的是，在很大程度上，这些人离开后留下的地方，被那些自愿留下来的人占有了。

我住的街区曾经是一个爱尔兰人聚集的贫民区，显然，那儿的非贫民区化的过程早在1920年就开始了。从人口普查表上可以看出，在1910年，人口从6500人（最高峰）下降到5000人。在大萧条时期，人口稍稍增加了一点，因为很多家庭聚集到一起。但到了1940年，人口又下降到了2500人，这个数字一直保持到1950年。在这期间，很少有建筑被拆毁，但是有一些建筑得到了加固和整修；不管是什么时候，这儿都很少有空置的住房，而且从总体来说，这里的居住者大多是在1910年时就已经住在这里的人以及他们的子孙。当人口下降到差不多高峰值的一半时，总的来说，这表明过度拥挤的程度开始减轻，也就是说，非拥挤化过程开始在一个高密度单位的街区里发生了。从间接的角度看，这个过程可以表明收入的增加以及自我选择留在这里的人的增多。

280　　　在格林尼治村所有的正在经历非贫民区化过程的街区里，也出现了同样的人口下降的现象。纽约的南村是意大利人聚集的贫民区，曾有着难以想象的拥挤程度，这里的人口的数量从1910年的1.9万下降到1920年的1.2万，在大萧条时期，又上升到大约1.5万。这以后，随着经济条件的转好，人口又往下降并且维持在9500左右。就像发生在我所在街区里的情况一样，这种表示非贫民区化过程开始的人口下降并不是因为原有人口的离开和新的不同的中产阶级人口的到来。我选择这两个例子是想说明人口下降与拥挤程度减轻之间的关系，但同时，住宅单位的数量并没有什么变化，儿童人口的比例比总的人口下降比例要稍稍少一点；总的来说，这个数字恰恰就与留在街区里的家庭的数量是一致的。[1]

波士顿北角区的拥挤程度缓解的过程与格林尼治村贫民区非贫民区化的过程有着非常一致的地方。

衡量一个地方是否已经发生了非拥挤化过程，或正在发生，一个地方人口的下降是否表明这个地方开始受到欢迎，标准之一是要看人口的下降有没有导致明显的住宅的空置。比如，在纽约下东区的一些地方（绝不可能是下东区所有的地方），20世纪30年代下降的人口中只有一部分是非拥挤化过程的结果。这个过程实际上导致大量的住宅空置。当这些空置的住宅又住进人时，

---

[1] 格林尼治村一些地方的居民大多是中产阶级或高收入者，这些地方从没有成为过贫民区。从这些地方的人口普查表上可以看出，在同样的年份里，这里的人口并没有下降，因为这里并没有过于拥挤的现象，所以也没有人口可以下降的人口数量。相反，从表上可以看出，人口比原先增多了，在有些地方增加的幅度还很大，这主要是因为住宅单位本身的增加——主要是公寓住宅。但是，儿童人口的比例（总是保持**比较低的**水平）并没有得到相应的增加。

就像预料中的那样,过度拥挤的现象会重新产生。这些空置住宅的出现是因为一些有选择能力的人离开了这里。

当自我选择留在贫民区里的人足够多时,其他一些重要的现象也会开始发生。

整个社区本身的能力和力量得到了加强,部分原因是人们之间有更多的信任和交流,最终的一个结果(这需要更长的时间)是社区变得不是那么守旧了。这些在第六章里谈到街区时讨论过了。

在这里,我要重点强调第三个变化,即那种地区狭隘观念的最终消失。这样的观念变化也是居住者经历多样化的一个过程。那些留在正在经历非贫民区化街区里的人,在经济条件和教育程度上发生了相应的变化。大部分人的条件都会获得改善,有些人改善很多,而另一些人则什么改善也没有获得。随着时间的推移,街区的外部条件也会发生变化,活动增多了,有技能的人增多了,吸引人的景致增多了,人际交往增多了。

如今的城市官员们整天在喋喋不休地议论着"怎样把中产阶级请回到城市里来"。原先在城市里的人不是中产阶级,只有等到他们离开城市——在城外购置上一座大房子,在屋外草地上可以做烧烤——由此变得显贵起来,似乎只有这样,他们才称得上是中产阶级。城市根本不需要去请什么"中产阶级回来",而且还要像保护贵重物品一样严加保护。城市原本就会产生中产阶级。但是,需要做的是,在其成长的过程中要对其加以呵护,在城市人口多样化的形成过程中,把它视为一种起稳定作用的势力。这样做其实是要看到城市人的价值,他们完全可以在原本所在的地方发展成为中产阶级。

在经历非贫民区化过程的街区里，即使是那些最贫困的人也能从中有所获益——因此，城市也从这些人中获得了收益。在我所在的街区里，如果没有这样的过程，一些最不走运或最没有想法的人就有可能成为永久贫民区的居住者，但现在让他们感到幸运的是他们逃脱了这个命运。再者，尽管按照普通标准来衡量，这些处于底层的人与成功根本不沾边，但是在他们的街区里，他们中的大部分人是成功者。他们在城市街道的安全监视和管理方面投入了大量的时间，以至于我们中的很多人没有他们就无法生活。

在经历非贫民区化或已经是经历过这个过程的贫民区里，常常会增加一些新的穷人或情况不熟悉的新移民，这是很正常的事。我在本书的导言中提到的那位波士顿银行家曾挖苦北角区，因为"那个地方还有新的移民进来"。这种情况也发生在我所在的街区里。这其实正是非贫民区化过程发挥的一个很大的作用。一个有文化的街区应该彬彬有礼地接受初来乍到者，不应该视其为洪水猛兽。这些人被同化的过程是一步一步逐渐进行的。那些移民中——在我们的街区里，这些人刚巧大多是波多黎各人，他们会在不久的将来成为优秀的中产阶级人士，城市缺不了这些人——免不了移民会有的这样那样的问题，但是至少他们可以免去了在那些"永久性贫民区"里的人将经历的身心备受折磨的过程。他们会很快融入街道的公共生活，对他们自己的生活目标信心十足，而且会成为街道生活的积极分子。换个环境，如果这些人身处在那些"永久性贫民区"里，成为注定要离开的人潮中的一部分，那么根本就无法想象他们能发挥现在这样的作用。

其他从非贫民区化过程中受益的人是一些有自我选择能力的新来者。他们可以在城市中找到一个适合他们的地方，而这个地方又恰好非常适合城市生活。

这两种新来者都会有助于一个正在经历非贫民区化或已经是非贫民区的街区人口的多样化。但是，新来的人口多样化的基础是原有人口本身的多样化和稳定性。

在非贫民区化过程的开始，贫民区里一些最成功的居民（或他们成就出色和有远大抱负的孩子）一般都不太愿意留在贫民区里。非贫民区化过程是从那些获得了一些利益，情况开始稍稍好转的居民那里开始的，同时开始经历非贫民区化过程的是那些与社区有着紧密关系的人，这成为他们留在贫民区里的第一因素，而他们自己的利益则退居为第二因素。随着时间的推移，随着情况的改善，对留在贫民区里的人而言，成功或远大志向的起点都会明显地向上攀升。

我认为，一些最成功或是最有能量的人的离开对非贫民区化而言，也会以一种特定的方式变得必要。他们中的一些人选择离开是因为种族歧视的问题——一个大多数贫民区都要面对的问题。

今天，最严重的种族歧视自然是对黑人的歧视。从某种程度上说，今天我们所有的大型贫民区都得与这种非正义现象做斗争。

一个贫民区之所以是贫民区，就是因为一些有追求精神和尊严的人，特别是一些不愿放弃希望的年轻人不情愿留在那里。尽管他们实际的居住条件和社会环境也许还不错，这都是一个事实。他们也许不得不待下来，他们也许会在贫民区里有不同程度

283

的发展。但是这种情况与自我选择留下来,与那种因为和社区有一种不能割舍的紧密关系而留下来的情况大不相同。贫民区里很多人并没有放弃希望或有失败者的感觉,在我看来,这是很鼓舞人心的事;在我们的生活里有很多人总是有一种优等种族的心理,导致很多社会问题,让我们忧虑不止。但即使是那样,一个不能回避的事实是,在贫民区里住着很多有志气的人,他们并不喜欢任贫民区这种情况永远存在下去。

当那些被歧视者的后代因为他们出色的成就而使贫民区外的社会明显改变了态度时,他们原先居住的贫民区就会感到卸下了一个重负。一个变化是住在这里不再是社会地位低下的标志了,而也可以是真诚的自我选择的彰显。例如,在波士顿北角区,一个年轻的屠户非常认真地向我解释说,住在这里已没有什么不好的感觉了。为了表明他说的是真实的情况,他把我带到他的店门口,指着街段里边一幢三层楼的联排住房对我说,住在那里的一户人家刚花了两万美元(全部是他们储蓄里的钱)翻新了他们的住房,他接着说:"那个人现在可以住在任何地方。如果他愿意的话,他可以到一个高档次的郊区去。但是他愿意住在这里。你知道,住在这里的人并非是别无选择。他们喜欢这个地方。"

在贫民区外,住宅歧视正在得到有效的根除,但与此同时,在进行非贫民区化过程的贫民区里,多样化的发展却并不那么迅速。就黑人的情况而言,现在,如果在这个过程中美国暂停,或者干脆停止了前进——一个我认为既不可能,也不能容忍的想法——那么一个可能出现的情况是,黑人贫民区就不能进行有效的非贫民区化的过程,不能像其他族裔居住的或有多个族裔混居的贫民区那样进行非贫民区化的过程。果真如此,城市遭受的打击将是令人担忧之事中微不足道的一件而已,更为严重的则是经济的活力和社会的变革遭受的影响。非贫民区化是城市经济和社会变化以及其他方面的欣欣向荣带来的必然结果。

当一个地方已经经历了非贫民区化过程并且已经摆脱了贫民区面貌后,人们很容易忘记它的条件曾经是何等恶劣,人们曾经是如何对其不抱希望。我所在的地方曾经就是这样一个街区,一个被认为是毫无价值的地方。我认为没有理由不相信黑人贫民区能够进行非贫民区化,而且,如果得到大家的理解和帮助,这个过程还应该要比那些年代久远的贫民区更快。就像一些经历了这个过程的贫民区表明的那样,消除贫民区外面的种族歧视的过程应该和贫民区内的非贫民区化过程同步进行。不能等着另一个取得突破后,这个才开始行动。消除种族歧视取得的每一个进步都会有助于非贫民区化的过程,而贫民区内取得的每一个进展都会有助于社会消除种族歧视斗争的深入。这两者应相互依赖,相互驱动。

非贫民区化需要的内在资源,如很多人身上表现出的进取心和自我多样化的过程,在黑人身上也明显地体现出来,不管是仍住在贫民区的黑人还是曾经住过贫民区的黑人。白人拥有这样的内在资源,黑人一点也不少。从某些方面来看,黑人比白人甚至表现得更明显,黑人都是要克服种种障碍才能出人头地,这都是有目共睹的事实。事实上,许多黑人进取心强,具有自我多样化的能力,他们不愿居住在贫民区里,因此,我们很多城市中心的区域已经失去大批黑人中产阶级,它们已经经受不起这样的损失了。

我认为我们的城市中心区域仍将持续快速地失去黑人中产阶级,甚至在其还没有形成以前就已经失去了他们,除非对一个黑人来说，留在贫民区的选择不再意味着是对贫民身份和地位的暗自接受。简而言之，非贫民区化或多或少要受到歧视的影响。我想在这里提醒一下读者（没有重复的意思），我在本书的开头第71页和第72页（此中文版边码）里曾讲述过城市街道用途和街道生活的城市特性与消除住宅歧视的可能性之间的关系。

尽管我们经常说我们美国人接受变化的速度是很快的，但这恐怕并不包括思想观念的变化。几代人的时间过去了，但在贫民区外的居住者仍死抱着那些对贫民区及其居住者愚蠢陈旧的看法不放。那些悲观主义者似乎总是能够在目前居住在贫民区里的人身上发现一些他们觉得低劣的东西，而且还可以信誓旦旦地指出这些人与先前来的移民之间存在的可怕的差别。而那些乐观主义者则总是坚持认为，贫民区的问题总可以通过住宅计划和土地使用的改革，以及增加足够多的社工的方法得到解决。很难说，这两个简单化的观念哪一个更愚蠢。

一个地方居住者的自我多样化会在商业和文化的多样化里体现出来。单单就收入的多样化这一个问题来说，就会对商业多样化产生一定的影响，而且这种影响往往从最简单的地方开始。举个修鞋匠的例子。在纽约，有一个老街区被清除掉了，取而代之的是新建的低收入住宅项目。这个修鞋匠一直在坚持着。尽管在项目建成后的很长时间里他满怀希望地等待着新顾客的到来，但最后他还是得停业走人。他向我解释说，"以前我修的鞋都是一些很坚实的靴子，是有一份职业的人穿的鞋，即使破了也都值得一修。但现在来的，即使是有工作的人**都**很穷。他们穿的鞋很差，破得都要散架。他们把这样的鞋拿来给我修，你看，拿它们

285

怎么办？从头到尾彻底重做？但即使修好，他们也付不起工钱。我在这里没什么用。"原先这个地方也是穷人居多的情况，但至少有一些人挣了点小钱，而不是像现在这样一色的赤贫。

有些时候，人口的大幅下降是随着非拥挤情况的出现而产生的，在这些地方的非贫民区化过程中，人口的下降与收入的多样化有着直接的关系——有时候，则与来访者的增加以及与别的街区和城区间的互相利用的大量增加有关。在这种情况下，人口的大幅下降（当然是逐步进行的，不是突然间发生的）并不会对商业带来不利的影响，相反，在非贫民区化的过程中，商业场所都会明显地增加。

在**大部分人都**很穷的情况下需要集中的人口密度，以产生真正丰富的多样性。我们的一些老贫民区就是通过在已具备很高住宅密度的条件下，再增加人口密度的方法来解决这个问题，当然，这样的做法要与其他三个生发多样性的条件结合在一起。

286

成功的非贫民区化的过程是指有足够多的人愿意待在这个地方，表现出对这里的依赖，而且也是指现实条件能够让他们在这里待下去。但有时候会有现实条件不具备的情况，就像是一块大岩石，很多正在经历非贫民区化过程的贫民区则是一些大船，它们会在这块岩石上被撞得粉碎。现实条件的不具备往往与资金的不到位有关，这些资金可用来改善状况，修建新的建筑，用于商业场所的目的。有时候，这些需求非常紧迫，如果做不到往往会产生严重的后果。随着时间的推移，现实条件的不具备还与在经历非贫民区化过程的贫民区里难以产生变化（尤其是细节上的变化）有关。我将在后面两章讨论这个问题。

　　除了这些微妙、细小但影响巨大的障碍外,在今天,非贫民区化过程面临的最常见也是最终极的打击则是"消灭"。

　　如果某个贫民区经历了自我解脱过度拥挤状况的过程,那么这个事实本身就会招来很多注意力,使得这里成为城市"重建"的首选之地,由此它将经历全部或部分被清除的过程。与贫民区里过度拥挤的可怖景象相比,"让这些人换个新地方"这个问题显得简单多了。此外,这个地方虽是贫民区,但社会环境相对来说还算健康,这本身就会成为被清除的对象,以便让一些高收入的人进驻这里。似乎这是一个"把中产阶级请回来"的理想的地方。与那些"永久性贫民区"不同,这是"一个非常适合重新开发"的地方,似乎在这块地区存在着一些神秘的文明种子,它们会在这里开花结果。甘斯曾描述过波士顿西端一些充满活力、稳定、租金低廉的贫民区被"消灭"的过程,他对这些地方的评论也适用于其他正在进行重新开发的大城市:"同时,城市里一些更老的住宅区则破落不堪,危害无处不在,但这些地方很少会被摆上重建的日程,因为开发商对这些地方根本就没有兴趣。"

　　规划者、建筑师或者是政府官员这些人从不会感到"消灭"那些正在经历非贫民区化的贫民区有何不妥,他们从来不会对这种行为产生怀疑,因为在他们被训练成这个行业的"专家"的过程中,从来没有接受过怀疑这个过程的思想。相反,这些人之所以成为所谓的"专家"就是因为他们会去那么做,而且态度坚决,因为一个正在成功地进行非贫民区化的地方会不可避免地表现出其本身的一些特点——如它的布局、用途、土地使用情况、混合用途以及其他活动等等,而这些恰恰是与光明花园城市的理念格格不入的。可是,也正因为如此,这个地方才能进行非贫民区化的过程。

从另一个方面看，一个正在经历非贫民区化过程的贫民区还有另外脆弱的一面。在这个过程中，没有人会发什么大财。城市里有两个能挣钱的地方，一个是失败的"永久性贫民区"，另一个则是高租价或高费用地区。一个正在非贫民区化的街区不会在金钱上有什么大的收益，也许在这之前它能有不少收益，比如可以在贫民区的房东身上打主意，而后者则会在那些新来乍到、尚未同化的新移民身上弄到不少钱，但现在做不到了。此外这个地方也不是那些干邪恶勾当的人（如贩卖毒品，或以保护之名敲诈勒索的人）能够有大把钱进账的地方。另一方面，这个地方也并没有在土地和房屋的价格上做文章，来获得一些利益，这样做无疑与多样性的自我毁灭没有什么两样。整个非贫民区化的目的只是给街区里的人提供一个像样的、有生气的、充满活力的住处（这里的居住者绝大多数都只是处于很一般的生活水平），以及给这里众多的小企业或商业主提供一个普通的谋生手段。

因此，唯一对这种"消灭"行为——特别是那些尚未吸引有选择能力的新来者的正在进行非贫民区化过程的地方——持反对态度的，是那些在贫民区里有自己的生意，或者是居住在那里的人。如果他们向那些不理解他们的"专家"解释，试图告诉他们这里是个不错的地方，而且正在向更好的方向发展，那么没有人会理睬他们。在每个城市，这样的抗议声只会被当成一些目光短浅、挡住前进步伐、妨碍高额税收的人发出的几声号叫而已。

非贫民区化的过程被认为依据于这样一个观念，即这是一种大都市的经济策略，如果进行得好的话，它会给城市带来很大的变化,会不断使穷人变成中产阶级,使很多文盲变成有技术(或者甚至是有文化)的人,使很多新移民变成有应付能力的市民。

在波士顿,有几个来自北角区以外的人向我解释说,这里发生的状况改善的现象不正常,是一种怪异现象。他们的理由是"北角区的居住者都是一些西西里人"(言外之意当然是这些人是做不出什么来的)。当我还是一个小姑娘时,来自西西里的一些人及其后代就居住在贫民区里。因此,就有了这种说法。其实,发生在北角区的非贫民区化和自我多样性过程与居住者是否来自西西里根本没有关系。与之相关的是这个城市的经济活力,以及这种活跃的经济条件产生的选择和机会(有些很好,有些不怎么样)。

288 这种活力及其效应——完全不同于那种遥远的、记忆中的乡村生活——在我们的大城市中非常平常,以至于很多人都想当然地认为它原本就存在,而不会去追寻其来源。奇怪的是我们的规划理论和实践却并没有把这种现象视为确确实实的现实存在而将其纳入它的体系,同时让人不解的还有城市规划既不尊重城市人口中的多样性的自我产生,也不想办法来提供产生的条件,更让人不解的是城市设计者们既没认识到这种自我多样性的力量,也不会对因需要表达这种力量而产生的"审美"问题有所关注。

我认为,这些让人百思不得其解的思想观念问题,需回到花园城市漏洞百出的理念上,才能弄清楚它的来龙去脉,城市规划和城市设计其他很多没有引起人们注意的问题源自同样的出处。埃比尼泽·霍华德关于花园城市的理念简直就与"封建"思想没什么两样。他似乎坚信产业工人阶级永远就是工人阶级,甚至做同一工作的人一辈子就会在这个工作岗位上,清清楚楚,不会有变；农业工人则永远只能干农业这一行，而商人（那是敌人）在他的乌托邦概念里则根本就不占什么重要的地位；规划者们尽可以放心地去实施他们美好伟大的规划，根本不用理睬那些说"不"的意见，因为提出这些意见的人都是一些"外行"。

19世纪新兴工业和大都市社会的出现带来很多流动现象，权力、人口和资金都在变动，所有这一切都让霍华德及其忠诚追随者（如美国的非中心主义者和地区规划者）深深地不安。霍华德想做的是把权力、人口、用途和资金的增加都"冻结"起来，然后将其安排在一个处于静态的形式中，控制起来易如反掌。事实上，他想要的形式早已经不合时宜。"如何使整个国家摆脱变来变去的状态是当前面临的一个大问题。"他说，"对于那些做工的人，可以让他们回到土地上去，但是怎样才能让整个国家的工业回到英国的乡村去呢？"

霍华德的目的是要牢牢控制那些不知道从哪儿冒出来的城市新商人和企业家，这些人让他感到很困惑。怎样让那些人的活动限制在一个固定的范围内，不让他们随处活动，除非在一个垄断性的团体的同一指令之下——这是霍华德设置花园城市的主要构想和意图。城市化和工业化的结合表现出的强大的力量使霍华德感到害怕，并试图拒绝看到这种力量。他不让这个力量参与解决贫民区的非贫民区化过程。

一边是那些无私的、满脑子利他主义的、新兴贵族类的规划专家们正在进行恢复静态社会的努力，一边是美国社会正在对贫民区采取的"消灭"、迁移和封闭的方法，似乎在这两者之间看不到有任何联系。但是，这些行为背后反映的正是那种"封建"的规划思想。这种思想从来就没有人去重新评估过，而是被用来处理 20 世纪的城市的现实。这也正是为什么美国城市的贫民区在经历非贫民区化的过程中根本没有理会这种思想，因为非贫民区化的过程是与城市规划理念背道而驰的。

在贫民区里，总有一些人的收入与贫民区里的人应有的"收入"不吻合。这个现象让现行规划理论很困惑。为了要让他们的理论自圆其说，他们于是发展出一种"奇谈怪论"。按照他们的说法，这些人是受害者，被困在贫民区里了，应该有人从外面助其一臂之力（那些得到了一些虚情假意的帮助的人其实有很多话要说，因为法律的缘故，不能在这里细说）。根据那种"怪论"，让他们迁出贫民区对他们大有好处，可以强迫他们改善自己的状况，即便他们会对此表示抗议。但是，所谓的"改善"其实是让他们自己给自己估个价，然后在一个挂着价格标签的人口群体中找到自己的位置。

因此，从现行的规划和重建理论的角度（那其实是一种晦涩的、谁也弄不明白的"智慧"）来看，非贫民区化以及随之而来的自我多样化——其实很可能是存在于美国大都市各种活跃的经济成分中最具再生力量的一股势力——代表了经济和社会的混乱和无序，它们实际上正是这样被对待的。

十六　渐次性资金和急剧性资金

　　到现在为止，我们的讨论一直是在围绕着成功城市的**内在机**制进行。打个比方说，我一直在从土地、水、机器、种子和要得到好收成所需的肥料的角度讨论如何种田的问题，但是关于这些东西的资金来源，我什么也没有说。

　　要想了解购买农业必需品所需的资金来源的重要性，我们首先要理解农作物成长过程中的需求的重要性，以及弄明白这些需求到底是什么。如果缺少这种理解，我们或许会忽视如何在资金上支持一个有效的供水系统的问题，相反却会满怀热情地把资金投在建一个庞大的篱笆墙上面。或者说，我们知道水的问题很重要，但对水的来源的问题却很不清楚，在这种情况下，我们很可能会把资金花在祈雨舞上，而对购买必要的输水管却没有安排。

　　资金有其自身的局限。有些城市缺少内在成功的机制，在这些地方，用钱也买不来这种机制。更进一步说，在有些地方，钱会破坏产生内在机制的条件，在这种情况下，钱只能带来很大的祸害。但是，从另一方面说，有了钱就能满足一些需求，从这个意义上说，资金能够帮助建立城市内在的成功机制。事实上，缺了钱什么也做不成。

因为这些原因，可以说资金是一股强大的势力，既能造成城市的衰退，也能促使城市的再生。但是，有一点必须要弄明白，问题不仅仅是资金能不能到位，而是它是怎么来的，目的是什么，所有这些都是重要的问题。

城市里存在着三种资金，给住宅和企业提供金融支持，并左右在这两个方面发生的变化。这三种资金形成了一种强大的工具，没有一个城市能忽视它们的影响。

第一种，也是这三种中最重要的，是来自常规的、非政府的借贷机构的信贷。从其资产多少来排列，这些机构中最重要的依次是：储蓄贷款社、人寿保险公司、商业银行和互助储蓄银行。除此以外，还有各类小型的抵押贷款机构——其中有些发展得很快，如退休基金。从现在来看，城市里（以及城市以外的郊区）进行的建房、改建、翻新、更换和扩展都是由这种资金来提供融资支持的。

第二种资金由政府提供，源自税收，或者是政府的借款能力。除了政府城市建设的一些项目外（这些传统上都是政府项目，如学校、公路等），住宅和企业有时候也是由这一部分资金提供融资支持。但是这部分资金还可以用来为项目提供部分融资，或者为其他贷款做担保，这使它的影响范围更广。这种资金的另一种用途是为了使私有资金进行城市改建和重建项目切实可行，以及联邦或市政府为土地的清空提供的帮助。这些资金还用于联邦政府、州政府或市政府资助的住宅项目。除此之外，联邦政府还会担保高达99%的由常规贷款机构提供的住宅抵押款——甚至还会从贷款商那儿买进由其担保的抵押款——条件是开发项目需符合联邦政府住宅管理局所批准的规划标准。

　　第三种资金来自非官方、非正式的投资,也就是说来自"地下世界"的现金和贷款。这种钱到底来自何方,什么渠道,怎么来的,都不得而知。这些钱的贷款利率非常高,起点就会高达20%,而且随行就市,市场能承受多少就会高达多少,有时候,利率加上中间人的费用竟会高达80%。这些资金在很多地方都能见到——其中有些实际上有建设性作用,而且也很有用——但是这些钱表现得最突出的地方是提供资金把一些平常的建筑转变成贫民区的建筑,从中获得高额利润。这种资金与贷款市场的关系就像是高利贷与个人借款的关系。

　　这三种资金在很多重要方面都会有不同的表现。每一种都会对城市的各种资产产生影响,左右它们的变化。

　　一方面,我们充分注意到它们的不同,尤其是政府和合法的私人资金与非正式的"地下世界"的资金之间在道德本质上的区别;另一方面,我也要指出,这三种资金的状况有相似的一面。总而言之,这些资金会在城市的急剧性变化方面有决定性影响,而相对来说,在渐次性变化方面的影响则很小。

　　"急剧性资金"是以一种集中的方式注入一个地方,使之产生大幅度的变化。相应的情况是,在一些被认为不会有大幅度变化的地方,很少能从"急剧性资金"得到金融资助。

　　打个比方说,对城市的大多数街道和城区来说,这些资金发挥的不是灌溉渠道的作用,不能为城市提供稳定而源源不断的支持。相反,它们的行为就如人类不能控制的灾害天气一样,不是带来使大地枯焦的干旱,就是淹没一切的洪水。

　　当然,这不是一种能使城市获益的方式。稳健的城市建设产生的是持续的、循序渐进的变化,需要建立的是一种复杂的形式多样的体制。多样化的增长来自互相依存的变化，而这种增长本身又会大幅度地产生各种用途的有效结合。非贫民区化的过程——确实需要加快现在这种缓慢进展的速度——其本身就是一种稳步的、逐渐变化的过程。城市建设会有一个刚开始的新鲜阶段，这个阶段过去以后，城市建设就应保持一种持久力，保证街道拥有的自由和支持市民的自我管理，这样的城市建设要求城市的各个具体地方能够拥有适应变化、更新自己、保持自身吸引力和提供便利的能力，与之相应的是逐渐的、经常的、有条不紊的多方面变化。

要使城市街道和城区处于良好的运转状况（也就是指能提供生发多样性的条件），并保持这种状态是一项不能操之过急的工作。但从另一方面看，不管在什么地方，这个工作永远都没有一个完结的时候，永远不会结束，不管是现在还是将来。

需要用于城市现在的建设，补充目前进行的项目的是"渐次性资金"。但是现在缺乏的正是这种不可或缺的资金。

这当然远不是一种不可避免的情形。相反，我们现在这样的情形是因为有些人费尽心机才会存在的。就像霍姆斯所说的那样，"不可避免"的情形是需通过很大的努力才能形成的。在使用给城市带来急剧变化的资金方面，更是如此。有个很明显的例子是，如果把鼓励和宣传在大规模快速重建方面的投资的资料收集起来，那厚度肯定会是本书的五十倍。但是，尽管已做了如此多的投资宣传，以及其他资料收集和法律认证等大量工作，城市投资的形式依旧非常累赘，在很多情况下，与其说是促进和有利于资金的使用，还不如说是设置了层层障碍，阻碍了资金的使用。在这种"急剧性资金"的投资背后肯定存在着很多利益驱使。就像美国商会主席阿瑟·莫特利在20世纪60年代后期的一次关于城市改造会议上所说的那样:"有些城市用联邦政府的钱圈了大片的土地,但并没有进行什么建设,以致联邦住宅和家园资助署成了最大的豚草种植者。" 294

像莫特利这样的冷峻的现实主义态度,当然与这种会议的精神是背道而驰的。这种会议的主题无非就是那些陈词滥调:"接受挑战",或"企业家的希望在于那些健康、美丽的城市",或者再加上这样一些听似明智的忠告,比如"在这个行业,未来投资的关键是利润因素"。

确实如此,在抵押贷款和城市建设资金的背后是对利润因素的关注——在大多数情况下,是对合法利润的合法的关注。但需要补充的是,在这些资金的背后还有关于城市本身的一些抽象的观念,这些观念决定了这些资金在城市的去处。就像公园的设计者或划分者那样,城市贷款的放债人也是按照某种意识形态观念去行动的。

让我们首先来分析这样一个情况:资金不足及其造成的影响。因为贷款资金不足是造成本可避免的城市衰退的一个原因。

"如果说课税的力量是摧毁性的,那么有着贷款权的机构就不仅拥有摧毁的力量,也拥有创造和转移方向的力量。"哈佛大学法学院教授查尔斯·M.哈尔在一份关于联邦政府对住宅建设投资的动机的分析报告中这样写道。

摧毁的力量是一种负面力量,这种力量掌握在拥有贷款权的机构或管理贷款的机构手中。这种力量常常表现为阻止贷款的到来。

为了理解这种行为对城市街区的影响,我们最好先来看一看发生在一些城市街区的"奇迹"——一种为了要克服这种影响而产生的奇迹。

波士顿北角区就代表了这种"奇迹"发生的地方。

在大萧条以及第二次世界大战后的时期里——一个基本上没有任何东西建起来的时期,作为一个申请抵押贷款的地方,北角区被一些常规贷款机构列入了抵押贷款黑名单,也就是说美国的贷款系统取消了北角区在住宅建设、扩展或翻新方面的贷款资格,就好像北角区不是美国的一个地方,而是澳大利亚的塔斯马尼亚岛。

从大萧条时期到被列上黑名单的三十年间,这个城区得到的最大一笔常规贷款只有三千美金,而且这样的款项还并不多见。在这种情况下,可以想象,即使是最富裕的地方也会抵挡不住这样的不利条件。如果出现什么物质条件的改善,那就只能说是"奇迹"了。

这样的"奇迹"真的出现在了北角区,因为北角区很有幸拥有一个特殊的环境。在北角区的居住者及其亲朋好友,还有在那里开业的一些从商人员中,刚巧有好些是专做房屋建筑这一行的:瓦工、电工、木工和房屋修理工等。这些人在很多情况下提供业余服务,在另外一些情况下则以以物换物的买卖形式进行服务,他们帮助更新和翻修了北角区的住宅房屋和其他建筑。这个方面的费用主要是建筑材料的费用,这种费用基本上可以用居民的储蓄来支付。在北角区,经商人员或者是房主们要想改善房屋条件必须手头先有钱,当然他们事先会预计好日后是不是会有收入抵销目前的支出。

简言之,北角区回到了那种银行系统还没有出现以前的以物换物或者是贮存东西以备万一的原始时代。这样做只是为了创造一个能够持续非贫民区化过程和社区生存的条件。

但是,这种方法并不能进一步涵盖新的建设项目所需资金支持。就像在城市中的其他地区一样,北角区也应该一步一步地引进新的建设项目。

但是,正如现实情况所表明的那样,北角区只有在同意进行一次性的、急剧式的重建和开发的条件下才能得到新的项目,可是这种形式的重建和开发只会毁灭街区已有的复杂系统,驱散这儿的人口,消灭这里的商业。[1]此外,与北角区的稳步、持续和更新发展所需的资金相比,这种变化需花费的钱要多得多。

芝加哥的"后院区"在被判"死刑"后仍然存活了下来,并且与以前相比还有所改进。与北角区不同,"后院区"能达到这种地步走的完全是另一条路。据我所知,"后院区"是唯一一个上了贷款黑名单(一种很多城市城区遇到的相当普遍的问题),却是通过直接的方式解决这个问题的城区。要想知道它是如何做到这一点的,有必要先了解一下这个城区的历史。

"后院区"曾经是一个臭名昭著的贫民区。当厄普顿·辛克莱这位以专揭"黑幕"和消除社会公害的斗士而闻名的作家想在他的小说《丛林》中描写城市生活和人与人争斗这种社会丑恶现象时,选择的一个素材对象就是"后院区"以及与其相关的牲畜屠宰场。到20世纪30年代,从"后院区"来的人在找工作时仍然

[1] 这种急剧性变化的第一个阶段早已经在计划中了,其形式是对历史名胜建筑旁边区域进行的大规模清空。波士顿人——或至少是其传统守护者们——看到很多旅游者和学校的孩子在了解美国式的自由的同时,却会被北角区这样的与自由大相径庭的地方搞得稀里糊涂,这样的事会使波士顿人或至少是那些传统守护者感到羞愧难当。

296

会给别人假地址，以免受到歧视。那个时候，提到"后院区"就会带来麻烦。一直到1953年，没有人怀疑像"后院区"这样房屋陈旧不堪的大杂烩地区肯定有一天要被推土机抹平。

20世纪30年代，这个城区的挣钱养家者都在屠宰场工作；当时该区的一些人开始积极组织工会的活动。一些很能干又有战斗精神的人开始了一个筹备地区组织的试验[1]，这个城区曾经因民族间的一些瓜葛而被搞得四分五裂，现在这些人则准备抓住机会，把此地的人组织起来。这个被称为"后院区理事会"的组织使用了一个非常勇敢的口号："我们是主人，我们要掌握自己的命运。"这个理事会的运作方式和政府差不多，相比于一般的城市市民组织，它的形式更加正规，包含的内容也更多，无论是在实行自己的公共服务，还是在对市政府施加影响方面，都显示出更加强大的力量。两百名代表更小的组织和街道的人组成一个"立法机构"，由这个机构来制定政策。这个城区能够做到让市政府提供服务、设施，并制定规定，包括针对不适合它的例外情况的规定，这种能力让整个芝加哥都感到敬畏。简言之，"后院区理事会"组织不是那种可以轻描淡写或做事不加考虑的组织，而这正是整个故事的关键之处。

在理事会筹备和20世纪50年代初这段时期，这个城区的居住者及其子女的生活已经有了很大的改善。很多人毕业后进入了需要技术的行业，通过做一些专业工作成为白领。接下来不可避免要发生的应该是大批收入较高的人移居到郊区去，而同时，

---

[1] 组织的领导人是伯纳德·J.希尔主教、社会学家和犯罪学家索尔·D.阿林斯基，以及约瑟夫·B.米根，后者当时是街区公园的管理主任。阿林斯基在《激进者的晨号》一书中对这个组织的理论和方法有过描述。

大批没有多少选择能力的人则会涌入这个被前者抛弃的地方。于是,诸如"永久性贫民区"这样的倒退景象就会出现。

但是,就像正在经历非贫民区化的城市街区的很多人一样,这里的居住者并不想离开,而是要留在这里(那就是为什么在他们所在的街区里,拥挤情况减轻和非贫民区化的过程早已经开始)。这里的一些社会机构,尤其是教会也希望他们留下来。

但与此同时,成千上万的居民也希望能改善他们的居住环境,改变过度拥挤的状况,得到更多的翻新和整修的机会。他们已经不再是贫民区的居住者了,当然也并不希望还过着贫民区的那种生活。

这两种期望——留下来和改善生活——实际上是会发生冲突的,因为没有人能够得到用于改善生活环境的贷款。和北角区一样,"后院区"也上了信贷黑名单。

但所幸这里刚好有一个可以帮助处理这个问题的组织。"后院区理事会"进行的一项调查发现,很多该区的企业、机构和居民在芝加哥的三十几个储蓄贷款社和储蓄银行存有钱。后来,在该区内达成了一项协议,即这些储户——机构、企业以及个人——将采取一致行动把钱从银行取出来,如果贷款银行仍然继续在贷款上封杀这个城区的话。

1953年7月2日,理事会邀请调查涉及的银行、储蓄贷款社的代表来参加一个会议。在这个会上,该区的贷款问题在友好气氛下得到了讨论,理事会发言人非常有礼貌地提及了在这个城区储户的数量……他们在银行里的存款额……并且表示难以理解为什么他们在银行有这么多储蓄,但反过来银行却对这个城区的城市建设没有多少帮助……发言人表示,这种担忧在该区普遍存在……而公众的意见是最有价值的。

会议还没有结束时，就有好几家贷款银行表示愿意提供帮助——也就是说，可以考虑贷款的要求。同一天，理事会就开始与银行商谈了一个四十九幢新住宅的项目的选址问题。很快，在这次会议以后，一些最肮脏的住宅公寓安置了室内管道，除此之外还获得九万美金的贷款用于对房屋的翻新。在三年内，五千幢房屋的主人对他们的房屋进行了翻新，而自那以后翻新的房屋则数不胜数。1959年开始了几个小住宅公寓的建设。理事会以及这里的居民每每提及银行对这个地方环境改善所给予的帮助和合作，都充满感激之情。而反过来，银行则以赞赏的口气称这是一个值得投资的地方。没有一个人被挤出这里，或被重新安置到他处。没有一个企业或商业场所遭到破坏。简单地说，非贫民区化在这之前已经开始，而对信贷的需求成了这个过程的关键。这在每个城市里都是如此。

对一个城市地区的信贷封杀针对的不是个人而是地方本身。它并非只作用于单个的居民或经商者，而是针对整个街区。比如，我认识纽约东哈莱姆的一个商人，这个城区刚好是被信贷封杀的地方，这位商人因此得不到用来拓展他正红火的业务和翻新营业场所需要的1.5万美元的贷款，但同样是他，在长岛却能很轻松地拿到3万美元贷款建起一幢住宅房。同样，一个来自北角区的人，如果他想在郊外买一幢房子，只要他是个活人，有一份工作，不管是砌砖工，还是出纳员，还是从事制作门闩的工作，可以轻轻松松地拿到三十年的贷款（利率随行就市），实现他的目的。但在北角区，无论是他还是他的邻居，还是他们居住的房子的主人,都甭想得到一分钱的贷款。

这当然会产生很大的消极作用,而且更会让人愤怒不已,但是在发泄不满时,我们应该弄明白,那些在信贷方面对城市某些区域进行封杀的银行和其他常规贷款机构,并没有做出什么出轨的事,它们只是认认真真照搬了城市规划理论而已。它们并无恶意。从构想上和实际效果上说,那些标着信贷封杀区域的地图与城市贫民区清空地图的功效是一样的。而后者被认为是一种有效的、负责的计策,有着明确的目的——事实上,目的之一便是警告贷款者哪些地方是不能投资的。

有时候,规划者在这方面会走在投资贷款者前面;有时候,后者则走在了前者前面;他们都很清楚为什么要这样做,因为他们从光明花园城市美化规划理论中学到的东西实在是太多了。这两种计策——信贷封杀指示图和贫民区清空指示图——在同一时期,也就是20世纪40年代早期,开始被广泛使用。对借贷方而言,这些指示图首先表明的是这么一些地方,在大萧条时期这些地方曾发生了很多抵押品(房屋)的回赎权被取消的事件,而这就表明了未来在这些地方的信贷风险。(这个概念本身就使人困惑。纽约中央火车站附近的办公楼区域曾经是这个国家历史上发生这种情况最严重的地方,那是不是说以后在这个地方投资就会遇到很大风险?)这以后,确定是不是要投资则依赖于借贷方对这个地方的断定,即这个地方是否已经是贫民区,或者肯定会沦为贫民区。从正统的城市规划理论来看,这些地方的未来命运只能是这样的:从现在开始,一步一步走向衰退,直至最终被"消灭"。

在使用信贷权力来施展摧毁一个地方的力量时,这些借贷方实际上是在按照这么一个前提行事,即他们的行为指明了某个地区会遭遇的结果,而他们这样做也仅仅是出于谨慎而已。换句话说,他们扮演了预言者的角色。

通常情况下,他们的预言会得到证实。我们可以以新英格兰的某个城市(这次不是波士顿)为例。这个城市要实施大规模开发项目,并且已经对此进行了广泛宣传。作为一项基础工作,项目工作人员需要准备一张指示图,说明什么地方的衰退现象非常严重,需要对这些地方进行清空。在这张指示图被描绘出来以后,规划者发现这张图与很多年前城市的银行家制定的一张图一模一样,那张图的作用是标明哪些地方不能给予贷款。那些银行家曾经做过预测,这些地方将会成为贫民区,而且不可救药,没有脱离贫民区的希望。他们的预言被证明是准确的。这两张图只有一个小小的不同,那就是,那些规划者的指示图标明的不是全部地区的清空,而是部分清空,因为在这个曾被信贷封杀的区域里尚有一部分商业场所比较活跃。这个地方有其自己的贷款来源:一个小规模的家族经营的银行(可能是更早些时候的遗产)给这个被封杀区域提供贷款,事情虽然有点稀奇,但确实是发生了。这里的企业的扩展,经营场所条件的改善和维持等,都得到了这个小银行的金融支持。比如,因为它的贷款,这里一家名声很响,客人来自城市四面八方的饭店能够获得好的设备,有能力进行装修,使饭店的业务得到扩展。

和贫民区清空指示图一样,信贷封杀标示图的预言非常准确,因为他们(信贷者)用自己的实际行动去实践了这些预言。

而在北角区和"后院区"这些地方,这些图标示的预言却不能得到验证。但如果没有这些地区本身拥有的奇迹般的逃避

300

"死刑"的能力,谁知道那些预言会不会得到验证?

城市里其他拥有生命力的街区也会经常表现出对"死刑判决"的抵抗。我自己所在的街区一直抵抗了整整十二年(在这个例子里,先是规划者开路,然后是信贷银行贷款封杀跟上)。东哈莱姆的几个街道自1942年以来就一直是在信贷封杀的情况下咬着牙挺过来的,他们靠的是家庭间和朋友间的互相借贷。[1]

301

人们很难知道到底有多少城区受到过信贷的封杀而遭遇沉重打击。纽约下东区是一个拥有巨大潜能的地区,至少拥有与格林尼治村一样的潜在能量,但就是这样一个地区,因信贷封杀而一蹶不振。费城的"社会山"地区现在要在城市改造方面投下一大笔钱,做出气派来,目的是要把"中产阶级请回来";但在很多年前,这个地方曾经是很多中等收入的人主动选择的区域,就是因为他们得不到贷款买这里的房产或翻新住宅,所以只好放弃这种选择。

除非一个街区确实拥有特殊的活力,以及某种形式的特殊的资金来源,否则常规资金来源的堵塞必然会造成这个街区的衰退。

最糟糕的情况是那些本来就已经发展停滞的街区,现在则更是雪上加霜。那些已经开始遭到居民离弃的地方常常会得到一种特殊的投资,使整个区域变得面目全非。遭到传统的信贷封杀后,地下"急剧性投资"会在很短的时间内填补空缺。这种投资来势很猛,会把这个街区的房产通通买下——对于街区来说,反

---

1 1960年,这里的一些房产拥有者得到了进入东哈莱姆的常规贷款,这是十八年来的第一次。这些贷款的获得主要归功于约翰·J.莫里办公室的工作,莫里是一位城市议员,纽约民主党的一位干将。莫里先生自己鼓动大家先把得到的贷款用于购买必要的材料,支付劳务和主动奉献服务的人的劳务费(和北角区的形式一样)。这以后,他想办法让那些房产拥有者再获得银行的贷款,他们可以用这笔钱来偿还购买材料的钱。

正这个时候也不会有别的买主,而且将来也不会有,此外,现在的房子主人或使用者也并没有要抱住不放的意思,他们对这个地方已没有什么不可割舍的感情了。紧接着便是把这里的住宅和其他建筑转化成贫民区模式,从中可以得到大笔利润。常规资金撤出后留下的空当,刚好让地下"急剧性资金"钻了空子。

这种程序在很多城市都有发生,而且似乎大家都已司空见惯,虽然有少数人在研究这种现象。其中有一份研究报告描述的是纽约西区因"急剧性资金"造成的衰退,作者是切斯特·A.拉普金,一位经济学家和规划者。拉普金的报告讲述了常规资金是怎样强行主动撤出,然后是高利率和"不知羞耻"的资金趁机而入,再接下来就是房产的主人面对这一切表现出的无可奈何,他们没有能力来改变这种状况,只能出售他们的房产,当然得利的不是他们而是买家。纽约城市规划委员会的主席詹姆斯·费尔特(这份报告是写给他看的)对此做了简洁客观的总结,《纽约时报》援引他的话做了报道:

302

> 他说,报告披露了这么一个情况:在二十个街段的区域里,凡是新的建设项目几乎全部被取消了。他说,这种情况同时也表明银行和其他贷款机构终止了对这些地方的贷款支持,随后出现的是一批新的投资者和房产拥有者,但他们并不住在这个区域,很多原来的住宅现在都变成了出租房。

三种不同类型的资金都参与了这种导致灾难性变化的过程。这种情况在城市衰退现象中非常普遍。首先是所有常规资金的撤出，其次是地下资金的进入和这个地区状况的倒退，最后是被规划委员会选中，成为用政府的"急剧性资金"进行清空和重建的候选地区。在最后一个阶段，常规资金摇身一变成为"急剧性资金"再次进入这个地区，为重建项目和整修计划提供融资支持。这三种不同资金各自都为对方做好了最终导致"急剧变化"的铺垫，它们之间的相互协作是如此之好，如此顺畅有序，直叫人赞叹，如果我们看不到这种"协作"对城市在很多方面带来的破坏的话。这样的结果并不是说它们之间有什么"阴谋"。对于那些遵循现行的城市规划理论，受这种缺乏"常识"的思想指导的人来说，这种结果是完全合乎逻辑的。

但是，一个让人真正赞叹的事实，是城市的一些街区对金融"死刑"令的顽强抵制——这也证明了这些地区在困境中表现出来的强大力量和吸引力。这种情况出现在20世纪50年代的纽约，其时纽约新出台了一项要求在出租房和公寓中提供集中供暖的法规。那些房东和业主可以通过提高租费和退税来得到补偿，如果他们改善条件的话。但是这项条例遭遇了意想不到的障碍，尤其是那些被认为本不该有什么问题的地方，那些区域都很稳定，承受困难的能力很强，那儿的租房者应该能够承受租费的上涨。问题在于进行条件改善的资金无处可寻（利率低于20%）。

有一个业主因为违反了法律被告上了法庭，1959年12月的报纸对此做了报道，因为他刚好是一位国会议员，即众议员艾尔弗雷德·E.桑唐基罗，所以报纸争相报道。桑唐基罗声辩说，自规定颁布后，他已经安置了集中供暖设备，但是这要他为每所房子花费1.5万美元的费用。他共有六幢住宅，需支付9万美元。他说："在这笔费用里面，我们只能从银行通过五年期抵押贷款和个人贷款得到2.3万美元。剩下的钱需自己出。"

与那些遭遇信贷封杀地区的情况相比,桑唐基罗与银行的关系可以说已经算是很好的了。纽约的报纸经常会刊载讲述这种问题的读者来信。早在1959年,就有这么一封来自房东协会的一位律师的信:

> 一个众所周知的事实是,银行和保险公司都不情愿把钱贷给出租房的房东,特别是那些位于被标为城市"不受欢迎"区域的房屋。贷款到期后不能再续,因此房东们经常是被迫向高利贷者借钱,他们的短期贷款利息高达20%(这还是很保守的估计)……有些房东除提供集中供暖外,还想做些别的事,比如扩大房间的面积,在厨房里增加新的设备,装置足够的电线等。但是贷款机构都朝他们关上了门,他们曾向城市当局求援过,但至今没有消息……没有一个机构伸手帮他们一把。

在一个被信贷封杀的地区,不同类型的建筑都会陷入这种困境,不管是出租公寓,还是某处有历史价值的房子,或者是纯粹的商业用房,都会遭遇同样情况。正如被封杀的对象并不是个人,建筑也并不是被封杀的对象,被封杀的是这个地区本身。

1959年这一年里,纽约进行了一项小小的试验,目的是保存一些街区,这些街区一方面不再有新的建设,另一方面也不是那种完全没有希望,不可救药的地方,从社会价值方面来说有很多值得保留之处。不幸的是,信贷者们早已经断定这些是不可挽救的地方。为了能使上面提到的集中供暖规定得到执行,**使违规行**

304

为能得到纠正,纽约认为有必要通过州立法,设置一笔1500万美元的公共基金,以解一些街区房东的燃眉之急,但这仅仅限于这个措施而已。之所以这样做是因为用于逐渐变化的资金很难得到,所以需要设置一个新的能提供贷款的机构,哪怕是少量的用于满足最低限度的要求。在作者写作本书的时候,这个法案已经起草完毕,但内容根本不切合实际,几乎就不能操作,而且资金的数量太少,对城市根本提供不了什么帮助。

正如我在前面提到过的那样,被信贷封杀的地区还会再次从常规贷款者那里得到贷款,但这种资金是将带来急剧变化的资金,是按照类似于光明花园城市的构想去改变这个地方的收入结构和用途的资金。

曼哈顿区区长希望通过私人资金在哈莱姆地区建设一个光明城市,他是这个设想的积极推崇者,称这是一个非常重要的机会:"因为能够得到私人资金,这就说明这个项目的赞助者已经突破了长久以来银行对哈莱姆新住宅的实质性投资设置的障碍。"

但是,得以突破这种障碍的没有其他,只有"急剧性变化"资金。

如果联邦政府能够对贷款做实质性的担保,就像对郊区开发和新光明花园城市项目的担保一样的话,那么常规信贷也会在被封杀的城区重新出现。但是,除了在一些已经得到批准的重建地区外,联邦政府并未对个别项目建设或翻新做任何实质性的担保。所谓经过批准的规划,那是指要尽量把这个地方建成光明花园城市,包括现有房屋在内的所有东西都要朝这个目标看齐。通常情况下,这些重建计划会迁移一半到三分之二的原有人口——

包括在人口密度低的地区。同样，进入这些地方的资金也是为着支持"急剧性变化"而来的。这些资金的目的并不是为了推进城市的多样性，而是恰恰相反——消灭多样性。我问一位参与重建城区"个别清空"计划的官员，为什么不仅要迁走这里的商业，而且还不允许出现新的，为什么要仿照郊区的形式，把商店限制在一些垄断性的购物中心内。他回答说，首先这代表先进的规划。他接着说："这其实也是一个制度性质的问题，因为联邦住宅管理局不允许我们对这种贷款进行综合性使用。"他说的是事实。现在的情况是，看不到有什么资金是用于培育适合城市生活的城区；这种情形是得到政府的鼓励，而且通常也是由政府所实施。因此，我们用不着责怪别人，只能责怪自己。

305

被信贷封杀的城区还可以得到另一种很体面的资金：公共住宅项目资金。尽管对这种"袖珍项目"有着很多吹嘘，但显然这个主意来自保罗·班扬。但是这种资金也几乎总是以"急剧性资金"的形式出现，而且总是导致人口被贴上价格标签的现象的出现。

东哈莱姆——就像和纽约下东区一样——曾经接受过这种资金，它们如潮水般涌入这里。在1942年，东哈莱姆曾经出现过像北角区一样进行非贫民区化过程的好机遇。在五年前的1937年，由城市资助的一项调查对这个地区进行了认真客观的研究，发现这个地方正发生着很大的变化，情况在向好的方面发展，希望正在产生，结果纽约城把东哈莱姆地区树立为这个城市意大利文化中心区，这种做法是完全合乎逻辑的。这个城区有数千名经商者，他们的生意正稳步发展，非常成功，因此在很多情况下，现在经营着生意的是他们的第二代甚至第三代。这个城区还有几百个文化和社团组织。这个地方的面貌很破旧，住宅也很寒碜

(也有一些很像样的住宅,以及数目不小的非贫民区模样的住宅),但是另一方面,此地也拥有巨大的活力,而且这里的居民对它有着很深的依赖感。此外,这个地区还拥有一个纽约城主要的波多黎各人社区,这些人的住宅状况并不好,很是可怜,但是那些地方有着很多波多黎各第一代移民,其中有些正在成为领袖人物,而且那里还有形式多样的波多黎各文化、社会和商业设施。

在1942年成为信贷封杀对象后,东哈莱姆这个地区就很少有过什么"奇迹"产生。但有一个靠近三区大桥的地方依旧继续进行着非贫民区化和复兴的过程,尽管障碍重重。住宅管理当局的地方官员们曾竭力主张将那里的居民迁走,以便在那里建置瓦格纳住宅区(其实是一个巨大的封闭式的贫民区)。当他们发现这里的面貌有了多方面的实质性的改变后却大为惊讶,甚至困惑不解,他们得出的结论是应该把这个地方整个"消灭"。不幸的是,东哈莱姆地区不曾出现过力量大到可以解救这个地方本身的"奇迹"。为了能实现他们自己的人生目标(尽管在有些地方,这些目标并没有与规划目标发生冲突),太多人最后不得不离开这个地区。有些人还是留了下来,尽管条件改善难以进行,尽管非正式的"地下世界"的资金注入到了每一个角落,并且带来了极大的混乱,可是这些留在这里的人需要有超常的忍耐力才能坚持得住。

306

东哈莱姆就像是一个被定为贫穷落后的国家一样,在财政方面实际上已脱离正常的社会生活轨道。这个地区一些银行的分行和支行都关了门,但这却是一个有着十万人口和几千个企业的地区;仅仅是为了存一张支票,一些经商人员却不得不到外面的银行去。就连这个城区的学校的储蓄账户都从这里被转到了他处。

　　最终的一个结果是,正如一些慷慨大方的富裕国家会向贫穷落后国家提供大量援助那样,这个城区也会得到大量的"外国"资助,做出这些决定的是那些与这个地方没有关系的远在"外地"的住宅官员和规划者们。进入这个地区的"资助"的目的是重新给这里的人们提供住房——这个"资助"计划的经费高达三亿美元。但是,这种资金注入这个地区越多,东哈莱姆的混乱情况却越严重,而且是越来越像一个贫穷落后的"国家"。一千三百多家企业被"消灭"掉了,因为他们所在的位置很不幸被圈定为建住宅的地方,而且其中大约五分之四的房主丢了饭碗。五百多家非营业性的"店面"房也被"消灭"掉。几乎所有坚持留在这里的人(他们都是一些非贫民区人口)全部从这里迁了出去,前往一个"他们能得到更好发展的地方去"。

　　东哈莱姆的问题根本就不是缺少资金的问题。资金"干旱"走了后,到来的是资金"洪水"。单单是从公共住宅基金这一块注入东哈莱姆的资金就相当于福特汽车公司在爱德塞尔系列汽车上损失掉的那么多的资金。福特公司最终对开发这个车型的支出进行了评估,并且终止了继续生产。但是在东哈莱姆,这里的市民们直到今天还得与更多的资金注入做斗争,这些资金在重复着一个又一个错误,可是那些掌握着这种资金"洪水"闸门的人却无所顾忌。我希望我们在处理向国外援助的资金时能比处理国内的"援助"资金更为精明一点。

　　很多城市城区具备了适应城市生活的内在条件,并且拥有了快速改善的巨大潜能,但是"渐次性资金"的短缺会毁掉这些地区。这也就是说,那些缺乏一个或多个生发多样性条件的地方,

会因此根本看不到希望，那些需要帮助以得到这些条件的地方，　307
那些需要资金以促进正常的变化和改善住宅及其他建筑的地方，
也因此不会有什么希望发生。

那些本应成为"渐次性资金"的常规性资金都到哪儿去了？

有些进入了规划中的大规模、急剧性开发或重建项目中；更
多的则是将进入多样性的自我毁灭和城市极其成功地区的毁灭
过程中。

还有很多这样的资金则根本就不会进入城市，而是进入城市
的外围和郊区。

正如哈尔所说的那样，信贷机构一方面拥有摧毁的力量，另
一方面也拥有创造和转移方向的力量。哈尔针对的是政府的信
贷机构，它们被用来促进郊区的建设而不是城市本身的建设。

美国城市新郊区的大幅扩张并不是偶然事件，更不是因为人
们有在城市和郊区之间的自由选择（这是一种"神话"）。这种没
有节制的郊区发展其实一直要到20世纪30年代中期才成为一种
现实（对于很多家庭来说，这种选择是被迫做出的），那是因为在
30年代中期一个新东西在美国出现了：那就是全国范围内的抵
押（贷款）市场，这个新事物主要就是为促进郊区的家庭住宅建设
设计的。因为有着政府担保的信誉，所以在纽黑文的一家银行可
以（并且已经这么做了）买下南加州郊区住宅的抵押权；芝加哥
的一家银行在这个星期买下印第安纳波利斯郊区住宅的抵押权，
而在下一个星期印第安纳波利斯的一家银行则会买下亚特兰大
或布法罗郊区住宅的抵押权。现在，这种抵押贷款不必全由政府
来担保了，可以前一贷款抵押后一贷款的形式做担保，不断重复。

这种全国范围内的抵押（贷款）市场有其明显的好处，可以打

破资金需求与供应的地域界线和时间限制。但是,一旦其方向只是定在一种事物的发展上,缺陷也就暴露出来了。

308 　就像"后院区"的居民所发现的那样,由城市创造并为城市所需的银行储蓄和城市建设的投资之间,往往并没有联系。1959年布鲁克林一家银行宣布70%的贷款被用于"邻近城市地区"的建设,《纽约时报》马上在企业版做了大幅报道,因为这个消息有很大的新闻价值,70%是个很大的数目。但是"邻近城市地区"本身是一个有很大弹性的说法。最后的结果表明70%实际上是被用于纳塞县的投资上,那是一个位于长岛的巨大的、面积极广的新建郊区,离布鲁克林还有很远的距离。而与此同时,布鲁克林的大部分地区却还处于被信贷封杀的状态中。

郊区是通过来自城市里人的资金的支持才建起来的。当然,从历史上看,城市——那些生产能力极高,效率极强的地方——的使命之一就是给"殖民行为"提供金融支持。

但是另一方面,事情也有做过头的时候。

显然,在过去三十年间,城市建设资金的来源发生了很多变化。贷款和用款都比以前要更加制度化了。那些在20世纪20年代有能力提供贷款的个人,今天更倾向于把钱交所得税,或是给人寿保险公司,而且就城市建设资金的贷款和用款而言,越来越多地是由政府和保险公司来操作。地区性的小银行,如那个单枪匹马在被封杀街区里提供贷款的新英格兰银行,都在大萧条和随后的兼并中消失了。

但是,这是不是就意味着如今已更加制度化的投资只能用于那些产生急剧性变化的项目?难道那些拥有资金的大机构胃口这么大,只能把钱贷给那些要给城市带来巨大和急剧变化的"大手笔"? 这种一方面可以贷款用于购买百科全书和出外旅行的信贷制度,难道在另一方面只能大规模地批发贷款,而不能细水长流地提供款项?

城市目前的这种资金投资形式,并不是由城市本身的需要和城市发展趋向造成的。这种资金流向造成的问题,是由我们这个社会造成的,是因为我们认为这样做会对我们有好处。而现在我们已完全接受了这种形式,似乎这是上帝的旨意,或者是制度本身使然。

我们自己要的是什么,我们允许什么现象发生——让我们从这个角度出发来看一看这三种左右我们城市的资金。首先从最重要的,即常规的、非政府来源的贷款开始。

把大笔资金的投资方向定在郊区的增长上,**而不管城区本身是如何忍饥挨饿**,这个思想并不是贷款提供者们本身的发明(尽管他们以及郊区的建设者们已经从这种固定的形式中获得了既得利益)。此外,这种理想及其实现方法从逻辑上说也不是源于我们的贷款制度本身,而是源于我们一些有着伟大头脑的社会思想家。20世纪30年代,当联邦住宅管理局制定出刺激郊区发展的方案时,几乎每一个政府部门有"思想"的人——不管是来自右翼的还是左翼的——都拍手称赞。几年前,赫伯特·胡佛曾经召开过白宫住宅会议,称城市导致道德低下,对其大加挞伐,认为小城镇、简朴的郊区住宅和草地则是美德的化身,对其大为赞扬。相应的是,他的一个政治对手,雷克斯福德·G.特格韦尔,联邦政府负责"新政"项目之一"绿带"的局长,也做出了这样的解释:"我的想法是走出人口众多的城市中心,找一块便宜的土地，在那里建一个完整的社区，把人们吸引到这里来。然后再回到城市去，清除掉那些贫民区，在那里建公园。"

给郊区面积的扩大提供"急剧性资金"，而与此同时，城市那些被正统规划者们称为贫民区的地方却严重缺乏资金；这正是我们那些有着伟大头脑的思想家所希望的，为了达到这种状况，他们绞尽脑汁，终于使愿望变成现实。换句话说，最终我们进入了他们所希望的这种状况。

更加明显的是社会（以政府为中心的各个机构）对私人资金用于重新开发和重建项目的重头支持。首先，社会把土地清空补助资金放到产生急剧变化的项目中，这样实际上使得私人急剧性变化投资随后能够很容易进入这些地区。其次，这个社会还要求私人投资就是要**特别**用于创建一些伪城市，并且把消灭城市的多样性作为一个目标。不仅如此，这个社会还利用对城市改造抵押贷款的担保，在这个方向上更是朝前迈进了一大步，在整个投资过程中，它都坚持由其担保的城市改造形式必须要固定式的，越固定、越少变化越好，目的是杜绝将来有可能出现的渐次性变化。

社会对急剧性变化项目的支持并没有引起公众的多少注意，大家以为本该如此。这其实就是公众对城市改造的"贡献"。

更不为公众所知的是，在支持私人投资用于急剧性变化项目的同时，社会其实也对其他不同形式的个人投资实行了强迫选择措施。

要了解这一点，我们必须要弄明白，对土地清空或专门地点的清空的公共补助，远远不是唯一的公共资助形式。一些"非意向性"资助，加起来总额也很巨大，它们也会被用于这类事业。

310

　　当土地因城市改造或开发被征用时,这种行为是通过土地征用权来实施的,这种权利只属于政府。此外,在实施这种权利时,一些不在被征用范围之内的地产也会被强制要求与重建方案保持一致。

　　这种土地征用权很长时间以来已为大家所熟悉,因为它可以用来作为获取公用土地的一个途径。但是现在在城市改造的法律框架内,它被扩展到对用于私人用途和利益的财产的征用。这一点却被认为是城市改造和重新开发体现出的符合宪法的地方。最高法院宣称社会有权(通过立法渠道)在私人企业主和个人业主之间做出选择;社会可以把其中一方的财产拿过来为另一方谋利,条件是根据立法机构的判断,这样做被认为符合公众利益。

　　土地征用权的这种用途不仅仅是在实际情况下使得大片的住宅项目成为可能,而且在资金支持上也使得这种可能成为实际,原因是因为很多"非意向"补助资金被用在了这里。1960年,在一份为纽约市长准备的关于纽约住宅和重建的混乱状况的报告中,安东尼·J.邦奇对这个问题做了深刻的揭示:

　　　　行使土地征用权对一些租房经商者的直接影响是　　311
　　巨大的并且往往是灾难性的。当政府依法征用房产时,
　　它赔偿支付的只是**征用的**房产部分,而不是经商者营业
　　损失的部分。
　　　　政府征用的并**不是**企业或商业,而是房子,因此它
　　只需支付房子的费用,而经商者的生意或商誉的损失却
　　得不到任何补偿,甚至连已支付的房费也不能退回,因

为一般的租赁合约规定,在房子被政府征用时,房主与
租户的合约自动终止,而无须向租户提供补偿。

尽管他的所有财产以及整个的投资都被拿走了,但
他得到的赔偿少得可怜。

这份报告接着举了一个具体的例子:

一位经营杂货店的人买下了一个杂货店,花费四万
美元。几年后,他的店所在的这座建筑被政府依法征用
了。他最终得到的是三千美元,作为对房屋固定投资的
赔偿,而且这笔钱还只是以动产抵押的形式支付。这
样,实际上他的整个投资完全泡汤了。

这类悲惨故事在住宅建设区或重建区屡见不鲜。这也正是
为什么所涉地区的生意人会绝命地反抗这类方案。这种方案从
他们那里得到了无数"非意向性"资助资金,这些资金不仅仅包
括他们税金的一部分,而且也包括了他们的生计、他们子女的大
学学费,还有他们怀着对未来的希望而付出的多年心血——差不
多就是他们所拥有的一切。

邦奇的报告接下来提出了一个已经由无数报纸读者来信、听
证会市民意见以及报纸的社论提出的建议:"社区应该作为一个
整体来承担社区的进步所需费用,这种费用不应该被强加到不幸
的受害者身上。"

社区在整体上认为没有必要来承担整个的费用,而且看来也
永远不会这么做。当这个建议提出来时,重建官员们和住宅专家

们的脸会变得铁青。承担这整个的费用支出会使得重建和住宅项目的公共资助的负担太重。就目前来说，社会普遍认为公共资助的投资可以从税收中得到回报，因为在一段时间后投资地区的情况会改善，税收会提高。这也是为什么无论从大家的思想认识上，还是从政府的财政方面看，城市改造中的私人收益都被认为是可以接受的。如果一旦那些使得这些重建方案成为可能的"非意向性"资助资金被算成公共成本，那么公共成本就会大幅度地扩大，其扩大的幅度将远远超过从可预见的税收增加中得到的回报。目前，每住宅单元的成本是1.7万美元。如果"非意向性"资助资金被变成了公共成本，那么那些住宅的成本费用则会提高到不可思议的程度。这样的行为，以及那些造成城市地区整个"灭亡"的重建和公共住宅项目，从根本上说是城市改造的一种挥霍和浪费，与其成本相比，它们给城市增加的价值微不足道。目前，社会并没有受到这种成本支出的多少影响，因为很大部分都被转嫁到了许多无辜的受害者身上，而且很多支出还没有被正式计入成本。但是不管怎么样，这种成本是不会消失的。无论是从财政还是社会发展的层面来说，公共住宅建设作为改变城市的一种形式其实并没有多大意义。

当人寿保险公司或工会退休基金把大笔大笔的资金注入到那些千篇一律的公共住宅区，或针对被贴上价格标签的群体的重建项目中时，它们这种行为并不能被认为是自我放纵，对于20世纪的投资基金来说，这是一种必然的行为，因为它们其实只是在按照社会的要求行事而已，它们能够这样做是因为运用了极其超常的和残酷的社会权力。

多样性的自我毁灭可以是常规信贷的急剧性使用造成的，这种情形与上面所说的有所不同。在这种情况下,急剧性变化的结果并不是因为大规模的信贷投资,而是因为大量的个人交易都集中到了一个地方,也就是说个人交易刚好在一个时期内都集中到了一个地方。社会并没有产生一些刺激因素来催生城市成功地区的多样性的毁灭。但是,社会同样也没能在阻止或转移这种毁灭城市的资金洪流方面有所作为。

个人投资可以左右一个城市,但是个人投资是由社会理念(和法律)来确定方向的。首先是确定关于"我们需要什么"的一种意象,然后是落实这种意象的机制。金融和财政机制一直以来都是朝着城市的反面意象(即反城市意象)运转的,唯一的原因就是社会认为这样做对我们有利。因此,只有当我们有一天认为"一个活跃的、多样化的城市,一个拥有持续的、有条不紊的发展和变化的城市"才是我们的期望时,我们才有可能调整我们的金融和财政机制。

私人贷款的急剧性使用也许无可厚非,但是用于城市改造的公共基金的急剧性使用理由在哪里呢?公共住宅资金用于急剧性使用,而不是用于渐次性的街道和城区的稳步改进,原因就是我们认为急剧性变化对贫民区居住者有利——而且这也可以作为一个向城市其他人表明"美好"城市生活的方式。

没有理由说明为什么税收基金和公共贷款只能用来促成贫民区转移和封闭,而不能用来加快非贫民区化过程。很多与目前使用的方式不同的方法可以被用来资助住宅建设。我将在下一章讨论这个问题。

此外,也没有什么内在的理由说明为什么一定要对公共建筑分类，并让其陷入市政的和文化的急剧性变化。公共建筑的建设和位置的所在本身就是渐次变化的一个不可缺少的部分，它们可以为活跃整个城市基本格局添枝加叶。我们现在的所作所为恰恰相反，因为我们认为唯有这样做才是对的。

非正式的"地下资金"很难在社会层面加以控制，但是我们至少可以做到阻止它产生急剧性效应。对城市地区的信贷封杀给那些资金的急剧性使用（目的是挣取高利润）提供了极佳的机会。但是，问题并非出在这种资金本身，而是对常规资金的控制（这是社会所鼓励的）。

作为一个副产品，政府资金的急剧性使用也同样为来自"地下世界"的资金提供了很好的机会。要想知道为什么会是这种情况，我们必须得明白，拥有贫民区住宅的房主，与邦奇报告中提到的那位杂货店老板的情况不一样，这些房主可以从土地征用的行为中获得很大的利益。当一所房子被征用（购买）时，通常情况下，三个因素与这所房子的售价有关：房产的评估价格、房子的赔偿价格以及**房子**目前的盈利能力（以区别于租用这所房子的企业——如果有的话——的盈利能力）。一所房子被"利用"得越多，房子的盈利能力就越强，房主得到的就会越多。贫民区的房主从土地征用中得到的利益是如此之多，以至于他们有些人把这当成了一种挣钱的行业，他们从一些已经被征用的地方买下一些房子，把这些房子囤积起来，然后再提高房价，这样做并不是要从这些房子被征用以前的这段时间里捞一把，而是想从这些房子变成公用房的高额售价里赚取大笔的钱。为了对付这种欺诈手段，有些城市出台了"快速执行"法律，要求做到在房产征用的当时，就严格地完成房产转化为公共财产的手续，关于房价的问题可以

314

在以后的时间里再协商。[1]

　　不管那些被"利用"的房子在哪里,反正有耐心的房主们是从贫民区清空行为里中饱私囊。显然,他们能够而且经常这么做,用他们在土地征用中获得的资金到新的地区去购买更多的房产,然后鼓动(市政当局)把这些地方变成贫民区。如果这些新的贫民区日后果真被征用了,那么恰好正中他们的下怀,这些投资者的资产又可以翻上几倍。在纽约,有些这种投资者不仅仅是自己带着钱到那些新地方,而且还带着他们以前的房客一同前往,他们是以这种方式帮助城市解决"重新安置"的问题。贫民区迁移自有其效益,自有其得益的窍门。

　　同样,因"地下资金"的急剧性使用而造成的贫民区问题并不能归咎于"地下资金"本身。在很大程度上,这个问题来自贫民区迁移本身(而且是得到了社会的支持)。

315

　　最后一点,"地下资金"的急剧性使用实际上是可以通过税收来控制的。邦奇的报告对此做了解释:

　　　　无论纽约市住宅当局如何使用强制手段,或住宅整修减税的方法,都跟不上贫民区形成的速度,**除非最后他们在贫民区课税以限制利益所得**。[建立在利润基础上的课税是克服联邦所得税体制弊端的一个必要手

1　这些法律的出发点当然是为了在土地征用期间防备这些房子的产权的交换,这样可以避免给城市增加太大的负担。"快速执行"法律在这一点上是成功的,但另一方面,它也给合法的房主带来了更大的麻烦。比如,在波士顿的西端,很多房主就被这种政策整得很苦;从被征用那天开始起,他们的房客就开始把房租交给城市,而不是交给他们,而且房主本人也得开始给城市付房租。这样的情况会持续好几个月(有时甚至是一年),在这段时间里,原来的房主没有办法离开这里,因为他没有拿到钱,而且他也不知道到底会不会得到。最后的情况是,他不得不有什么就接受什么。

段,] 这种所得税体制中关于折旧和资本收益的条款,使得贫民区住宅的拥有者变成了一切为了高额利润的贫民区"地主"。

一个位于交通繁忙地带的贫民区房主并不需要为维修房子花费多少钱,因为这个地方的住宅供不应求,而且房价也是多数人能够承受的。他可以每年从折旧费的补助中得到很多收益,而且当他等到其房产的账面价值降为零时,就可以按一个**将其租赁价值资本化**的价格出售。在做成这桩买卖后,他会交付账面价值和销售价格之差价的25%的资本收益税。然后他会再去买下另一个贫民区的房产,接着再次故伎重演。国税局对贫民区房主进行的所得税检查可以确定应缴税的数量,也可以确定是不是要给予惩罚,如果房主获取了不正当的折旧补助的话。

一些喜欢怀疑一切的人(至少是我交谈过的人)认为,现如今在城市里利用那些投机资金获得不义之财实在太容易了,因为"地下资金"的投资代表了强大的利益集团,他们在背后操纵着立法和行政机构。我无从查证这种说法是否属实,但我认为我们自身表现出的对这种现象无动于衷、漠不关心的态度,在很大程度上助长了它的发展。今天,一些住宅专家认为"地下资金"获得的利益很合理,这是城市改造行为的一个合理结果。"社会造成了那些贫民区,"他们说,"当然应该由社会来支付消灭贫民区所需要的一切。"但是,这种说法避开了一个很重要的问题:从社会得到支付的是哪些人? 那些资金下一步又会到哪儿去? 有人认为不管怎么样,通过消灭贫民区里的房子,贫民区的问题毕竟还是得到了解决,这种又简单又舒服的想法是促使这种无动于衷态度形成的原因。但是,没有什么比这种想法离事实更远了。

把城市的衰退归咎于交通……或者移民……或者中产阶级的奇思怪想,这是一件很容易的事,但城市的衰退有着更深层次的原因,也更为复杂。它与我们自己的要求与想法有关,与我们自己对城市运作方式的无知有关。今天,用于城市建设的资金的运转方式——或阻止这种用途的方式——已成为城市衰退的一个重要因素。资金使用的方式应该转化成城市再生的手段,从造成剧烈而迅猛的变化的手段,转化成带来持续的、渐次的、复杂的和温和的变化的手段。

第四部分

不同的策略

十七　对住宅的资助

目前我在本书中讨论的一些目标，比如非贫民区化、生发多样性、培育活跃的城市街道等，都没有被现行的城市规划理论认同为应该实现的目标。因此，规划者们以及那些具体执行这些规划的机构一方面是将他们的规划变为现实，另一方面却是既没有实行这些规划的战术也没有将其变成现实的战略。

尽管城市规划理论缺少建设能够名副其实地运转的城市的策略，但是它并不缺少"策略"本身，而是拥有各种各样的策略和方法。它们的目标是把一些愚蠢、荒唐的思想变成现实。很不幸，它们很有效率。

在本章中，我将讨论几个课题，这些课题就本身而言，早已被认同为城市规划范围之内的课题：被资助的住宅、交通、城市视觉设计、分析方法。就这些问题而言，现行的规划理论都有自己的目标，因此也不乏策略——不仅是数量多，而且还都能得到保障，以致一旦这些策略的目的受到质疑时，它们都能证明自己的正确，**因为可以从其他策略的生存条件中讨得一个说法**（比如，我们必须要这么做，如果要得到联邦政府贷款的担保的话）。于是，我们自己成了策略的俘虏，很少会回头去看看这些策略背后的目的是什么。

认清这些策略的一个很好的切入点是对住宅的资助,因为在过去的很多年里,这些策略经过精心修饰,去粗存精,使得廉租住宅在穷人眼中成为现实,也因此对其他各种目的的规划策略产生了深刻的影响。"公共住宅整个儿失败了吗?"住宅专家查尔斯·艾布拉姆斯在对它不明确的目的,以及与城市改造地区的清空共同造成的"荒唐结果"进行一番申斥后,这样问道。

他接着这样回答:

> 没有。它证明了很多东西……它证明大型城市凋敝的地方是可以重振雄风的,是可以重新规划和重新建设的。大型城市地区的改进规划赢得了公众的接受,并且由此建立了法律基础。它证明住宅债券是绩优投资,它证明为城市市民谋得一屋一檐是政府的职责,它至少证明住宅机构的权利机制不需要通过不正当的手段也能运转。所有的这一切都是不小的成就。

确实是不小的成就。大规模的城市地区清空、贫民区的迁移和封闭、廉租住宅的规划、个人收入的标签化、城市用途的分类等,所有这一切都已成为关于规划和各种策略的意象,牢牢地印在人们的头脑中,没有它们,城市改造者和多数市民在想到城市改造时,头脑中就会一片空白。要认清这个问题,我们得追根溯源,弄清楚问题最早出在哪里,其他的奇谈怪论正是从那里开始的。

我的一个朋友到了十八岁时,仍然相信婴儿是从他们母亲的肚脐眼里出来的。她在很小的时候就有了这个想法，从那以后，不管听到什么，她都会用这种想法加以修改，结果是更进一步完善她最初的错误想法，她之所以能这样做，因为她是一个很聪慧的人。因此，她的知识越多，她就越会用来支持自己的想法。实际上，她是在展现人类最普遍，最有智慧，同时也最让人不解的智商，只不过是有点离谱罢了。每一次想法出现了问题，她都会让它自圆其说，因此要想让她改变主意，只从外部入手没有用。要想彻底动摇她的这种古怪想法，需要做的是从肚脐眼的解剖构造开始。因此，当她家里的人最终纠正了她对肚脐眼的本质和使用的误解时，很快她就展现出了人类的另一种聪明智慧，一种不是让人不解而是使人振奋的智商。她的其他许多误解随后也轻轻松松地得到了纠正，以至于后来她成为一个生物学老师（后来生了好几个孩子，拥有一个大家庭）。

围绕着城市公共住宅资助观念的其他一些有关城市机制的错误观念，现在并不只局限于我们的认识范围内，而是早已渗透在城市的立法、金融、建筑和分析方法中了。

我们的城市有很多人因为穷，负担不起公众心目中有一定质量水准的房子，此外，在很多城市里，能够提供的住宅数量太少，造成很多过度拥挤现象，另一种情况是即使增加了数量，但又超过了有关居住者的负担能力。因为这些原因，我们需要至少对城市的一部分住宅提供资助。

对城市住宅而言，这些似乎都是很简单明了的资助原因。这些原因也有很多需要说明的地方，比如资助如何实行，不管是资金支持方面还是实际操作方面。

　　那么，到底为什么要资助城市住宅，对这个问题有一个同样简单但稍稍有点不同的答案；通过这种方式，我们就会看到上述那些原因能够变得（而且已经变得）多么错综复杂。

　　对于这个问题的答案是这样的（很早以前我们就接受这样的答案）：我们需要城市住宅资助的理由，是需要为那些其住宅问题无法由私有房企解决的一部分人提供住宅。

　　这个答案的下文是：被资助的住宅应该体现出高质量和优秀规划的原则。

　　这是一个糟糕的答案，并且会产生糟糕的结果。只要稍稍研323究一下它的语义，我们就可以得出这么一个结论：**私有企业不能解决一些人的住宅问题**，那么就是说要由别的人来加以解决。但是，在实际生活里，这些人并没有什么特别的住宅需求，并且超出私有企业的职权和能力，就好像是囚犯、海员或者精神病人的特殊要求那样。私人企业可以满足几乎所有普通人的普通住宅要求。如果说这些人有什么特殊的话，**那就是他们付不起房钱**。

　　掩盖在"私人企业不能解决一些人的住宅"这句话背后的意思是，只有将他们按照收入不同进行分类（贴上收入标签）才能解决问题，而要完成这个答案的下半句话的要求，一个结果便是这些人被当作试验品集中起来，以便让那些满脑子乌托邦思想的人进行胡乱试验。

　　那些乌托邦者曾经有过一些方案，在城市中还算发挥了一点影响。但即使是那样，通过收入的差距把人口分隔在不同的街区，让每个社区按自己的方式运转，这种做法也是错误的。在一个人们否认社会等级是神的旨意的社会里，分割但维持平等，这种做法只会导致一些问题。但如果不仅分割而且还有好坏差异，那就会成为一种内在矛盾了，因为在这种情况下，分割是通过区分等级的方式来实现的。

那种认为"实际情况是这些人的住宅只能由私人企业和普通房东以外的机构才能解决"的想法本身就有悖常识。政府对农场或航空公司也进行过资助，但并没有因此就把它们的产权、房产权和管理权收过来。同样，政府也并没有自己来经营接受公共资助的博物馆。那些有很多人自愿提供服务的社区医院今天大多得到政府的资助，但同样政府也并没有把它们的产权或管理权接管过来。[1]

从逻辑上讲，这些都与公共住宅没什么两样，都是资本主义的一种形式，都有政府的参与，但之所以我们相信政府应该**完完全全**把公共住宅接管过来，理由就是政府对其进行了资助。

可是，在我们的实际生活里，我们并没有这种由政府来充当房东和管理者的思想意识，我们根本就不知道怎样来处理这些事情。那些经管这个方面（公共住宅）的政府机构在某些方面极度傲慢，在另一些方面又战战兢兢，整天处于恐慌之中，因为生怕他们变化无常的主人，也就是纳税人会找租房者的碴，说他们把房子弄得这也不是，那也不是，或者发现公共设施不符合规范，然后把这一切归咎于管理机构。

因为政府成了房东，这样也势必与私人房东形成潜在的竞争关系；为了避免不公平的竞争，有必要进行一些重组，而措施之一便是对人口进行重组，按照收入的不同归类，安排到不同的地方。

324

---

1 马歇尔·谢弗，这位已故的美国公共医疗局杰出官员，曾策划了联邦政府医院资助项目并且在很多年里负责这个项目的管理。在他办公室的抽屉里贴有这么一张纸条，他会经常不断地看上一眼以提醒自己。纸条上写着："一个傻子自己穿衣服，要比一个聪明人帮他穿穿得更好。"

"那些人的住宅，私有企业解决不了"这个答案，对城市本身也是绝对有百害而无一利。一个最容易得出的结论便是，城市作为一个有机体的作用消失殆尽，城市实实在在成了一张棋盘，那些规划者按照他们的统计分类，可以在这上面任意摆放棋子。

从一开始，这整个的概念就与问题的本质毫无关系，与相关人口的简单的资金需求毫无关系，与城市的需求和运作机制毫无关系，与我们经济的其他方面毫无关系，与传统上的"家"的意思毫无关系。

这个概念一个最大的好处，可以说是它确实为那些以前没有成功的理论提供了社会实践的机会。

如何给那些自己支付不起住宅费用的人提供资助，这个问题从根本上说是一个如何解决他们的支付能力与住宅费用之间的差距的问题。住宅当然可以由私房拥有者或房东来提供，而这个差距则可以由房东来解决——可以通过把资助款拨给房东的直接形式，也可以通过给租房者提供房租补助的非直接的方式。提供住宅补助——为老房子、新房子以及翻新过的房子——的方式可以多种多样。

我将在这里介绍一种新方式——不是因为从任何方面来说，这都是唯一合情合理的方式，而是因为这个方式有助于解决目前困扰城市状况改善方面最麻烦的问题。具体地说，这个形式引进的新的建设是渐次性的，而不是急剧性的，引进的新建设项目是作为街区多样性的固有成分，而不是作为标准化的样板，这种新方式可以把新的私人建设项目引入被信贷封杀的城区，并且有助于加快非贫民区化的进程。除了其基本的作为住宅的用处外，这个新方式还可以帮助解决其他的问题。

我提出的方法可以叫"房租担保法"。这个方法涉及的是单幢房子或楼房，而不是那些成片的廉租住宅房，这些房子坐落在其他楼房之间，有新的，也有旧的。那些适合这个房租担保方法的房子，其样式和大小应该都是各色各样的，决定性的因素有街区和所处地方的大小的不同，而这些因素也是影响着类似普通住房的大小和类型的那些。

一些街区需要这样的房子，以替换那些已破旧不堪的房子，或者是增加住宅的数量，为了招引私人开发商到这些街区建这样的房子，有关的政府机构——我在这里姑且称为"住宅资助局"(ODS)——应该给房子的建设者提供两种担保。

第一，ODS应该向建房者保证，他的项目会得到必要的资金支持。如果建设者能够从常规贷款机构得到贷款，那么ODS则会为贷款提供抵押担保。如果他不能得到这样的贷款，那么ODS则会自己借钱给他——这是一个必要的作为后盾的措施，之所以必要是因为在城市的某些地方存在着常规贷款机构步调一致的信贷封杀行为；并且只是在这样的项目从常规贷款机构得不到贷款（通常是利率比较低）的情况下，这种措施才有必要实施。

第二，ODS应该向这些建房者（或者是日后会买下这些房子 326 的房东）担保，这些房子里的住宅单元的房租会达到一定水平，使他们能有足够的盈利。

反过来，为了能够得到资金支持，以及为了确保这些房子的任何一个出租单元在房租上有收益，ODS应该对房东或建房者提出这样的要求：1. 在指定的街区（有时是在指定的地点）建房；2. 在大多数情况下，要求房东或建房者从一个指定的区域里或一组指定的住宅建筑里的住房申请者中选择租房者。一般情况下，这些都是些邻近地区，但是在有些情况下可能不是。我们在后文会发现为什么这些条件非常有用，但是首先有必要先来谈一谈ODS，这个住房资助机构的第三个功能，也是最后一个功能。

房东从申请者中选择了租房者以后，ODS应该来调查那些租房者的收入情况。这种调查只限于收入以及确定他们是否来自指定区域或建筑，这个机构没有任何权利调查除此以外的事情。我们有很多别的法律或行政机构，它们可以去处理一些相关的事情，如房东与租房者的责任和义务，警察的权力以及社会福利等，ODS不应该把这些责任都揽到自己身上。这不是什么暧昧不清、徒劳无果且带有侮辱色彩的交易，它不是为了普遍意义上的人类灵魂的提升。这完全是一种正常的，应该受到尊重的，只是针对住宅房租的商业行为。

大部分无法负担经济房租 (economic rent, 租赁费用中由他们承担的全部份额) 的租户，至少在这类项目的开始阶段，会成为主要的 (甚或全部的) 租赁申请者。ODS的责任是弥补这种差距。对收入的调查 (以整个家庭为单位) 应该是年度行为，类似于个人所得税的申报。这个概念在公共住宅中早已经在使用了 (但在那里，这个概念常常与对别的事情的有意无意的窥探和散布流言蜚语混淆在一起)，在其他目的不同的事情上，这种概念同样也得到很好的应用。比如，大学和学院运用这种方法，按照需要来分配奖学金。

如果一个家庭的收入增加了，那么它应支付的房租则要相应增加，而住宅资助则会相应减少。如果一个家庭或个人收入提高到足以支付全部的经济房租 (如果事实确实如此的话)，那么这些家庭或个人就不再是ODS关注的对象了。这些家庭或个人可以一直住在那里,缴经济房租。

随着租房者经济状况的改善和提高,使用这种房租担保方法的房子在留住租房者方面越成功,就会有越多的房租资助进入更多的房子和其他家庭。这种方法可以促进人口的稳定以及随之而来的人口多样化,这种稳定和多样化的程度与建房的速度有着直接的关系,有了前者,后者就可以在有限的房租资助上加快建房速度。这种方法必须满足居住者发展和拥有自己的选择的要求,必须符合建立一个有强烈吸引力、安全、有趣的街区的原则。在这样的地方,人们会自愿选择留下来。如果达不到这些要求,这种情况就会自然而然阻碍这个项目本身的扩展。这个项目的扩展不应该给私人建房者和房东带来威胁(就像公共住宅的扩展那样的结果),因为私人建房者和房东会成为这种扩展的直接推动者。另一方面,项目也不应该对私人贷款机构产生威胁,因为只有在这些机构本身不愿参与金融支持的情形下,才有必要替换它们。

这种对房东每年应得经济房租的担保,应该长于抵押贷款的分期偿还时间。时间可以在三十年到五十年之间,这种年限的弹性是有必要的,因为这是一个促使不同类型的房子进入这个项目的因素,也因为房子的年龄也可以考虑在内,在这样的时间段内,有些得到房租保证的房子可以推倒重建,有些则可以转做其他不同的用处。当然,随着时间的推移,由于这样那样的原因,即使是一个城区里的新房子,在连续使用了一段时间后也会发生变化。在这段时间内,有必要的话,房子的寿命或最初的用途可以终止。

经济房租的定义应该包括固定的分期付款时间和债务费用，以及维持费和经营费，后者需进行调整，以适应支付能力的变化（这是一种很平常的情况，应该考虑在内，因为在有些情况下，房租是固定的，但支付能力会有变化），以及利润（或利润及经营费用）的多少，最后是房产税，关于这一点，我在本章的后面将加以说明。

房主可以把房产增值的一部分放回到房子，这部分价值可以稍稍低于联邦住宅管理局针对郊区开发的担保贷款，这样做的目的是帮助弥补城市建设资金的不足。

最后，大部分进入房租担保住宅中的资助都会用于支付建房费用——就像在公共住宅中资助的使用方式那样。但是，在具体方法上，这个过程与公共住宅的方式恰恰相反。

在公共住宅中，建房本金的成本直接由政府承担。地方住宅当局发售长期债券以用于建房成本。联邦政府的拨款（有时候是州政府的拨款）被用来还清这些债券。来自低收入租房者的房费只是用于支付地方管理当局的行政费用、管理费用和维持费用——所有这一切在公共住宅中都是很高的费用。在很长的时间里，公共住宅租房者支付的房费只够用来购买誊印纸张、召集会议、与破坏行为做斗争的费用等。在公共住宅项目中，对房租的资助是通过直接对建房费用的资助来进行的，与房费没有直接的关系。

在房租担保体系中，建房费用会包含在房费中。投资成本的分期偿还应该在房租中体现出来，这样，在资助房租的同时，建房费用也得到了资助。无论是直接的方法还是通过资助房租的方法，最终总会落实在建房费用上。后一种方法的好处是：从租房者的角度讲，这种对住宅的资助方法要更加实际，更加灵活。根本不用把租房者按照收入的多少进行分类，而如果把住宅资助视为一种固定因素的话，就免不了会这样做。这种做法是一种僵硬的租赁观念。

房租担保体系还可以有助于消除另一种僵硬做法，即把住房者按照收入的不同分流到不同资助的住宅区。这就涉及降低房产税或税收减免。在住宅是公共产权的情况里，大部分低收入住宅区不交房产税。很多中等收入住宅区可以减少或延迟缴税，这样可以帮助他们少交点房租 (在合作租房的情况下，则是少交一些利息)。这实际上都是住宅资助的不同形式，但是要达到这一步，一个相应的措施便是对租房者的个人收入设置条件——至少在他们进入这些住宅区时就要这么做——这种做法的一个结果便是一些完全有能力自己支付房租的人有可能被拒之门外，否则他们就会被认为轻松白占其他纳税人的便宜。

在房租担保的体系里，房产税可以也应该包含在房租里，就像是建房费用这个例子；在这种情况里，对一个家庭或个人的住房资助不是僵硬地体现在住宅房子里，而是依租房者承担租房费用的能力的不同而不同。

房租资助来自政府的拨款，今天几乎所有的公共住宅资助都不例外，因此实际上，这使得联邦政府成为城市住宅房产税的非直接但主要的贡献者。但是同样地，区别在于资助的使用策略上。目前，在很多情况下，联邦住宅资助直接地、非直接地主要用于经营支出，也就是说用于为维持廉租住宅的运转的支出，这种费用很多其实是不正常的。比如，联邦政府拨款被用于廉租住宅的划界、公众会议室、游戏间、诊疗场所这类地方的费用；非直接

329

方面是要承担更多的费用,如住宅当局属下的警察和社工的费用。如果住宅资助能排除这些支出——因为(在房租担保体系里)所有这些与住宅本身并没有多大关系——但是把房产税包括在内,住宅资助就可以用来支付城市非常需要的东西,比如一个位置合适的街区的**公共**公园(而不是那种住宅区的地盘标示),正常的警察(而不是住宅当局属下的警察),正常的违规行为查询者(而不是住宅当局的秩序维持者)。

除了一些必要的规定外,比如住宅里的房间的数量(目的是避免很多住宅的房间数都相同),ODS不应该也没有权利去强制规定设计或建房的标准。住宅房的实际标准和规范应该符合城市本身标准和各种规范,这个要求也应适用于房租担保住宅。同一个地方的房租担保住宅与非担保住宅,都应该符合相同的标准和规范。如果因为安全、卫生、生活设施或街道设计的原因,需要改进或改变住宅标准,而且这是公共政策,那么这种公共政策应该真正表达公众的意见——不是那种被武断地选出来的,任人使用的"公众"。

如果一个房租担保房的房主希望把地面层或地下层用于商业经营或其他非住宅用处,那么这部分空间按比例摊派的费用不应该包含在房租或资助担保中。如果这种商业活动很成功,那么房主的成本和个人收入就都不应该是ODS分内的事。

这种住宅资助体系不会造成大规模清空和住宅集中现象,因此,在很多情况下,房租担保住宅房用地可以不用土地征用程序就能获得。在一些指定的街区里,住宅用地的购置一般情况下与私人建房的运转没有什么不同,完全应随行就市。当然,土地的费用应该包含在房租里,但是我们应该明白的是,在这种体

系里,我们没有必要进行大规模的清空,因此这部分费用就没有
必要支付。

在确实需要进行土地征用的情况下,购置价格应该包含实际
的完整的费用,比如经营场所尚未结束的租赁费用,或者是企业
迁移和重新安置的费用;土地征用的费用支出应该与私人间的房
屋买卖没有什么区别,在后一种情况里,商业或企业经营者根本
不用去支付他们本不应该支付的费用,否则这些费用最后会变成
"非意向性"资助,导致对另一些人的计划的毁灭。[1]

支付这些费用——而不是强行索取不合理的"非意向性"
资助——的目的是避免造成对城市多样性的不必要的毁灭。一
方面,对这些费用的支付能解决企业的实际问题,使其能够重新
得到安置,继续生存下去(从企业来说,当然还是希望能在城市
地区内);另一方面,可以在清空消灭某个地区的同时,自动地、
强制性地选择和保留一些应该保留的东西。而这一点正是目前
城市改造策略极其缺乏的,这也是为什么这些策略的结果是造
成相当大的城市资源的浪费。房租担保住宅策略的一个好处在
于,这种方法是建立在现有的良好条件,或具有潜在成功条件的
基础之上。

这个方法不会导致大规模的地区清空和重建,因此,整个项
目会有大量的建房者和房主参与其中。我们常常认为大城市的
重建——不仅体系复杂,而且变化不断——应该依赖于一小部
分权威或超级建筑商,这种想法是很荒唐的。拥有多幢房租担

331

---

1 有些时候,这个政策在土地征用过程中早已得到了应用,因为在一些情况里,城市(当局)
会发现,一旦他们的计划对一些单位造成了危害,反过来,这些单位对城市本身会造成很
大的麻烦。在购买上纽约州的土地用于灌溉水的供应时,纽约市设法获得州立法机构的支
持,允许其支付给被重新安置的企业完整合理的费用,包括一些很友善的企业。

保住宅的房主自己本身就会住在这些住宅里（只要他们愿意），就像普通租房者一样，而这种情况对整个住宅区是很有好处的。当然这并不是说要强制这么做，而是说可以鼓励房主参与整个项目的过程，就实际情况说，就是不妨碍建房者把房子卖给这样的房主。

如果我们执行了这种房租担保建房策略，那么会有哪些用处呢？

我已在前面提到了作为房租担保的回报，房主应该满足的两个条件：所建的住宅必须位于指定的街区内，有时是指定的地点，在大多数情况下，应从目前住的某个区域里，或者是某个街道里，或者是一些指定的住宅房里的申请者中选择租房者。

有了这两个对房主的简单要求，就有可能在不同的情况下达到其他不同的目的。

比如，在一些目前被信贷封杀、资金缺乏是头等大事的地区，就有可能刺激新的建房项目，同时通过这种做法，有助于留住已经在这个街区里的居民。

另一个可以达到的目的是有可能增加住宅单元的数量，有些街区需要住宅单元的增加，与此同时，减轻附近的老住宅房的拥挤程度（最终可以做到符合法定的住宅居住率）。

在有些街区里，有些人目前居住的住宅因为太破旧或有其他用处而不得不被拆除，在这种情况下，就有可能留住这些人。

在另外一些情况下，有可能引进一些可以作为首要用途的（住宅）建筑，或有效地增加这些建筑首要用途的用处——在一些地方，城市的其他综合用途，如工作场所，需要首要用途来做补充。

　　有的新街道需穿过一些很长的街段，这样，临街的店面就会出现门可罗雀的情形，在这种情况下，房租担保的建房项目就有可能解决这个问题。

　　另一个可以达到的目的是有可能增加一个地方已有的住宅和其他建筑的类型和年代的多样化。

　　在一些住宅密度过高的地方，这个策略就有可能降低住宅单元的密度，这个过程会有效且稳妥地进行，以避免急剧性的大规模人口迁移造成的动乱。

　　而且，在进行所有这一切的同时，有可能让收入不同的人混住在一个地方，而且随着时间的推移进一步增加混合趋势。

　　所有这一切都是增加地区人口的稳定和多样性的手段和方法——有些可以直接帮助那些愿意留在街区里的人留下来，而另一些是通过间接的方法（只要与城市中任何一个用处有关），帮助城市创立活跃、安全、有趣和多样化的街道和城区，使得人们可以自愿选择留下来。

　　此外，因为这种项目引进的是渐次性资金和渐次性变化，所以它不会阻碍愿意进入这个街区的人进来，也不会阻碍这个街区的非资助性住宅的建设（正如前面说过的那样，这种情况也许会导致多样性的自我毁灭。我们希望，在发生多样性的自我毁灭之前，发生这种情况的条件已经被终止）。它也不会阻止其他新来乍到的人进入这个街区，包括那些只是把这当作权宜之计的人，因为不管在什么时候，一个街区里总会有一些房子不是被用来安置迁移者的，因此，上面提到的两个条件的租房者不会申请这些住宅房。

　　不管一个地方的房子有多旧，不管最终替换这些房子的必要

333

性有多么迫切,这个过程不能一蹴而就。[1]

除了会在经济上对城市的多样性产生影响,以及造成同一化的、非自然的后果,在住宅替换上的过快行为还会与"在一段时间里尽量留住更多的人"这个目标发生冲突——不管是老房子里的人,还是新房子里的人,以及那些对住宅或住宅改造和翻新有着自己想法的人。

当然,在房租担保和对新建房子的资金支持的担保这种体系里存在着腐败和欺骗的机会。但是,对于腐败、欺骗和欺诈我们都能进行相当程度的遏制,只要我们愿意这么做(我们生活在一个能够做到这一点的国家里,从这个角度来说,我们真是够幸运的)。我们面临的困难的是如何防止工作徒劳无效。

我们应该知道,随着时间的推移,任何具体的住宅资助策略都会变成一种例行制度,这种制度会越来越僵硬,离实际的要求越来越远。任何事情刚开始总是充满想象力,然后就会走下坡

334

---

1 顺便说几句关于老鼠的事。在说到房子的时候,应该提到几种基本的祸害,老鼠是其中之一。一般会认为,新房子不会有老鼠生存的地方,而旧房子则是老鼠繁衍后代的场所。但是,老鼠本身并不知道这个规律。除非老鼠被统统消灭,否则,成熟的旧房子被拆掉时,它们会跑到新房子的区域里。就在作者写作本书的时候,纽约下东区遇到的严重问题之一就是鼠害和其他害虫,它们来自西沃德住宅区里一些已被拆掉的房子,那是一个很大的新住宅区。在圣路易斯市,当闹市区的大片房子被拆掉时,无处藏身的老鼠窜到方圆几英里内的住宅房里。如果不在新房子里就把老鼠消灭掉,那么它们的后代会重新回到那里。大多数城市有法律规定,被拆掉的房屋地区要灭掉老鼠。在纽约,可以用钱买到一张灭鼠证书,1960年时的价格是五美元一张,由那些黑心房主付钱给同样黑心的灭鼠者。一些公共机构(如住宅管理当局)是如何有法不依的,我不知道,但只要在天黑的时候,到一些正在拆房子的地方走一走就会看到可怕的老鼠集体迁移和四处奔走的景象;从这种情况里,我们就可以知道那些机构到底是怎么做的。并不会因为是新房子就不会有老鼠,灭鼠靠的是人。实际上,老房子里的灭鼠工作可以做到与新房子里的一样简单。我们的房子里老鼠到处都是——我们逮着了几个非常大的。我们每年会花四十八美元把老鼠和其他害虫消灭干净。勤快的人会去这么做。有些人认为老鼠不用灭,因为新房子不会有,这纯粹是一种自欺欺人的想法,而且有很大祸害,因为它给不灭鼠提供了借口("别着急,我们很快就去做")。我们对新房子有很多期待,但是对于怎样去实现这些期待却做得很少。

路。而腐败——不管是为着金钱的腐败，还是为着权力的腐败——则刚好相反，腐败有着与死板的官僚体系不同的特性。腐败瞄准的目标存在的时间越长，它就越能机关算尽利用这些目标。

为了不使我们的工作徒劳无效，同时又能有效地与腐败做斗争，我们应该至少每隔十年八载就试着换一种新的住宅资助方式，或者是对一些旧的，但可以继续使用得很好的方式增加新的形式。我们甚至应该经常设立一些全新的机构，以处理新的工作，而旧的机构则让其退出舞台。不管怎么样，有一点总是需要的，那就是策略应该受到一些具体需求的检验，特别是一些个别地方的突出需求。我们应该常常问自己这样的问题："这个方案**在这里**是不是需要？如果不是，那么需要什么样的方案？"在资助方面，阶段性的、有目的的变化能够提供满足在过去一段时间里出现的需求的机会，但是这种情况谁也没法预测。从某种意义上说，读者也应该对我在本书中提出的各种方法保持警戒，因为这些方法只针对现有的背景，从目前的情况看，它们是一些好方法。但那并不是说，在我们的城市经历了实实在在的变化后，在城市的活力得到很大的提高后，这些方法仍然是好方法，也许它们会成为不是最好的方法，甚至连好都谈不上。从另一方面说，如果目前我们这种对待城市的错误的方式继续下去，这些方法也不会起到什么作用，相反，我们会失去一些建设性行为方式，而我们本可以依赖这些方式，并在这个基础上朝前发展。

即使在目前这个时候，资助方式的很多不同形式还是有可能的，只要这些形式建立在灵活的稳步变化，而不是急剧变化的基础上。比如，詹姆斯·劳斯，巴尔的摩抵押贷款银行家和多项城

市改造和更新的领导者，曾提出一个不同的资助方式，即最后让
租房者得到房产权（在那些联排住宅房是主要住宅方式的地方），
这个想法非常合适：

> 公共住宅本身并不是一个目的，它只能是达到目的
> 的一种手段，这个目的是把我们的城市变成适合居住的
> 地方，只有这样，它才能证明自己是一种正确的手段。
> 公共住宅应该是一种什么样的形式呢？……随着租房
> 者收入的增加，房租应该增加，但不能因为他的收入增
> 加很多而不被允许住在这里。当租费上涨到一定的程
> 度，可以抵消他的抵押贷款时（假如他可以购买而不是
> 租赁他现在的住宅，而且是从不太严格的抵押贷款的角
> 度看），他所租的房产就应该以账面价格转让给他，而他
> 的房租则可以支付贷款。这种项目不仅可以使得个人，
> 而且也使他的家庭回到自由市场内。它还能阻止公共
> 住宅走向贫民区的过程，而且还能减少目前这种庞大、
> 复杂的围绕公共住宅的保护措施……

纽约建筑家查尔斯·普拉特，长期以来一直赞成把新的被资
助住宅与附近旧一点的被资助住宅放在一起使用，这样可以减轻
拥挤状态，使两种住宅的状况同时得到改善。宾夕法尼亚大学城
市规划教授威廉·惠顿，曾提出一个非常有说服力的想法，即公
共住宅的周转供应制度，这种体制应与一个社区里的私人住宅各
种形式没有什么区别。加利福尼亚建筑学家弗农·德马尔斯，也
曾提出过一种由私人建房和拥有的体制，和我在这里提出的房租

335

担保体系非常相像，任何人都可以进入这种体制，政府住房机构也可以让一些被资助的租房者进入这个体系。

斯坦利·坦科尔，纽约地区规划协会的一位规划者，曾这么问道：

> 为什么我们直到现在才忽然发现贫民区原本就拥有一些好的住宅政策的成分？我们突然间发现……当贫民区里的一些家庭的收入增加时，他们并不一定就会离开，我们的管理政策常常是"厚爱有加"，但这并没有阻止贫民区的独立性，最后一点（这一点简直是难以想象），贫民区里的人，就像别的地方人一样，并不喜欢被撵出他们的街区……我们的下一个做法会造成对人的极大的侮辱，因为我们太习惯于把大的建房项目与巨大的社会进步和成就混为一谈。我们应该弄明白，创建一个社区并不像人们想象的那样简单。我们必须学会珍爱我们现有的社区，它们的存在本身就很不简单。"把房子建好，但把人留住。""不要把居住者迁移到街区外面去。"这些应该成为我们的口号，如果公共住宅希望受到人们欢迎的话。

336

几乎所有关心公共住宅的人士，迟早都会对"公共住宅租房者按收入核定住房资格"的体制进行抨击并赞成将它取消[1]，因为它造成很大祸害。我提出的房租担保建议并不是我自己的创见，

---

[1] 很多这些思想以及其他的一些思想，在一个讨论会上得到了表述，并以"公共住宅之死胡同"为题发表在1957年6月的《建筑论坛》上。

我所做的只是把很多人提出的思想组成一个相关的体系而已。

为什么这些思想没有被融入公共住宅概念中去呢?

对这个问题的回答已经包括在问题之中了。

这些思想一般都只是作为局部调整概念提出来的,它们或者是**被融入**廉租住宅构想中,或者是**被吸收进**如何使被资助的住宅保留公共产权的思想中,这正是这些思想没有被使用的确切原因。而这两种公共住宅概念本来就完全不适合我们这个社会的城市建设。那些要实现这些概念的策略——贫民区封存、贫民区迁移、收入分流、标准一致化等——无论是从人性上,还是从城市的经济需求上讲,都是不可取的,但是对廉租住宅建设,或对官僚体制下的产权拥有和管理而言,这些概念却是好处多多,且逻辑上自圆其说。事实上,任何其他的策略都被认为是缺乏逻辑,或没有关联,任何想在这些概念中融入这些策略的企图在获得同意的文书上的图章墨印尚未干时,就自行销声匿迹了。

我们需要一些新的资助住宅的策略,但这并不是因为现行的策略需要商榷和改进。我们需要新策略是因为需要完全不同的城市建设目标,解决贫民区问题的新的思想和战略,以及在已经不是贫民区的地方保持人口的多样性。不同的目标和新的战略需要它们自己的合适而完全不同的策略。

337

十八 被蚕食的城市与对汽车的限制

今天,每一个热爱城市的人都会让汽车搅得心烦意乱。

交通干道,以及停车场、加油站和汽车旅馆等成了使城市支离破碎的强大的、持续的因素。城市给这些东西提供了一席之地,但城市自己却被分割肢解了,东一块,西一块,四处蔓延,互不关联且到处空空荡荡,让步行者吃尽苦头。有些闹市区和街区布局紧凑,互相关联,你中有我,我中有你,组成一个有机的整体,但就是这种城市的精华却常常随意地被拆解得面目全非。城市的地标不知去向,或者是从城市生活原来的环境中迁移到其他毫无关联的地方,以致不伦不类,失去了原有的意义。城市失去了自己的特性,每一个地方都大同小异,以致没有存在的意义。在一些分解最严重的地方,各个城市用途——购物中心,或住宅,或公共集聚地,或工作场所集聚中心——都不能发挥正常功能,互相间没有关联,因为都不在一个区域。

但是,实际上我们把太多的问题归咎于汽车了。

假设 (小) 汽车从来就没有被发明过,或者并没有像现在一样大规模地被使用过,而相反,人人都使用公共交通,方便、有效、快速、舒服,情况又会怎样呢? 毫无疑问,我们可以省下一大笔钱, 338

可以更好地用到别的地方。但是也许并不能。

再假设我们原本就以廉租住宅以及其他与城市本质相反的规划思想为蓝本,重建、扩建和重组城市,情况又会怎样呢(我们现在的所作所为不正是这样的吗)?

很明显,结果与前面所描述的汽车造成的影响没有本质区别,甚至可以把上面的描述原封不动、一字不差地搬到这里:"但城市自己却被分割肢解了,东一块,西一块,四处蔓延,互不关联且到处空空荡荡,让步行者吃尽苦头。有些闹市区和街区布局紧凑,互相关联,你中有我,我中有你,组成一个有机的整体,但就是这种城市的精华却常常随意地被拆解得面目全非。城市的地标不知去向,或者是从原来城市生活的环境中迁移到其他毫无关联的地方,以致不伦不类,失去了原有的意义。城市失去了自己的特性,每一个地方都大同小异,以致没有存在的意义。在一些分解最严重的地方,各个城市用途——购物中心,或住宅,或公共集聚地,或工作场所集聚中心——都不能发挥正常功能,互相间没有关联,因为都不在一个区域。"诸如此类。

在这种情况下,汽车不得不被发明出来,或开始得到大规模使用。道理很简单,因为对那些生活和工作如此不方便的城里人来说,汽车是唯一可以帮助他们避开空寂、危险和千篇一律单调景象的东西。

从交通运输的角度说,汽车到底对城市造成了多大的负面影响,又有多少是因为我们无视城市的其他要求、用途和功能原因而造成的,这是一个值得我们考虑的问题。对一些城市改造者来说,他们唯一知道如何做的是廉租住宅重建项目,除此之外,他们的头脑一片空白,根本不知道还有其他值得尊重的城市建设原则。就和他们一样，公路建造者、交通工程师和城市改造者们在考虑他们每天应该做的事情时，头脑里也是一片空白——他们所知道的只是如何解决一些交通事故，以及颇有远见地考虑如何在将来让更多的车在路上跑。这些人应该会想到还有另外一种选择，但如果一旦他们觉得选择别的会让他们失去方向，变得更加糊涂，这些有"负责精神"和"讲究实际"的人就不会选择放弃他们正在使用的策略，即使这些策略根本不适合实际情况——或者即使工作的结果会让他们自己感到有点担忧。

建设良好的运输和交通系统是一件非常困难的事，同时它们　339
也是最需要的东西。城市的关键在于选择的多样化。如果交通不方便，那多样化选择就无从谈起。同样，如果多样化选择不能从交叉使用开始，那这种多样化选择就根本不可能存在。再者，城市的经济基础在于交易活动的存在。城市存在制造业的主要原因是因为有着可以互相利用的交易活动，而不是因为在城市里制造东西更加方便。思想、主意、服务、技艺和人员，当然还有货物和商品的交易，需要有效、畅通的交通运输。

但是，多样化选择和频繁的城市交易活动同时也要依赖大量集中的人口，互相关联的各种用途，以及交错编织、复杂的道路系统。

怎样一方面在城市里提供这些道路，另一方面又不损害城市地域错综复杂，各种用途经纬交错的布局，这是问题的关键。或者，也可以这么说：怎样一方面创建错综复杂，各种用途经纬交错的布局，另一方面又能提供良好的交通系统？

现在流行着这么一种"神话"，即城市街道之所以不适应潮水般的车流，是因为它们还都是多年前留下来的"古迹"，是一些马车时代的道路，只适应那个时代的交通，但……

没有什么比这更不符合事实了。当然，18和19世纪城市的街道一般都非常适合于步行，以及街道两边各种相关的用途。但作为街道，它们却极其不适合马匹的行走，但同时又要做到尽量适合于马匹，于是在很多地方使得行人行走也变得非常困难。

维克多·格伦为得克萨斯州的沃思堡设计了一个没有汽车的闹市区的方案（我会在本章的后面更多地谈到这个地方）。他准备了很多幻灯片来说明他的方案。他先放了大家都熟悉的一条街上交通堵塞的幻灯片，接着又放了另一部不同的幻灯片，一下子让看的人都感到很惊讶：一张沃思堡街上马匹和其他车辆造成堵塞的旧照片，其程度丝毫不亚于汽车造成的堵塞。

已故的英国建筑学家H.B.克雷斯韦尔为我们描述了一幅马车时代街道的图画。他在1958年英国《建筑评论》上描述了 340　1890年他年轻时代的伦敦景象：

> 那个时代的斯特蓝德街是伦敦人的中心，热闹非凡。街道的周边是迷宫般一个连一个的小巷、短街和院子，街上有很多小饭馆，窗户上贴着各自最拿手的菜谱，另外还有小酒馆、小吃店、海鲜酒吧、火腿牛肉铺等，此外，还有卖各种千奇百怪的小玩意和日常用品的小店，它们都一家紧挨着一家。斯特蓝德街的各家戏院间满是这种小店……可是，街上那种泥泞[1]！那种吵闹！那种气味！所有这些都是因为那些马匹的缘故……

1　一种委婉语。

伦敦城里拥挤的车辆——在有些地方，有的时候真正水泄不通——都是靠马拉运行的：平板四轮车、运货马车、驿车、双轮双座马车、四轮出租马车、公共马车、载客马车以及其他各种私人车辆，所有这些离开马都寸步难行。英国小说家梅瑞狄斯说过，坐火车快到达伦敦时，远远地就能"闻到马车场的臭味"。但是，更具特色的气味是来自那些马厩，一般都有三四层高，里面有楼梯弯弯曲曲通到上面；那里面堆马粪的地方点着镶着金丝的铁制枝形方灯，这种灯通常是伦敦中上层阶级家里会客室里装点门面用的。灯上面布满了死苍蝇，夏天的时候更是密密麻麻的厚厚一层。

马匹造成的更明显的一个问题是泥浆。在街上能够看到很多队穿着红外套，手里拿着盆子和刷子的男孩子，他们在马蹄和车轮之间穿梭来往，主要工作是洗刷路边一些垃圾桶，尽管这样，泥浆还是会流到街上，就像是"豌豆汤"，中央还打着漩涡；这些泥浆汤有时候会积少成多，变成小水塘，漫上路沿；而另外一些时候，则会覆盖整个路面，就像是给路面上了一层机油，或者是抹了一层黏糊糊的麦芽糖，无论是"机油"还是"麦芽糖"都会让路面沾满土和灰，把路人搞得狼狈不堪。在第一种情况里，急速驶过的双轮双座马车或轻便双轮马车会掀起一阵水瀑——如果没有被路人的裤子和裙子挡住的话——水瀑会跃过人行道，溅到街面上，给整个斯特蓝德街上的店面墙上留下宽达十八英寸的泥浆痕迹。给第一种泥浆汤水情况乱上添乱的是那些清扫这些泥

341

浆的车辆,这是一种双轮大车,两边都配有两个拿着大
长柄的人,这些人穿着长及大腿的靴子(似乎是要蹚洋
过海),身上皮衣的领子一直扣到下巴边,整个脖子都
扣在领子里面。这些车和人经过水塘后,那溅起的泥
浆,简直没法形容!旁边步行的人双眼立马满是泥水。
给"机油"路面添乱的是马拉扫帚,路面被"扫过"以
后,很快路人就发现要用救火用的水枪才能清除留下的
残迹……

　　除了泥浆,还有噪声——同样,也是由马匹造成的。
那种嘈杂声就像是强烈的心跳,震响在伦敦城的中心。
简直难以想象!伦敦的一般街道都由"花岗岩"铺
成……无数匹蹄上钉有铁皮的马经过这些街道时,就像
是千万把铁锤在敲响一样,各种马车经过时,轮子压过
地面发出的刺耳的声音,一会儿尖利如号声,一会儿沉
闷如鼓声,此起彼伏,就像一根铁棍划过栅栏,那种声音
真的要把耳膜穿破。各种车辆发出的嘎吱嘎吱声、嗯呀
嗯呀声、叽叽喳喳声、咔嚓咔嚓声,或大或小,或轻或
重;还有车子链条发出的丁零当啷声,再加上其他来自
那些上帝的臣民想在这个世上留下的各种丁丁当当、当
当丁丁声……如此喧嚣嘈杂的声音难以言表!这根本
不是什么可以忽略不计的吵闹声,这是千万种声音加在
一起的噪声……

　　这就是埃比尼泽·霍华德时代的伦敦。从这个角度说,他认
为城市的街道不适合人居住,这并不让我们感到惊讶。

　　勒·柯布西耶在20世纪20年代设计他的光明城市时,把霍华德的小城镇花园城市改成一个有着公园、摩天大楼和专为汽车用的高速公路的版本。他自夸似的说自己设计了一个新的时代,与之相匹配的是新的交通系统。他做到了吗? 没有! 如果说有什么新时代概念的话,他也只是对一些革新形式进行了一些改变,而且非常肤浅;那些革新形式也只是对过去时代简朴生活的一种怀旧情绪的表现,以及对19世纪马车时代(和传染病时代)的回应而已。如果说他设计了什么新的交通系统的话,同样,那也是肤浅之极。他只是把高速公路和交通作为一种装饰(这种说法对他来说已经是很公平了),将它们移花接木安置到他的光明城市的方案中,在数量上显然只是满足了他的设计感觉,但是不管从什么角度说,这种方案与实际生活中远远多于他的设计数量的汽车、公路和停车场以及服务系统毫无关系。在他的方案中,众多不同层次的人群被空旷区域隔开,而恰恰是这些人需要汽车、公路、停车场和服务。他想象中的公园里的摩天大楼在实际生活中退回成停车场中鹤立鸡群的高楼。而且即使这样,停车场还是不够。

　　342

　　目前城市与汽车间的关系,简单来说有点像历史有时候给"进步"开的玩笑之一,那就是,作为一种日常运输工具,汽车的发展过程恰好与作为一种反城市化的郊区化理念的发展相呼应,无论从建筑,社会效应还是法制和金融方面,后者都与前者保持了同步发展的关系。

　　但是,汽车并非原本就是城市的破坏者。如果我们不去轻易相信那些关于19世纪马车街道的美丽神话——无非就是那时的街道与马车互相适应,而且风光无限——我们就会发现,内燃机一旦被用上就会成为加强城市特性的有效潜在手段,同时,还可以把城市从对马匹的依赖——这是众多妨碍城市发展的事物中的一种——中解放出来。

汽车引擎不仅要比马匹噪声小,而且还干净,更重要的是,更少的引擎能比更多的马匹完成更大量的工作。以机器为动力的车辆以及比马跑得更快的速度,使得大面积人口和货物的流动变得更加容易和互相适应。在20世纪开初,火车早已经表明,"铁马"是集中和流动互相适应的非常好的手段。汽车(包括卡车)可以到达火车到达不了的地方,完成火车做不了的工作。人们头脑中总是存在着对于街道拥挤状况的根深蒂固的印象,而汽车实际上是一种消除这种印象的有效手段。

我们的问题在于,在拥挤的城市街道上,用差不多半打的车辆取代了一匹马,而不是用一个车辆代替半打左右的马匹。在数量过多的情况下,这些以机器作引擎的车辆的效率会极其低下。这种效率低下的一个后果是,这些本应有很大速度优势的车辆,因为数量过多的缘故,并不比马匹跑得快很多。

总的来说,卡车在城市里可以完成大量的工作,这与人们的期待是一致的。它们要比马拉车辆或人肩扛手拉完成的工作量多很多。但是,因为载人车辆效率并不如此,因此,它们造成的拥挤大大降低了卡车的效率。

343

汽车和城市本应是同盟,现在却处于"战争"状态。今天,那些对这场"战争"已表示绝望的人,常常会把造成这种战争的原因归咎于汽车和行人间无法解决的关系。

一个非常时兴的解决方案是为行人安排一个地方,然后再为车辆找到一个地方。如果我们真想这么做的话，我们或许可以最终实行这种一分为二的方案。但是，不管怎样，这种方案只有在**假设**城市中车辆的绝对数量会有大幅度下降的前提下才有实现的可能。否则，行人区周围必须有的停车场、车库和进出的道路会比例失调，乱成一锅粥，结果这根本不是什么挽救城市，而整个是毁灭城市。

关于这种"行人方案"最有名的是格伦为沃思堡闹市区所设计的规划。维克多·格伦建筑和规划事务所提出了这么一个方案：在一个方圆大约一英里的地域外建一条环形路，在这条路上向内开六个口子，建六个巨型长方形车库，每个可以容纳一万辆车，每个车库都是从环形路的外围向内直插入闹市区。这个区域的其他地方将远离汽车，集中用于发展闹市区的其他综合用途。这个方案在沃思堡遭遇到了政客们的反对，但是类似的方案在九十多个城市中被提了出来，并在几个城市中进行了试验。不幸的是，模仿者们忽视了主要的事实，即格伦的方案是基于把沃思堡的全部区域当成一个城市，即一个互相连接，没有断裂的整体；只有在这个基础上，这个方案才具有意义；也只有建立在这个基础上，这个方案才能做到集中而不是分散，只有在这个基础上，它才是一个变化多样的复杂系统，而不是一个简单划一的图案。在那些模仿者的方案中，这种设计思想几乎无不经历了蜕变，失去了中心内容，变成了只是用来安置郊区购物中心的形式，把几条商业街集中在一起而已，在其周围的则都是一些"此路不通"的停车场和通向停车场的通道。

那些人也只能做到这样——事实上，即使在沃思堡，能做到的也不过如此——除非直面正视一个远比种植灌木丛和在一些　344

地方搁上几张长椅更为困难的问题。这个问题就是怎样大幅度减少正在消耗一个城市的车辆的绝对数量。

在为沃思堡设计的规划中，格伦不得不预先确定车辆减少这个假设，尽管这个城市相对来说比较小，而且与大城市相比，要简单得多，尽管针对(小)汽车的解决方法非常多，而且很详细。格伦方案的一部分包括了对快速公共汽车的解决方案，这些公共汽车应连接闹市区和整个城市及郊区，而且来自闹市区的使用这些公车的人数应远远比现在使用公车的人数多。如果没有这样的解决方案和预先假定，格伦的环形路方案只不过是一个不切实际的绣花枕头，与勒·柯布西耶轻浮的一厢情愿的传统并没什么两样。但另一方面，如果要现实地面对实际困难，那结果就会是把整个闹市区变成车库，同时因为通向车库的通道太多，环形路因此就会失去作用。当然，可以扩展环路，这样也许还可以发挥一点作用，因为车库都离环路很远，但如果这样，这个方案的初衷，即"设置一个人流集中，适于步行的城区"这个想法就会泡汤，整个方案也就失去了意义。

也有人提出了另外一些分流交通的方案，以解决一些闹市区街道严重的交通堵塞问题。这些方案不是像格伦规划方案中的那样进行横向分流，而是实行纵向分流，即可以把行人街道建在空中，行人在上面走，汽车在下面行，也可以让汽车在上面行驶，行人在下面步行。但是，一旦汽车要运送行人，马上就会产生很多问题。一方面需要给汽车提供运送行人的路线——这实际上正是造成堵塞和需要分流的原因——另一方面，这实际上就等于自动取消了原本是要给予行人的方便。如果这种方案做到既要为汽车，又要为行人提供方便，那就必须要预先假定(小)汽车的绝对数量的减少,以及对公共交通更多的依赖。

而且,"行人方案"还会遇到另外一个问题。行人街道方案会得到很多企业的回应,但因为这些企业的参与,又会有更多的行人街道产生,而这些企业/商业本身又需要方便的交通条件来提供它们的服务、设备和产品。

345

如果车辆和行人出行一定要完全分流的话,那么就必须要接受下面两个选择中的一个。

第一个选择是行人区域的街道不要有企业/商业。不用说,这是一种很荒唐的想法。但是,即使是这样荒唐的想法在实际生活中也会出现,而结果是可想而知的:行人区被行人所离弃,变得空空荡荡。行人都到了车辆街道,因为那儿有企业/商业活动。这种内在的矛盾会让那些针对"明天的城市"的雄心勃勃的规划设计感到非常苦恼。

另外一个选择是,有必要设计一种为车辆服务的方案,同时又要与行人区分开。

格伦的沃思堡方案设计了一个卡车和出租车用的地下隧道系统来解决这个问题,出租车可以通过这个系统到达饭店,在饭店的地下层接客或者是送客。

这个方案还有一个变体,它的主要内容是提出了一个高度发达的"邮局服务"系统。很多年前纽约一位建筑师西蒙·布赖内斯提出过同样的方案,建议把纽约市中心区变成行人区。"邮局服务"的概念是指设置一个分流系统中心,在一个范围内通过这个中心把货物和其他东西发送出去。来自**所有**地方的**所有**东西集中到一起进行分类,然后再逐个进行发送,这个过程和邮局分类到达的信件,然后发送信件的过程差不多。这样做的目的是大幅度减少卡车运送的次数,而要做到这一点只有在晚间行人少的时候进行。因此,就运送过程而言,汽车和行人的分流在这个例子里主要是指时间上,而不是空间上的分流。但是,这种做法的费用会非常大,因为需要支付额外的货物处理的费用。

除了在用途和人流非常集中的闹市区中心地带以外,这种行人与车辆的完全分流的做法并没有什么充足的理由。

这种完全的分流被认为有很大的好处,对此我非常怀疑。城市街道上的行人和车辆的矛盾主要是由车辆过多引起的,车辆太多牺牲的是行人的需求,这个过程虽不是立即产生,但趋势是明显的。汽车独霸街道确实让人不能忍受,但这并不是汽车本身的原因。很显然,街上若是有过多的马匹,也会产生同样的矛盾;那些经历过阿姆斯特丹或新德里高峰期间的人都会有这种感觉,大量的自行车与行人挤在一起,混乱的场面让人惊讶。

只要有机会,我就会观察人们是怎样使用步行街的。行人一般并不是在街道中间行动,也没有要占有马路的倾向。他们一般都会沿着街边走。在波士顿,有两条街被改为步行街(当然,这样送货就会是一个麻烦问题)。在那里你会看到一个非常有意思的景象,马路中央几乎是空空荡荡,但是,狭窄的人行道上却是人挤人。在美国的西边,也有同样的情况发生在迪士尼乐园的主街上。迪士尼乐园这个小镇的车行道上唯一的车辆是一辆有轨电车,等车间隔的时间会非常长,有时候会有马车出现,给人一种惊喜。但是,那儿的游人宁愿在人行道上走,而不愿到马路上走,有两次我看到人们到马路上去,有一次是有一辆车经过,另一次是有一支游行队伍经过(这好像有点反常)。在这两种情况里,人们走到马路上去只是为了**加入**马路中间的活动。

　　像波士顿或迪士尼乐园这样的人们只在人行道上走的现象，大概是因为马路有路沿的缘故，人们习惯于在路沿里的人行道上走。如果人行道和路中央是平铺在一起的，这样也许可以使更多的行人使用路面的空间；当然，在一些人行道宽的地方（波士顿也有这样的地方），人们不会很尴尬地撞在一起，而这种情况常常会在迪士尼乐园和波士顿市中心狭窄的人行道上发生。

　　但是，很显然，这仅仅是答案的一部分。在一些郊区的购物中心地带，"街道"很宽，而且几乎没有人行道，也没有路沿，但是人们还是会沿着边走，只是在路中央发生了一些有意思的事情时，才会走到"街"上去。即使行人只是零零散散地分布着，也需要很大的数量才能占满街面。这样的情况只有在人群潮水般地从一个地方涌出来时，才会发生，比如华尔街或波士顿的金融区；这些地方的办公室职员下班时就会出现这种情形；或者是纽约第五大道复活节游行时也会发生这样的情况。在一般情况下，人们总是会倾向于沿着人行道或街边走，我想那是因为这些地方有吸引人的一面。人们在人行道上走时，总会有一些吸引他们注意力的东西——商店的橱窗，街边的建筑，来来往往的人流。

347

　　但是，有一点是不同的，即在波士顿、迪士尼乐园或一些购物中心的步行街上，人们的行动不同于那些交通繁忙的普通街道上的人。这种区别非常重要。在步行街，人们可以自由地从街的一边走向另一边，而且好像路沿也限制不住人们的自由。但是，在一般街道上，总会看到人们在一些不让穿行的地方穿行——只要不被发觉，他们就会这么做，即使是冒着生命危险——而且在等着过街时，人们总是那么没有耐心。所有这一切都让我相信，步行街的主要好处并不在于那儿车辆少或者完全没有车辆，而是在于没有像普通街道那样被川流不息的车辆所左右，也就是说在于人们可以很方便地穿越街道。

即使是孩子也会有同样的感觉。问题不在于分流人和车辆，而是减少车辆对街道的占有，比如对人行道的蚕食缩小了孩子们的玩耍空间。当然，最理想的办法是在孩子们玩耍的街道空间内完全清除车辆；但是如果这样做的同时，把人行道合理、有用的地方也清除掉了，比如街道的安全监视系统，那么问题不但没有消除，反而会更加严重。有时候，这种清除方案也会自我破坏。辛辛那提的一个公共住宅区就是一个很好的例子。那里的房子都面向一个由草坪和人行道组成的行人区，这些房子的后面则都背靠一些小巷，专门给汽车和送东西的车辆使用。平常，所有的来往都在这些房子和小巷间进行。因此，从功能上说，屋后成了屋前，屋前则成了屋后，而屋后的小巷其实也是孩子们玩耍的地方。

城市生活是一个互相吸引的系统。把行人分流出来当然很好，可这种好处只是一种抽象的概念；如果为了实现这种抽象概念，忽视或消除一些生活的组成形式，那这样的规划并不会得到人们的赞成。

把城市的交通问题只简单地看成是一个分流行人和车辆的问题，并把实现这种分流看成一个主要的原则，这种思想和做法完全是搞错了方向。应该把城市的行人问题与同城市的多样化、城市的活力、城市用途的集中化放在一起考虑。如果缺少其中一个，比如多样化，那么在人口众多的大型生活住宅区，人们当然会更倾向于使用汽车，因为这样要比步行来得方便。城市会出现很多交通混乱的现象，但是这种现象肯定不会出现在城市中无人管理的空旷地带。

　　就像城市交通的其他问题一样，解决行人问题的关键是如何减少地面车辆的绝对数量，并使留存下来的车辆能够发挥更有效的作用。对私人车辆的过分依赖与对城市集中用途的依靠这二者是不能共存的。两者必有其一要做出让步；在实际生活中，事实也是如此。人们可以支持这种方案，也可以支持另一种，不管怎样，下面的两个过程必有一个要发生：城市被汽车蚕食，或者城市对汽车的限制。

　　要理解对城市交通策略的不同意见，无论是反对还是赞成，我们必须要理解这两个过程的本质是什么，它们包括哪些含义。我们必须要意识到，城市地面交通会造成很多**自我**压力。车辆与车辆之间会有很多竞争，争夺空间和方便之行。它们也会与城市的其他用途争夺同样的内容。

　　汽车对城市的蚕食会造成一系列问题，一些人们太熟悉以至于都不用解释的问题。蚕食这个过程是从老鼠那样一点一点地啃开始，但是最终这种啃会变成大口大口地吞。因为车辆造成的堵塞，街道要么是被拓宽，要么是被改成直道；宽阔的大道被改成单行线，交叉信号系统被安装在街道上，为的是能让车辆行驶更快。桥梁被改成了双层，因为单层桥梁已到了饱和程度；快速干道先是在一头被拦腰切断，而后是整个系统被分成东一块，西一块。越来越多的土地改成了停车场，为的是让那些数量急剧增加的车辆在空闲时有地方停车。

　　在这整个过程中，似乎任何一个单独的现象都并不是至关紧要，但是这些问题积累起来后，就会产生严重后果。每一个现象似乎对整个变化过程影响不大，但实际上都加速了这个过程的发展。汽车对城市的蚕食是一个很好的、被称为"肯定反馈"的例子。"肯定反馈"是指，一个作用力会产生反作用力，而反作用力则会反过来加剧产生作用力的条件；在这种条件下，作用力又会重新发生作用，其结果是又加剧了反作用力，于是这个过程循环反复，以至无穷。这就像是一个人对某个东西一旦成瘾，这个习惯就会难以纠正。

维克多·格伦在1955年计算出了这种"肯定反馈"似的交通过程——或者是部分过程——的一个惊人的结论。这是他的沃思堡规划的一部分。为了要了解他面临的问题究竟有多大，格伦先是计算沃思堡当时交通拥挤，发展停滞的市中心区到1970年时会有多少商业出现，这个过程的基点是预计要达到的人口和可进行交易活动的区域的大小。然后，他把这种经济活动的数量换算成使用者的数量，包括工作人员，购物者以及为着其他目的来到这里的人员。然后，依据当时市中心区使用者与车辆间的比例的数据，他把未来的使用者换算成车辆的数量，接着他再计算出拥有这些车辆(它们随时都会上街)需要多大的街道空间。

他得出了一个惊人的所需街道空间的数据：1600万平方英尺，不包括停车场。而相比之下，目前，这个尚欠发展的市中心区街道空间是500万平方英尺。

但是，在格伦计算出他的1600万平方英尺时，这个数据其实已经过时，而且从趋势上看还不够大。要获得那么多的街道和马路空间，市中心区将向外大幅度扩张。而这里的经济用途是有限的，这样，相对来说一定的经济用途就会非常分散。为了使用这些分散的不同的用途，人们就会更多地依赖开车而不是步行。这就会需要更多的街道空间，否则会造成拥挤不堪的局面。在这种用途分布得很零散的情况下，停车场将不得不重复设置，因为在不同的时间里招引人们前往的用途不够集中，所以人们往往不能交错使用同一个停车场。[1]这意味着市中心区会分布得更加分散，反过来就会需要更多的车辆，在中心区内行驶更多的距离。在过程的初期，无论是从乘客还是从运行者的角度来讲，公共交通整个就不会有什么效率可言。简而言之，在这种情况下，一个布局合理、紧凑的市中心区将不复存在，取而代之的是一个区域极广，分布极散，在形成大都市的设施、多样性和选择方面无能为力的"四不像"地方，而所有这些对那儿的人口和经济来说原本完全是可能的。

就像格伦的方案指明的那样，在城市里，提供给汽车的空间越大，对汽车的需求就会越大，而这又会导致需要更大的空间。

在现实生活中，我们不会一下子从500万平方英尺城市街道空间突然跳到1600万平方英尺。因此，在实际生活中，很难体会得到车辆逐步增加过程到底意味着什么。但是，或早或晚，或快或慢，"肯定反馈"的效应就会体现出来。一个不可避免的过程是，(小)汽车的"达及能力"(能够到达的空间区域)越大，公共交通效率就会越低，方便性越不能体现出来，而这个过程的程度越严重，则对(小)汽车的需求就越大。

汽车的"达及能力"越是增加，(城市)使用者的集中度就越

---

[1] 这种形式的浪费常常可以在一些城市中心区看到，那儿有着很多特意规划的"小小用途"。匹兹堡的市政中心就是一个例子，它位于市中心的边缘，晚上的时候要提供那些"小小用途"的停车场，而同时，市中心区上班区域的停车场却空无一车。要在城市里做到设施的共同使用，包括停车场、人行道以及公园和商店等，一个条件就是需要用途的集中。

会下降,这样的悖论在洛杉矶达到了极点,在底特律也差不多是同样的程度。但是,这种矛盾现象其实在城市被汽车蚕食的初期——那个时候(城市)使用者中只有一小部分在享用地面交通增加了的车辆——就已经是再也明显不过了。曼哈顿就是一个很好的例子。在那里,减轻车辆堵塞的一个办法是加快交通的流速,具体做法是把一条宽阔的南北大道改成单行道。就像别的车辆一样,公共汽车以前可以在一条道上南北来回走,现在只能是分成两条道走。这样的一个结果是公共汽车使用者(乘客)到一个目的地原本不用步行,而现在则必须得走两个很长的街段。

351　　因此,在纽约,当一条街道被改成单行道后,公共汽车乘客数量就会下降。这一点也不足为奇。这些以往的乘客都到哪儿去了呢? 没有人知道,但公共汽车公司的说法是,那一部分乘客是一些可乘可不乘的人,他们中的有些人可以选择公交车,也可以选择自己开车,而另外一些从外面移居到这里来的人,则会犹豫到底是不是要费那个劲使用这里的交通,也许可以有别的选择,比如就近工作。不管他们选择什么,公共交通能够提供的便利已经有了很大的改变,这也使得他们不得不改变想法。一个不容置疑的事实是,交通流量的增加以及由此产生的对公共交通的负面影响确实是与车辆数量的增加有关。同时,这种情况也会影响行人能够享受的便利,在一些原来很容易穿行的街道人行处,现在则不得不等更长的时间。

　　在1948—1956年的八年间,曼哈顿也确实采取了一些措施,但只是治标不治本。在这八年间,有多于36%的车辆是从外面进入曼哈顿的,尽管这还仅仅是代表了来自曼哈顿以外的使用者的一小部分,但是其中有83%的人是通过公共交通来到的。可也是在这段时间里，来自外面的公共交通的乘客下降了12%，结果是每天公共交通流失37.5万的乘客。伴随着城市(小)汽车的"达及"程度的提高，**总是**会出现公共交通服务的减少。公共交通运输系统载客量的下降总是会大于个人汽车载客量的增加。随着(小)汽车在城区内的"达及"程度的大幅提高，这个区的交叉使用程度就会不可避免地下降，这对城市来说是一个严重的问题，因为城市公共交通的一个目的就是鼓励和促进交叉使用。

这样的结果——(小)汽车"达及"程度的提高和用途集中使用的下降——在一些人的心中引起了"恐慌"。为了要阻止集中用途的下降，一个统一的解救方法恰恰是企图增加汽车的"达及"程度——通常，首先是让汽车能很容易找到停车的地方。就这个方面来说，纽约曼哈顿又是一个很好的例子。一个解救百货商店的方案得到了交通管理局局长的极力支持，措施就是建立一个又一个产权属于城市的停车库。这种治标不治本的方法的后果是，位于曼哈顿中心区十个街段大小的区域，包括几百个小商业和企业，将遭到汽车的蚕食。[1]

352

于是，这种一点一点的蚕食过程，会使被蚕食的地区一步一步失去被使用的理由，整个城区会变得活力更弱，更不方便，用途更不集中，更不安全，尽管还有人继续使用这个地区，但使用的理由会日渐减少。

1　交通管理局局长强烈支持的一个车库地点非常合乎"逻辑"地位于一家百货店和一座桥梁之间——我计算了一下，这里大约有129个商业和企业，包括一个香料特产店，这里的顾客来自整个大都市区域、几家画廊、一些宠物狗美容店、几家非常好的饭店、一座教堂和很多住宅(包括新近修复的几所老房子)。街对面的商业也包括在内，因为这样刚好组成一个"整体"；剩下的没有包括在消失之内的商业将面对着一个扼杀城市活力的车库，它们会因此与一个互相支持的群体隔离开来，并就此走向消亡。幸运的是，就在本书写作的时候，纽约市规划委员会对这个车库方案提出了反对意见，而且反对的理由是完全正确的：车辆的增加是对城市其他价值的破坏。

　　如果以车辆为主的城市交通代表了一些固定的需求数量,那么提供满足这个需求的行为将会产生令人满意和符合预期的效果。至少,有些问题能够被解决,有些目的能够达到。但是,因为在车辆增加的同时,还出现了很多治标不治本的"解救方案",因此,在解决问题的同时也会出现更多的问题。

　　即使如此,至少在理论上应该有一个解决的切入点——在这个点上,"达及"程度的增加和用途集中度的下降会达到一个平衡或维持均衡的状态。在这个状态下,交通问题应该得到解决,也就是说,车辆不再对城市产生压力,因为车辆出行和停车问题都得到了令人满意的解决。车辆对城市不断蚕食的同时,交通对城市不同方面的压力应该逐步得到均等分布,城市的向外延伸则更会促使这种压力平均化的进展。当一个城市达到高度的单一和统一化,不管怎么样,它应该对交通问题有所控制。对经历了"肯定反馈"式的蚕食过程的城市来说,这样的平衡状态是唯一可能的解决方法。

　　但是,在美国没有任何一个城市达到了这种平衡点。在我们353 的实际生活中,那些处于被蚕食状态的大城市例子表明,它们还处于交通压力不断增加的阶段。从外表上看,至少洛杉矶应该有可能达到这个平衡点,因为那里95%的出行都是通过私人汽车来进行的。但是,即使如此,交通压力还没有做到足够的均等分布,因为在洛杉矶市中心区——那里(小)汽车已经相当程度地削弱了城市的活力,整个闹市区一片灰色单调——还有66%的人使用公共交通。1960年在洛杉矶爆发了一次公共运输系统的罢工,这使得城市里的汽车比平时多了许多,从空中拍的照片表明,高速公路和其他路面上一样,都塞满了车,一辆紧挨着一辆,车速慢得如爬行。有些报道说,心情烦躁的司机为了争夺停车位置互相间发生了殴打。洛杉矶的公交系统曾经被认为是全美最好的(有些专家说,是全世界最好的),但现在衰落得既慢又不方便。可是,显然还是有一些人在使用公共交通,这些人在高速公路上没有自己的份,在停车场也没有自己的份。更为突出的一个矛盾是,停车场地造成的压力仍处在上升阶段。几年前,对那些迂回"城里"的人来说,每个单元套房有两个停车位已经算是宽敞了,现在,那些新的公寓住房提供每个套房三个停车场位,一个给丈夫,一个给妻子,还有一个给家里的另一个成员,或者是来访者。在一个买盒烟也非得开车去不可的城市里,没法做到不提供这么多的停车场地。如果有人要在家里举办一个舞会什么的,那即使像这样的每家三个停车位的情况也会变得不够用。另一方面,那些处于正常行驶状况下的车辆,每天也会碰到不小的压力,或是麻烦。正如哈里森·索尔兹伯里在《纽约时报》上的文章写的那样:

> 洛杉矶高速公路时常会出现因事故而交通受阻的情况。这个情况是如此频繁,以至于工程师们建议用直升机来搬走那些阻碍交通的车辆。事实是一辆马车在1900年横穿洛杉矶用的时间也并不会比今天的汽车在下午五点时走过同样的旅程慢到哪儿去。

如果确实有城市交通的平衡点的话,那么在这个平衡点的形成过程中,比交通瓶颈更为严重的问题会出现,比街上行人的安全更为棘手的问题会出现;这样的平衡点把城市日常的公共生活　354

撤在一边,使投资和产出显得毫无关联。让我们再次来看看索尔兹伯里是怎样说的:

> 问题是当越来越多的空间被汽车占据时,那个会下金蛋的鹅被勒死了。大片大片的区域从税收单上消失了,变成了经济上不适合发展的区域。城市社区原本有能力承担高速公路的费用,但因为高速公路不断增加,这种能力减弱了……与此同时,交通也越来越变得杂乱……那些希望从"轮胎重压"的精神负担中解脱出来的痛苦的呼声来自洛杉矶,除非安装阻止废气排放的装置,否则新车不能使用,这种威胁也出自洛杉矶……还是在洛杉矶,一些有责任心的官员说,汽车正在消耗掉人类生活一些基本必需品——土地、空气和水。

洛杉矶并没有应付这个问题的方案,过去没有,现在也没有,就像纽约、波士顿和费城没有针对高速公路的方案,而只能一点一点被蚕食掉一样。当然,很多看似非常符合逻辑的步骤已经一个又一个被采取,而且每一个步骤都很具体,显然也能自圆其说;但是一个实际的结果却是城市在使用方面变得越来越不方便,出行更加困难,在交叉使用方面,城市变得越来越分散和费时费钱,问题越来越严重。一位纽约的工厂主告诉我说,他的工作需要给其他城市打很多电话,在洛杉矶他要花上相当于在旧金山或纽约两倍的时间去打同样多的电话,完成同样多的工作。洛杉矶一家咨询公司分部的经理告诉我说,需要比在芝加哥时多出两个职员,才能完成同样多的工作和接触同样多的人。

　　汽车在城市里的蔓延非但没有提高效率，反而导致很多效率低下的结果，但是要找到一个阻止这个过程的切入点并不是那么容易，因为一旦过程开始了——起初，情况很简单，而且也没有明显不好的地方——就会变得难以阻止，或者是不可逆转，至少在现实中，要想这么做都会显得不切实际。

　　城市使用汽车的策略尽管给城市本身带来了不少破坏，尽管这种策略并没有带来多少促进作用，但不能把城市交通方面的费用提高、方便减少、越来越不符合实际等情况归咎于汽车使用策略本身。很多城区本身就分布很散——并不是汽车策略造成的，这些地方本身在生活上就很不方便，除非使用汽车；实际情况是早在使用汽车策略之前这些地方就已经如此了。 355

　　汽车在郊区有很大的需求，这种情况我们都很熟悉。一个很常见的情况是，郊区的妻子们为完成家事而驶过的里程，要比丈夫们上下班的里程还要多。郊区停车场地的重复设置也是很常见的事：学校、超级市场、教堂、购物中心、诊所、电影院、住宅等都需要自己的停车场，但是所有这些场地在大部分时间里都处于空闲状态。当然，因为是郊区，因为用途不集中，所以还能够承受这种土地的空置状态，以及这种高比例的私人拥有车辆的情况。(似乎，平衡点在这里出现了，但其实那是一种虚幻现象，因为一旦很多工作场所进入了郊区，这种平衡点很快就会被打破。)

　　同样，在城里，在那些缺少城市多样性的地方——包括足够的人口密度，对汽车和重复的停车场需求和郊区没什么两样。"在这个家里我是开车上下'班'的人。"我的朋友科斯特斯基太太向我解释说。科斯特斯基一家住在巴尔的摩城内，离科斯特斯基先生的工作地点很近。但对他太太来说,没有汽车就办不了事 (没有什么比汽车更实用了),她需要开车接送孩子上下学,开车去购物,不管是买几块面包,还是一个罐头汤,或者是一些已不新鲜的莴笋,再或者是去图书馆,看一场演出,参加一些会议等,不管事大事小,都得开车;就像那些早已经在外面奔忙的住在郊区的母亲一样,这位住在内城的母亲甚至还得开车去郊区的购物中心买孩子穿的衣服,因为不仅是她住的地方附近没有这样的店,而且即使是市中心区的店也不再有很多儿童服装可供选择,因为没有多少此类需求存在。到了晚上,出门更是非常危险,除非开车。这个城区的公共交通,不管是在该区内部的还是到城市的别的地方的,都还算可以,但这并不能说明这里的布局和用途就应该如此分散,而且不管汽车是否存在,局面都是这样。

356   这样的城区就像郊区一样,汽车的使用非常频繁。但另一方面,与郊区不同,城内的人口密度要高于郊区,因此不能做到像郊区一样提供汽车所需的停车场地。"间于"密度——对城内来说太低,但对郊区来说又太高——这种情况会给交通带来很多实际的问题,就像它也会给其他经济和社会发展目标带来很多问题一样。

   无论如何,这些城区面临的一个共同命运是它们将遭到一些有选择能力的人的遗弃。如果这些城区被一些穷人占据,那么交通问题和其他区域性不实用问题则不会引起很多的矛盾,因为这里的居住者也许没有能力使用 (小) 汽车,因此也就无所谓交通问题。但是,一旦他们能够拥有汽车,就会出现交通问题,而他们也就会像有选择能力的人一样离开这个地方。

   如果这样的地区有意要进行更新,以便"能够把中产阶级招回来"，或以便留住一些尚未离开的人，那么，一个必须要考虑的压倒一切的问题便是如何提供足够用的停车场地。而这种情况产生的一个后果便是整个地区变得更加分散，更加不见人气。

　　城市的单调、乏味、凋敝景象往往和交通造成的问题密不可分。

　　一个地方，**不管是否经过规划**，单调乏味的区域越多，对活跃城区造成的交通压力会越大。在一个城市里，那些**必须**得依靠汽车才能在他们所在的单调乏味地区周转过来，或者没有汽车就无法离开这个地方的人，在开车到一个不需要汽车，汽车只会带来破坏，甚或连司机本身都会讨厌汽车的地方时，可以想象他们感觉会是怎样——他们不只是突发奇想才到那些地方去的（实在是因为他们离不开汽车的缘故）。

　　那些表现出单调、乏味、凋敝景象的地区需要一些能够产生多样性的条件，缺少什么样的条件，就需要向这些地方提供这些条件。无论交通情况怎样，这是最基本的需要。但是，如果为大量的汽车提供停车场地变成了首要考虑的问题，而其他城市的用途问题就会成为"后娘养的孩子"，这个产生多样性条件的目标就不可能会有什么进展。因此，汽车对城市的蚕食不仅仅会给已经存在的城市集中用途带来很大破坏，而且在一些地方会与培育新的（或者是增加更多的）集中用途产生矛盾和冲突。

　　反映城市本质的各种用途永远都会与蚕食过程发生冲突。蚕食能够在城市里逐步蔓延的一个原因就是很多已经有着其他使用目的的土地被高价购买了。在这个过程中，除了费用高以外，没有一个其他因素会与地面交通的无限增加产生摩擦，但是像人行道

357

这种反映城市本质的因素就会与交通流量的增加产生冲突。

　　一边是来自鼓励拥有更多的车辆的压力，另一边是来自其他城市用途与这种现象发生冲突的压力。要想获得对这种两者势力冲突的更深刻的印象，不用做别的，只要去听听近在咫尺的一系列公共听证会：关于街道拓宽的听证会，关于把一条城市道路改成高速公路的听证会，关于一座桥梁引路、公园里的一条道路、改建单行路，修建一批新的公共车库，或其他官方支持的需要听证的蚕食过程方案。

　　这种听证会传达了与支持蚕食过程观点不同的声音。那些其所在的街区或房产要受到影响的市民通常出现在反对者的行列中，有时候他们不仅仅是通过声音和请愿书，而且还通过游行示威和签名来表达抗议。[1]有时候，他们提出的反对理由与我在这里提出的差不多，他们也会引用索尔兹伯里或格伦或威尔弗雷德·欧文斯的书，《马达时代的城市》，或者是芒福德关于交通平衡和多样性的论点。

　　但是，这些关于城市到底应该往哪儿走的概论和哲学并不是这些市民关心的真正内容，也不是他们的声音中最激烈、最能说服人的地方。

　　这些市民真正强烈反对的是**与其切身相关的事**：这种蚕食过程要给他们的家园、他们的街道、他们的生意、他们的社区带来的破坏。一个通常的情况是，那些在基层被选出来的当地官员会加入他们的抗议，如果不这样做的话，这些人就永不会再当选。

　　那些规划者，交通管理局的领导，那些比较重要的官员以及

1　埃德蒙·培根，费城规划委员会主任告诉我说，那些反对他赞成的一条高速公路方案的市民在一份签名书上写着："活煎培根。"

其他高高在上，远离实际生活的人，他们早就料到会有这么一种反对局面。他们比谁都了解那些抗议者：不错，心意是好的，但是从本质上说，这些人都是一些外行，只是纠缠一些局部利益，看不到"大的方面"。

但是，恰恰这些市民的声音才是值得一听的。

他们的理由都来自实际，都和现实有直接具体的关系，我认为，这种现实性和直接性正是把城市从交通带来的破坏中拯救出来的关键。我会在后文再回到这一点上来。市民的抗议也是一个信号，说明交通蚕食已在大众中引起很大的不满。

抗议，必要的听证会，蚕食带来的费用，尽管这些都表明城市对蚕食过程的抵触形式，但它们都不能扭转蚕食的进展。至多，他们只是表明双方的一种僵持局面。

但是，如果那种对交通蚕食的压力能够再往前一步的话——以此来**削弱**车辆交通，那么实际上我们就接触到了城市对汽车的"限制"问题。

在今天的城市里，城市对汽车的"限制"几乎都是偶然发生的情况。与车辆蚕食不同，"限制"不是由什么人特意计划的行为，它也不被认为是一种什么政策，也没有什么人按照这种方法去实际做过。但是，它确实在实际生活中发生。

很多时候，这种现象都是一个短暂的过程。比如，当位于格林尼治村几个街道交叉口处的某个外百老汇剧院演出结束开门时，或者是在演出之前，这个地方密集的人群会阻碍交通。那些来看演出的人都会涌到街道中间，就好像是把它当成了一个屋外的大厅，因为人行道实在太窄了，在上面会走得很慢。当纽约麦迪逊广场花园有时候晚间的活动结束时，在这个街道相对宽一点

358

的地方也会有这样的人群挡住交通的现象出现。人群是如此之庞大，他们完全把车辆的权利撇在了一边。他们根本不理睬交通指示灯，也不管是不是应该让车辆先走。交通堵塞会连绵很多个街段。在这两个例子里，如果开车的人可以有选择的话，他（她）就会决定下次再也不到这个地方来了。于是，"限制"现象就发生了，尽管过程非常短。

另一种城市对汽车的"限制"形式以发生在纽约制衣企业集中的地区的现象为代表。有很多卡车行驶在那儿，为了争夺马路空间，这些卡车会造成交通效率低下的情况。他们的数量是如此之多，以至于其他车辆不能正常行驶，减慢了速度。那些开着私人车辆的人都学会了绕过这个地方。当那些可以做出选择的人决定放弃开车，改为步行或乘坐地铁时，实际上"限制"就已经发生作用了。事实上，出租车或私人（小）汽车已经很难进入这个地区，在最近的几年里，曼哈顿的很多纺织公司纷纷迁入这个制衣业集中的地方。这些公司来这里以前都在曼哈顿中心区的一些缺少人气的区域，相比之下，在这个地方，顾客与他们相距很近，走路就能到达。这种情况当然提高了城市土地用途的密度和集中性，同时也减少了城市车辆用途。这个例子说明城市本身的用途达到了一定的程度时，对车辆的**需求**就会减少。

城市对车辆的"限制"很少是有意安排的，因此很难找到最近的例子（一些街道被改为步行街倒是一个例子，但这种情况往往伴随着对被改街道的补偿条件，因此不能算是对车辆的"限制"，而是交通的重新安排）。但是，开始于1958年的纽约华盛顿广场公园改步行街的行为，提供了一个好的例子，而且值得分析一番。

　　华盛顿广场公园大约有七英亩的面积，南边与第五大道接壤。但是在1958年以前，第五大道上一直都有南北交通。在第五大道终端和其他公园下面的南北道路间有一条道路，最早的时候是一条马车道，这条道路上的交通刚好穿过公园。

　　在过去的岁月里，这条道上的交通自然一点一点地多了起来，这种情况让那些经常光顾这个公园的人非常讨厌，因为对公园的其他用途产生了影响。早在20世纪30年代，罗伯特·摩西在掌管纽约公园管理局的时候就试图移走这条道路。但他提出的是一种补偿方法——实际上，还不仅仅是补充而已——这个方法要缩小公园两边的面积，以拓宽旁边街道狭窄的外围，这样整个广场公园就会被一条很大的高速交通干道所包围。这个被称为"地垫计划"（the bathmat plan，这是形容公园就像是一个浴缸）的方案遭到了反对，最后成为泡影。

　　后来，在20世纪50年代中期，摩西先生又提出了一个新的计划，但出发点还是放在车辆交通上。这个计划包括穿过公园中心的一条主要交通干道，它可以作为一个连接点，承担曼哈顿与其外围巨大的"光明城市"区和高速公路之间繁忙的高速交通流。（摩西先生当时正在构想在公园的南边建一片这样的"光明城市"区和高速公路。）

　　起初，当地的大部分市民都反对这个拟议中的交通干道的计划，认为肯定会给广场公园带来破坏，他们预想这个计划会像前一个一样遭到破产。但是，两位很有胆量的妇女，雪莉·海斯太太和伊迪斯·莱昂斯太太，提出了一个非同寻常的想法。她们打破惯常的构想，设想出了把城市的其他用途，如孩子的玩耍、大人的散步和开心逗闹都融合在里面的一个公园用途图景，这样一个　360

改进计划必须要以牺牲车辆交通为代价。她们于是提出"取消"现存的道路，即停止公园里的所有交通——但同时，也并不拓宽公园外围道路。简而言之，她们的建议是封闭一条道路，而不进行任何补偿。

这个主意得到很多人的欢迎；它带来的好处是任何一个使用公园的人都能看得到的。再者，这样的想法开始让社区里的人看到，以前被认为不可能改变的情况实际上也是可以变化的。如果一旦摩西的"光明城市"区和高速公路的计划被实行，穿过公园的道路的交通就会像高速公路一样繁忙。人们注意到，尽管大家都讨厌这条道路，实际上它的使用频率并不高，但是如果它要承担摩西先生所描绘的高速公路的交通的话，那情况就会完全不同，甚至不能忍受。

因此，与以往的抗议和捍卫行为不同，这次，社区里大部分人的意见都倾向于主动采取措施。

但是，城市的官员们坚持说，如果这条道路被关闭的话——对他们来说，这种措施近乎神经错乱——唯一可能的另一个选择就必须是拓宽公园外围的街道，否则这些街道上的交通拥挤情况就会变得一塌糊涂，不可收拾。在经过一个听证会后，市规划委员会推翻了封闭道路的建议，相反，他们同意保留那条穿过公园的路，但可以把它缩小，其委员会成员称之为公园里的"最小路"，理由是如果让这里的社区做成这个愚蠢的计划，那整个城市的市民都会后悔莫及，他们说，公园周边的路就会让那些因没法从公园里经过而绕行的车辆挤得水泄不通。交通管理局的领导很快就拿出了一个预测，说是附近的街道每年会有几百万辆车次的增长。摩西先生预计说，如果这里的社区计划得逞，那么市民们很快就会回来央求他重新启用那条路，并且会要求把它变成一条主要干道。他说如果是那样的话，那他们就活该，这是对他们的一个教训。

所有这些可怕的预测确实是很有可能发生的，条件是**如果针**对那些没法经过公园而绕道到公园外街道上的车辆的补偿条款(拓宽街道外围)变成现实的话。但是，在任何其他选择被做出安排(甚至是包括提高现在道路上的车速)以前，通过突然施加强大的政治压力，社区取得了将公园里的道路封闭的胜利，先进行了一个试验阶段，然后是永久封闭。 361

那些关于"公园周边交通将增加"的预测没有一个出现过，原因是这些公园外围的街道不仅很窄，而且红绿灯特别多，街上还有很多停在那里的车辆，不遵守交通规则，乱穿马路的人也特别多，还有不少很难通过的拐角，在这种情况下，这些街道的交通状况本来就已经每况愈下，到了这里的车辆根本就没法快起来。那条穿过公园的路，也就是那条被封闭的路是一条最近的南北直达路。

自从公园道路封闭以来的公园外街道交通统计数字表明，没有出现交通增加的现象；相反，大部分数字表明反而有所下降。在公园下面的第五大道，交通数字有相当程度的下降；很显然，这种情况与这里的交通状况本身有关。这里的交通条件差的情况非但没有导致新的更加拥挤的情况，反而使原有的拥挤情况得到稍稍减轻。

那么，那个交通管理部门的领导预测的每年要增加几百万次的车辆又到哪儿去了呢？

这正是整个故事最有意思和最有意义的地方。那些车辆好像也没有跑到别的地方去的迹象。第五大道东边和西边，以及与其平行的一些直通大道，被认为很有可能会承担绕道过来的大部分车辆，但实际上这些道上并没有增加额外的交通。至少，公交车的运行时间——它对整个交通的增加和下降最为敏感——没有反映出这个变化。公交车的司机们也没有观察出任何不同情况。(那位拥有预测严重情况并进行最初目的地行程研究手段的交通管理局局长，对"那些车辆究竟到哪儿去了"这个问题表现得不屑一顾。他不愿讨论这个问题。)

就像和单行道上那些消失的公交车乘客一样，这些车辆(或者是**有些**车辆)消失得无影无踪了。这些车辆的消失其实并不比那些乘客的消失来得更为神秘，或者是更有什么可以追寻的地方。因为正如城市里公交车乘客的数量不是绝对一成不变，私家车驾驶者的数量也不是一个绝对不会变化的数字；恰恰相反，这些数字会随着当时的(交通)速度和方便情况的不同而相应变化。

362

对车辆的"限制"是通过让交通状况变得对小汽车而言**更不**方便来实现的。作为一个持续的、逐步的过程(这个过程本身并不知道其结果)，"限制"作用会逐渐减少城市里私家车的使用人数。如果这个过程进行得合情合理——作为刺激多样性发展和强化城市用途的一个方面——在车辆方便状况降低的同时，"限制"作用也会减低对车辆的需求；这个过程刚好与蚕食过程相反：在提高对车辆的方便条件的同时，蚕食过程也提高了对车辆的需求。

在实际生活中(这种生活与想象中的城市生活有着巨大区别)，城市对车辆的"限制"作用也许是减少车辆的绝对数量的唯一方法。也许这是唯一现实的能够更好地刺激公共运输的手段，而城市用途的强化和活力的提高可以同时得到促进和培育。

但是，另一方面，城市对车辆的"限制"策略也不能武断或造成负面影响。这种方针也不是突然间就能产生重大结果。尽管经年累月应该会造成革命性的效应，但是就像任何以"保持事情正常运行"为目标的策略一样，它应该是以一种进化的形式进行。

对于城市"限制"汽车策略来说，什么样的方法是合适的呢？如果我们能理解问题的关键不是在城市中对汽车的"限制"，而是怎样通过城市本身的作用来"限制"车辆，那么很多方法一眼就能看出来。那些合适的方法是一些可以给其他必需的和人们渴望的城市用途提供余地的方法，这些用途刚好是与车辆的交通需求处于竞争之中。

比如，以怎样在人行道上提供足够的空间为例——那些很受欢迎街道的人行道都有足够的空间，不管是商店门口的摆设，还是孩子们的玩耍空间。这些需求当然需要宽敞的人行道。除此之外，在有些人行道上种植一些双排树也会是一大景色。任何一个头脑中有"限制"概念的规划者都会寻求一个有着多种用途的人行道，而且会把扩大人行道和提高其用途看成提升城市生活的一个方面。而这样做的一个自然结果便是会缩小车辆行驶的马路空间。

如果我们的城市学会去有心培育生发多样性的四个条件，那么受市民欢迎的、能吸引人的街道就会越来越多。一旦这些街道因为用途的需要而要求拓宽人行道时，这些要求应该获得允许。

那么，实现这些要求的资金又从哪里来呢？来自其现在来自的地方,即被 (误) 用于缩小人行道的资金。[1]

缩小马路空间可以有各种形式,可以为其他已有用途带来好处。一些门口会聚集大批人群的地方,如学校和剧院以及一些商店的门前,可以增加一些行人过路的空间,这些空间会向车辆行驶的马路空间延伸,这样就会产生"限制"作用,而且这种作用会是长期的而不是短暂的。一些小的公园可以横跨街道,这样就可以截断某些街道的车辆通行。当然,与此同时,也还允许车辆到达这条街道,但是除了紧急情况外,这些地方不应是直通街。公园里面的道路——尤其是那些游客盈门的公园——应予以关闭,就像华盛顿广场那样。

除了这些及其他向马路空间延伸的形式,短小街段 (因为短小,所以会有很多横行道) ——本身就是生发多样性的一个必要条件——也会影响交通的流速。

在下一章讨论视觉秩序时,我会提出一些更具体的建议,怎样使用一些策略,在城市生活发展的同时,对车辆交通有所限制。增加城市的便利之处,强化其用途,提高其吸引力,同时又对车辆有所抑止,这种可能性是无限的。现在的情况是,我们常常主动地 (如果不是遗憾地) 排除一些城市用途设施——例如一些方便常见的,纯粹是功能性的行人横行道的取消——因为这些正好与贪得无厌的车辆需求发生了冲突。这种冲突是存在的现实,没有必要虚构这样的冲突。

也没有必要把这种交通改进方式强加给一些不需要的地方。

---

1 仅仅是曼哈顿一个地方在1955—1958年期间就拓宽了453条马路的空间,曼哈顿区长宣布说这还仅仅是一个开头。但是,同样在那儿,也有一个明智的"限制"车辆计划,根据这个计划,人行道缩小项目将被取消,相反,这个计划的一个主要目标是在四年内拓宽至少453条街道的人行道,而且把这仅仅视为一个开始。

那些有相当多的人需要并且渴望有着这样措施的街道和城区,应该得到这种改进;而那些其居民不会对此表示支持的街道和城区,则不应得到这种改进。

城区多样性和城市的活力,与城市街道上车辆的绝对数量的减少有着紧密、有机的关系,这种关系是如此紧密,以至于除了问题严重的情况以外,一个良好的"限制"策略应该纯粹建立在"建设一个充满活力和吸引力的城区"的基础上,同时也不应该忽视这种基础对车辆交通的影响——其本身就会是"限制"作用的结果。

对车辆的"限制"必须要和车辆的选择同时进行。正如本章前面提到的那样,车辆交通会给**交通本身**带来压力;在和其他用途竞争的同时,车辆互相间也会发生竞争。就像别的用途一样,车辆交通互相之间也会有一个适应和调整的过程,正是这样的过程导致了蚕食或"限制"。比如,城市里卡车效率的低下在很大程度上就是因为卡车不适应与其他车辆的竞争。如果这种效率低下的情况变得非常严重,有关的企业或许就会赔本或破产,这也就是发生在城市里的车辆蚕食和车辆减少的另一个方面。我已经在前面列举了不同车辆对交通便利带来的影响:对私人车辆和单行道上公交车的影响,对(小)汽车是有利的,对公交车则是不利的。

在通过车辆本身限制自己的过程中,如果完全不对车辆进行选择,那么在很多街道上,这种情况对私家车的影响会和对卡车和公交车的影响一样严重。

卡车和公交车本身就是城市强化用途和集中用途的一个重要表现。就像我马上就要指出的那样,如果它们的效率能得到促进,那么它们就会顺便产生更多的对车辆的"限制"。

我要感谢纽黑文交通局局长威廉·麦格拉思。我从他那里
获得灵感,得出了这个想法。麦格拉思设想了几种方法,通过它
们可以使用常见的交通手段来促进车辆选择。能够想到这个车
辆选择的主意,本身就是一件非常了不起的事。麦格拉思说这个
想法也是逐渐形成的。有四年时间他一直与纽黑文的一些规划
者在一起共事,在此期间,他意识到,他在学校里学到的那些旨在
"让更多的车辆在街上跑、让马路的每一英寸都服务于车辆"的手
段,是处理城市街道问题的最片面的方法。

麦格拉思的目标之一是大幅度地促进公共交通,在今天的纽
黑文就是指巴士。为了达到这个目标,巴士在经过市中心时必须
提高速度。麦格拉思说,无疑这可以通过控制交通灯的信号时间
来做到,即缩短信号间隔时间,取消交叉信号。无论如何,在一
些拐角处巴士总得要停下来接一些乘客上车,因此相对于长频
率的交通信号来说,短频率交通信号对巴士的行程时间影响更
小。而这些同样的短频率、无交叉信号则会让私人车辆不得不
常常停下来,减慢其速度,因此促使它们少用或不用这些特别的
街道。这样,反过来,对巴士交通的影响就会更少,因此也就提高
了其速度。

麦格拉思认为,要让一条街成为行人街——在一些使用程度
非常高的闹市区,这是很多人翘首盼望的事,一个现实的方法是
"搞乱"街上的交通,让那些(小)车觉得没法在那里行驶——主
要的方法之一是"搞乱"交通信号系统——让那些开车经过这里
的人觉得"只有脑子有病的人才会再到这里来",同时需禁止在
这里泊车或暂停。在经历了这种"搞乱"过程,并且达到了"街道

上只有一些运送货物的卡车以及其他少量的车辆"的程度之后，这些街道作为行人街的地位才能确立，同时不会对什么人产生很大的影响，也没有任何补偿的必要，如把增加了的交通流和停车的负担转移到别的街道上去。城市对车辆的"限制"会必然改变人们的一些习惯，这就是"限制"的效应。

从理论上讲，城市高速公路常常被认为是吸引其他街道上车辆，并以此减轻城市交通压力的一个手段。在实际生活中，只有在高速公路完全发挥正常功能的情况下才是这样。与高速公路相关的问题是离开高速公路后车辆造成交通增多的情况。城市的高速公路与其说是起了分流的作用，还不如说是常常在起"倾卸"车辆的作用。比如，摩西先生提出的曼哈顿市中心高速公路方案——就是那个在华盛顿广场引起很大关注的高速公路方案——吸引人的地方就在于，它可以连接东河桥和哈得孙河隧道，能够使得车辆直接离开城市。但实际方案却是，在进入城市时，路口有好几个接入斜道，这些接入口乱成一团，就像是一盘意大利通心粉。这样，这条高速公路就成了一个"车辆倾卸者"，不但不会有助于城市交通分流，实际上还会阻碍交通。

如果认为高速公路要真正起到缓解城市街道交通的作用，那么就要通盘考虑它的效应。一方面，如果高速公路是被用来缓解其他街道的交通，那么这些街道上就不应该有很多可以停车的地方，因为从理论上说这些街道本来就应该很少有车辆行驶。麦格拉思相信，这样的话，从高速公路的接入斜坡出来的车辆就不会在街上绕行而驶。麦格拉思设想出了下面的解决高速公路效率的方案：对于那些可以被用作高速公路替代物的街道，在高速公路被堵塞的时候，应该采取有效明智的方法来保护它们，一个做

366

法是在这些街道的一端搁置一些路障,这些路障不会影响街道本身的使用,但可以阻止车辆从高速公路进入这些街道。通过这种方法,高速公路可以主要发挥绕城市而走的旁道的作用。

在进入密集程度很高的城市时的一些接入斜道,可以只限于卡车和公交车。

从麦格拉思关于车辆选择的基本观点出发,我们还可以进一步发现,卡车在城市里可以起到很大作用。卡车对城市来说是至关重要的。它们提供服务,提供工作职位。但是现在的情况刚好相反,没有多少城市的街道上可以见到选择卡车的策略。比如,在纽约第五大道和公园大道禁止卡车入内,除非是那些送货的卡车。

对于某些街道来说,这样的手段还是有道理的,但从车辆"限制"的角度出发,在另外一些街道上,同样的策略也可以反过来用。比如,这一些狭窄和有瓶颈口的街道,如果要在可以让什么车辆在街上行驶这个问题上做出选择,那么就可以把优先权给予卡车,至于别的车辆,它们只有在运送乘客或顺路搭车的人时,才会被允许进入。

367　　　与此同时,一些拥有多车道的公路干道或者是较宽道路上的最快速车道可以留给卡车专用。在这方面,纽约有一些让人不可思议的做法,即在一些最密集城市地区设置一些超快速道,但是这些超快速道却不让卡车进入,甚至连长途卡车也被排除在外,只让它们进入一些小街道马路。上面这个做法正好是对这种情况的"拨乱反正"。

卡车本身在发挥车辆"限制"作用时应该进行分类。长途货运车主要应该在快速干道上行驶。而送货车或轻型小货车则应该主要在比较狭窄或有瓶颈口的街道上行驶。

如果一些城区的车辆"限制"策略（包括车辆选择策略）得到稳步进展的话，我们会发现地面交通中卡车的占有量要比目前的情况多得多。这并不是指出现了更多的卡车，而是指载客车辆（包括司机就是唯一乘客的车辆）减少了。对私家车的"限制"作用越有效，路上的卡车就越少见，因为它们不会像现在一样到处遇到堵塞或者停得到处都是。再者，很多卡车现在同时也用于工作，而不仅限于去工作场所或离开工作场所时使用，也就是说在整个白天工作时间内它们都在使用，这样也就不会在路上造成卡车成堆的现象。

对出租车和私人（小）汽车而言，有限的停车场应该优先照顾前者。而且这也可以成为一种很有用的车辆选择手段，因为出租车完成的工作量要比后者多出好几倍。当赫鲁晓夫到美国来访问时，他很快就看出了这种区别在效率上的不同。在旧金山观察了一段时间的交通后，赫鲁晓夫向该市的市长发出感叹说，（车辆）浪费情况太严重了。显然，他对所见所闻进行了思考，因为回国到达海参崴时，他宣布说他的政策是要鼓励苏联城市拥有更多的出租车而不是私人（小）汽车。

不管是在什么地方，只要是存在着车辆间的竞争，车辆选择策略都将是一个成功的车辆"限制"计划的重要组成部分。但是，光靠这种策略本身是起不到什么作用的。只有在目标是减少城市车辆的绝对数量的框架内，成为这个大的战略的一部分，这种策略才会发挥作用。

在考虑哪些"限制"作用的原则和策略是合适的同时，我们也需要再次来看一看蚕食过程。尽管从效应上来看，车辆对城市　368

的蚕食完完全全是一种负面效应,但从其某些原则的运作过程来说,还是有很多让人"赞叹"的地方。任何东西,如果作用发挥得非常有效,那就肯定有值得探讨和研究的地方。

蚕食过程造成的变化往往都是一点一点地进行,我们甚至可以说是暗暗地、不知不觉地进行。从城市生活总体来说,即使是最显著的变化也是一点一点进行的。**因此,也就是说,每一个变化在其发生时,都会被当作一个小变化。**蚕食过程带来的每一个变化都会引起人们生活习惯的变化,引起人们在城市里出行方式的变化,以及使用城市方式的变化,当然不是每一个人都需要马上就改变方式,也不是每一个人(那些已迁移地方的人除外)都得立刻改变很多方式。

城市对车辆的"限制"也会带来习惯上的变化,在城市使用方面需要做出相应的调整,就像是上面提到的蚕食带来的变化,这个过程也不应该在短时间内就打乱很多习惯。

车辆"限制"作用这种逐步、逐个的变化结果也会反映在公共交通的发展上。目前公共交通这种懒洋洋的状态,并不是因为它缺乏潜在的、技术层面的改进。许多富有见地的改进公共交通的思想都被束之高阁,因为在城市被车辆蚕食的过程里,根本就没有发展公共交通这个必要,也没有发展所需的资金,更没有这种信心。在车辆"限制"策略的作用下,即使是公共交通因使用人数增加而得到刺激,但要期望它会突然发生革命性的变化,得到根本性的改善,都是不现实的,只是一厢情愿的想象而已。20世纪公共交通的发展(我们从来就没有真正拥有过)所依赖的就是乘客人数的上升,而其衰退也正是乘客人数下降的原因。

　　尽管有些城市交通（车辆）发展规划堪称大手笔，但车辆逐步蚕食城市的现象还在发生，而且这种现象很难在事先想到。如果能做到这一点，那么蚕食过程也就不会像现在那样严重。从整体上来说，什么地方出现了实际问题，什么地方就会有蚕食过程，它们是一种呼应的关系。也就是说，每一个蚕食现象都有其发生的原因，不会只是一种形式而已。同样，城市对车辆的"限制"作用也不应该只是形式，而是应该在城市的使用和条件改善方面产生最大的效应。"限制"策略应该应用在那些车辆交通与城市的其他用途发生冲突的地方，应用在同类冲突重新开始的地方。

　　最后，支持车辆蚕食的人总会认为在解决问题的同时还会带来很多有利的因素。比如，有这么一种说法——好像很高深，也很抽象——认为建设和使用交通干道可以附带达到清空贫民区的目的。但是在实际生活中，这种一边建路，一边清除掉其他一些东西的行为会产生负面效应，没有人会支持。提高方便程度以及交通速度或者是入口处的通畅，这些才应该是真正的目的。

　　同样，城市对车辆的"限制"作用也应该从有利于城市的角度来进行，这种手段不仅要有正面效应，而且还应简单易懂，符合人们希望改善城市条件的愿望，并且有利于城市各种具体的、实在的利益。这么做不是因为这是一种很有说服力的政治策略（尽管确实如此），而是因为这种手段在一些具体的地方能够确立"增加和提高城市多样性、城市活力和城市可操作能力"的目的。如果只是一味把消灭车辆作为主要目的，从负面的角度采取对车辆惩罚的方法，就像是孩子们经常在说的那样，"汽车，汽车，快走开"，这样的政策不仅注定要失败，而且完全是自取其咎。我们必

369

须要知道,城市真空地带并不比交通过多地带好到哪儿去;一方面取消了一些东西,但另一方面并没有带来其他东西,人们会对这些项目产生怀疑,他们的怀疑是有理由的。

如果我们不能阻止车辆对城市的蚕食,那我们该怎么办?如果我们使城市变得更加拥有活力、更加符合实际的努力遭遇障碍,因为我们需要采取的措施与蚕食过程产生了冲突,那我们又该怎么办?

凡事都会藏着一线希望。

对于我们美国人来说,这就像是面对一个千百年来一直困惑人们的神秘问题:生活的目的是什么?答案很简单,几乎不用考虑,毋庸置疑,那就是:生活的目的是生产和消费汽车。

对于通用汽车公司的管理层来说,或者是对于那些在经济上和情感上都与汽车有扯不断的关系的人而言,生活的目的是生产和消费汽车,这么说并不难理解。如果确实是这么认为的,那不但不该因为这种生活哲学而受到指责,而且应该得到赞赏。但让人难以理解的是,为什么生产和消费汽车应该成为这个国家的生活目的。

同样,我们可以理解,光明城市规划概念中的高速公路为什么会这么强烈地吸引20世纪20年代的年轻人,一个原因是人们得到允诺,这是最适合汽车时代的道路。至少在那个时候,这是一个新思想;比如,对纽约的罗伯特·摩西那一代人而言,在那个时代,在他们自己的思想还处于形成过程的时候,这是一种崭新的思想,让人激动不已。有些人不能忘却以往激动人心的时刻,就像是一些芭蕾舞演员,当她们变成老太太时,她们还是希望能

370

保持青春年华时的身段和发式。但是，让人难以理解的是，为什么这种只停留在过去的思维方式会被原封不动地传给下一代的规划者和设计者。今天，那些正在接受职业训练的年轻人，其思想被认为**肯定很"现代"**，但他们还是会接受一些关于城市和交通的观念，它们不仅难以实施，而且本身就只是些自他们父辈时就没变过的陈年八股；而这正是让人困惑不解的地方。　　371

十九　视觉秩序：局限性和可能性

　　当我们面对城市时，我们面对的是一种生命，一种最为复杂、最为旺盛的生命。正因为如此，在处理城市问题时，我们会遇到一种基本的审美局限：**城市不能成为一件艺术品**。

　　在城市布局以及其他城市生活领域，我们需要艺术，需要用艺术的手法来使我们理解生活，看到生活的意义，阐释每个城市居民的生活本身和其周围生活的关系。也许我们最需要艺术的地方是艺术可以让我们感受到人性的本质。但是，尽管艺术和生活不可分割，但他们不是同一件事。为什么有些城市设计虽付出了很大努力，但仍让人失望，其中一个原因就是艺术与生活的混淆。要想在规划和设计上拥有更好的思想和策略，一个重要的方面就是要澄清这种混淆。

　　艺术有其独特的法则和形式，并遵循严格的规律。不管是使用什么样的媒介，艺术家都会从生活中**选择**丰富的素材，然后把这些素材塑造成艺术品，艺术家是艺术品的主人。需要指出的是，艺术家会有这么一种感觉，即艺术品本身的要求（也就是艺术家选择的素材）会对他产生一种支配力量。这个过程的一个神奇结果——如果素材的选择、组织和艺术家的加工能够协调一致的

372

话——就是艺术。这个过程的核心是从生活**中**选择素材，这是一种经过专门训练的，有高度鉴别能力的行为。生活是无所不容、无穷无尽、错综复杂的，与之相关，艺术则是武断的、象征的和抽象的。这就是艺术的价值，也是其本身拥有的法则和整合力的出发点。

用对待艺术品的方法来对待一个城市或街区，似乎后者就是一个扩大了的建筑，似乎只要按照严格的法则把它变成艺术品，就能造就一个像模像样的城市或街区，这种做法其实是犯了一个试图用艺术取代生活的错误。

这种混淆艺术和生活的结果，既不是生活也不是艺术，而是一种标本而已。就其本身来说，标本可以是一件非常有用和高雅的工艺品。但是，如果在人们面前展览的城市标本徒有外形，败絮其中，那么它就难以称得上是艺术品。

艺术总是会与真实有一定差距，搞艺术的人总是会与实际保持一定的距离；同样，在那些"大师"和"神匠"的手里，那种城市标本也会显得与众不同，珍贵无比。这是唯一显示其高超技艺的形式。

所有这些都是对艺术的亵渎，既扼杀了艺术也扼杀了生活。非但不能丰富生活，反而使生活一贫如洗。

在某些条件下，显然，"艺术品"的创造可以按照一种全民同一的形式进行。比如，在一个封闭的社会里，在一个技术发展迟缓的社会里，或者是一个处于静态的社会里，传统和习惯，或者是某种必需的因素都会强迫每一个人按照一个套路选择同样的材料，进行同一的材料组织，表现同一的形式。这样的社会可以生产出村庄，或者是它们自己的城市，这些村庄或城市从其外形的整体上看,就像是一个艺术品。

373　　　但是,这不是我们所处的社会。这样的社会对我们来说也许很有意思,值得我们研究;也许那种和谐一致的作品会让我们赞叹不已,或者引发我们怀古思幽的情怀,以至于恋恋不舍地发问,为什么我们不能像他们那样?

　　　我们不可能像他们那样,因为在那种社会里,对不同可能性的限制,对个人的约束不仅仅只是体现在用于创造艺术品的材料和观念上,而是涉及生活的方方面面(包括思想领域)以及人与人之间的关系。这样的限制和约束对我们来说是不可想象的,也是不能忍受的,因为它让生活迟钝。尽管社会有着高度的一致性,但相比之下,我们则更多地表现出冒险、好奇、自我中心和竞争的倾向,所有这一切都使得我们注定不能成为一个由思想同一的艺术家组成的和谐一致的社会;更不用说我们的社会价值本来就高度肯定防止社会趋向同一的因素。无论是要展现传统还是需表达统一的意见,那样的社会都不会让我们看到城市用途的本来形态,因此也就不具有什么价值。

　　　19世纪的一些乌托邦主义者继承了18世纪浪漫主义关于"自然"或原始人身上体现的高贵和简朴精神的思想,他们于是拒绝社会城市化;这些乌托邦主义者自然会迷恋上那种关于简朴环境的思想,也就是那种和谐同一的艺术品形式。深深印刻在我们的乌托邦式改革传统中的,就是希望回到那种形态中的思想。

　　　这种虚妄的希望(而且非常之抱残守缺)也反映在花园城市规划运动的乌托邦主义中,而且至少在意识形态上,这样的希望使得需由规划权力机构强制执行的和谐一致主题变得比较容易为大众接受。

最终的结果是一个按照同一意见塑造的艺术品般的简朴社会——这种希望（或者更准确地说是这种希望的"残羹剩汤"）在花园城市规划理论从光明城市概念演变成城市美化规划（实际内容不变）的过程中一直在生生不息地延续着。因此，一直到20世纪30年代，刘易斯·芒福德还在《城市文化》一书中描述他那个按照规划设置的美妙社区的图景的同时，着力强调进行编篮子、制作陶器和打铁等工作的重要性，如果没有这样的传统，那他所说的东西就会让人真正摸不着头脑。甚至在20世纪50年代，在接受美国建筑研究院为其在建筑进步方面做出的贡献颁发的金质奖章时，克莱伦斯·斯坦恩，这位美国花园城市规划方面首屈一指的人物，还在他描绘的理想社区里寻找一个只有在那种意见完全统一的条件下才会出现的"艺术品"。他建议说，在他那个理想社区里，城市市民可以允许自己建造一个幼儿园；但是，斯坦的真正意思是说，除了这个幼儿园以外，其他的事情，如社区的实际环境和布局都必须处于这个项目的建筑师的绝对、完全和不容挑战的控制之下。

374

这当然与光明城市和城市美化理念没有什么区别。这些理念一直是在建筑设计，而非社会改革方面被顶礼膜拜的。

通过间接的乌托邦传统，以及直接的、在现实生活中强制执行艺术方案的方法，从一开始，现代城市就背上了一个沉重的负担，即"把城市变成一件高度自律的艺术品"这样一个不切实际的目标。

就像那些除了实行收入分流方案以外，其他一概不知怎么办的公共住宅建造者，或者是除了给更多的车寻找更多的地方以外，其他一概不知怎么办的公路干道建造者一样，那些"勇气十足"地进入城市设计领域的建筑师在面临如何创造城市视觉秩序时,除了用艺术法则来替代完全不同的生活法则外,脑子里一片空白。他们根本就不知道还有什么其他招数可用。他们想不出还有什么其他策略,因为他们缺乏的是一个有助于城市运行的思想体系。

城市设计者们要做的不是试图用艺术来取代生活,而是回到一种既尊重和突出艺术,又尊重和突出生活的思想认识上来:一种能阐明和体现生活,同时又能帮助我们认识生活的意义和秩序的策略——在这里,就是指帮助阐明、体现和解释城市的秩序。

关于城市的秩序,我们常常会听到一些非常幼稚的谎言,而且还不乏声势;这些谎言常常向我们保证说,重复就是城市的秩序。世界上最简单的事就是弄几个方案,给它们配上统一的形式,然后再以秩序的名义将其抛售出去。但是,在这个世界上,简单统一的规律和实用功能体系并不是经常能和睦共存的。

把实用功能看成一种秩序而不是紊乱,这需要一个认识过程。秋天树上的叶子掉到地上,飞机发动机的内部机制,一个被解剖的兔子的内脏,一份报纸的地方新闻采访部,所有这一切在我们面前都会显得杂乱无章,如果我们不是从总体的角度来理解这一切的话。一旦把它们理解为一种秩序系统,它们实际上就会**显现出**不同的形态。

我们在使用城市,并且对这种使用的经历有着亲身体验,因此可以说,我们中的大多数拥有一个很好的认识和理解城市的基础。我们在理解城市秩序时会遇到一些问题,城市秩序会在我们脑子里形成让人不愉快的杂乱无章的印象,这都是因为我们头脑里缺少一种对实用功能的视觉强化认识，更加糟糕的是，一些不必要的视觉冲突更加深了这个问题。

但是，如果认为只要找出某些关键因素，就能阐明城市秩序，这种做法是徒劳无益的。事实上，在城市中没有某一个因素可以成为所谓的关键因素。城市里各种事物的混合本身就是一个关键因素，事物间的互相支持就是一种秩序和法则。

当城市设计者和规划者试图找到可以用一种简单清晰的方式表达城市的基本结构（高速公路和林荫散步道是目前这种企图的拿手好戏）的设计方案时，他们其实走上了一条完全错误的道路。一个城市不像一个钢架结构的建筑——或者一个蜜蜂巢，可以拼装在一起；城市如果有结构的话，那**这种结构**就是由各种用途的混合组成的。当我们在着手准备生发城市多样性的条件时，我们其实就已经接近了城市结构的秘密所在。

作为一个独立存在的结构系统，理解城市最直接的方式是通过城市自己，而不是其他的客体或有机体。如果一种简单的类比可以对我们有所帮助的话，也许最好的类比是想象黑夜中一片很大的田野。在这片田野里，有很多燃烧着的火堆。它们的大小不同，有些很大，有些很小，有些分得很开，而另外一些则紧紧靠在一起；有一些火光冲天，而另一些则即将熄灭。每一个火堆，不管是大还是小，都向周围的黑夜里发出光亮，这样，火光在四周照出了一个轮廓。但是，这个被火光照出的空间及其轮廓存在的范围只是在火光能够达到的地方。

376

黑夜本身并不会呈现出任何形状或轮廓，只有在火光照耀的范围内，那一片黑夜才会呈现出有着轮廓的空间。在这一片被火光映出的黑夜空间里，有些地方的轮廓很模糊，分辨不清，唯一让它们呈现出棱角分明的空间形状的办法是在黑夜里点上新的火堆，或者是扩大与那一片空间邻近的火堆。

同样，只有充满活力、互相关联、错综复杂的用途才能给城市的地区带来适宜的结构和形状。凯文·林奇在他的著作《城市的形象》里提到城市某些地方从人们的头脑里"消失了"的现象；他发现他采访的一些人完全忽视了它们的存在，或者是整个儿就没有意识到它们的存在，除非是受到提醒，尽管这些地方的状况还不至于此，实际上，这些人不久前刚经过这里，或者想过要去。[1]

火光不能达及的地方，也就是城市中缺乏活力的地方，是缺少一个基本的城市形式和结构的地方。火光不足，黑夜里的空间就不能成形，同样，缺乏足够的活力，任何所谓的"骨架"、"架构"或"构架"等都不会给城市带来一个真正的形式。

这些用来在黑夜中映出空间的火光——如果把这个比喻化为现实的话——只会在拥有多样化的城市用途，且城市使用者互相间有着不可或缺的联系和支持的地方才能形成。

这是城市设计可以帮助形成的最基本的秩序法则。那些拥有活力的城市地区需要向整个社会阐明在它们那里运行的出色的实用秩序法则。随着这样的地方在城市里的增多，以及灰色地带或甚至是"黑暗"地带的减少，阐明这种秩序法则的需求和机会就会增多。

不管怎么做，要阐明这种秩序法则，这种有机联系的生活，一个主要的策略是要靠强调和提示。

1　林奇教授在谈到公路干道时，也提到同样的一个现象："很多洛杉矶市民弄不明白高速公路和城市的其他结构的关系，正如波士顿的例子一样。在他们的想象中，他们可以在好莱坞快速道上横穿马路，就好像那儿根本没有这条高速公路。从视觉上说，一条高速公路并不必然会成为划定城市中心区的一个最好办法。"

　　提示——也就是从点到面——是一种主要的方式，艺术正是通过这种方式来表达的；这也就是为什么艺术惜墨如金，却又能告诉我们如此多的东西。我们之所以能理解这种通过提示和象征的手段进行表达的方式，原因之一是在很大程度上，这是我们所有的人看待世界和生活的方式。我们的视觉对进入我们感官范围的事物的选择是有秩序的，通常感觉会告诉我们选择那些相关的、前后一致的事物。如果某些事物在当时没有给我们留下很深的印象，我们就会不再理睬这些事物，或将其归入次要印象中——除非这些无关的印象特别强烈，以至于不能忘却。目的不同，我们的选择也会不同。从这个角度讲，我们都是艺术家。

　　艺术的这种特征，我们看待生活的这种特征，是城市设计行为可赖以汲取丰富养分，并将其转化成自身优势的。

　　设计者为了让整个城市都纳入他的视觉秩序，常常要控制全部的视觉范围，但那会陷入僵硬、死板、缺乏变化，实际上并没有这个必要。真正的艺术很少会呈现出僵硬、死板的一面，如果是，那肯定是一种拙劣的艺术。除了设计者本身以外，对城市视觉秩序的强硬、死板、全部的控制，通常会让人们感到厌烦，有时候，甚至连设计者本人也会失去兴致。这样的视觉设计缺乏吸引力，缺少有机的协调，更没有"曲径通幽"的感觉。

　　提示原则能帮助人们创造秩序和加深理解，而不是从他们所见内容中提取混乱。我们现在需要的正是这样的策略。

　　在城市里，街道能够提供主要的视觉景致。

　　但是，现在的情况是进入我们眼帘的是太多有着严重冲突的混乱街道。在这些街道的前景处，我们可以一览各种细节和活

377

动。它们似乎在做出这么一种视觉申明（对我们理解城市的秩序非常"有用"），即这里有着集中的街道生活，如果你进入这个布局里，你会发现很多不同的东西。我们会感到这种申明的用意的存在，这不仅因为我们或许会碰巧看到许许多多的活动在那里发生，而且也是因为我们能看到那些活动和多样性发生的场所——不同形式和类型的建筑、标志、街面店，或者是企业，或者是机构，等等。但是，如果这样的街道向远处延伸的同时，一直在重复其前景表现出的多样性和集中性，以致这种重复变得无止无尽，模糊不清，直到最后消失在远处不知哪条街的尽头时，我们同样可以得出这样的结论：这样的视觉申明其实是一种无休无止的重复。

378　　　从人类经验角度来说，这两种申明—— 一种告诉我们用途的强化和集中，另一种让我们看到的只是不断的重复——很难统一成有意义的整体。

　　这两个冲突的印象必有一个会进入我们的视野并占据我们的视觉，而另一个则会被我们抛到脑后。不管是哪一个，要想不让人感到混乱和无序都太难了。街道的前景越有活力，变化越多（也就是说，固有的多样性程度越高），这两种印象的冲突就越强烈。如果这种冲突发生在很多街道上，如果整个地区和城市都被刻上了这种含混不清的烙印，那么整个视觉效应肯定是紊乱无疑。

　　当然，对于这样的街道，可以有着两种视觉观。如果让远景，也就是多种重复先声夺人，那近景以及它表现出的多样化就会显得多余，甚至刺眼。我认为，这就是很多受过建筑学训练的人看待街道的视觉观，这也是他们中的很多人对城市多样性、自由和生活景致的客观存在表现出不耐烦，甚至蔑视的原因之一。

另一方面，如果街道的前景先占据了视觉，那么那种无休止的重复和向着远处一直到看不清的地方为止的延伸，就会成为多余、刺眼和无意义的东西。我想，这就是我们中的大多数人在大部分时间里看街道的感觉，任何一个目的是"使用就在眼前的街道事物"的人都会有这种视觉观，这样的人不会以一种超然的态度远远地望着街道。以这样的视角观看街道的人会将自己与看到的景观联系在一起，从而得出某种理解，至少对他来说这就是秩序，哪怕只是一点点。但是，代价是远处的事物就成为一堆可怜的大杂烩，如果可能的话，最好将其从视觉里赶出去。

要想让这些街道以及那些由这样的街道占据的城区拥有视觉秩序，哪怕只有一个小小的机会，也应该用来解决这种基本的强烈视觉冲突。我认为这就是欧洲人在美国看到的街道，他们认为我们城市的丑陋之处就在于棋盘式的街道格局。

城市实用功能的秩序法则需要用途的强化和多样性。我们可以从街道上消除它们的存在，而代价是城市不能缺少的实用功能秩序的灭亡。但从另一方面讲，城市秩序并不是指无休止地重复这种视觉印象。事实上，在不影响秩序功能的情况下，可以做到最大限度地限制这种视觉印象。的确，通过这样的做法，集中用途真正重要的特征就可以得到加强。

因此，从这个角度讲，很多城市街道（不是所有）需要的是视觉遮断，即中断那些无止境延伸的景致，同时，给予人们对此处的范围和整体感的含蓄提示，通过这样做，可以在视觉上凸显和宣告街道的集中用途。

我们一些城市的老区里街道不太规整，因此，可以经常采取这种方法。但是，这种做法也有不利的一面，会让人很难弄清楚

379

这些街道的整体系统；人们很容易在这里迷路，很难做到在脑子里有一个东南西北的感觉。

在一些基本街道形式是棋盘式格局的地方（这种布局有很多好处），可以通过两种主要方式向该地城市景致注入足够多的遮断和变化视觉。

在有些棋盘式街道格局的地方，街道间互相分得很开。第一种方式，便是在这些地方增加更多的街道——就像曼哈顿西区的例子。简单来说，不管怎样，这些地方原本就需要更多的多样性，增加街道刚好可以帮助达到生发多样性功能的目的。

如果在增加新街道的同时，把经济因素也考虑在内，能够以一种尊重的态度对待新街道将要经过的那些最有价值、最漂亮，或者是最具特色的建筑，此外，如果能够做到把这些现有的建筑的侧面或后面转化成街面（如果可能的话），让人们看到不同年代的建筑的话，那么这些新街道就不会像其他一些街道一样只是笔直延伸，一览无余。这些新街道将会出现一些"曲径通幽"的景致。即使是一条笔直的街道，在把原有的一个大街段截成两个小街段时，这条街道就再不可能保持直线，在其截断其他街段时，则更不可能保持直线。在有些地方免不了会出现"丁"字路口，这些新增加的街道与其他街道会在这里交叉。要认识到在这些情形里，街道的非规整其实本身就是一个长处和优势；这种认识，再加上对城市多样性抱有的尊重和理解的态度，这一切都是决定新增街道的各种"走向"的重要因素。在取得最大的视觉效果的同时，对街道的实际破坏应该是最小的，这两个目的并不互相冲突。

在主要是棋盘式格局的街道里，新增加的街道能够产生一些非规整的现象，从而增加视觉的变化，这其实并不难理解。这些被引入这个格局里的街道甚至可以用它们与规整街道的关系来命名。

一方面是一种基本的、一清二楚的规整格局街道系统，另一方面是在这种格局过于庞大以致城市功能难以发挥的地方有目的地引入一些非规整的街道；这两者的结合，我认为，是美国可以在城市设计策略方面做出的一个突出的、最具价值的贡献。

第二种在缺少非规整和视觉遮断的地方引入变化的方式，发生在规整街道内部本身。

旧金山这个城市有着很多自然的视觉遮断现象，而这些现象都是发生在规整格局街道之内。总体上说，旧金山的街道是一种二维式规整棋盘格局街道；但是，从三维地形上说，它们是视觉遮断现象的杰作。很多突兀的山坡常常把近处的景致与远景分割开来，不管你是沿着一处上坡往上看，还是从一个斜坡往下看，都是这种效果。这样的布局会让你把注意力集中到周边的街道景致，但同时不会影响整个棋盘式格局的清晰视觉。

不具备这种地形的城市当然没有办法复制这种让人感到心旷神怡的自然巧合的方式。但是，这些城市同样可以在笔直规整的街道形式内引入视觉遮断景致，同时又不牺牲整个布局明确的视觉印象。横跨街道上空，把两个建筑连在一起的桥梁有时候就可以做到这一点；而一些本身就充当桥梁用的建筑也可以发挥这样的作用。有一些很大的建筑（主要是一些公共建筑）可以横跨街道。纽约中央火车站就是一个很有名的例子。[1]

381

---

1 同时，它也提供了一个新增街道的例子，即范德比尔特街。此街是一个"丁"字路口终点站，在这个路口的北边有一个非常漂亮的新建筑联合碳化物公司总部大楼，这个建筑实际上横跨了人行道；顺便提一点，位于范德比尔特街和麦迪逊大街之间的几个短街段，是说明城市里短小街段能够自然而然拥有活力和提供行人便利之处的一个很好的例子。

笔直的、"无限延长"的街道可以做到遮断。一个街心广场或是某个建筑物前的广场就可以把街道隔断,而这些广场(广场建筑)本身就可以成为遮断性景致。有些笔直街道的一端车辆不能通行,在这种情况下,可以设置一些小公园,从一侧的人行道延伸到另一侧的人行道;可以在这里种植一些树木,形成一些树群,或者是设置一些小的公园用的建筑结构,这些都可以成为一些视觉遮断或视觉转移的景致。

在另外一些情况里,视觉转移并不一定需要某个横跨街道的景致才能做到,一个建筑或一组建筑可以从正常的建筑线稍稍前移一点,造成一个拐弯或凸出的感觉,人行道也会相应形成一个曲线。另一种拐弯或凸出形式可以由街道一侧的建筑广场形成,在这种情况里,离广场不远的建筑可以凸显出来,造成遮断视觉。

人们或许会认为,所有这些强调街道集中用途的视觉特征会造成一种压倒一切的感觉,或甚至是不近人情的感觉。实际情况并非如此。有着很多视觉遮断街道的城区在实际生活中并不存在这种让人感到渺小或是被压倒的感觉;相反,一个比较适合这些城区的形容应该是"友好",而且作为一个城区,它们也更易于让人亲近,从而加深理解。毕竟,城市要强调、要确认的是城市人的生活和这种生活丰富多彩的地方,更重要的是,城市要突出的是其最可以炫耀的地方。相比之下,那种无止境的、不断重复的城市景象才是最容易造成压倒一切、不近人情和不可理喻的地方。

但是,在街道视觉隔断方面也会有陷阱存在。

第一,在一个没有多少街道用途的细节和集中性可"讲述"的地方,使用这种手法就不太必要。如果一条街道实际上只是重复一种用途,没有多少街道生活可言,那么即使有视觉隔断也表现不出什么秩序的形式来。通过视觉的手段可以围拢一个地方，但在一个实际上没有什么东西可表达的地方（从城市用途的集中性来看），使用这种视觉手段也就只是装装样子而已。视觉隔断手段以及它带来的景致本身并不会**产生**城市的活力、用途的集中，或者是与活力和集中用途不能分开的街道安全，以及活跃的和有吸引力的公共生活和经济机会。只有前面提到的四个生发多样性的基本条件才能做到这一点。

第二，没有必要在所有的城市街道按照一个模式采用视觉隔断手法，这样做反而会让人生厌。毕竟，一个大城市是一个很大的区域，承认并经常表达这个事实并没有什么错（比方说，旧金山的山坡另一个突出的地方就在于每个地方的景致各不相同，在表达其独特之处的同时，这些地方也把远景与最近处的街景分割了开来）。偶尔出现一些"无止境延伸"的情况，或者是把聚焦点放在街景的远处，这些都可以带来一些变化的感觉。一些与交界处接壤的街道，如水域、校园和大型的体育活动场地等，可以不用任何视觉隔断。并不是每一个在交界处结束的街道都需要表明这个事实，但是有些是必要的，因为一则需要在街道的远景处有一些景致，说明这里与其他地方的不同（交界）；二则可以通过这样的景致来说明交界处的位置——有时候可以是一种方向指示，林奇在做他的城市"可视性"研究时，发现他采访的一些人认为这样的指示非常重要。

第三，从功能的角度讲，视觉遮断不应该表现为"尽头"，而是"拐角"。只是为了交通而进行的街道实际形态的变动对城市特别有害。在视觉隔断景致的周围总是应该有一条"路"，或者是一条穿过这个景致的"路"，当人们走近这个景致的时候，一眼

382

就能看到这条"路",走上这条"路"时,很快眼前又出现新的街道景致。对我们的眼睛来说,这种设计有着不可抵挡的诱惑,已故建筑学家伊莱尔·萨里能曾经用非常精致的语言总结了这种设计特征。据说在解释他自己的设计前提时,他这样说道:"在人们的视野中一定要有一个尽头的地方,但这个尽头不是结束。"

第四,视觉遮断的妙处在于其常常不合常规之处。同一类型的样式用了太多,其结果便是自行灭亡。比如,如果一个街道一侧的由建筑构成的广场过于频繁,作为一条街道来说,在视觉上就会造成不是一个整体的感觉,更不用说,在实际功能上会造成很多真正的"此路不通"的尽头。一些有着拱廊的造成凸形或"拐弯"的建筑,如果在一条街道上出现得太多,以致没有新鲜感和独特之处,那么就会使人们觉得街道变得很狭窄,甚至会产生幽闭感。

第五,街道视觉遮断景致是一个能够自然吸引人的东西,其特征与其给人的整体印象密不可分。如果这种印象非常一般、平庸、空旷或者混乱不堪,那么这样的视觉遮断效果还是不要为妙。一个加油站,或者是几个大广告牌,或者是一幢空荡荡不见人影的房子会让这样的地方笼罩在阴影之中。一个街道景致不仅有视觉遮断功能,而且本身还非常漂亮,那真是一件很幸运的事,但是如果我们在城市里追求美的效果过于"认真",那么其结果就会变成炫耀。美并不是你想要有就会有的,但是我们可以做到要求视觉遮断效果景致合宜而且有趣。

地标,就像其名字表明的那样,是主要的方向指示物。但是,好的地标在城市里还可以发挥阐明城市秩序的两个作用。第一,它们可以起到强调城市的多样性（并且增加这种强调的意义）的作用；通过表明它们与其邻居的差异，可以把人们的注意力吸引过来，而且因为有差异，所以它们才显得重要。这种清晰的外表特征实际上涵盖了关于城市的秩序和布局的叙述。第二，在有些情况里，城市的某些地区在功能上很重要，但是需要在视觉上使这个事实得到认可和获得人们的注意，在这种情况下，地标就可以让我们注意到这些地方的重要性。

　　理解了这两个作用，我们就可以理解为什么在不同的情形下，城市里很多不同的用途可以被当作地标使用。

　　让我们先来看一看地标作为多样性的"发布者"和"扩大者"所起的作用。当然，一个地标之所以能起到标志作用是因为它处在一个突出的位置。但是，除此以外，另外一个必要条件是地标本身还应该有突出的特征，我们现在要谈论的正是这一点。

　　不是所有的城市地标都是房屋建筑形式。但是，房屋是城市的主要地标形式，有些房屋建筑可以成为好的地标，有些则不能。让一座房屋建筑成为好的地标的原则，同样也适用于其他地标类形式的建筑，如纪念碑、水塔等。

　　一座房屋建筑的外形是不是有其特别的地方，总是与其用途的特别之处有关，正如在第十二章所讨论的那样。同样的一座房屋建筑，在一个格局里，可以表现出其突出的地方，因为在这种格局里，其用途显得特别突出，但是，在另一个布局里，其特别之处却会消失得无影无踪，与其他建筑没什么区别，因为在这个布局里，其用途只是合乎常规，没有什么特别显眼的地方。一个地标性建筑的特别之处，在很大程度上取决于其与周围建筑的关系。

　　在纽约，华尔街头上的三一教堂是一个很有名也很有特色的地标建筑。但是,如果三一教堂周围也有很多别的教堂,或者甚至是其他外表起着象征作用的建筑,那么它充其量不过是与城市中许许多多其他缺乏生气的同类建筑一样,谈不上有什么特别显眼之处。三一教堂之所以能有这样的与众不同之处,原因之一是它位于一个突出的地标位置——一个丁字路口以及一处路面抬高的地方——但是,另外一个原因也很重要,即它处于写字楼这样一个背景格局之中。正是在这种格局里,其功能凸显了出来。三一教堂与其周围的建筑之区别是如此显著,以至于它成为整个街景的一个高潮,尽管从面积上来说,它要比旁边的小。在同样的有利位置,同样的背景格局里,换上一个同样大小的写字楼建筑(或者是任何大小的),情况则会完全不同,根本不可能起到这样的作用,也表达不了同样程度的视觉秩序,更不用说能拥有如三一教堂表现出的恰到好处、自然天成的姿态。

同样,位于第五大道和四十二街这种商业格局中的纽约公共图书馆也是一个极好的地标建筑。但是,旧金山、匹兹堡和费城的公共图书馆就不是这样。那些建筑的一个不利之处是处于其他一些机构中间,因此在功能上或外形上与周围的建筑没有什么特别的不同之处。

在第八章讨论混合首要用途的需要时,我谈到把一些市政建筑分布在城市的日常生活和工作区,而不只是将其聚集在文化或市政中心区的实用功能价值。这些文化或市政中心区域会在功能上使首要用途处于一种尴尬的局面,在经济上则造成浪费现象;除此以外,这些聚集在这种孤岛式的区域里的建筑,外观上似乎很是壮观,但实际上作为一种地标建筑却不能得到充分的使用。它们互相为对方减色,尽管每一幢房子就其本身来说,都能给人一种极其强烈的印象，成为城市多样性的象征。这是一个严重的问题，因为我们需要的不是更少，而是更多的城市地标建筑——无论是壮观还是纤小。

有时候，只要把一座建筑建得比旁边的房屋大一点，或者是造成在风格方面的不同，就可以使它拥有标志建筑的特征。但是通常，如果这样的建筑在用途上与周围的建筑没有本质区别，那么它也不会显得特别——与周围建筑一样"默默无闻"。同样，这样的标志建筑也不会起到什么显现或者是提升用途的多样性的作用。事实上，这样的做法是想告诉人们城市秩序最重要的只是在于建筑的大小或外表的装扮。除了一些稀有的真正意义上的建筑杰作例子以外，这种认为风格或大小就是一切的结论只能得到一部分城市使用者的喝彩——他们并不笨，因为这对他们有利。

但是，应该注意到的是，有些因体积大而显得与众不同的建筑从**远处看**确实可以给人们提供一个方向标志和视觉景致。在纽约，帝国大厦和联合爱迪生塔楼上的可用做照明的巨型钟就是一个例子。对于从街的近处看那些大钟的人来说，这些建筑并不见得有什么突出的地方，因为它们与周围的建筑大同小异。费城市政大厅的塔楼后面矗立着一座威廉·佩恩雕像，从远处看可以成为一座很壮观的标志建筑。对于这样需从远处遥望、需在远处发挥地标作用的建筑，其体积的大小确实是其能否成为一个好的地标的因素。而对于一些需在近处发挥地标作用的建筑而言，用途的显著差异以及表述这些差异的方法是问题的关键。

这些原则同样适用于小型地标。只要在周边范围内表现出其突出的一面，再加上其显著的目标作用，一个小型的建筑也同

385

样可以成为当地的地标。很多不同的用途都可以起地标的作用，条件是在其所在的背景里，它应表现突出的一面。比如，一些来自华盛顿州斯波坎的人说，那里的一个外表突出，同时又非常招人喜欢的地标是达文波旅馆，这个旅馆同时——就像有些旅馆有时候也会这样做——又是一个独特的城市公共生活和集会的中心。在一个主要是住宅区的地方，一些目标显著的工作场所可以充当地标，事实上，情况也常常就是这样。

一些充当焦点处或者是有时候被称为交叉点的室外空间，完全也可以起到地标的作用，而且因其用途的特殊性而起到秩序显现者的角色，就像地标建筑的作用一样。纽约洛克菲勒中心广场就是这么一个地方；对一些在其周围的城市使用者而言，与位于它后面的那些塔楼或者是更远一点的较低的楼房相比，这里更像是一个"地标"。

现在，让我们来看一看地标发挥的阐明城市秩序的第二个作用：从视觉上清晰地表明一个地方的重要性（也就是功能上的重要性）的能力。

活动的中心，即那些把很多人从不同地方汇集到一起的地方，无论从经济上还是社会上来说，都是城市非常重要的地方。有时候，对整个城市而言，其重要性非常突出，有时候，这种重要性表现在某一个城区或街区里。但是，这些中心在视觉上也许并不具有什么突出或重要的并且符合实用功能的地方。当这种现象发生时，一个城市使用者得到的会是一种互相矛盾的和模糊不清的信息。你所看见的活动和土地使用的集中性都告诉你："这个地方很重要。"但视觉高潮或者是招引注意力的物体的缺乏又在对你说："这个地方不重要。"

因为在大多数城市的活动中心，最主要的活动是商业活动，所以，通常在这样的地方，一个地标要是想给人留下深刻的印象，就需要完全摆脱商业性。

城市使用者与活动中心的地标有着紧密的联系，从这个角度讲，他们对城市秩序的直觉是可以信赖的。在格林尼治村，有着很长历史的杰弗逊市场（法院）大厅——现在早已不做法院之用了——位于一个社区的最繁华地带，占据了一个很突出的位置。这是一座装饰烦琐的维多利亚式建筑，人们对这座建筑的意见截然不同；有的认为非常漂亮，另外一些人则认为很难看。但是，在一个方面大家却有着完全一致的看法（**即使在那些不喜欢其建筑风格的人中间，意见也完全一致**），那就是，大家都认为必须保住这座建筑，并让其发挥作用。来自这个地区的一些市民，以及在他们的指导下进行工作的一些学建筑的学生，花费了大量时间对建筑的内部、目前状况和潜在用途做了详尽的研究。一些市民组织也花费了很多时间和精力想方设法试图保住它，一个新的组织甚至是开始了筹建资金的工作，以便修复塔楼上为公众服务的大钟，让它重新敲响。城市的公共图书馆系统在了解了这座建筑以及它的实际用处后，现在已经要求城市提供资金，将其改成一个图书馆的主要分馆。

像这样一座位于中心地带的建筑，如果被用于商业和住宅目的，就像其周围的一些建筑的用途一样，那么对于某些人来说肯定很快就能挣到不少钱，或是能给城市增加额外的税收。为什么要费那么大的劲改成他用呢？

从实际功用来说，这里恰巧需要这样一个有着不同用途的图书馆建筑，可以用来抵抗多样性的自我毁灭。但是，能够意识到这种实际功用需要的人很少,同样,能够意识到这样的建筑可以帮助安置多样性的人也不多。相反,大家一致认为,**从视觉上来说**,这个地标所在的繁华街区会遭到重大打击——简而言之,就是其视觉秩序会变得模糊不清,而不是一目了然——如果替换这个地标的建筑用途与周围的建筑用途重复的话。

在有些活动中心,即使是一个实际上毫无用处的地标,对这个地方的使用者而言也是不可缺少的。比如,在圣路易斯的一个乱糟糟的商业中心矗立着一根很高的水泥圆柱,周围是一片灰色衰败地带。这根圆柱曾经被用来充当水塔。很多年前,当里面的水罐被拿走后,当地市民说服城市当局保留住外面的圆壳,并对这根圆柱进行了修复。现在该区仍是沿用"水塔"这个名字,而且正因为有这样一个地名,这个城区仍然笼罩在一丝伤感的气氛中,正是这个原因使得它不同于周边的地方,如果没有圆柱,这里可能会被完全忽略。

作为城市秩序的阐明者和显现者,地标如果能够被设置在其他建筑之间,则其作用能最大程度得到体现,就像我已经提到的几个例子一样。城市里不同建筑间的差异遵循的基本原理是相辅相成,互相支持;从这个角度讲,如果那些地标与别的建筑相隔一段距离,或者是与周边的景致完全隔离开来,那么它们的作用就不是解释或从视觉上加强这么一个事实,而恰恰是与其发生矛盾。

就像上面说到街道视觉隔断时已经提到的那样,一些能够招引注意力的建筑物在城市的外表方面起着很重要的作用,它们在什么地方,这个地方就能拥有不同寻常的空间形式。

有些建筑物之所以能吸引注意力,主要是因为其**外表**,而不是因为其**所在位置**；比如，从一个公园大小的空间的一边找一个广角镜头角度，从这个角度看，就会发现一个比较奇怪的房屋之所以招引注意力，或者是一组不同的建筑之所以能吸引人，完全是因为其本身的缘故。我认为，没有必要去试图特意创造或控制这一类招引注意力的建筑物，也不应该这么做。一个地方如果能做到生发多样性，如果能拥有不同类型和年代的建筑，如果不同的设计和品味能受到欢迎并有机会表达，那么这种类型的突出建筑物会自然涌现出来；任何目标在于城市设计的人，不管其如何费尽心思去构建那样的突出建筑，其结果也不会比自然出现的更加令人惊奇，更加富有变化，更加趣味盎然。真实的东西要比虚构的东西更加让人玩味。

　　另一类吸引注意力的突出建筑物则**主要**就是因为其**所在位置**，这一类突出建筑物应该有目的地成为城市设计的一部分。首先，必须要有这么一些确实能够吸引注意力的地点，也就是说方位——比如说，街道视觉隔断处。其次，这些地点必须要有价值。这种可视程度很高的地点会很独特，但并不是很多。在一个由几十个建筑和方位组成的街景里，可能只有一两个这样的地点。因此，在这些自然形成的拥有突出建筑物的地点里，我们不应该要求每个都表现出同样的视觉特色。通常，只要在一座已有建筑物上涂上一些好看的颜色就能使其成为一座突出建筑物。有时候在这些地点里，需要有一座新的建筑物，或者是新的用途——甚至是一个地标。如果我们能精心处理这些相对比较稀少，但同时又绝对能招引注意力的建筑物的话，那么通过以景带面的方式，这些建筑物就可以给整个周边街景带来突出的风格、趣味和中心点，在避免产生千篇一律的景象的同时，又做到方式简洁，特点

388

鲜明。

这种地方的重要性,以及让这些地方凸显出来的重要性在《规划和社区外表》这本小册子里得到了重要阐释。这本小册子由纽约一个规划和建筑师委员会编制,这是一个专门为调查和监控城市设计问题而组成的委员会。这个委员会的一个主要建议是,应该在社区里确定一些视觉突出的地点,**而且要对这些小范围的地点进行划分,使其能够得到额外对待的身份**。这本小册子说,如果只是把这些地方归于普通区域划分和规划之内,那么这些突出地点就不能被凸显出来[1]。位于这样一些地点的建筑就会被赋予突出的重要性,因此,如果我们忽视这个事实,实际上也就是忽视了一个最具体的现实。

在没有任何可用突出建筑物的情况下,有些城市街道需要另外一种形式的规划帮助。他们需要一个整体统一的方案来表明,尽管这条街道有着丰富的多样性,但同时也是一个整体。

389 　　我在第十二章提到一个适用于既有住宅又有商业场所的街道的策略,用这个策略可以使街道避免因为不协调的大型用途而在视觉上造成支离破碎或混乱不堪的感觉。正如已经说明的那样,在这些街道上保持视觉整体性的方式是在划分上限定每个街面商店或企业的长度。

还有另外一种让街道视觉保持整体性的策略,那就是加强设计和装饰的作用,使原来一些偶然聚集在一起的建筑能够体现出

---

1 这份可以从纽约地区规划协会得到的小册子同时还讨论了这种方法在立法、规则制定和税收方面需要做出的安排。因此,在任何一个对城市视觉真正感兴趣的人来说,这是一本很有价值的东西。

有序一致，但同时又不过多地表露出人为的痕迹。这种策略可以用于一些使用程度很高、人来人往、熙熙攘攘的街道，这些街道建筑物很多，但用途形式很单一，没有多少变化，比如完全是商业用途的街道。

　　街道整体视觉方案中最简单的一种是使用树木来达到整体效应。在这种情况中，树木的种植本身应该统一化，树的间隔应该紧密，这样从近处看会给人一种连续性的感觉，从远处看树木间的间隔空间则可以忽略不计。人行道，即那种形式简洁、印象突出的人行道，也有可能起到整体性的效应。雨棚、凉棚和遮棚如果色彩鲜艳也可以有这种可能性。

　　每个街道都有自己的特点，因此，解决的方案也应有所不同。[1]在这种整体化方案中也存在着陷阱。一个起到整体效应的方式之所以能成功，是因为它是这个地方的特色。从某种意义上来说，天空几乎能把所有的景致都联系到一起，但正因为它无处不在，所以即使能把大部分景致统一起来，这种效应也是微不足道的。一个起到整体效应的方式只是提供一个对秩序和整体的视觉性提示；而是不是有这种整体性的存在，在很大程度上，要靠观看者自己来感知。观看者可以通过这些提示来组织他所看到的一切。如果他在根本不相关的地方，看到了同样的整体效应方式，那么很快他会不知不觉地对这种方式失去注意力。

　　所有这些以"构筑城市视觉秩序"为目的的策略，都与城市

1　不同特点的整体化方式——以及视觉隔断方式，无论是好的还是不好的，地标型的还是其他特征的——在两本非常优秀的关于英国城市、小镇和乡村设计的书中有着图文并茂的阐释。这两本书书名为《暴行》和《反攻》，作者为高登·卡伦和伊恩·奈恩。

中零碎角落相关——而城市正是由这些零碎角落组成，它们互相间的有机联系和连续性则构成了城市的主要"骨架"。但是，对

390 于每个细节的强调是问题的关键：城市就是由互相补充、互相支持的细节组成。

也许，与那些气势磅礴、气贯长虹的公路干道，或者是那些如某个村落里的漂亮的度假小木屋相比，这一切都是太平常不过了。但是，无论如何，一个城市是要通过最平常的方式得到表达，而这种表达方式应该得到尊重。城市复杂而有序的秩序——其本身就是一种自由的表现，无数个人拥有制定规划和实现规划的自由——在很大程度上，本身就是一种奇迹。我们应该让这种自由，这种生气勃勃的景象，这种活生生的互相依存的用途帮助我

391 们更加理解实际的情况是什么，而不是在这种图景面前止步不前，更不是表现出一概不知的态度。

二十　拯救和利用廉租住宅区

在关于廉租住宅区的问题上，存在着一个很不恰当的思想，那就是认为廉租住宅区**就是**"低廉"，不属于正常城市，不是它的一部分。单单从**廉租住宅区的角度**来谈对它的拯救，或者改善那里的情况，实际上是在根源上重复了这种错误思想。相反，问题是应该把廉租住宅区，也就是那一部分的城市区域，重新"编织"回到整个城市的"骨架"里——在这样做的过程中，同时也会增强周边地区的力量。

让廉租住宅区重新回到整个城市的构筑中，这不仅对把生机引入那些危险或停滞地区来说是需要的，而且对于更大范围的城区规划来说也是需要的。如果一个城区不仅在形态上被廉租住宅区及其交界空旷地带肢解分割，而且一个一个的微小街区使得城区本身在经济和社会发展方面受到阻碍，那么这样的城区事实上就谈不上是一个真正的城区。首先，内部就不统一；其次，面积也不够大，不能算是一个城区。

把生机引入一个廉租住宅区以及与其接壤的交界处——正是在这些地方，廉租住宅区会重新加入整个城区——的原则，与帮助任何一个缺乏活力，提高其活力的城市区域的原则是一样的。规划者必须要进行诊断分析,这个地方缺少的是哪一种生发多样性的条件——是不是缺少混合首要用途,是不是街段太长了,或者是人口密度不够高。不管是缺少哪一种条件,都应该把它补上——通常,这种过程是缓慢的,但只要有机会,就应该抓住,能补充多少就补充多少。

在廉租住宅区这种情况里,其根本问题与那些未经规划的滞缓灰色地带,以及曾为郊区但现已被蚕食之地表现出的问题极其相似。而在非住宅的例子里,如一些文化或市民中心,其根本问题则与那些曾经鼎盛但现已衰败的市中心区的部分区域表现出的问题不无二致,那些地方衰败就是因为遭遇了多样性的自我毁灭。

但是,因为多样性的生发在住宅区以及其交界区域会遇到很多障碍,并已有其专门的特征(有时候是对非贫民区化的阻碍,同样有其自己的特征),因此,对这些地方的"拯救"也需要一些专门的策略。

今天,最亟须拯救的是一些低收入住宅区。这些地方的问题给很多人的生活,特别是孩子们的生活,带来了极大的负面影响。更有甚者,因为这些地方本身过于危险,太让人感到身心压抑,太不稳定,所以在很多情况下,要想在其周边地区维持一种文明状态都会变得非常困难。联邦和州政府财政已经对这些住宅区投入了巨额资金;尽管从最初设想看,这些支出就有严重问题,但另一方面,即使是对我们这样一个富有的国家来说,这笔开支也很巨大,因此,不能一笔勾销。要想让这些投资不至于白白浪费,一个办法就应该是把这些住宅区变成对人们的生活、对城市有意义的资源,而这也是人们所期望的。[1]

　　就像和任何一个贫民区一样,这些住宅区也需要"非贫民区化"。这就是说,除了别的情况以外,这些地方必须要留住人口,但只能通过**自我选择**的办法。此外,这些地方要给人安全感,而且要有适合城市生活的条件。它们同时也需要其他的条件,但一个主要的条件是必须拥有一些很容易让人接近的公共人物,一些很有生气的、一直在被使用的和人来人往的公共空间,以及在公共场所自然形成的对孩子的安全监管系统和正常的城市区域间的交叉使用。简而言之,在这个重新加入城市建构的过程中,这些住宅区(或非住宅但性质一样的地方)也需要被注入那种属于健康城市的特性。

　　如果只是在脑子里想象如何来对待这种廉租住宅区的问题,那么一个最简单方案可以是这样:先从地面开始,那是一块非常干净,什么也没有,一直延伸到外面马路旁边的"石板"。然后在上面建公寓住房,它们只是通过梯子和电梯与地面连接。在这样一块整洁干净的"石板"上想做什么事情都可以。

　　在实际生活里,当然,这种在想象中非常整洁的"石板"其实并不总是那么整洁。有时候,在电梯和梯子旁边也会有其他一些固定的设置。在有些住宅区的地面上会出现教堂、学校或者是社

1　最愚蠢的拯救方法是重复已有的失败,把受目前失败境况困扰的人转移到一个更加昂贵的,但只是重复这种境况的地方,以此来拯救已发生的失败。这正是我们的城市正在进行的贫民区转移和贫民区重复的翻版。比如,在布法罗,有一个名叫汤特广场的低收入住宅区,是由联邦政府投资在1954年建成的。汤特很快就成了一个"流着脓的疮";用这个城市的住宅管委会主任的话来说,这个地方"对附近周边地方的发展造成了很大的障碍"。解决方案是:一个新的、与汤特广场十分相像的住宅区,在城市的另一个区域建了起来,汤特广场的居住者被迁移到那里(但很快这个地方也会情况恶化,变成一个"流脓的疮"),以此来拯救汤特广场——这样做的一个期望是,这个地方可以转变成中等收入的住宅区。这样一个不但没有纠正错误,反而加重问题的过程,却受到了欢迎;1959年,纽约州街区服务中心主任把这个过程称为一个进步,"也许还可以为别的住宅管理局树立一个模式"。

区公共场所。通常,那些地方会有一些很大的树,如果可能的话,还应该对其加以保护;此外,经常还会有一些屋外空间,成为人们时常聚集的地方。

一些新近住宅区的地面——大部分都是1950年后所建——要比那些老住宅区的地面干净,那是因为在近些年里,在越来越空旷的地面上建一些越来越高的塔楼,已经成了住宅设计的一个惯常行为。

394　　在这块"石板"上,必须要设计出新的街道来,即那些拥有房屋建筑以及其他用途的街道,而不是穿过一些空旷的"公园",用于散步的"林荫道"。这些街道的街段必须短小。当然,还应该包括一些小型公园,运动或玩耍场所;但是,它们的数量和所在位置必须要与这些繁忙的新街道相匹配,也就是说这些街道能够给那些地方提供安全和吸引力的保证。

这些新街道应该建在什么地方,这与两个主要因素有关:首先,它们必须要与住宅区边界外的街道相连,因为一个主要的目的就是要把这个地方与周边的区域连成一片(这个问题的一个重要方面将是重新设计,以及如何在边界街道的住宅区一边增加用途的问题)。其次,新街道也必须与住宅区内为数不多的几个固定景致相连。我们在前面提到过的在想象中是通过梯子和电梯与地面相连的公寓住宅楼可以成为街道建筑,其地面层可以进行重新设计,将其融入街道两边的用途;或者,如果它们与街道不直接相通,可以通过一些岔路或很短的步行路与其相连,这些岔路和步行路连着街道,穿行于街道两旁的建筑。不管怎样,那些已经矗立在那里的塔楼会出现在新街道的上空,在其之下是一个新的城市区域。

　　当然，一个肯定不可能出现的情况是：一方面把街道与区域周边的城市环境以及那些已经存在的固定景致相连，同时，另一方面又要把街道建成笔直、规范的棋盘式格局。正如前面提到过的新街道穿过长街段时的情况一样，这些街道也会有转折、凸型以及丁字路口。就像我在前一章里所论证的那样，这种情况越多越好。

　　那么，应该拥有什么样的街道用途和街道建筑呢？

　　一个总的目标应该是要引入与住宅用途不同的用途，因为缺少足够的混合用途正是造成死寂、危险和不便的原因。这种不同的用途可以在街道两边建筑的上下几层里进行，也可以只在第一层或者是地下层里进行。任何建筑如果能成为一个工作（场所）用途，那都会派上很大用场。同样，晚间用途和通常的商业用途也都会给这个区域带来很多价值，特别是如果这些用途能从住宅区原先边界以外引来交叉使用的话。

　　要做到如此的多样性，说起来容易，做起来难，因为这些地方的新街道会遇到一个严重的问题，那就是，这些地方几乎全是新建成的区域，建筑年代都是同一的。这是一个真正意义上的严重障碍；没有可以克服此问题的理想方法——在接手这些住宅区的时候，我们实际上也接手了这个问题。但是，还是有一些将这个障碍最小化的方法。

　　方法之一（很可能也是最好的方法）就是依靠一些小贩，他们可以使用装着货物的推车，而不需要使用任何房屋。从经济上来说，这些推车可以部分地弥补缺少一些成本低的老房子的缺陷。

　　如果能在街道上有意识地安排一些小贩，那将给这里带来很多活跃的气氛和吸引人的景致，因为讨价还价的买卖场景是激发

395

交叉使用的一个最好的方式。此外，这种场景本身就会赏心悦
目。费城建筑师罗伯特·格迪斯在一个拟议中的商业重建街道
里，设计了一个非常有意思的小贩区。按照他的设计，这个小贩
区是一个市场广场，在一条街的对面；在其临街的一侧，有两边被
两个建筑物围住：一家商店的一侧和一座公寓楼的一侧，但是没
有东西围住广场的后面 (广场只是伸入到它所在的街段和邻近的
公园的一半)。格迪斯于是把这个地方当成一个背景，设计了一
个很漂亮但又经济实用的车棚，在过了生意时间以后，可以存放
那些小贩的推车。

这样一种沿街的小贩用推车棚可以出现在一个广场的设计
里，也可以出现在这些住宅区街道里。

室外买卖点不仅是很好的吸引人的景致，而且也是一种"延
长"街道丁字路口或者是拐弯处的很好的方式。如果说一条街道
有吸引人的地方，那么其实质就在于这种效果怎样从几个点扩展
到整个街景。从视觉效应上来说，困难之一就是怎样让这些地方
表现出活跃的城市生活的景象；这些地方灰暗、死寂的现象太严
重，视觉重复太多，都需要克服。

另一个克服过多新建筑造成的障碍的可能手段，依靠的是房
租担保住宅的体制。这种方案的住宅可以在任何一个城市的街
道里出现，就像在第十七章里所描述的那样，也可以在廉租住宅
区里的街道里出现。但一个区别是，在这些住宅区里，这种方式
的住宅可以是联排住房的形式，或者是双层联式的形式 (两幢房
子共四层)。正如在老城区里的砾石色房子可以转化成各种不同
的城市用途 (有时候是一幢或两幢房子，有时候是一层或两层转
成其他用途)，这些同类形式的面积较小的房子也可以起到同样

灵活的作用。从一开始，这些住宅房实际上就代表了用途灵活的倾向。

波金斯和维尔建筑事务所、芝加哥和白原的建筑师们还提出了另一种解决问题的可能性。在公共住宅设计方面，他们曾为纽约的联合社区提供了很多新的方案。在波金斯和维尔建筑事务所提出的方案中，一个建议是建一些四层楼的公寓房，底层不用作住房，是一些支撑柱，用来形成一个敞开的"地下室"；这个地下室与街平面一致，或者低于地平面四英尺；一个目的是这些地方可以用作低廉的商店场所，或者其他用途。只有一半深入地下，另一半在地面的地下室有其自己的长处。这样的安排除了经济以外，还会给街道本身带来一些形式上的变化，因为无论这些地下室是商店还是工作场所，人们只要走下几个台阶就能到达，因此会很受欢迎。

还有另外一个可能性，就是在街道两边建一些廉价和供临时用的大楼（这并不是说这些建筑肯定会非常难看），目的是降低使用成本，使得那些经济状况尚不佳的用户可以用得起，这些用户经济状况在将来改善后，这些地方可以被替换。但是，这个方法不像前两个那样有用，因为一个算好要用上五年或十年的建筑，实际上都会比这个时间用得更长。要计算好一个建筑的淘汰时间，以便能节省一笔经费，这很难。

在对孩子的安全监视方面，高楼住宅尤其是一个难题。即使是在对这些住宅进行了再利用（"拯救"）后，要想做到像从一般的住宅房、公寓或租赁房的窗口里那样监视在城市人行道上玩耍的孩子们，也不太可能，因为从高楼的窗口里监视孩子与前面的方式毕竟不是一回事。这就是为什么有一个条件非常必要：让成

397　人在大部分时间里能够出现在地面公共空间里，让一些做小本生意的人进入这些地方，因为这些人一般都有遵守公共法则和秩序的习性，当然也要在这些地方拥有一些公共人物；同时，要做到使街道上的活动极其活跃、有意思，以至于能够引来高楼三四层上的人的注意力，这些楼层上的人如果经常能注意到街上的活动，那就是对孩子的最好的监视。

廉租住宅区规划有很多谬误之处，其中之一是认为这种住宅区可以避开城市用地的经济活动机制。需要指出的是，确实，通过依靠政府资助和政府土地征用的权利，这些住宅区可以避开一些**资金**问题，可以不像其他地区那样为了拥有一个好的商业用途或其他用途的经济环境而不得不在资金上煞费苦心。但是，避开资金问题是一回事，绕开基本的经济运行准则又是另一回事。与城市的任何一个地方一样，这些住宅区所在区域当然也需要依靠用途的集中性，而要做到用途的集中，就需要一个良好的经济环境。这种经济环境状况的好坏在很大程度上依赖于这些住宅区里出现的新用途的混和情况，以及这里人口的逐渐非贫民区化和依靠自己进行的多样化。同时，也依赖于周边区域能够生发多样性和交叉使用的程度。

如果包括住宅区在内的整个区域能够拥有活跃的城市生活，能够做到逐渐非贫民区化，能够自我改善条件，那么这些住宅区内的一些非住房用途最终会产生很好的回报。但是，因为这些地方的障碍太多，各种各样的需求也太多，因此，在拯救和再利用方面需要相当可观的资金：在所在位置重新规划和设计方面需要资金，而这需要花费大量时间和想象力，因为这一次不能再按惯常方式行事，也不能再让那些根本不知道自己在做什么，也不知道

为什么要这样做的人来做这样的事；资金也要用在街道建设和其
他公共空间建设上；也许对至少部分新建筑的建设进行资助也需
要资金。

　　不管现有住宅的产权是不是属于住宅当局，新街道和新用途
(包括一些新的住宅在内) 不能把产权和责任权都归于这些机构，
因为这样做会让这些用途在与私人住宅拥有者的竞争中处于非
常不利的局面 (至少在政治上是不明智的)。如果产权掌握在住
宅当局手中，那么它们就会把"等级制度"重新织入城市的自由
气氛之中；无论怎样，他们本来就不应该拥有这种权力。住宅机
构之所以有这种管理这些土地资源的权力，是因为政府把权力给
予了它们。现在可以通过政府行为从它们手中把土地资源要回
来，进行重新规划；有些用于建房的用地可以拿来出售，或者是用
于长期租赁。有些地方的土地的处理当然是要经过一些城市机
构同意，如公园管理部门和街道管理部门。

　　除了上面提到的在经济上和实际形态上的改进以外，公共住
宅的拯救和再利用也需要在别的方面做出变化。

　　一些低收入高层住宅楼的走廊通道通常非常糟糕，进了那里
面会像做噩梦一般：光线昏暗，地方狭窄，而且弥漫着某种气味。
走进这些地方就像是走进陷阱一样。同样情况的还有那些通向
这些地方的电梯。我们时常会听到下面这种回答，人们实际上就
在指那种"陷阱般"的地方："我们还会到哪儿去？总不会去廉住
区吧。好歹我还有孩子，我的女儿还很小。"

　　在很多人写的东西里都提到这样一个事实，即孩子们在公共
住宅区的电梯里小便。很显然，这是一个问题，因为这会产生气

398

味,而且也会腐蚀电梯本身。但另一方面,这实际上是在此类自我服务的电梯里最无害的一种"错误"行为。远比这种情况严重的,是人们在这里面产生的恐惧感,这当然不是无中生有。

我认为唯一可以解决这个问题以及相关的通道问题的办法,是提供电梯管理员。别的方法,包括地面上的保安、门卫等都不能做到真正让这些住宅楼平安无事,或者是让这里的住户感到安全,不至于受到来自住宅区内外的恶人的侵扰。

这当然也需要资金资助。但是,花在这上面的钱,与花在这种住宅区里的大笔投资根本不能相比——单是一个这种住宅区就会花到四千万美元。我说四千万美元是因为这个数字刚好是弗雷德里克·道格拉斯公共住宅区的投资数目,这是一个位于曼哈顿上西区的新住宅项目;那里已经发生过很多起犯罪行为,其中一起就发生在电梯里,其程度惊人地残忍,报刊都做了报道。

399 在委内瑞拉的加拉加斯,那位被赶下台的独裁者留下的一个遗产就是这种同样有着很多危险的住宅区。据报道,在那里进行的一个维持电梯和通道安全的方法是雇用一些女电梯管理员,这个方法被证明很有效。一些能够胜任全职或兼职模式的女性住户被雇来做专门的电梯管理员,从早上六点至下午一点时工作。卡尔·费斯这位在委内瑞拉待过很长时间的美国规划咨询专家告诉我说,这些住宅楼变得比原来安全了,而且这地方的社会交往情况也比原先要活跃多了,因为这些电梯管理员都成了一些最基层的公共人物。

女性住户做电梯管理员这种方法,在我们这些住宅区的日间也应该行得通。白天时间正是电梯里会发生一些恶劣行为的时候,主要是一些较大孩子对较小的孩子进行的敲诈勒索和性骚扰。我想晚间应该需要一些男管理员，因为这个时间段里会出现一些更严重的成人犯罪行为，如打劫、抢夺等。此外，我们这里也需要夜间电梯服务，因为首先这里的很多住户都要在晚上工作，其次，因为这些地方的一些制度人为地让这里的人区别于其他地方的人，因此在住户本身之中就存在着严重的不满情绪（这种情绪随时都有爆发的可能）。[1]

　　要解决这个问题（类似于非贫民区化过程），公共住宅区必须能够让人们自愿留下来（也就是说在做出这种自愿选择以前，他们应该能够对这个地方产生亲切感）。为了要做到这一点，前面提到的拯救和再利用办法，无论是区内还是区外的，都是需要的。但是，除此之外，还必须允许人们留在这里，如果他们愿意这么做的话，这也就是说，针对住户最高收入的限制应该废除。不应该只是简单地采取上调收入限制的办法，那种把住宅与收入挂钩（价格标签）的办法必须整个抛弃。因为只要有这种方式的存在，那么住宅区里的一些成功者和经济状况比较好的人就会不可避免地离开这里，不仅如此，而且其他人也会从心理上把这里只当成一个过渡地点，或将他们自己等同于失败者。

　　随着收入的增加，租费也应该相应增加，在到达一定程度后就可以进入经济房租的程序，就像前面已经提到的房租担保体

400

1　如今，很少有人是自愿选择去一个低收入住宅区的。相反，他们去这些住宅区是因为他们被从原先住的街区赶了出来，因为那些地方要让位于"城市重建"或者是一些公路干道；尤其是，如果他们是一些黑人，他们就会在住宅方面受到歧视，进而更加无可奈何。在这些被迁移的人中，只有20%（在费城、芝加哥和纽约，这些数字都是公开的）的人会进入公共住宅区；在那些没有进入公共住宅区的人中，很多人是符合进入公共住宅区的条件的，但是他们不愿去，因为他们可以找到别的办法。在提到这些有幸能找到别的解决方法，坚持不去公共住宅区的人的情况时，一位纽约住宅官员举了十六个家庭的例子，这些人符合住三个卧室的公寓套房的条件；这些公共住宅区里的套房在等着他们去住。"这些人手上都握着搬迁证明，但就是不愿去公共住宅区。"

系。这种经济房租应该包括分期付款和债务费用,这样可以把建房费用体现在租费里面。

上面我提到的建议中的任何一个或两个,都不能单独成为解决问题的方法。只有三个方面的结合——对地面住宅房子重新整合,使其融入周围的城市地区;住宅楼内的安全保证;居住者收入最高限制的取消——才是解决问题的最有效方法。有的公共住宅区可能会出现永久性贫民区化的现象——人心涣散,每况愈下——自然地,在这种现象造成的伤害最小的项目中,人们可以期待最快地看到积极结果。

中等收入廉租住宅区的拯救和再利用问题,不像低收入住宅区那样急迫,但从某些方面来讲,它们产生的问题更加麻烦。

与低收入住宅区的租户不同,中等收入住宅区的租户会倾向于隔离于其他人群,将自己划入一个"孤岛"式的范围内。我的印象是——我承认,这种印象也许并不牢靠——随着时间的推移,中等收入住宅区里会出现一个数量值得注意的(或者至少是清楚明确的)害怕与外界接触的人群。至于对那些自我选择住在这种按照"等级"隔离的住宅区里的人来说,这种想法在多大程度上是出于他们自己,在多大程度上是受到"地盘"划界这种住宅习惯思想的影响,我不太清楚。我认识的一些住在中等收入住宅区里的人告诉我说,他们发现,当一些让人不愉快的事件在这些地方的电梯里或者是街区里发生时,这里对住宅区以外区域的敌意就会增加;无论有没有证据,这些事件都会被归咎于外来者。之所以会产生"地盘"划界的思想,并演变成一种心理因素,而且还产生很大影响,是因为现实生活中确实存在危险;此外,有很大一批人本来就有惧外心理（不管是什么样的外界），这个问题成了大城市的一个严重问题。

如果住宅区里的居住者因为感到不安全而产生排外倾向，那么这些人则不会欢迎取消住宅区边界这样的行为，也不会配合以"让这个地方重新纳入整个城市的构架"为目的的再规划行为。

一个最简单的解决方法当然在于这些有着惧外心理的住宅区本身尽可能地改善自己的条件。另外，如果位于这些住宅区外面的街道能够改变状况，变得越来越安全，越来越有活力，多样性越来越多，人口的稳定情况越来越好；如果与此同时，在住宅区里面因为过于空旷而产生的危险问题得到了有效解决，以至于不仅让居住者本身感到满意，而且也让保险公司、工会、拥有这些地方的合作制企业和私人企业满意，那么也许总有可能使这些住宅区重新汇入城市活跃的生活之中。但问题是，随着这些住宅区周边越来越多的地区变成了千篇一律的、不安全因素越来越多的公共住宅区，这种状况改善的可能性就会变得越来越渺茫。

非住宅区的公共区域，如文化或市政中心，在有些情况下可以按照住宅区再规划的策略将其融入整个城市的构架中去。最有希望达到这个目的的是一些位于市中心边缘的文化或市政中心，因为这些地方与用途集中之区域间的隔离地带，也就是那些空旷地带并不是很大。比如，匹兹堡的一个新市政中心的一侧至少可以融入市中心区域内——而现在正是在这一侧，它与市中心相隔一个空旷地带。在增加一些新的街道和新的用途后，旧金山市政中心的几个部分也可以被重新融入城市。

有些文化或市政中心拥有一些诸如礼堂和大厅的建筑，这些地方会在相对较短的时间里集中很多的人；因此，这些中心面临的一个很大问题就是要寻找一些其他的首要用途，至少在别的时间段里，这些首要用途也可以集中招引相对多的人群。当然，还是应该有一些让第二类多样性伸展的空间，而各类首要用途的结合则可以支持第二类多样性的存在和发展；影响第二类多样性的问题则在于缺少足够多的老建筑。简而言之，这些文化和市政中心的一个问题是完全将自己与市中心的首要用途看齐（只有单一的首要用途，缺少第二类多样性用途）；但当这些地方成为"孤岛"或"空巷"时，如果还这么做，那无疑是太不切实际了。

我想，在很多情况下，重新融入的一个更加可行的方法，是在一段时间里一点一点拆分这些中心。拆分行为需要等待有利时机。比如，在费城，当市中心的宽街火车站和宾州铁路路堤被拆掉时（取而代之的是属于潘恩中心的交通饭店），机会就来了。费城的自由图书馆原本位于一个文化中心区内，很少能发挥用处，那个时候正需要重新整修。图书馆的官员们花费了大量精力和时间来游说市政府；他们告诉市政厅官员，与其重新修缮这个老图书馆，还不如把图书馆迁出文化中心，安置到市中心，作为潘恩中心计划的一部分。显然，市政府负责的有关官员没有一个认识到，把这样一个重要的文化设施安置在市中心实在是太必要了——无论是对市中心本身而言，还是对一些文化设施生命力的重新焕发而言，都是如此。

如果在时机来临时，位于一些"孤岛"区内的文化和市政中心的组成部分能够一个一个陆续离开，那么一些完全不同的用途则可以进入，顶替离开的用途——但是，这些用途不仅要与原先的不同，而且应该因其不同而对仍留在那里的用途起到补充作用。

在拯救老图书馆的同时，费城也获得一个避免重犯这种错误的机会——因为，至少现在费城已经有了足够的经验使自己明白，那些原以为会拥有强大活力的文化中心，实际上并不如此。当几年前，位于市中心的音乐学院需要整修时，没有人动过要把它迁移到那种文化中心区的念头。音乐学院还是在市中心的老地方，寸步未动。巴尔的摩原来也有这种建一个孤立的文化中心区的计划，但在研究讨论了几年后，最终还是决定在市中心区里建这些文化设施，因为只有在那儿，这些设施才能既起到首要用途的作用，也能发挥地标的用途。

这当然是拯救这些分类住宅区的最好的办法，即在还没有开始真正建造以前，先做一个通盘考虑。

403

404

二十一 城区管理和规划

　　一个大城市的公开听证会，容易成为一件让人感到很蹊跷的事，它一方面会让你感到很沮丧，另一方面也会让你感到很振奋。我了解最清楚的是在纽约市政大厅里的听证会，每隔两周的星期四进行，这些听证会都需要城市的主要管理机构裁定委员会做出决定。出现在听证会当天议程上的内容在此前早已由政府方面或者是政府以外的代表拟定。

　　那些希望说说自己想法的市民，可以对市长、五个区的区长、市议会主席发言提问；这些人坐在一个位于宽敞漂亮的房间一端垫得高高的半圆形长椅上，屋里摆满了教堂里常见的、给公众用的白色靠背长椅。公共官员，无论是民选的还是任命的，都会面对坐在椅子上的公众，反对或者赞同一些有争议性的提案。有时候，这些听证会开得很快，气氛也很平和；但在另一些时候，气氛会非常激烈，时间会延续一个整天，甚至会一直延长到夜晚。城市生活的各个方面，一个街区接一个街区、一个城区接一个城区的问题，一个又一个有头有脸的人物，都会在这个屋里面生龙活虎地展示他(它)们自己。委员会成员们侧耳倾听，或者打断插话，有时候则当场就下达一些指令，就像是中世纪那些握有法庭控制权的裁决者。

这种听证会深深地吸引了我。我就像着迷似的去参加这些听证会，并且坚定无误地表达我自己的倾向。每当别的城区的问题在这里提出，或者是别的街区在这里为其奋斗目标提出理由时，我都会积极给予声援。从某种意义上来说，这整个过程会让人非常窝火。已经有很多城市问题在这些听证会上被提了出来，但还是有许许多多另外的问题永远也不会有机会在这里得到表达。从这些听证会上可以知道，其实只要政府部门的一些"心怀好意"的人，或者是一些想做什么就做什么的行政部门，能够更好地了解一下他们的方案和计划会对某些街道和城区产生什么样的影响（或者是他们至少能关心一下那些地方的市民所想的生活的价值是什么，为什么是这样），就不会有这么多的问题出现。如果规划者们或者是一些所谓的专家们能够稍稍了解一下城市的运转机制，并对这种机制表示一点起码的尊重，那么很多的冲突就永远不会发生。另外一个情况是，有些冲突和问题来自行政部门的武断和偏袒行为，这种行为会激怒一些选民，但他们往往找不到合适的地方来表示他们的不满或纠正这种行为。在还有很多情况里（不是所有的），很多人做出了巨大努力来参加这些听证会——如很多人（多达几百人）损失了一天的工钱，或者是需找人看管他们的孩子，或者是把孩子一块带来，在他们的腿上坐几个小时（孩子们则会难受得不得了）——但最后会发现原来是一个骗局。所有需议论的事情在事前已经做出了决定。[1]

---

1 斯坦利·M.艾萨克斯，纽约城市议会议员，曼哈顿区前区长，在写给《纽约时报》关于修正听证会议程的信中这么说道："他们还会举行听证会吗？当然会。从表面上看，这种听证会与平常的没有什么区别。但实际上，在这之前，他们会先召开一个执行会议（时间是在星期三，比公开听证会早一天）。所有的事情都会在这个会上做出决定，然后在公开听证会上，公众的意见会得到很有礼貌的倾听，当然只是左耳进，右耳出。"

比这更加让人沮丧的是，我们了解到一些问题，却知道大家都对它们无能为力。这些问题会引出更为复杂的问题；各种各样的要求，解决方案会缠绕在一块，纠缠不清，根本无法弄明白；更不用说这些要求和解决方案本身还会受到政府庞大机构中不同部门的抨击。整个情形就像是瞎子摸象。无可奈何和做无用功这两种感觉是在这些听证会上最大的收获。

但是，在另一方面，这个过程也有让人振奋的地方。如此众多的市民表示出的诚意，以及这种强烈的诚意带来的鲜活的生命力，都是让人振奋的理由。一些非常普通的人，包括穷人、受歧视者和未受教育者等，会抓住这个机会表现他们自己，就像是一些有名望、有思想的人在表现他们自己一样，我绝没有任何讽刺的意思。在谈到他们最为熟悉的生活中的东西时，这些人的言语非常有智慧，而且很雄辩。在提到一些他们所关心的事情时，他们会显得很有激情，这些事情都与当地有关的，但绝不是狭隘的小事情。当然，他们所说的内容中也会有一些愚蠢的、不真实的、自私的东西；但是，看看这些言语产生的效果本身也是一件有益的事。我想，我们这些听者是不会这么容易就受到影响的，重要的是我们应该理解并且正确估量他们的情绪。在城市生活、职责和担忧方面，城市里的人最有发言权，当然会有一些愤世嫉俗、言过其实的地方，但是也有真知灼见和坚定信念之处，而这正是最有价值的东西。

那八位坐在垫得高高的长椅上的裁决者（我们不能把他们称为公仆——这是政府的习惯称呼，因为公仆应该更多地了解主人的事情）并不只是摆设而已。我想，大部分在场的人都会对此表示感谢，即我们至少有了这么一个难得的机会（尽管不是常常能

406

够达到目的)，要求这些裁决者保护我们免于受到那些所谓的专家们的简单化、一刀切方案的影响。我们尽量遵循这些裁决者的决定。他们的智慧、能力、耐心和通情达理的程度在总体上来说还是可信赖的。我并不认为有什么理由要去找一些比他们更好的人来替换他们。他们不单要做一些区区小事，更是要成就很多惊天伟业(不是让大人使唤的孩子，而是听从巨人召唤的成人)。

问题是他们试图以一个组织结构的形式来处理一个大城市的细枝末节的事，即通过这样的组织来获取支持、建议、信息、指导原则等。这恰恰是最不合时宜的事。并不存在什么该为这种情况负责的恶行，甚至连"推卸责任"这种恶行都没有；如果确实有什么所谓的"恶行"的话，那就是我们的社会组织结构在适应历史变化的发展方面的落伍。

407

这里所说的历史发展变化不仅仅是指城市在面积上由小到大的变化，而且也是指城市的管理范围的急剧扩大——住宅、福利、卫生、教育常规规划——这些都已成了大城市的政府要面对的事务。在管理和规划的功能上，很多城市未能做出相应的调整以适应这种变化。在这个方面，纽约并不是独一无二的。每个美国的大城市都面临着同样的很难跨越的横栏。

当人类社会在事实上达到了一个新的复杂层次时，一个首先要做的事情就是要构想维系这种复杂层次的手段。而其对立面就是刘易斯·芒福德所说的"建设停滞"(unbuilding)，也就是一个已经达到了这种复杂层次，但不能做到维系这种层次的城市的命运。

今天，我们所看到那种简单化、一刀切、不通人情的所谓的城市规划和城市设计，就是一种典型的城市"建设停滞"现象。尽管这种形式与一些极端保守的理论的支持不无关系(实际上是强化了这种现象),但是这种规划形式的实践和影响却并不只是停留在理论上。随着城市的管理机构越来越与城市的发展和复杂程度的提高脱节,随着这种过程不知不觉和一步一步地深化,对城市规划和其他管理机构的人员来说(他们也是在试图完成惊天伟业),这种"建设停滞"形式的情况尽管有害,但实际上已经不可避免。城市所有的实际生活方面的需求(且不提经济和社会方面的需求),以及对这些需求的解决方案(常常是一刀切、死板僵硬、造成很大浪费的方案),都**必须得**由这种管理体系来处理,但问题是这些管理机构并没有那种理解、处理和估量城市独特、复杂和互相关联的无穷无尽的细节的能力。

比如,我们可以来看一看城市规划应该首先瞄准什么目标,如果其目的是提高城市的活力的话。

目的是城市活力的规划必须要做到城市的每个区最大限度地在形式和数量上刺激和催化各种城市用途,包括人口的多样性;一个城市要在经济上有所发展,社会生活充满生机,城市本身魅力无限,这是基础的基础。要想做到这一点,规划者们就必须做出诊断,具体到每一个地方,研究到底是在哪一个环节上缺少多样性,然后尽最大可能帮助提供缺少生发多样性的条件。

目的是城市活力的规划必须要促成一个以当地街道为主的街区网络的形成,最大限度地依靠这些街道的使用者以及一些小企业主和小商人来确保城市公共空间的安全;同时通过这种方式来处理陌生人的问题,使得后者能成为一种资源而不是威胁;同样,也可以通过这种方式随时看护处于公共空间里的孩子。

目的是城市活力的规划必须要消除那种有百害而无一利的

交界空旷地带，而且还必须要能帮助建立起人们对城区的认同；城市诸行政区的宽阔地域，内部交往和外部交往的复杂性和形式的多样，都会对解决大城市一些不可避免的、难以对付的实际问题提出挑战。

目的在于城市活力的规划必须要把非贫民区化为自己的目标，创造一些条件，试着让相当多的当地居住者——不管他们是什么人——选择自愿留在本地；这样做的一个结果是多样性能在这些人中间逐步产生，并且在原有居民和新来的居民间保持社区的连续性。

目的在于城市活力的规划，必须要有能力把多样性自我毁灭和急剧性资金用途的局面，转化为一种有利的、建设性的局面；一方面需要机会遏制破坏性势力的产生，另一方面则需要促使更多的城市区域拥有良好的经济环境，尤其是适应于不同的城市居民发展的经济环境。

目的在于城市活力的规划必须要把厘清城市视觉秩序作为一个目标，但同时，必须通过促进和阐明实用功能秩序，而不是阻碍或否定这种秩序的方式来达到这个目的。

当然，说起来容易，做起来难，因为所有这些都是相互关联的；要有效地完成一个目标，而不同时（在某种程度上是一个自然而然的过程）完成另一个目标，这几乎是不可能的。但是，除非那些负责诊断、设计策略、推荐行动计划和执行这些计划的人知道他们自己在做什么，否则这些目的根本无法完成。他们不能只是在大致上了解情况，而是应该清楚地知道城市每一个与他们有关的具体地方的情况。他们只能从相应地点的人那里了解自己所需的大部分信息，因为没有人比这些人更了解该地的情况。

409

　　对于这种规划来说，如果各个方面的管理者只是了解一些具体的**服务措施和方法**，那是远远不够的。他们必须要彻底弄明白、搞清楚每个具体**地方**的情况。

　　只有"超人"能从整体的角度一下子就把城市搞个透彻，而无须从细节上知道怎样才能引导有利的行为，避免不必要的有害行为。

　　今天，在很多城市规划专家中存在着一种广为传播的信念：既然城市问题已经超越了规划者们和管理者们控制和理解的范围，那么更为有效的解决方法便是，把与这些问题有关的城市区域和问题本身在城市范围内"放大"，这样就可以从一个更广泛的方面来对付这些问题。这完全是一种源于思想枯萎的逃跑主义。早就有人尖锐地讽刺说："我们找不到解决地区问题的方案，就把它们整合成更大的区域，这样就安全多了。"

　　现在的大城市政府其实与小城镇的政府没有多少区别；把后者撑大以对付一些大问题，这样就成了大城市的政府，但是把小政府扩大为大政府却是采用了非常保守的方式。这个过程产生了非常奇怪的后果，最终这些后果变成了非常有害的因素，因为从根本上说，大城市面临的城市问题与小城市的有着本质区别。

　　当然，有很多地方是相似的。正如任何一个居住地一样，一个大城市也有需要管理的区域，各种各样的管理和服务形式需要在这些区域里进行。和大部分小居住地一样，从逻辑和实际情况出发，大城市也需要有组织这些管理形式的垂直方式：也就是说，每一个管理方面都有一个组织形式，如全市范围的公园管理部门、住宅部门、交通部门、医院部门、水供应部门、街道管理部门、牌照管理部门、警察部门、公共卫生部门等。随着时间的推移，新的部门会加入这个行列——防止污染部门、重新开发署和公共交通管理局等。

但是，因为这些部门机构需要面对大量的工作，因此随着时间的推移，即使是最传统的部门也会在内部产生很多分支。

410

很多这样的分支本身就是呈垂直状：各个机构在内部按照责任不同分成不同部门，每个部门同时负责整个城市范围内的那部分工作。比如，公园管理机构会分出以下几个不同的部门：林业部门、维修部门、休憩地设计部门、娱乐项目部门等，这些部门都受公园管理机构管辖。住宅管理机构也有不同的分支，如地址选择和设计部门、维修部门、社会福利部门、租户选择部门等，每一个分支本身就是一个复杂的机构。其他一些机构，如教育委员会、福利机构和规划委员会等也是同样的组织。

除了这种按照责任不同设置的垂直性分支以外，很多管理机构还有横向性分支：这些分支按照不同的**地域**划分，用来搜集信息或者是完成布置的任务，或者两者兼有。比如警察分管片区、卫生健康片区、福利片区、管理分支学校和公园片区等等。纽约五个自治区 (borough) 的区长办公室只有对几个部门有完全管辖权，即街道部门 (不包括交通) 和几个工程部门。

这些内部分支，不管是垂直性的还是横向性的，就其本身 (不与别的部门发生关系，处于一种封闭的状态) 来说都是合理的。但从一个大城市的角度来看，把这些部门放在一起就会呈现出混乱状态。

但如果是一个小城市，情况就会是完全不同，不管其内部分支是什么形式的。比如像纽黑文这种拥有16.5万人口的小城，一个管理机构的领导和他的属下很容易进行交流,而且也可以和别的部门进行完全的合作,如果他们原意这么做的话(他们是否有很好的思想需要交流,则另当别论)。

更加重要的是,在这样的一个小城市里,机构的领导和工作人员可以同时成为两个方面的专家:他们可以是其负责领域里的专家,同时也可以是关于纽黑文城市本身的专家。一个管理者(或者是任何一个人)要想清楚地了解和理解一个地方,唯一的方式是要在一段时间里掌握第一手信息和进行实际观察,此外更多地是通过了解其他人——可以是政府部门的,也可以是政府部门以外的——掌握的此地的情况。有些信息可以用图勾画出来,或者是用表格来表示,有些则不能用这种方式来表示。任何一个稍稍有点聪明才智的人都可以通过这几种方式的结合来知晓纽黑文。不管是聪明人还是笨人,要想细致地了解一个地方只有通过这种方式,别无他法。

简而言之,从行政结构来看,纽黑文拥有一个相对而言比较协调一致的管理机构。

对于纽黑文这样一个能够拥有互相协调的管理机构的城市,很多人(尤其是管理者)都不以为然。当然,也许还会有其他提高管理效率和方式的路子。但有一点是肯定的,那就是没有人会愿意打着这个招牌把纽黑文改造成如下模样:公园管理部门保留1/8,卫生健康片管区改为原有的6.25倍,福利片管区保留1/3,规划人员保留1/13,第一学区保留一半,第二学区保留1/3,第三学区保留2/9,2.5个警察部门,最后剩下的是交通局局长匆匆经过时留下的困惑的眼神。

在这种情况下,尽管只有16.5万的人口,任何一个部门负责人都不再会从城市整体的角度来看待纽黑文。有些人看见的只是某个部门的管辖范围，另一些人看见的虽然是整个城市，但只是一个表面现象，本质上还是将其当成一个大部门下的小单位。在这样一种情形下，要想进行有成效的管理工作 (包括规划) 当然就变得不太可能。

可是，这就是我们在大城市试图进行的搜集信息，提供服务和进行规划等工作的方式。自然，这样做的一个结果是，一方面每一个人都想解决问题，而且也应该能找到解决的方法，但另一方面这些问题又都超出了他们的理解和把握。

想象一下把上述假设的纽黑文情形扩大成10倍或者是50倍，即这种情况出现在人口从150万到800万不等的城市里 (我们不能忽视的是，人口的增加不仅仅是一个算术问题，而且也是一个地理情况的变化问题)，这会是一种什么样的情况：对每一个城市区域的混乱状况进行归类划分，然后再汇总到城市巨大的官僚部门机构。

在这个由牵涉到各个方面的部门组成的庞大官僚帝国内部，各种数不清的合作、协调、会议和联络把这些部门联系在一起，但这种关系本身是很脆弱的。这种关系之复杂就像迷津一样，即使用图也很难表示出来。这些部门本应起到沟通部门间的互相理解，或者是分享一些个别地方的信息以及将一些工作完成的作用，可正因为这种复杂但脆弱的关系，这样的作用能不能让人信赖很值得怀疑。无论是市民还是官员本身都会在这种迷津般的关系里无穷无尽地兜圈子，抱着希望来，带着绝望走。

在巴尔的摩就有这么一个例子。有一个市民组织申请做一件事情，这个市民组织有内部关系，申请的程序也没有什么错的

412

地方,但即使这样,关于这个事情进行的会议、协调及转关系和批复等还是花费了一年的时间——而付出这么多的时间和精力,仅仅是要获得同意把一座熊雕像搁在一个街道公园里。本来是非常简单的一件事,在这种迷宫般的体系里,变得极其复杂。而稍稍复杂的事情则更不可能办到。

　　我们可以来看一看《纽约时报》1960年8月对一场火灾的报道,这场火灾烧伤了一处出租房里的六个人,这处房子的所有者是市政府。报道说:"2月份消防部门给住房部门的一份报告,就指出这处住房有火灾隐患。"但住房部门的头头申辩说,他们的住房巡查员一直都在试图进入那处住宅房,包括5月16日(市政府在这个日子拥有了那处房子的所有权)以后的一段时间里。报道这样写道:

　　　　这位头头说,事实上,房产部门(拥有那处房子的市政府机构)直到7月1日才告诉住房部门,它们已拥有了那处房子的产权。但是,一直要到二十五天后,这个通知书才完成了它的旅程:从市政府大楼住房部所在的二十层到位于十八层的(住房部的)住房处。当住房处在7月25日得知这个消息后,他们打电话到房产部询问巡查途径事宜。住房部头头说,房产部最初告知说他们没有那处住房的钥匙。于是,协调开始了……当火灾在8月13日星期六发生时,协调还在进行。一位不知有火灾发生的住房部官员,到星期一还在继续为这件事情进行协调……

　　如果说这种完全属于内部交流的情况已经让人感到过于烦

413

琐、冗长和无效，以至于理不清头绪的话，那么可以设想要同这种情况进行交涉会是什么情形。很多人满怀希望、信心十足地来到这个官僚帝国里，但最后都会不约而同地放弃他们的努力，只是为了给自己省点力气（并非如人们通常所想那样，是为了保住工作；他们是为了保住**自我**）。

如果政府部门之间的信息交流和有效合作这么困难，那么可以想象那些必须要从外部同他们打交道的人遇到的困难和挫折会有多大。有时候，人们组织一些集体行为向一些民选官员施压，尽管难度很大，时间消耗很多，而且还要付出很多费用，但是一些大城市的市民们知道这是唯一可以帮助他们绕过非民选官僚系统的方法。相比之下，与后者打交道难度更大，消耗的时间更多。[1]

对于一个自治社会来说，为了消除各种利益之间的争斗，使用一些政治行为和压力总是必要的，也是合理的。但是在一个大城市里（就像现在我们所看到的那样），就是另一回事了。通常，在大城市里，花费大量的精力——常常达不到效果——仅仅是把一些与一件事情有关的各个部门的专家凑到一块。而且，更加荒唐的是这种"联络安排"——纽约规划委员会对此这么称呼——的结果是，聚集在一起的专家都是对此事本身一无所知的人！在

414

---

[1] 一些利益集团有时候会雇用一些"有影响的人"来克服一些对其利益有妨碍的困难，就像与普通市民组织起来通过一些民选官员向官僚部门施加影响一样。纽约城市重建方面的一个丑闻就涉及向悉尼·S.巴伦（民主党领袖卡米伦·G.德萨皮奥的新闻发言人）献金一事，有六个联邦政府资助的重建项目赞助了巴伦。根据《纽约邮报》报道，其中一个赞助者解释说："老实告诉你，我们雇用巴伦不为别的，就是因为他有影响。我们要等上几个月才能见到那些局长——比如，卫生、消防和警察部门的——但是他要做的只是拿起电话，立马我们这边就会见效。"这则报道继续写道："巴伦非常坚决地否认他是主要被用来'与城市机构打交道'的，他说：'我只和他们见了两次面，一次是和卫生部门，另一次是消防部门。'"

你试图与这种分门别类的部门里的某位专家打交道前,你永远也不会意识到一个大城市街区的情况会有多复杂。这就像是用你的嘴去拱破一个枕头。

大城市的市民总是受到这样的指责,即对政府缺乏足够的兴趣。这种指责当然非常奇怪,因为实际上市民一直在努力对政府感兴趣。

在其刊于《纽约时报》的关于少年犯罪的系列文章中,哈里森·索尔兹伯里指出,之所以这种情况(少年犯罪)没有明显的改善,一个重要的障碍来自互不连贯的信息、互相扯皮的管理机构、互相推诿的过程和失去威信的行政当局。"真正乱成一团的地方是那些官僚的办公室。"他援引一个研究少年犯罪的学者的话说。索尔兹伯里自己概括说:"一个互相冲突、互相重叠、混淆不清的管理机构,就是我们今天拥有的社会法则。"

现在,很多人甚至都认为,办事没有效率、拖沓的情况是一种故意行为,或者至少是管理机构本身混乱状况的一个必然结果。"矫饰主义"、"官场妒忌"、"只顾现实利益"、"冷酷无情"等词语经常能从那些在这个官僚帝国体系里遭遇挫折而愤懑绝望的人那里听到。毫无疑问,这些词语描述的情况的确存在——部门这么多,完成的事情却如此之少,不出现这样的情况才怪——但另一方面,这种状况绝不是个人造成的,也不是某个人因歹毒之心而有意为之的。这是体制的问题,而这样的体制即使是神仙也很难驾驭。

管理体系本身出了问题。管理机构是为了适应现实的需要而设置的,**但现在它超越了这种需要,自己成了被管理的对象。**这正是我们的社会遇到的一个悖论。在这种复杂的局面发展到一定程度时，就会需要一个新的机构来做这种"对管理的管理"的工作。

很多城市花了很大精力来对付这种互不关联的管理体系的问题——规划委员会的产生就是一个结果。

按照城市管理的理论，规划委员会是宏观的管理协调者。作为美国城市政府体制中的一个重要方面，规划委员会的历史还很短，它们中的大多数只是在近二十五年里才成为政府的一个部门。一个显然的原因是，人们期待这种规划委员会能协调城市管理部门应付不了的城市的实际变化。

415

但是，这个新发明并不很好，因为它本身重复了，而且在很多情况下加剧了它原本要解决的问题。

就像和官僚帝国里别的部门一样，规划委员会在本质上也是按照垂直形式体系来组织的，即按照不同的责任分成不同的部门；然后，根据需要，又会按照横向形式分出不同的处和科，这个方面一个处，那个方面一个科，完全是随意增设（如重建城区、保护地区，等等）。在这样一个设置的情况下，就像和别的部门那种分裂体系一样，即使在以协调为目的的规划委员会里，也没有一个人能真正弄明白城市某个地方到底是什么情况。

更有甚者，作为城市其他机构提出的具体计划的协调者，规划委员会负责协调的建议都是那些机构的官员们至少**已经**考虑好了准备怎么做的计划。这种建议从各个方面汇集到规划委员会，委员会**然后**依据自己掌握的信息和观念来确认这些建议是不是有理由成立。但是，协调这些建议的黄金时间应该是在这些建议形成之前，或者是在形成过程中的时间，也就是说在关于任何一个具体地点的具体措施策略还没有形成之前的时间。

　　自然，在这种与现实脱节的情况下，协调者根本无法进行协调，他们本身之间就很难协调，更不用说为别的机构协调了。费城的规划委员会被广泛称赞为这个国家里最好的一个规划委员会，从各种方面来说，也许确实如此。但是，当有人试图弄明白为什么这个规划委员会最珍爱的美妙构想，格林卫绿色"林荫道"[1]，在实际情况里没有表现出规划者的设计蓝图时，规划委员会的主任自己解释说，可能是街道管理部门没有弄懂他们的意思，而且也没有给他们提供相应的人行道区域；同样，公园部门、住宅管理部门以及那些开发商们可能也都没有弄清楚他们的意思，这些部门对空间的处理与他们原来的构想很不一样；此外，那些与街道上的设施有关系的城市部门也没有弄清楚他们的意思——总之，城市里的市民没有能理解他们的意思，诸如此类。这位主任显然是想告诉人们，规划委员会要想让他们的想法得到别的部门的理解真是比登天还难，因为这里牵涉的事情实在是太多了，太复杂了；对他们（规划委员会）来说，检查其他部门的建议，然后再加入自己的想法，这样做还不如完全由自己进行规划来得更有意义。但不管怎样，这还只是一些小问题，相比之下，在进行另外一些方面的规划协调时，则更是困难重重，如非贫民区化、安全问题、城市视觉秩序的展现、经济环境的改善以获得更多的多样性等。

　　在某些情况下，规划委员会非但没有成为理解和协调城市复杂的各种具体细节的有效手段，反而本身成了阻碍这种有效手段

1　当然，"林荫道"上是没有行人的。

发挥的"手段",成了城市"建设停滞"和实施简单化、一刀切的手段。而且似乎这是一种必然的过程。规划委员会的工作人员不能也不可能了解城市各个地方的具体情况,更不用说能做点什么。即便是他们的规划意识形态能从光明花园城市美化观念转到**城市**规划上来,他们也不可能在城市规划上真正做点什么。要想在城市规划上真正做点什么,一个条件是需要各个方面的细节,但他们并不具备得到或者是理解这些细节的手段,部分原因是因为规划委员会这个机构本身就不适合大城市的状况,还有部分原因是因为别的部门存在着同样的问题。

我们可以看到,在城市里进行的信息与行为之间的协调中,存在着一个非常"有趣"的现象,而且也是这个问题的症结所在:最主要的协调归根到底是在一个具体地方的各个服务体系之间的协调。这既是最需要的也是最困难的。相对来说,各个垂直部门内部的协调要简单一点,而且也不涉及至关重要的地方,这是由这种管理机构本身所决定的;但是,除此以外的协调就会非常困难,而关于具体地方的协调则更是不太可能。

从思想意识来说,城市管理理论根本就没有认识到这种涉及 417 具体地方的协调的重要性。这里的原因还是主要在于规划委员会本身。规划者往往认为处理的都是城市整体规划的事项,他们描绘的都是城市的"整体图景"。但是这种以为其任务是"高高在上,用鸟瞰的方式规划城市"的思想本身就是一种幻觉。除了主干公路规划(这本身就做得非常糟糕,原因之一就是没有人知道公路涉及的当地的情况)以及负责预算中纯粹作为规范化房屋修缮规划支出那部分以外,城市规划委员会以及其工作人员的工作实际上很少是从城市整体方面来进行规划工作的。

　　从其工作的本质来看,几乎所有的城市规划工作都涉及具体的小范围行为,涉及具体的街道、街区和城区。要弄清楚每一行为的结果是什么,好还是不好——或者是到底该做还是不做——重要的是弄清楚规划行为进行的具体地方的情况,而不是这样的行为有多少可以在别的地方进行,怎样进行(这当然也是重要的,但应分清主次)。在进行规划行为时,任何规划方面的专业知识都不可以取代对具体地方的了解,无论这种规划是多么创新、多么有前瞻性或者协调一致。

　　我们现在需要的不是一个高高在上进行协调的组织机构,而是一个能够在需要的地方——具体的、个别的地方——进行协调的规划单位。

　　当然,大城市需要划分成几个行政城区(administrative district)。这些行政城区应该是城市政府底下的横向性权力机构,它们的地位是一样的。这些行政城区应该能够包含大多数城市机构中的分支机构的功能。

　　一个机构中的主要官员(最高官员下面的官员)应该成为行政城区的行政官员。一个城区的行政官应该负责监管其城区内的所有行政服务部门的各个方面;在其属下的工作人员则应能够将他的服务传送到每个具体地点。每一部门则应直接对该城区提供各个方面的服务——如交通、福利、学校、警察、卫生、住宅资助、消防、划分和规划等。

　　每个城区行政官有两方面的工作,一方面要负责该区的工作,另一方面要负责他自己所在机构的工作。这样的两个方面的工作对任何一个有点聪明才智的人来说并不是不能驾驭——更何况在这些行政城区里有很多人（男女皆有）会从其他角度看待他面对的同一个问题，他们不仅理解这个城区而且还会为这里的工作尽心尽力。

这些行政城区应该直接与现实打交道，而不是组建一个新的组织，然后再在这个组织下分出各个新的分支去对付现实情况（这样的一个结果就是分离肢解现实）。这些行政城区现在应该——而且也有这个潜能——作为一个社会和政治实体来运转，就像在第六章里已经描述过的那样。

有了这样一种政府行为的框架，我们可以期待城市范围内的一些公共服务的自愿组织也采纳这样的组织框架进行运作。

这种横向性城市行政机构并不是新事物。其实，城市行政管理很多时候早已经使用了这种方法，只是所设置的横向机构随意性比较强，而且存在着协调不好的情况。在城市重建城区和保护城区的设定——现在这种情况已经非常普遍——方面也有这样的先例。当纽约开始试图在小部分区域实施街道保护计划时，这个项目的主管很快就发现他们很难有什么进展，除非他们能够与一些部门进行特别的协调和安排；这些部门包括住宅部门、消防部门、警察部门、卫生部门以及公共环境卫生部门，后者专门要为这些**地方**提供公共环境卫生的职员。这只是一个最简单的例子，但是说明即使要获得哪怕是一丁点的成果也需要进行这样的协调。纽约市政府把这种步调一致的协调和安排描述为是一个"专门为街区开设的提供服务的百货商店"，无论是市政府本身还是有关的市民都把这个结果看成是这个被宣布为保护区的街区得到的主要好处之一。

在那种横向性行政机构的先例中，最能说明问题的是大城市

419　里的街区服务中心，这些为城市公共住宅居民提供服务的组织常常把一个区域作为他们活动的主要地方，而不是单独地在很多区域进行活动。这也是为什么这个组织这么有效率，为什么它们的工作人员了解这里就像了解自己的工作一样清楚，为什么它们的服务既没有过时，也没有互相冲突。一个大城市的不同的街区服务中心一般都能在很大程度上协调一致进行活动——资金募集、寻找专门人员、思想交流、向立法机构施压——从这个意义上说，它们的作用甚至超过了横向性机构；实际上，它们既是横向性的也是垂直性的，也就是说这样的组织结构使得协调能够顺利进行。

　　对于美国城市来说，行政区这种思想也不是一个新出现的概念。在过去的时间里，一些市民组织曾一再提出这个建议——在纽约，市民联盟这个颇有能力且经验丰富的组织，曾在1947年提出这个建议；这个组织甚至还在现有的城市自然城区格局基础上构划出一个非常实用的城市行政城区图。一直到今天，这个城市行政城区图仍是关于纽约城的最有逻辑、最好理解的地图。

　　但是，通常一些关于大城市行政城区管理的建议仅仅是没有实际意义的想象而已；我认为这也是为什么这些建议会变得不着边际的一个原因。比如，有些时候，这些想象被设想为是提供给政府的有着具体形式的"建议"。但在实际生活里，一个没有权利，也没有任何责任的建议团体在城区行政管理方面根本提不出什么有用的建议。他们不仅浪费大家的时间，而且在阻止那种迷津般官僚体系延伸方面也不见得特别高明。或者，有些时候，行政城区也会被设想为只承担一种"主要"服务，比如规划，但即使这样，它还是解决不了什么重大问题，因为作为一种政府管理的手段，要想发挥出用处，行政城区需要把政府活动的各个方面都包括在内。有时候，行政城区的目的被设想为只是在当地建立一些"市政中心"，也就是说只是给城市增加一些装点门面的项目而已。城区行政管理的办公间应该位于这个城区 420 内，而且还应该相互靠得很近。但是，这样的安排并不是指要非常显眼，或者建筑物形象要突出。从外来办事的人的角度说，城区行政管理最重要的是不用经过"联络安排"就能够与管理者进行有效的交流。

作为城市政府结构的一种形式，城区行政管理在本质上要比我们现在建立在小城镇的行政结构的形式复杂得多。城市行政管理在基础层面需要更加复杂，这样就能更加有效地**发挥**作用。现在的情况刚好颠倒：基础结构过于简单。

有一点我们必须理解，大城市的城区行政管理不可能是"纯粹"或教条主义的横向性管理，它们之间的纵向联系不能被忽略。一个城市再怎么大，仍然是一个城市，不同城区、不同部分间有着无数的互依互存的关系。不是说把几个小城镇集中到一块就变成了一个城市；如果是这样的话，那么这个城市也就肯定有被毁灭的一天。

教条主义式地把一个政府形式重组为"纯粹"的横向性管理结构，这样做的结果不仅仅是太简单化，而且还完全违反现实，导致混乱，就像现在的情况一样。比如，如果只是为了课税和资金的整体分配，就要把城市的各个功能集中化，这样做实在太不切实际。更不用说，城市的有些运转方式是完全超越城区行政管理结构的；对于这些运转形式来说，它们不需要了解太多、太详细的关于这个城区的情况，如果有些情况需要了解，那也很容易从了解这个城区的管理者那儿得到这些情况。水供应、空气污染控制、劳工调解、博物馆、动物园和监狱管理就属于这样一些例子。即使是在一些同样的部门里,有些服务项目是与城区无关的,而有些则是相关的;比如,如果一个执照管理部门把颁发出租车执照看成是城区行政职责,那就是愚蠢的,但是,二手车经营者、娱乐场所、小贩、钥匙配制者、职业介绍所以及很多其他行当的执照颁发,就应该是城区的行政职责。

此外,城市还可以向城区提供一些专业人员,这些人员会对城区非常有用,尽管一个行政城区并不总是需要这些人员。这些人员可以充当某个部门**属下**的巡回技术专家,哪儿需要就把他们派向哪儿。

一个实行城区行政管理的城市应该尽量使城市的每一个服务分化到地区层次,使得城市提供的服务与这种新的行政组织形式挂起钩来。但是,对某些服务形式,或者是某些服务中的某些部分来说,需要先看一看能不能行得通,然后才能这样做。很多时候,需要做出各种各样的调整。要实行这样一个体制并不需要先制定出一套运转方式,然后一步不差地按照这种方式进行。事实上,要让这种体制行之有效,需要的不是给予权利,而是随时做出调整。要让这种新的体制行之有效,需要的是一位对平民政府有着坚定信念的坚强的市长(往往这两者是不可分割的)。

简而言之,城市范围的垂直服务部门仍将存在,这些部门可以把信息和思想从各个城区集中到一起。但是,不管是在什么样的情况下,各个服务部门的内部组织结构应该合理化,做到互相匹配,不仅是在各个部门间消除理解鸿沟,而且在与某个具体地方打交道时也能如此。在规划方面,城市层次的规划部门还是应

421

该存在,但是其大部分工作人员应该以非集中的方式服务于城市,也就是说服务于行政城区,只有在这个层面上,目的是城市活力的规划才能得到完整的理解、协调和贯彻。

大城市的行政城区还会很快就开始成为一个政治实体,因为这些城区将会拥有真正的集中信息、做出决定和采取行动的机构。这将会成为这种体系的主要好处之一。

大城市的市民需要一个他们可以施加影响、表达意愿、获得别人的了解和尊重的地方。行政城区不可避免地要求这么一个地方,这么一个支点。很多今天在一些政府垂直部门发生的冲突——或者是一些悬而未决的决定,因为市民不知道这些决定到底会产生什么样的效果——都可以转到这些行政城区的层面上。这对于大城市的自治和自我管理是必需的,不管这种自治是一种自我中心还是监督过程(当然两者都有)。大城市政府变得越大、越不具人格、越不可理喻,原本完全应属于本地解决的事宜、需求和问题,就会越变得非地方化,而与此同时,市民也就越会变得漠不关心,市民的监督也就越会变得无效。如果在很多涉及本地事宜问题上,市民没有自治权利(这常常是对市民最有影响的一个因素),那么很难想象市民会在上升到城市范围的事情上承担责任和表现出热情。

作为一个政治实体,行政城区应该需要一个首脑,可以通过正式手段,也可以通过非正式手段来得到这样一个首脑。正式的手段可以通过任命委派的方式——这是最简便的方式,即委派一个副市长,管理某个行政城区,这个人向市长负责。但是,与民选官员相比,这种通过任命委派的**首脑**官员常常存在着很多劣势,

422

一个简单的原因是只要有可能，市民组织就会经常向官员施压——而且也会坚决支持这个官员，如果他能让市民们的意见得到体现的话——市民们的一个目的是要让这些官员按照他们的意见行事。选民们常常是一些很有头脑的人，如果发现能够很容易向什么人施加影响，他们就会向这个人靠拢，把他当成可以解决问题的钥匙。因此，很多时候，一个自然而然的现象是，一些在一个与地区差不多大小的选区里选出来的民选官员会成为实际上的"区长"。现在，哪个大城市的城区在社会和政治方面运转有效，那个城区就肯定拥有这样的民选"区长"。[1]

一个行政城区究竟应该有多大？

423　从地理情况上说，有些城市自然城区充当了行政城区而且运转非常有效，这些城市自然城区一般都不会超过1.5平方英里，而且很多时候比这还要小。

但是，有一个地方特别例外，而且正因为其特殊之处而为别的地方提供了重要借鉴意义。这个地方就是芝加哥的"后院区"，这个地方差不多有上面提到的运转有效的城区的两倍之大。

实际上，"后院区"早已经在实行行政城区的运转方式了，不是形式上或者理论上，而是事实上如此。在这个地方，"地方政府"确实在负责，但是这不是一般意义上的政府，而是"后院区"

---

1 在这个意义上，"区长"的形成包含两个方面：选民是否能很容易找到他，他是否能成功地体现选民的要求，另一个则是他所在的选区的大小。从第一个因素看，如果他的行为不一样，那情况就会不同。但第二个因素同样也很重要。因此，尽管在很多城市里，市议员比较容易成为地区"区长"，但是纽约的情况就不同。在这个城市里，市议员的选区太多（大约含30万选民），这么大的选区不适宜成为一个城区。相反，城区"区长"常常是由一些州议员担任，这主要是因为他们的选区相对来说要小得多（含11.5万选民），因此也就常常被用来处理城市政府方面的事宜。纽约城里的一些优秀州议员代表市民处理的城市政府问题要比他们处理的州政府问题多得多。从这个意义上说，他们充当了至关重要的城市官员的角色，尽管从理论上说这原本不是他们的工作。这实际上是城市政治不得已采用的权宜之计的结果。

理事会,我在本书第十六章里简单地提到过这个理事会。这个理事会做出了一些只有强有力的政府才能做出的决定,并通过它传送到市政府;我们可以说这是非常有效率和针对性的管理方式。此外,这个理事会本身还提供了一些服务,这些服务一般来说正是政府应该提供的。

也许正是因为"后院区"起到的这种虽不是正式的,但却是真正意义上的政府权力的职能,才使其有可能拥有这么一个超大型地区。简单来说,对一个城区的强烈认同——其基础常常是该区内的交叉使用,非常有利于这个地方的政府活动。

对于大城市的一些地方来说,这样的认同有着重要意义;在那些地方,住宅是主要用途之一,但是那儿的住宅密度太低,很难形成一个地区所需要的足够多的人口。随着时间的推移,这些地方应该逐渐向着城市集中用途的目标靠拢,最后这样一个地方会形成好几个城区。但目前来说,如果"后院区"能够起到我在前面描述的城区作用,那么这些地域宽广、人口稀疏的地区在引进了行政城区管理体制后也有可能在社会、政治以及行政管理方面和"后院区"一样运转良好。

在闹市区外面,或者是一些大型工业区外围,住宅区总是一个城区的主要用途之一;人口的多少因此是衡量一个城区的大小的重要指标。在第六章里,在谈到城市的街区时,我们把一个自然形成的城区界定为这样:它应该足够大(在人口方面),以至于在整个城市里有说话的分量,但同时也应该足够小,以保证街区不被忽视。按照这么一种概念,在如波士顿和巴尔的摩这样的城市里,城区的人口应该最少为三万,在一些大城市里,则应在最小为十万和最多为大约二十万之间。我认为,从城区行政管理的有

424

效性来说，三万有点过低，五万应该是一个比较现实的数字。最多为二十万人的地方也可以成为一个行政城区，但这主要是从作为一个社会和政治实体的角度来讲的，因为大于一个单位的事物，可以既从宏观角度又从微观角度来理解它。

　　就其本身来说，大城市已经成为更大区域里的一个城市居住部分，这个更大区域叫作标准大都会区域 (Standard Metropolitan Area)。一个标准大都会区域包括一个主要城市 (有时候多于一个，比如纽约—纽瓦克，或者是旧金山—奥克兰大都会区域)，同时还有相关的城镇、小卫星城市，以及村庄和郊区，这些都位于主要城市的外面，也就是说与后者不在同一个政治区域，但在同一个经济和社会区域内。在过去十五年里，无论在地域方面，还是在人口方面，标准大都会都已经得到了迅猛扩张。一个原因是因为急剧性资金涌入城市边缘地区和缺少资金地区，就像在第十六章里描述的那样，另一个原因是因为那些大城市作为**城市**未能运转良好，再一个原因则是因为前两个原因导致产生的郊区和半郊区吞噬了原有的那些村子和小城镇。

　　很多问题，尤其是规划问题，对这些有着不同城市政府的大都会区域来说是同样的问题。特别是在涉及解决水污染问题，或者是重大的交通运输问题，或重大的土地浪费和滥用，以及涉及地下水位、荒地、大型娱乐场所和其他资源的保护方面。

　　因为有这些现实和重要的问题的存在，因为从行政的角度来说，我们没有一个解决这些问题的好的方案，于是就有一个叫作"大都会政府"的概念出现。在大都会政府之下，那些政治上独立的地方可以在关照自己本地利益的同时共享一种同一的政治身份；它们可以组织成一个联邦，上面是一个超地区的政府，这个政府享有广泛的规划权和行政权，用这种权利可以将计划变成行动。来自每个地方的税收的一部分应该进入到大都会政府，这样可以帮助一些大城市卸去一些财政负担，因为城市的一些主要设施往往被郊区使用，但经费并没有得到补偿。政治上的区域界限往往会成为这种共同规划和对大都会共同设施的支持的障碍，有了这样一个政府后，这种障碍也就可以迎刃而解。

大都会政府这种概念不仅受到很多规划者的欢迎，而且还似乎得到很多大企业家的青睐；这些人在很多讲话中都把这看成是解决"政府问题"的合理方式。但是，大都会政府有充分的事实说明在目前这种状况下，大都会区域的规划根本无法进行。这个事实是基于目前的大都会政治格局地形图而提出的。靠近这个图的中心地带是一块突出、显眼的区域，代表整个地图中最大的城市，即大都市。在其外面是一片毫无规律和秩序可言的城镇、县、小城市和小城镇的政府，以及各种形式的、因为权宜之计而设置的特殊行政城区，所有这些地方互相重叠、互相渗透、互相重复，有些甚至与大城市有交叠的地方。

比如，在芝加哥大都会区域，除了芝加哥市政府以外，还有大约1000个交邻、交叠的地方政府单位。在1957年，美国174个大都会区域拥有16210个不同的政府单位。

"政府是大杂烩"，这句流行语是对这种现象的一个很好的形容，从很多方面来说，也是一个贴切的描述。从中得出的一个教益是这样的："大杂烩"政府不可能理性地发挥政府功能；对大都会规划和行动来说，这样的政府提供不了可行性条件。

在大都会区域，"大都会政府"经常会作为一个提案交给选民

426 表决。但是,选民总是加以否决,根本没有商量余地。[1]

选民们当然有他们自己的理由,虽然在很多大都会区域的问题上,存在着共同行动和协调一致的需要(包括金融方面的支持),但是更加需要的是这个区域内的各个地方政府间这种那种的协调。选民们的理由是充分的,因为在实际生活里,我们缺少使一个大规模的都市政府运转良好的策略和方法,这也包括大都会范围的规划行为。

那种似乎可以解释目前的情形的说明图其实包含了很多极其有害的虚构成分。这个图里中间那个整齐、清洁、完整的地方代表了都市政府;但是,这本身就是一个"大杂烩"政府,其"杂"的程度要远比那些在其外围的凌乱的地方政府要厉害得多。

这个"庞大"其实就是意味着地方上的无奈状态、缺少人性、简单化的规划和行政管理方面的混乱——这就是目前所谓"庞大"的实际情况,在这样一个时候,选民们拒绝进入这种"庞大"的体系是完全有道理的,也是明智的。那些造成"征服"结果的规划行为能说要比没有规划更进步吗?那些谁也弄不明白的、谁也找不准方向的迷津般的庞大行政管理机构,就一定会比郊外地区的"大杂烩"地方政府要好吗?

我们早已经看到,有些政府单位在呼吁新的、可行的有关大都会政府的策略和方案(包括规划方面)的出笼。进行这些呼吁的本身就是一些大城市。符合实际的可行的大都会政府应该首先在大城市内部试验,在那里不存在会对此造成阻碍的区域政治界限问题。在大城市我们可以找到解决共同问题的方法,而同时

---

1 唯一一个例外是来自迈阿密大都会的选民。但是,为了让那里的选民接受大都会政府这个主意,这个提议的支持者给这个政府的权力非常有限,结果只不过是一个形式而已。

又不会对地方城区以及自治过程造成不必要的混乱。

如果大城市能够像一个规模适合的行政城区那样学会如何处理行政、协调和规划事宜，那么从整个社会的角度来说，我们就会有能力来对付大都会区域内的"大杂烩"政府和管理问题。但是，目前我们还不具备这个能力。除了经常不断地、不完全地照搬一些小城市政府的形式外，我们在处理大都市行政管理或者是规划方面还缺乏实际经验或者是智慧。

427

二十二　城市的问题所在

　　思维有自己的方法和策略，就像其他形式的行为一样。如果我们来考虑一下城市问题以及解决的方法，那么问题的主要方面就是要知道城市表现的到底会是什么**类型**的问题，因为对于不同的问题应该从不同方面加以思考。哪一种思维方式会有用，或者会有助于产生正确答案，这不取决于我们如何考虑这个问题，而取决于这个问题的固有本质。

　　在20世纪诸多革命性的变化中，也许深层次的是那些我们可以用来探索世界的思维方法上的变化。我不是指新出现的机器脑，而是指已经进入人脑中的分析和发现的方法：新的思维方法。这些方法的出现主要是因为科学方法的发展的缘故。但是，它们所表现出的思维上的突破和思想上的创新也开始逐渐影响其他领域里的探索。以前曾以为无法分析的难题现在则变得容易解决了。更加重要的是，有些难题的本质现在看来并不是如它们以前所表现的那样。

　　要理解这些思维方式上的变化与城市有什么关系，需要先了解一点有关科学思想的历史。沃伦·韦弗从其洛克菲勒基金会自然和医学委员会副主席的位子上退休时，写了一篇杰出的关于科学及其复杂性方面的文章，登载在1958年洛克菲勒基金会年报上。我将在下面大幅引用他的文章，因为韦弗博士所谈的与关于城市的思想有直接的关系。他的观点从一个侧面基本总结了城市规划的思想史。

韦弗博士列出了科学思想发展的三个过程：1. 处理简单性问题的能力；2. 处理无序复杂性问题的能力；3. 处理有序复杂性问题的能力。

简单性问题属于那种包括两个基本因素的问题，这两个因素在其行为中有着直接的关系——两个有着直接联系的变数——韦弗博士指出，这些简单性问题是科学首先需要面对和处理的问题类型：

> 总体上，我们可以这样说，17世纪、18世纪和19世纪形成了这样一个阶段，在这个阶段里物理科学学会了如何分析两个互相关联的变数问题。在这三百年间，科学发展了处理一些问题的试验和分析技术，在这些问题里，一个变数——如大气压力——主要是取决于另一个变数——如大气容积。这些问题的本质与这样一个事实有关：通过分析其与第二种变数的依赖关系，同时排除其他不重要因素的影响，我们就能比较准确地描述第一种变数的行为。
>
> 这两个互相关联的变数的结构本质上是简单的……在科学发展的过程里，简单性是取得进步的必要条件。
>
> 更重要的是，事实表明，通过这种简单特性的理论

429

和试验，物理科学可以取得更多、更广泛的进步……正是这种建立在互相关联的两个变数基础上的科学在一直到1900年间的时间里奠定了光学、声学、热学和电学理论的基础……而这些理论又给我们带来了电话、收音机、汽车、飞机、留声机、电影、涡轮机、内燃机和现代水力发电站……

一直到1900年后，第二种分析方法才由物理科学发展出来。

有一些有着丰富想象力头脑的人（韦弗博士继续写道）不光是研究包含两个变数，或者至多是三个、四个变数的问题，而且进一步深入问道："我们是不是还应该发展一些可以分析二十亿个变数的方法？"也就是说，物理学家们（包括经常是先驱者的数学家）发展出了强大的概率理论和统计力学的技术，用这些技术可以来处理我们所说的**无序复杂性**问题……

在知道这是一种什么样的思想以前，我们可以先来看一看一个简单的说明。19世纪的古典力学可以非常准确地分析和计算出一个台球在台球桌上的运动轨迹……人们也可以分析两个或者是三个球在台球桌上的运动轨迹，但是困难程度则会令人惊讶地急剧上升……一旦人们试图在同一时间计算十个或者是十五个台球的运动轨迹（就像是打落袋台球游戏）时，问题就无从把握了，不是因为有任何理论上的问题，而仅仅是因为对付如此之多的变数所需的人工劳力太多了，以至于根本不可能进行。

但是，再来想象一下这么一个情景：一张大台球桌，上面有几百万个台球在飞速运动……让人大为吃惊的是现在这个问题变得简单了：可以用统计力学的方法来加以解决。当然，我们不能追述出某一个球的运动轨迹的细节，但是，我们可以通过问下面几个问题来得到有用的精确度：在每一秒中，平均有多少球击中一根指定的横杆？或者是在一个球被其他球击中以前平均能移动多远？……

……所谓"无序的"适用于有着很多台球的大台球桌……因为无论是从位置上还是从运动上，这些球都是处在杂乱无章之中……但是，尽管每单个球都处在这种杂乱的状态中，或不可预知的情况中，从整体上来说，整个系统拥有一种有序的可以分析的平均特性……

430

正是这种无序复杂性包括了范围极广的各种各样事物的运动规律……我们可以把这种测定无序复杂性事物规律的技术应用到大型电话交换领域里，非常准确地测算出被叫电话的平均频率、同一电话号码重叠被叫的概率等。有了这种技术，人寿保险公司的金融稳定就有了可能……形成所有物质的原子的运动，以及组成宇宙的星球的运动都可以用这种技术加以测算。遗传的基本规律也可以用这种技术进行分析。用来描述物质系统不可规避的基本趋势的热力学定律就是源自统计方面的研究。整个现代物理学……也依赖于这些统计概念。实际上，现在大家认识到，整个实证问题，以及从证据中推断出知识的方式也是依赖于这些同样的概念……我们现在也已经意识到通讯理论和信息理论同样也建立在这些统计概念基础上。因此,我们可以这样说,概率论是任何一种知识的理论基础。

但是,当然这并不是说所有的问题都可以通过这种分析方法来解决。就像韦弗博士指出的那样,生命科学,比如生物学、医学,都不能用这种方法来分析。这些科学也取得了长足的进步,但从总体上说,在分析方法的应用方面,它们还处在韦弗博士所说的初级阶段;它们所涉及的还是对一些有着明显关联的现象的材料的搜集、描述、分类和观察。在这种准备阶段中,人们学到了很多东西,其中之一便是,生命科学既不是简单性问题,也不是无序复杂性问题;从本质上,它们提出了另外一种类型的问题;韦弗博士说,一直到1932年,对于这种问题的处理方法仍旧是非常落后的。

他这样描述这里面的差距:

431　　　　人们总是会把问题弄得过于简单化,说科学方法总是从一个极端走到另一个极端……并且在中间留下一个巨大的没有涉猎过的领域。但重要的是,这个中间领域的一个重要性是,它并不主要依赖于这样一个事实,即变数的数量是有限的——大到只有两个变数,小到一小撮盐里的原子……远比变数的数量更为重要的是这样一个事实,即这些变数都是互相关联的……与统计学可以处理的无序情况相比,这些问题**表现出一个本质上**

是有序的特性。我们因此把这一组问题称为**有序复杂性**问题。

是什么让月见草开花的？为什么盐水不能止渴？……如何从生物化学的角度来描述衰落？……什么是基因，一个最原始的有机体上的基因组织是怎样在一个高度发展的成人身上表现出来的？……

所有这些都是一些复杂问题。但是，它们不是无序复杂性问题——解决这些问题的钥匙掌握在统计学手上。它们是这样一些问题：它们都在同一时间里处理**相当多的因素，但这些因素都是互相关联，以致可以组成一个有机的整体**。

韦弗博士告诉我们，1932年，在生命科学即将要发展出处理有序复杂性问题的有效分析方法时，人们有这样一种期望：如果生命科学能在这些问题上取得重大的进步，"那么，就有机会把这些新的技术运用到行为和社会科学的广泛领域中——当然，我们希望这样的类比会对后两种科学有帮助"。

自从那以后的二十五年里，生命科学的确取得了巨大、杰出的进步。它们通过极快的速度积累了大量的未知的知识。它们同样也获得了大量的已经改进了的理论和过程——这些东西的数量都足以开启新的重大问题，并且表明即将要被发现的问题已经有了一个开端。

但是，这种进步能够取得的一个原因是因为人们认识到生命科学是一种有序复杂性的问题，并因此以适合于理解这类问题的方式来处理这些问题。

432 　　　生命科学最近的发展给我们提供了一些重要的信息,让我们看到了其他有序复杂性问题的所在。它告诉我们此类问题是可以分析的——也就是说,人们应该明白这些问题是可以被理解的,而不是"非理性的、不可理解和预测"(韦弗博士语),这才是一种明智的态度。

　　　现在,让我们来看看上面所说的与城市有什么关系。

　　　一个巧合的地方是,城市就像生命科学一样也是一种有序复杂性问题。它们处于这么一种情形中:"十几或者是几十个不同的变数互不相同,但同时**又通过一种微妙的方式互相联系在一起**。"另一个与生命科学相同的地方是,城市这种有序复杂性问题不会**单独**表现出**一个**问题(这样的问题如果能够被理解,就能解释所有的问题)。但是,就像生命科学一样,可以通过分析将其分化成许多个互相关联的这样的问题。这些问题表现出很多变数,但并不是混乱不堪,毫无逻辑可言;相反,它们"互为关联组成一个有机整体"。

　　　作为一个例子,我们可以来看一看城市街区公园的问题。如果只是单独地来看这种公园的某一个问题,那这个问题就会像泥鳅一样滑溜,永远也抓不住它的实质,因为从它与其他问题的关系上说,它可以表现出不同的情形。我们可以说,一个公园的使用程度与公园的设计有一定的关系,但即使是这种关系也要依这样一些因素而定,如谁在使用这个公园,什么时候,而这又与公园外面的城市用途不无关系。更进一步说,这些对公园产生影响的用途可以互不关联,只是以单个方式产生影响,而另一方面,这些用途也可以以一种互相关联的方式产生影响,因为有些用途的结合本身就会产生新的影响,增加互相间影响的程度。此外,这些公园附近的用途,以及它们的结合还依赖于其他一些因素,如房屋建筑的年龄,附近区域街段的大小等等,包括公园本身在这个区域中是否能起到一种"提纲挈领"的作用,即如果大规模扩大公园的面积,或者是改变公园的设计,以致切断街上行人来公园的路线,分离而不是融合使用者,这样的做法会在多大程度上对公园造成影响。其他新的因素也会对公园或者是周围的区域造成影响。这也可能是空间比例,或者是人口比例这样的问题,这些问题看似简单,其实并不如此,任何问题并不是你认为它简单,它就简单,因为在实际生活中没有一个问题会是简单问题。不管你怎么做,城市公园的**运转行为方式**就是有序复杂性问题的方式。城市的其他部分或形式也表现出同样的行为方式。尽管城市很多因素相互间关系错综复杂,但这种关系并不是毫无头绪或完全出于偶然。

更重要的是,城市的有些地方从某些方面来说,运转良好,而从另外一些方面来说,则非常糟糕(这种情况很多),在这种情况下,如果我们不从有序复杂性的角度来看待这些问题,那么很可能就根本无法分析这些地方的优缺点,长处短处,更不用说提出改变方案。我们可以根据一些简单的例子加以分析。比如,一条街道可以在孩子监管和推进随意、互相信任的公共生活方面做得很出色,但在解决其他问题方面却会做得很差,因为它不能够使其融入一个大社区中,而后者因为其他因素的原因有可能存在,也有可能不存在。再比如,一条街道本身拥有很好的产生多样性的物质条件和对公共空间的令人羡慕的监管条件,但是因为比邻一个"此路不通"的交界地带,这个地方的生活就有可能一片死寂,甚至连此地本身的居民都会害怕待在这里,或者尽量想办法

433

避开这里。还有，一条街道本身并没有任何可以作为的条件，但因为在地理上，它处于一个有着强大活力和吸引力的城区，因此，也就拥有了有所作为的条件。我们或许会希望做一些简单一点的、所有目的都包括在内的分析，找出一些简单一点的、具有神奇力量的、全面的解决方案，但是不管我们如何希望，不管我们如何试图绕过现实，如何从不同的角度来看这些问题，它们都不会变得比有序复杂更为"简单"。

为什么在过去这么长的时间里，城市问题都一直没有被认定为有序复杂性问题，并从这个角度加以理解和对待？如果从事生命科学的人能够从有序复杂性的角度来对待他们所遇到的难题，434　那么为什么那些专业从事城市问题的人没有把他们所面临那类问题看成是同样性质的问题？

很不幸的是，城市现代思想史完全不同于生命科学现代思想史。那些传统的现代城市规划理论家一直都错误地把城市看成是简单性问题和无序复杂性问题，而且也一直试图从这个方面来分析和对待城市问题。毫无疑问，他们并没有意识到这样做实际上是在模仿物理科学的分析方法。就像大部分思想的来源一样，这样的模仿大概也是受到了当时弥漫很多领域的思想方式的影响。但是，我想这种思想方式的误用是需要条件的，如果没有合适的条件，也就不会发生这种误用，那就是对研究主题——城市——本身的不尊重和蔑视。这种误用阻挡了我们前进的道路，应该将它们拿到阳光下来亮相，暴露其错误所在，然后再消灭这种错误。

花园城市规划理论起源于19世纪，埃比尼泽·霍华德攻击城镇规划问题的方式与19世纪物理科学家分析两个变数的简单性

问题的方式几乎一模一样。花园城市规划概念中也有两个主要
变数，一个是住宅（或人口）的数量，另一个是工作的数量。这两
个变数被认为是简单变数，并且互相关联，而且处于相对封闭的
体系中。依次来说，住宅变数有其自己的附属变数，它们同样与
其保持着一种直接的、简单的、互相独立的关系：休憩场地、空旷
场地、学校、社区中心、标准服务场所。同样，城镇本身从总体上
说也被认为是两个变数中的一个，它们也是保持着一种直接、简
单的"城镇绿化带"关系。这就是小城镇的秩序体系的所有内
容。在这两个变数关系体系的基础上，创立了整个关于自给自足
的小城镇理论体系，这种体系成了重新分布城市人口，以及进行
地区规划的手段。

　　但是，不管怎么评价这种封闭式的小城镇体系，有一点是明
确的，那就是，这种两个变数关系的简单体系不可能在大城市中
有生存的余地——永远没有这种可能。而且，一旦小城镇纳入了
大都市的范围，拥有了多种选择和交叉使用的可能，这种两个变
数关系的简单体系也就不会在小城镇出现。可是，尽管如此，规
划理论一直都在把这种两个变数的**思维和分析方式**应用到大城
市中；直到今天，大城市的规划者和住宅计划者们都认为他们手
中掌握着他们面临那类问题的答案，或者是真理，他们就是依照
这种真理试图把城市街区重新塑造成建立在只有两个变数基础
上的模式，一个因素（如空旷场地）的变化只是直接地、简单地依
赖于另一个因素的变化（如人口）。

　　当然，需要指出的是，在规划者认为城市的问题只是属于那
种简单性问题的同时，规划理论家和某些规划者们不可避免地会
发现实际情况并不如此。但是，他们对待这个问题的态度正好与

435

有些缺少探究精神的人对待有序复杂性问题的态度一模一样，认为现实是"非理性的、不可理喻和不可预测的"(韦弗博士语)。[1]

在20世纪20年代后期的欧洲及30年代的美国，城市规划理论开始吸收由物理科学发展出来的概率理论这种新思想。规划者们开始模仿和应用这种分析方法，其应用和模仿的程度非常确切，似乎城市问题就是无序复杂性问题，只有通过纯粹的统计分析才能理解，只有通过应用概率数学的方法才能预测问题，只有通过把问题转化成平均值才能把握问题。

这种把城市理解成许多分门别类的文件抽屉的概念，与勒·柯布西耶光明城市的观念非常匹配，后者正是建立在两个变数关系体系基础上的花园城市的垂直型和集中型版本。尽管勒·柯布西耶本人只是在统计分析方面表示了一种姿态而已，但是他的规划方案却把对象看成是无序复杂性问题，只有通过统计和数学方法才能解决；他设在公园里的塔楼就是对统计分析发挥的力量的颂扬，表现了数学平均值的胜利。

这种新的概率分析方法以及城市规划中使用这种方法而形成的认识观念，并没有因此取代两个变数体系这种最基础的城市分析概念。相反，新的方法只是在原有基础上增加了一点新的内容，两个变数这种简单体系仍是城市秩序的目标。不同的是，在无序复杂性问题这种新概念体系里，两个变数简单体系则更有了存在的理由。简而言之，概率和统计分析这种新的方法使得人们有可能对所谓的城市问题进行鸟瞰式分析，提供更多的"准确性"和更广泛的分析范围。

---

1 如"纯粹是偶然因素"，"一片混乱，不可理喻"，等等。

有了这种概率统计方法，一个"古老"的目标——根据住宅或者是预想确定的人口来"合理"布置店家——似乎就成为可能；同时，也出现了"科学地"规划标准购物活动的方法，尽管早已有一些规划理论家，如斯坦恩和鲍厄在很早的时候就已经意识到，城市里预先计划好的购物中心必须同时是垄断性的，或者是半垄断性的，否则很难用统计进行预测，而且城市的行为仍旧将是"非理性的、不可理喻和不可预测的"。

有了这种方法，同样也就有了可能用统计的方法对人群进行收入和家庭大小分析，然后分化成不同的类型，计算因为规划行为而需要全部迁移的人口的数量，把这些数字与平常的住宅量相结合，然后做出统计分析，再准确地计算出其中的差距。于是，大规模迁移市民就成为可能和可行的事情。在这种统计数字的形式里，市民不再是任何一个单位（如街区）的组成部分，他们只属于他们的家庭，这些市民变成了可以随便摆放的棋子，可以像一粒沙子、一个电子或一颗台球那样，想放到哪里，就放到哪里。被迁移的人口的数量越大，建立在数学平均值上的规划就越容易进行。同样，在这种数据的基础上，很容易进行十年之内贫民区清除和人口重新安排这种规划，即使是二十年以后的规划也变得轻而易举。

从逻辑上来说，认定城市问题是一种无序复杂性问题，规划者和住宅计划者们——无须任何思考——就可以得出这么一个结论，那就是，任何城市功能上的问题都可以得到纠正，就像是打开抽屉，换上新的东西一样简单。于是，我们就有了下面这样的政治意味很浓的党派声明："1959年住宅法案……应该增加一个内容，把对象是中等收入家庭的住宅项目包括在内，这些家庭的收入从进入公共住宅的标准来说过高，但是要让他们到市场上去寻找一间像样的住处，他们的收入又太少。"

有了这种概率统计方法，也就有了对城市进行声势浩大的规划调查的可能——这样的调查往往充斥着很多炫耀的东西，但几乎没有什么人会读这些东西，结果便是很快被遗忘；这样的调查只是成了例行的统计数学的练习而已。此外，从统计方面勾画出城市规划图也就有了可能，而人们往往对这种图信以为真，因为我们都习惯于相信图和现实是必然关联的，或者，如果它们没有关联，那么我们可以让它们发生关联，只要把现实改变一下就可以了。

有了这种方法，不仅有可能从无序复杂性的角度来看待城市居民的收入、花销及住宅问题，并且一旦算出了一个平均值，就可以将其转化成简单性问题，而且也有可能从同样的角度来看待城市交通、工业、公园，甚至是文化设施的问题，然后再将其转化成简单性问题。

更有甚者，有了这种方法，从整体上来考察城市"协调一致"的规划方案就不再是一件做不到的事情。区域越大，人口越多，就越能从一个居高临下的角度将其视为无序复杂性问题。"一个地方远比另一个地方要大，要安全，但对于后者我们没有解决的方案"，这种颇为幽默的说法，从上面这个角度来说，就没有了"幽默"可言，因为这是关于无序复杂性问题这种基本事实的陈述；等于说，一个大保险公司平均要比一个小保险公司遇到的风险小。

另一方面，当城市规划在这种对城市的错误理解的泥潭中越陷越深时，生命科学却并没有受到这种错误观念的影响，而是更加快速地前进，并且提供了城市规划正需要的某些观念：它们提供了认识有序复杂性问题的基本方法，同时还提供了分析和对待这类问题的路子。这些进步的取得自然通过生命科学渗透到其他知识中，成为我们这个时代思想宝库中的一部分。因此，越来越多的人开始逐步从有序复杂性的角度来看待城市问题，这种有序复杂有机体充满了很多未经检验的关系，但显然这些关系不仅互为关联，而且完全可以被理解。本书就是这种思想的一个表述。

但是，这种视角在规划者之间，在城市设计者之间，或者是在一些经商人员和立法者——他们自然是从已经确立的，或者是早已经被一些规划"专家"定格的规划思想中，学到某些关于规划的学问——中间并没有多少市场。在规划学校里，这种视角同样也没有多少人会加以理睬（也许那是最不会有人欣赏的地方）。

作为一个专业领域，城市规划已经到了停滞的地步。它还是很忙碌，却没有前进。与二三十年前的规划相比，看不出今天的规划行为有什么明显的进步。在公路交通运输方面，不管是大区域的，还是小地方的，已有的规划都超不过1938年通用汽车公司在纽约世界博览会上的仿真展览所提供的、后来被广为效仿的东西，以及更往前由勒·柯布西耶提供的观念。在某些方面，则完全是倒退。今天许多对洛克菲勒中心苍白的模仿根本无法与原物相比，而后者则是建于二十五年以前。即使是用现行的规划理论**自己的标准**来衡量，今天的公共住宅建筑也看不出有什么进步的地方，相反，与20世纪30年代的相比，则往往是倒退。

只要城市规划者们和那些受到规划者影响的经商人员、资金借贷者、立法者始终抱着这样一种信念不放，即他们是在以科学的方法处理其面对的问题，那么城市规划就不可能会有所进步。

自然，它也就会停滞不前，因为从根本上讲它就缺少一个能够向前发展的思想所需要的先决条件：一个对面临问题的正确认识。缺少这样一种条件，它只能踏上一条通向死路的捷径。

生命科学和城市正好遇到了同样**种类**的问题，但并不是说这些问题就是**完全一样的**。细胞质的活动与活生生的人和企业的活动并不能放在同一个显微镜下观察。

但是，理解这些活动的方法是相似的，也就是说，都需要通过显微镜似的细致观察的方式才能对这些活动有所理解，这种观察方式既不同于适合观察简单性问题的那种粗糙的、肉眼似的方法，也不同于适用对待无序复杂性问题的那种鸟瞰似的观察方法。

439　　在生命科学里，对待有序复杂性问题的方式是先确定一个具体的因素和变数——如酶——然后再想方设法弄懂这个因素或变数与其他因素或变数的紧密关系。这样的观察方式需从其他具体的因素或变数的行为（不仅仅是存在而已）的角度来进行。当然，在这个过程中，两个互相关联变数和无序复杂性问题分析方法也会得到使用，但只是作为一种辅助策略。

从本质上说，这样的方法与理解城市的方法是非常一致的。在理解城市方面，我认为最重要的思维角度有以下几点：

1. 对过程的考虑；

2. 从归纳推导的角度来考虑问题，从点到面，从具体到总体，而不是相反；

3. 寻找一些"非平均"的线索，这些线索会包括一些非常小的变数，正是这些小变数会展现大的和更加"平均"的变数活动的方式。

　　如果你一直在读这本书，也许就不需要进行更多的解释。但是，我将在下面进行一些总结，再次强调一些在别的地方可能只是稍稍提了一下的观点。

　　为什么需要对过程的考虑？城市中的客体——不管是房屋建筑、街道、公园、城区、地标还是其他任何东西——在不同的环境或背景里，都会产生极其不同的效应。比如，如果把城市住宅只是理解为"提供住宅"，那么这种思维在全面理解住宅方面就不会有什么好处，也不会有利于改进住宅的工作。城市住宅——不管是现有的，还是以后会有的——都是一些**实实在在的、具体的房屋建筑**，**都会与一些具体的、不同的过程有关**，如非贫民区化过程，贫民区化过程，一代人的多样化过程以及多样性的自我毁灭过程。[1]

　　此书几乎完全是从过程的角度来谈论城市及其组成部分的，因为讨论的主题本身就确定了这样一个角度。对城市而言，过程是本质的东西。更进一步说，一旦我们从过程的角度考虑城市问题，那么我们也就**必然**会考虑到产生这些过程的因素，而这也是本质的东西。

440

　　发生在城市里的过程并不晦涩难懂，并不是只有专家才能弄懂。任何人都可以看懂，很多普通人早已经理解了这种过程。只不过他们没有给这些过程取一些名字而已，或者没有从普通的因果关系来看待这些过程，如果需要的话，我们可以指导他们这样做。

　　为什么需要从由点到面的角度来考虑问题？因为如果反过

1　正因为如此，"房屋住宅计划者"这个被狭隘地理解为仅仅是"提供住宅"的职业就显得很荒唐。这种职业只有在"住宅"千篇一律的情况下才会有点意义，但实际情况并不如此。

来从一般推论来考虑问题,那准会最终得出非常荒唐的结论——
就像是波士顿那个规划者那样的例子,他之所以坚定地认为波士
顿北角区必是贫民区无疑,是因为他从一般推论上得出这个结
论,而也正是这种一般推论使他成为规划专家(而实际情况则不
是需要关注的)。

很明显,这是一个陷阱,因为那些规划者所依赖的一般推论
很多本身就站不住脚;而由点及面似的推论则对于确定、理解和
建设性地利用与城市相关的因素非常重要,因此也更站得住脚。
我已经对这些因素和过程进行了很大程度上的总结,但是不要因
此造成这样一种错觉,认为可以从这些推论性的总结出发来确定
某个地方的特定之处**理**应具有的含义。实际生活中的城市行为
过程非常复杂,不可能用一种固定的模式来描述;它们非常具体
化,不可能抽象地应用某种方式来看待这种过程。城市行为过程
总是由各种具体的现象的结合以及互相间的关联组成,而没有什
么东西可以代替某个具体的现象,从而获得理解。

同样,城市里一些普通的、有兴趣的市民会通过这种方式来
理解城市的行为过程,而这个方面他们则会比规划者们拥有更强
的优势。规划者们在**归纳推理**思维方面是科班出身,受到过专门
训练,就像是波士顿那位规划者,他受到的训练真是"好得不能再
好了"。也许正因为是这种有问题的思维训练,才使得规划者常
常不像普通市民那样更能理解具体的事情,更有分析具体问题的
眼光,因为后者尽管没有什么专业知识,但与街区有一种切身的
关系,因此也就更熟悉那儿的用途;换言之,更不会从一般推论或
抽象的角度来考虑问题。

441　　为什么需要寻找一些"非平均"的线索,包括一些小变数?

需要指出的是，一些全面的统计方面的研究对一些事物的大小、范围、平均值的测定**有时候**肯定是会有好处的。在不同的时间里，统计数字也可以告诉我们那些事物的变化过程。但是，对于在有序复杂性系统里的变数来说，统计数字却说明不了什么问题。

　　要了解事物是如何运转的，我们需要确定线索的所在。比如，所有的关于纽约布鲁克林市中心区的统计数字在关于那个地方存在的问题及其缘由方面不会比报纸上短短五行文字的广告能告诉我们更多的东西。这是一则关于万宝路的广告，那是一个连锁书店的店名，广告上给出了五家连锁店的营业时间。其中三家（一家在曼哈顿卡内基大厅旁边；一家靠近公共图书馆，离时报广场不远；另一家则在格林尼治村）都要一直开到深夜。第四家靠近第五大道和第九街，只开到晚上八点。但实际情况是，只要有顾客来，这家店就一直会开着，直到很晚。广告上说布鲁克林区到晚上八点就是一片死寂，实际情况也确实如此，但具体到这家店，情况就有不同的一面。相比之下，没有一种居高临下的情况说明（当然包括那些机械的、缺少头脑的从统计数字里面得来的预测，这种既费时又费力但根本是无用功的调查今天则往往被当成了"规划"的一种），能比这条具体而又精准的、关于布鲁克林市中心区**运转方式**的线索，告诉我们更多关于该地区的结构和需求的事情。

　　要发现城市里的"非平均"因素，需要有"平均"的大变数的存在。但是，就像在第七章里指出的那样，在多样性的生发方面，仅仅是有大的变数的存在——不管是人口、用途、结构还是公园、街道或者别的东西——并不就能保证城市多样性的产生。这些大的变数很有可能只是在一个用处不大的范围内发挥一点小小的作用,只是维持自己而已。当然,他们也可以组成一个高效率的、互相关联的系统,同时也并不排除诸多"非平均"变数的产生。

"非平均"变数可以表现在外观上,如某些吸引人的形象突出的建筑物,在一个景观平均都很大的视觉背景里,这些建筑物只是一些小小的个别物体。它们可以呈现在日常经济活动方面,如连锁店,也可以呈现在文化活动方面,如一些特殊学校或者剧院,也可以呈现在社会活动方面,如公共人物、休憩地或者是居民以及使用者,所有这些都可以在资金、职业、种族和文化方面表现出"非平均"的因素。

"非平均"变数相对来说注定是一些小变数,但对城市来讲至关重要。从另一个方面来说,我在这里所讲的"非平均"变数同样也是一种很重要的分析手段——一种线索。它们与大的变数相互关联,因此经常唯有通过这些小的变数才能知道大的变数的行为或者是失败的原因。可以做一个粗糙但相关的类比,就好比在细胞质系统中有很多微生物,在一些牧场植物中有很多脉迹现象。这些东西本身就是整体的一部分,对整体的正常功能的发挥是必需的。但是,它们的用处并不只体现在这里,因为它们还可以起到线索的作用,即关于"它们所属的系统正在发生着什么"的线索。

同样,对这种"非平均"变数的意识(或者是缺少这种"非平均"变数的意识)也是任何一个市民可以做到的。的确,在这个意义上,城市居民一般来说都可以成为非正式的专家。城市的普通人对这些"非平均"变数的意识正好与这些小变数所起的大作用是一致的。在这个方面,同样,规划者们则处在劣势。他们往往不假思索地把这些"非平均"变数视为无足轻重的东西，因为**统计**表明这些东西不值得关注。他们就是这样养成了对最重要的东西置之不理的思维习惯。

现在，我们要做的是挖掘这些关于城市的错误观念的背后的东西，正统的改革者们和规划者们正是深陷在这些谬误中不能自拔（同时也把包括我们在内的其他人一同拉进这个陷阱中）。隐藏在城市规划者们对自己的研究对象——城市——的极其不尊重现象的背后的，潜伏在那种认为城市是非理性、不可理喻和不可预测的幼稚的信念背后的，是一种长期存在的关于城市（实际上包括城市人本身）和自然的关系的曲解。

毋庸置疑，人类是自然的一部分，就像灰熊、鲸鱼和高粱秆是自然的一部分一样。作为自然的一种产物，人类居住的城市就像草原犬鼠的居住地和牡蛎居住的海底一样是自然的过程。植物学家埃德加·安德森很长时间以来经常在《景观》这本杂志上写一些非常睿智而敏锐的文字，他把城市描述为自然的一种形式。"在这个世界的很多地方，"他评述道，"人类被认为是热爱城市的生物。"他进一步指出："在城市里，观察自然和在乡村里一样容易；我们所需做的只是接受人是自然的一部分这样一个事实。请记住，作为'智人'（现代人的学名）的一个样本，我们无疑最有可能发现人类这个种类本身就是理解自然史最好的向导。"

18世纪发生了一件非常奇怪但可以理解的事情。在18世纪，欧洲的城市已经相当繁荣，在城市和某些恶劣的自然条件的关系方面也处理得很好，但正是在这种情况下，有一种情绪开始流行开来，而在先前，这样的事情则很少发生——对自然的伤感化,或者说不管怎么样,只要是乡村的、野蛮的就会引起伤感的情调。从一方面说,玛丽·安托瓦内特扮演的挤奶女工就是一种伤感情调的表述;从另一方面来看,"高尚的野蛮人"这种浪漫主义的概念则更是傻得可爱。而在我们这个国家,则有杰弗逊在思想理论上对以自由工匠组成的城市的摒弃,他的梦想是一个以自给自足的、独立自主的乡村自耕农为主的共和国,对于像杰弗逊这样一个伟大的人物(他自己庄园里的土地是由黑奴来耕种的)来说,这样的理想本身就充满着伤感情调。

在实际生活中,蛮人(乡野村夫)是最没有自由的人——不仅有传统的束缚、等级制度的限制、愚昧思想的桎梏,更有来自对未知事物的怀疑和胡乱猜测。"城市的空气带来自由的感觉",这是流行于中世纪的一种说法;的确,在那个时候,城市为那些逃离出来的农奴带来了自由。今天,城市依旧会给那些逃离出来的人带来自由的感觉,那些人来自公司城镇、农庄、工厂似的农场、仅够维持生活的农场、大批采摘者拥挤的道路、矿业为主的村庄、只有一个阶层的郊区,诸如此类。

城市的调节功能是调节人与自然的关系,正因为如此,才使得那种伤感情调有了广泛流行的可能,"自然"被赋予了善良、高尚、纯洁的特性,同样,"自然的人"也就有了这样的特性。城市不是虚构,与这些想象中的纯洁、高尚、善良格格不入,于是就会被视为恶念横行的地方,显然,就是自然的敌人。一旦人们开始用444 这种眼光看待自然,自然似乎就成为一只受孩子们喜爱的伯尔尼长毛狗,还有什么会比把这只让人顿生怜悯的宠物带进城市更"自然"的事情,于是城市或许也就会从这只宠物身上得到些许高尚、纯洁和善良?

　　用一种伤感的眼光看待自然会有很多危险。许多带有伤感情调的思想,从根本上说含有一种深深的(也许并没有被人注意到)对自然的漠视。在用伤感的眼光看待自然方面,我们美国人也许是世界冠军,但我们同时也是对自然和乡村最冷漠、最严重的破坏者,而这一点并不是偶然现象。

　　造成这种精神分裂症状的态度既不是源于对自然的热爱,也不是源于对自然的尊重。相反,这是出自一种怀有伤感情调的与自然交往的欲望,但是这种欲望所指向的"自然"只是自然的一个影子,毫无生气的、标准化的、郊区概念的自然,更何况这种交往的欲望本身就是一种居高临下的只是抱着嬉戏目的的态度;很显然,这纯粹出于一种不信任感,即不相信我们以及城市的存在本身就是自然不可缺少的、合法的一部分,我们与自然的关系不仅仅只是修剪树枝、晒晒太阳或者发发感叹,以求通过自然改变一下心境,我们与自然的关系要远远超过这些,是一种深深浸润的、不可分离的关系。正是在那种居高临下的嬉戏态度的支配下,每一天,几千英亩的乡村的土地被推土机吞噬,然后铺成人行道,接着再点缀上一些象征郊区式的自然的一些东西,而这些东西恰恰就是被那些住在郊区的人自己毁灭的。我们一些不可替代的农业用地(自然留给这个世界的珍贵遗产)被残酷地、不假思索地割让给高速路或者是超市停车场;同样的情况也发生在其他一些地方,林中的一些树木被连根拔起,小溪和河流被污染,空气中布满汽油燃烧后的废气(本身就是对千万年来自然之遗产滥用的结果),而这种情况的发生正是源于整个国家低三下四地迎合那种虚构自然的行为,其结果是人们纷纷逃离"非自然"的城市。

　　我们今天炮制出来的处于半郊区和郊区地带的混乱状态,到了明天就会被那里的居住者本身所抛弃。这种分布稀疏，互相间相隔甚远的地方缺少一个居住点应有的足够的内在活力、持久力和固有的可用性。它们中没有多少（而且通常是一些最昂贵的地方）能保持吸引力达二三十年的时间；在这以后，这些地方就会开始衰败，成为城市的灰色地带。事实上，今天城市中的大片灰色地带曾经就是极其靠近"自然"的地方。比如，在新泽西北部，位于三十万英亩早已经呈衰败状态或者是正走向衰败状态的灰色地带的住宅中，一半的住房还不到四十年时间。从现在往前数的三十年间，我们将积攒起新的衰败问题；届时，衰败地带将覆盖更多的地方，与之相比，现在的情况则会显得微不足道。不管怎么样，这样的情况也都不是偶然发生的，或者不是没有人为的因素。从一个社会的角度来讲，这正是人们自己行为的结果。

把自然看成是城市的对立面，并将其笼罩在伤感的情调里，这样的结果显然就会得出一个结论，即所谓自然就只是风花雪月、鸟虫鱼禽，而不是别的；这种荒唐、幼稚的思想只会导致对自然的糟蹋，即使是大家一致认为的自然的代表——宠物——也逃脱不了这样的厄运。

比如，在纽约北部，沿着哈得孙河往上，在克罗顿角上有一个国家公园，在那里可以野餐、玩球以及眺望壮观的（但已经污染的）哈得孙河。克罗顿角本身就是（或者曾经是）一个地质奇观：那是一个大约有十五英尺长的海滩，上面是蓝灰色的黏土，由于冰川的作用沉积在那里，河流的冲击加上阳光的暴晒，使得这里成了"黏土狗"的制造场。这些都是天然的雕塑，像石块一样坚固，又像是在炉子里烤过一样，千奇百怪，有些弯曲形状细腻得让你屏神敛气，有些璀璨闪亮，像散发着东方气味的宝石。在世界上，没有几个地方能够出产这种黏土做成的"狗"。

多少年来，纽约学地质的学生以及那些野餐者、游客和兴高采烈的孩子都要来这里寻宝，带上几件最喜爱的回家。黏土、河流和太阳多少年来一直都在生产着这样的宝物，而且没有一个是一样的。

很多年前，一个教地质的教师向我介绍了这个地方，此后，我就时不时会到这里来寻上一两件喜欢的东西。几年前的一个夏天，我丈夫和我带上我们的孩子来到这里，我们想让他们也找几个自己喜欢的，同时也可以了解这些东西是怎样产生的。

但是，我们来晚了一步，原有的自然在我们来到以前已经消失了。那块小小的独特的黏土海滩斜坡已经不见了。取而代之的是一堵用于挡人的围墙，样子很是粗笨，以及从公园里延伸出来的一块草坪（这个公园本身是根据统计调查建立起来的）。我们在草坪里来回找寻那些天然黏土雕塑——也许我们可以在下一个人到来以前保留下几件——我们发现了几块"黏土狗"的碎片，显然是被推土机碾碎的。这就是这个自然过程留下来的最后一点实证，这个过程就此永远停止了。

在这种大面积的郊区化过程和自然奇迹的发展过程之间，有谁会选择前者？那个允许这种破坏自然行为的公园管理者是一个什么样的人？显然，在这种行为背后是一种我们太熟悉不过的指导思想，让这种思想占据头脑的人在一个拥有最有机的、最独特的秩序的地方看到只是一片混乱，同样，他在城市的街道上看到只是无序和乱七八糟，于是乎就有了把这种"乱"的景象收拾掉的动机，于是就有了标准化和郊区化的行为。

这里存在着两个相关的因素：由热爱城市的人们所创造和使

446

用的城市却遭到了那些头脑简单的人的漠视,原因就是我们的城市不是他们所想象的郊区式的城市;同样,他们漠视自然也是因为他们眼中的自然不是郊区式的自然。用伤感的眼光看自然的结果是使自然非自然化。

大城市和乡村可以相处得很好。大城市需要有真正的乡村在其旁边。乡村——从人的需要的角度来看——也需要大城市,城市中有各种各样的机会和生产能力,从这个角度来说,人们就可以拥有一个欣赏自然而不是诅咒自然的位置。

人类本身有着很多难以对付的问题,因此不管是居住在什么地方(除了"梦之城")都会遇到很多问题。大城市有许许多多的问题,因为那里有许许多多的人。但即使是最困难的问题,也不会难倒一个拥有活力的城市。这样的城市并不是外部条件的被动的受害者,就像他们并不是自然的恶意的对手一样。

一个城市有了活力,也就有了战胜困难的武器,而一个拥有活力的城市本身就会拥有理解、交流、发现和创造这种武器的能力。也许,这种能力的一个最有力的例证便是大城市在与疾病做斗争方面发挥的作用。城市曾经是疾病的最无助和凄惨的受害者,但是它们后来成了面对疾病的最大胜利者。所有在手术、卫生、微生物、化学、电讯、公共卫生措施、教学型和研究型医院、救护车等方面的设施——不仅是在城市里的人需要这些,在城市外的人也需依赖这些来展开阻止人的早逝这场永不停息的战争——基本上都是大城市的产物;假如没有大城市,这样的事情是不可想象的。庞大的财富,巨大的生产能力,支持和使用这些东西的人才的有序的聚集,所有这些也是城市行为的结果,尤其是人口密集的大城市的行为的结果。

　　企图从那些节奏缓慢的乡村中，或者是那些单纯的、自然状态尚未消失的地方中寻找解救城市社会的良药的做法，或许会让人油然升起一种浪漫情怀，但那只是浪费时间。在实际生活中，有谁会认为解决今天困扰我们的问题的答案会出自那种铁板一块、标准一致、毫无变化的小镇生活？

　　有一点毫无疑问，那就是，单调、缺乏活力的城市只能是孕育自我毁灭的种子。但是，充满活力、多样化和用途集中的城市孕育的则是自我再生的种子，即使有些问题和需求超出了城市的限度，它们也有足够的力量延续这种再生能力并最终解决那些问题和需求。

448

索 引

(条目后的数字为原书页码,见本书边码)

A

Abraham, Mrs. 亚伯拉罕太太,66

Abrams, Charles 艾布拉姆斯,查尔斯,244,254,322

Academy of Music (Philadelphia) 音乐学院 (费城),403

Administrative districts 行政城区,128,132,418ff

Aged buildings 老建筑,8,150,176;第十章;227,333,393,396ff,403

Alinsky, Saul D. 阿林斯基,索尔·D.,297

Allegheny Conference 阿勒各尼会议,171

Amalgamated Houses (NY housing project) 混合住宅 (纽约住宅项目),48

Amsterdam 阿姆斯特丹,347

Anderson, Edgar 安德森,埃德加,444

Anonymous grounds, and children 匿名的地方,和匿名的孩子,57,82

Aquarium (NY) 水族馆 (纽约),158ff

Architectural Forum《建筑论坛》,18,197,224ff,337

Arts in Louisville Association 路易维尔艺术协会,195

Ashmore, Harry S. 阿什莫尔,哈里·S.,175

Automobiles 汽车,7,23,46,222,229ff;第十八章

B

Back-of-the-Yards Council 后院区理事会,297

Bacon, Edmund 培根,埃德蒙,358

Bagpipe player 风笛手,53

Baldwin Hills Village (Los Angeles housing project) 鲍德温山庄 (洛杉矶住宅项目),80

Baltimore 巴尔的摩,15,48,73,114,144,404,413,425
　　crime 犯罪,32

Barbarism 野蛮行为,见 Safety

Baron, Sydney S. 巴伦,悉尼·S.,414

Barriers 障碍,见 Border vacuums

"Bathmat plan""地垫计划",360

Battery Park (NY) 巴特理公园 (纽约),158ff

Bauer, Catherine 鲍厄,凯瑟琳,17,

19ff, 207, 437

Beverly Hills (Calif) 贝弗利山庄 (加利福尼亚), 46

Bicycles 自行车, 110, 267, 347

Blenheim Houses (Brooklyn housing project) 布伦海姆住宅 (布鲁克林住宅项目), 43ff

Blight 凋敝, 44, 97ff, 172, 230, 234, 258, 273, 445

Blocks 街段, 见 Long blocks; Small blocks; Streets; Super-blocks

Bloodletting (an analogy) 放血 (疗法), 12ff

Border vacuums 交界真空带, 8, 90, 242; 第十四章; 392, 402, 409

Boston 波士顿, 5, 15, 114, 119, 169, 233, 296, 347, 355, 425

Common 公共广场, 89ff

crime 犯罪, 33ff

North End 北角区, 8ff, 33, 54, 79, 102, 114, 130, 148—149, 185, 189, 203, 206, 217, 220, 227, 271, 281, 284, 288, 295ff

South End 南端, 206

West End 西端, 271, 287, 315

Boswell, James 博斯维尔, 詹姆斯, 143

Breines, Simon 布赖内斯, 西蒙, 346

Bridgman, Thomas 布里奇曼, 托马斯, 2, 33

Bronx (NY) 布朗克斯 (纽约), 149ff, 175, 204

Bronx Park 布朗克斯公园, 90

Brooklyn (NY) 布鲁克林 (纽约), 46, 76, 77, 175, 196ff, 203, 262, 442

Brooklyn Heights 布鲁克林高地, 203, 207, 211

Buffalo (NY) 布法罗 (纽约), 393

Burnham, Daniel 伯纳姆, 丹尼尔, 24ff

Buses 公交车, 345ff, 365, 367

C

Caracas 加拉加斯, 399

Carnegie Hall (NY) 卡内基大厅 (纽约), 167ff, 254

Cather, Willa 凯瑟, 薇拉, 247

Celler Dwellers' Tenant Emergency Committee 地下室租户紧急委员会, 136

Centers of use 功能中心, 130, 377, 386

Central business districts 中央商务区, 165

Central heating 集中供暖, 303

Central Park (NY) 中央公园 (纽约), 90, 109, 265, 269

Central Park West (street) (NY) 中央公园西 (街) (纽约), 178ff

Chatham Village (Pittsburgh housing project) 查塔姆村, 64ff, 73, 80, 84

Cheever, John 契弗, 约翰, 261

Chessmen 棋子, 167ff, 171ff, 174

Chicago 芝加哥, 5, 15, 44ff, 110, 114, 192, 400, 426

Back-of-the-Yards 后院区, 131, 132, 133, 138, 193, 211, 271, 297ff, 308, 424

crime 犯罪, 32

Hyde Park-Kenwood 海德公园—肯伍德, 44ff, 192

Children 孩子, 见 Interior courtyards; Parks; Safety

Cincinnati 辛辛那提, 94, 169, 348

Cities (defined) 城市 (定义), 30, 143

Citizens' Union 市民联盟, 420

City as a whole neighborhood 作为一个整体的城市的街区, 117ff

City Beautiful (movement) 城市美化 (运动), 24ff, 93, 170, 374

City planning (conventional) 城市规划 (正统), 第一章; 46, 65, 74, 78, 84, 88, 90, 114ff, 156, 171, 177, 183, 202, 219ff, 241, 258, 290, 321ff, 373ff, 408, 417ff, 435, 443

Civic and cultural centers 市民和文化中心, 4, 24, 101, 161, 168ff, 172, 258, 261, 350, 393, 402ff

Clay, Grady 克莱, 格雷迪, 161, 195

Cleveland 克利夫兰, 24, 110, 204

Code enforcement 法规执行, 207, 303ff, 316, 333

Codes 法规, 331, 333, 另见 Zoning

Cohen, Stuart 科恩, 斯图亚特, 196

Colan, Mr. 科兰先生, 66

Columbia Exposition (Chicago) 哥伦布博览会 (芝加哥), 24, 173

Columbia University 哥伦比亚大学, 109, 另见 New York, Morningside Heights

Columbus Avenue (NY) 哥伦布大道 (纽约), 178ff

Comfort stations 厕所, 70

Commerce 商业, 见 Stores

Committee of Neighbors to Get the Clock on Jefferson Market Courthouse Started 启动杰弗逊市场法院大钟委员会, 136, 387

Communication (for public contact) 交流 (公共交往), 第三章; 131, 411

Company town 企业城镇, 18, 444

Competitive diversion 竞争性分散, 252ff

Concentration 集中, 见 Density

Connecticut General Life Insurance Co. 康涅狄格州通用人寿保险公司, 145—146

Consolidated Edison Tower (NY) 联合爱迪生塔楼 (纽约), 386

Constable, Stuart 康斯特布尔, 斯图亚特, 95

Consumers' Union 《消费者联盟》, 118

Coordination, administrative 协调, 行政, 417ff

Corlears Hook (NY housing project) 考勒斯·胡克 (纽约住宅项目), 48, 71, 94, 108

Cornacchia, Joe 科尔纳基亚, 乔, 39, 51, 60

Covington (Ky) 考文顿 (肯塔基),
169ff

Credit blacklisting 抵押贷款黑名
单,11,127,295ff,314,326,332

Cresswell, H.B. 克雷斯韦尔,340ff

Crime 犯罪,32ff,76ff,95,98ff,113

Crime rates 犯罪率,32

Croton Point (NY) 克罗顿角 (纽
约),446ff

Cullen, Gordon 卡伦,高登,390

Cultural centers 文化中心,见 Civic
and cultural centers

D

Dapolito, Anthony 达珀里多,安东
尼,125

Danger 危险,见 Safety

Dante Place (Buffalo housing
project) 汤特广场 (布法罗住宅
项目),393

Davenport Hotel (Spokane) 达文波
旅馆 (斯波坎),386

Dead ends 尽头,383,另见 Border
vacuums

Decentralization 非中心化,20ff,
165—166,201

Decentrists 非中心主义者,20ff,189

DeMars, Vernon 德马尔斯,弗农,
336

Density (population and/or dwelling
units) 密度 (人口和/或住宅单
元),8,21,151,154,176；第十一
章；333,393

Denton, John H. 登顿,约翰·H.,

200,205

Depreciation (building costs) 折旧
(建筑价格),189,316,328,397

Detroit 底特律,68,110,150,204,
351

Discrimination 歧视,见 Segregation

Disneyland 迪士尼乐园,347

Disorganized complexity 无序复杂
性,429ff,436ff

Districts (neighborhoods) 街区,117,
121,125ff,242ff,259,333,365,
392,402；第二十一章

Diversity 多样性,14,96ff,101,103,
106,111；第七—十三章；259,
273,282,286,321,328,331,333,
349,377ff,384,393,409

Dodson, Dr. Dan W. 多德森博士,
120

Dogs (clay) 狗 (黏土),446ff

Downtown Lower Manhattan
Association 曼哈顿下城联合委
员会,156

Downtowns 市中心,147,164,167,
169ff,174,176,248,263,346,
350,366,393,402,442

E

Eighth Street (NY) 第八大街 (纽
约),244

Eighty-eighth Street West (NY) 西八十
八街 (纽约),178ff

Eighty-ninth Street (NY) 八十九街
(纽约),181

Eighty-seventh Street (NY) 八十七

街 (纽约),181

Elevated railway 高架铁路,184

Elevators (in buildings) and elevator buildings (楼里的) 电梯和电梯公寓,213ff,399,另见 Safety

Eleventh Street (NY) 十一街,227

Eminent domain 土地征用,5,126,311ff,314,331

Empire State Building (NY) 帝国大厦 (纽约),386

Epstein, Jason 爱泼斯坦,杰生,159

Ethnic solidarity 民族凝聚力,138

Euclid Avenue (Cleveland) 尤克理德大道 (克利夫兰),225

Expressways 高速路,4,258,260ff,377,另见 Traffic;Streets

F

Factories 工厂,见 Industry

Fairmount Park (Philadelphia) 费厄蒙公园 (费城),90

Federal Hill (Baltimore) 联邦岭 (巴尔的摩),94

Federal Housing Administration 联邦住宅管理局,305,310,329

Feedback 反馈,251,349

Feiss, Carl 费斯,卡尔,400

Felt, James 费尔特,詹姆斯,302

Fences 围栏,47ff,107,另见 Turf (system)

Fifth Avenue (NY) 第五大道 (纽约),40,226,347,385

"Fight Blight" "与凋敝现象做斗争",97,198,231,271

Finance 资金,见 Money

Fires (an analogy) 火 (一种比喻),376

Florence, Prof. P. Sargant 弗洛伦斯教授,118,145

Focal points 焦点,见 Landmarks

"Food plan" "食品计划",192

Forest Park (St. Louis) 森林公园 (圣路易斯),90

Fort Worth (Texas) 沃思堡 (得克萨斯),340,344

Fox, Mr. 福克斯先生,70

Franklin Square (Philadelphia) 富兰克林广场 (费城),92ff,99

Frederick Douglass Houses (NY housing project) 弗雷德里克·道格拉斯住宅 (纽约住宅项目),399

Freedgood, Seymour 弗里德古德,西摩,119

Funeral parlors 殡葬间,232ff

G

Gangs 街帮,75ff,275

Gans, Herbert 甘斯,赫伯特,272,287

Garages 车库,见 Parking areas;Traffic

Garden City 花园城市,17ff,22ff,64,79,84,185,205ff,209,289,374,435

Gateway Center (Pittsburgh) 盖特维中心 (匹兹堡),106

Geddes, Sir Patrick 格迪斯,帕特里

克,17,19

Geddes, Robert 格迪斯，罗伯特，396

General land 普通用地,262ff

General Motors diorama 通用汽车公司仿真展览,439

Glazer, Nathan 格莱泽，内森,18

Glue factories 炼胶厂,232

Golden Gate Park (San Francisco) 金门公园 (旧金山) ,90

Goldstein, Mr. 戈尔茨坦先生,51

Gramercy Park (NY) 格拉马西公园 (纽约) ,107

Grand Central (NY) 中央火车站 (纽约) ,168,300,381

Grant Park (Chicago) 格兰特公园 (芝加哥) ,90

Graveyards 墓地,233

Gray areas 灰暗 (灰色) 地带,4,42,68、112、114、145、161、175ff,203ff,208,230ff,377,393,445ff

Great Blight of Dullness 凋敝败落,34,121,144,180,234,273,357

Green Belt towns 绿带城镇,18,310

Greenwich Village Association 格林尼治村协会,125

Gridiron streets 棋盘式的街道,379,381

Gruen, Victor 格伦，维克多,340,344ff,350,358

Guaranteed rent 担保房租,326ff,396

Guess, Joseph 格斯，约瑟夫,96

Guggenheim, Charles 古根海姆，查尔斯,74ff

H

Haar, Charles M. 哈尔，查尔斯·M.,17,295,308

Hall, Helen 霍尔，海伦,118

Halpert, Mr. 哈尔珀特先生,51ff

Harvard Design Conference 哈佛大学设计学术会议,50

Haskell, Douglas 哈斯克尔，道格拉斯,224

Hauser, Philip M. 豪泽，菲利普·M.,218

Havey, Frank 哈韦，弗兰克,33,79

Hayes, Mrs. Shirley 海斯太太,361

Hearings 听证会,125,236,358,405ff

Historic buildings 历史建筑,187,252ff,296,另见 Landmarks

Hobbes, Blake 霍布斯，布莱克,69

Hoffman, Mrs. Goldie 霍夫曼太太,133

Hollywood 好莱坞,73

Holmes, Oliver Wendell, Jr. 霍姆斯，小奥利弗·W.,294

Homework help 补习家庭作业,118—119

Hoover, Herbert 胡佛，赫伯特,310

Horses 马,341ff

Hospitals 医院,81,126,另见 Border vacuums

Housing 住宅,8,18ff,74,90,112—113,164,305,313ff;第二十章;440

projects 项目 4, 6, 15, 34, 42, 47ff, 57ff, 64ff, 69, 75ff, 101, 113, 157, 164, 174, 186, 194, 198, 214ff, 231, 260ff, 270, 272, 303, 306, 312, 322, 329—330, 348；第二十章

subsidy 资助, 314；第十七章

Housing Act of 1959 1959年住宅法案, 437

Housing and Home Finance Agency 住宅和家园资助署, 295

Houston (Texas), crime 休斯顿 (得克萨斯), 犯罪, 32

Howard, Ebenezer 霍华德, 埃比尼泽, 17ff, 25, 91, 116, 218, 289, 342, 435

Hudson Street (NY) 哈得孙街 (纽约), 38ff, 50ff, 84, 119, 124, 153, 163, 166, 175, 271, 275, 280, 282, 301

Hyde Park-Kenwood (Chicago housing project) 海德公园—肯伍德 (芝加哥住宅项目), 44ff, 192

I

Income 收入, 4, 22, 286, 290, 324, 437

Incubation of enterprise 企业的孵化, 165, 195ff

Independence Mall (Philadelphia) 独立广场 (费城), 100

Industrial parks 工业园区, 262

Industry 工业, 153, 160, 175, 196ff, 232, 另见 Border vacuums

Insurance companies 保险公司, 145—146, 250, 402, 438

Interior courtyards 内部庭院, 35ff, 79ff, 217

Isaacs, Reginald 艾萨克斯, 雷杰纳尔德, 116, 139

Issacs, Stanley M. 艾萨克斯, 斯坦利·M., 406

J

Jaffe, Mr. Bernie 贾菲先生, 60ff, 181

Jefferson, Thomas 杰弗逊, 托马斯, 444

Jefferson Houses (NY housing project) 杰弗逊住宅 (纽约住宅项目), 129

Jefferson Market Courthouse 杰弗逊市场法院, 174, 387

Jefferson Park (NY) 杰弗逊公园 (纽约), 107

Johnson, Samuel 约翰逊, 塞缪尔, 200, 205

Joint Emergency Committee to Close Washington Square Park to All but Emergency Traffic 关闭华盛顿广场公园 (对所有人除紧急交通以外) 联合紧急委员会, 136

Joint Village Committee to Defeat the West Village Proposal and Get a Proper One 挫败西村提案和制订一个合适提案联合委员会 136

Journal of the Town Planning Institute《城镇规划研究所学

报》,248

Junk yards 垃圾场,230ff

Juvenile delinquency 少年犯罪,34, 57,75ff,82,另见 Crime

K

Kennedy, Stephen P. 肯尼迪,斯迪文·P.,47

Keys (custody of) 钥匙 (保管),59ff

Khrushchev, Nikita 赫鲁晓夫,尼基塔,368

Kirk, William 科克,威廉,16,118

Kogan, Stanley 科根,斯坦利,196

Koochagian, Mr. 库查詹先生,52

Kostritsky, Mrs. Penny 科斯特斯基太太,63,144,356

L

Lacey, Mr. 莱西先生,52,82

Lafayette Park (Detroit housing project) 拉斐特公园 (底特律住宅项目),50

Lake Meadows (Chicago housing project) 湖滨区 (芝加哥住宅项目),50

Landmarks 地标,24,173ff,228,338, 384ff

Le Corbusier 勒·柯布西耶,17, 21ff,213,342,345,436,439

Leisured indigent 无业游民,99ff, 154

L'Enfant 朗方,173ff

Letchworth (England) 莱切沃斯 (英格兰),18

Lexington Avenue (NY) 莱克星顿大街 (纽约),40

Libraries 图书馆,81,另见 Civic and cultural centers;Landmarks

Lighting 照明,见 Street lighting

Lincoln, Abraham 林肯,亚伯拉罕, 208

Lincoln Square Project (NY) 林肯广场项目 (纽约),25,163,168

Lindy Park (Brooklyn) 林地公园 (布鲁克林),77

Loans 贷款,见 Money

Lofaro, Mr. 劳法罗先生,51

Logan Circle (Philadelphia) 洛根圆形广场 (费城),93

London 伦敦,17,143,218,248,341

Long blocks 长街段,8,120,167, 176;第九章;227,333,382,393

Los Angeles 洛杉矶,46,72ff,91, 119,351,354

crime 犯罪,32

Louisville (Ky) 路易维尔 (肯塔基),161,175

Lurie, Ellen 卢里,艾伦,66,278

Lynch, Prof. Kevin 林奇教授,267, 377,383

Lyons, Mrs. Edith 莱昂斯太太,361

M

Madison Avenue (NY) 麦迪逊大街 (纽约),40,269

Madison Park (Boston) 麦迪逊公园 (波士顿),93

Madison Square (NY) 麦迪逊广场

(纽约),247ff

Madison Square Garden (NY) 麦迪逊广场花园 (纽约),248,359

Malls 商场,4,186,231,269

Marcellino, Frank 马赛利诺, 弗兰克,196

Marie Antoinette 玛丽·安托瓦内特,444

Massive single elements 许多个别因素,253;第十四章;另见 Border vacuums

Matriarchy 母系制,83ff

McGarth, William 麦格拉思, 威廉,365ff

Meegan, Joseph B. 米根, 约瑟夫·B.,297

Mellon Square (Pittsburgh) 梅隆广场 (匹兹堡),106

Meloni 梅洛尼,69

Menninger, Dr. Karl 门宁格博士,109

Merli, John J. 莫里, 约翰·J.,301

Metropolitan areas 大都会区域,218ff,425ff

Metropolitan government 大都会政府,425ff

Metropolitan Opera (NY) 大都会歌剧院 (纽约),163, 另见 Lincoln Square Project (NY)

Miami Beach (Fla) 迈阿密海滩 (佛罗里达),193

Miami metropolitan area 迈阿密大都会区域,426

Middle class, incubation of 中产阶级,孵化,282,288ff

Miller, Richard A. 米勒, 理查德·A.,225

Minority groups 少数群体, 见 Ethnic solidarity; Negroes; Puerto Ricans; Segregation

Mixed uses 混合用途,8, 14, 50ff;第八、十二章;305,376,394ff,402ff

Money 钱,4, 7, 10ff, 20, 118, 242,270,272;第十六章;另见 Credit blacklisting; Housing, subsidy

Monopoly planning 垄断性规划,4,192

Montreal 蒙特利尔,110

Morningside Park (NY) 晨边公园 (纽约),109

Mortgage 抵押贷款,见 Money

Mortuaries 太平间,232ff

Moses, Robert 摩西, 罗伯特,90,131,360ff,367,371

Motley, Arthur H. 莫特利, 阿瑟·H.,294

Mumford, Lewis 芒福德, 刘易斯,17,19ff,207,211,358,374,408

Museums 博物馆,81, 另见 Civic and cultural centers; Landmarks

N

Nairn, Ian 奈恩, 伊恩,390

Narcotics 毒品,123,125

Nature 自然,443ff

Negroes 黑人,136,274,276ff,283ff,400

Neighborhood stability 街区稳定性, 133ff, 139ff; 第十五章; 328, 333

Neighborhoods 街区, 第六、十五章; 另见 Districts (neighborhoods); Street neighborhoods

the city as a whole 作为一个整体的城市, 117ff

districts, large 城区, 大型, 117, 121, 125ff

street neighborhoods 街道街区, 117, 119, 122ff

Nelson, Richard 纳尔逊, 理查德, 106, 147, 233

New Deal 新政, 310

New Delhi 新德里, 347

New Haven 纽黑文, 366, 411

New Jersey 新泽西, 445ff

New York (NY) 纽约 (纽约), 5, 15, 48, 59, 75ff, 94, 110, 115, 131, 134, 166ff, 247ff, 304, 331, 351ff, 355, 359, 400, 411, 414, 420

Chelsea 切尔西, 183, 204

crime 犯罪, 32, 34, 123

downtown 下城, 154ff

East Harlem 东哈莱姆, 15, 16, 56, 66, 95, 122, 125, 129, 131, 135, 233, 271, 299, 301, 306

East Side 东区, 121, 203

Fire Department 消防部门, 413

Greenwich Village 格林尼治村, 69ff, 85, 102ff, 114, 125, 127, 131, 136ff, 174, 183, 193, 203,

204, 207, 232, 236, 252ff, 269, 281, 359, 另见 Hudson Street

Harlem 哈莱姆, 102ff, 175, 204, 277, 299, 305

Lower East Side 下东区, 37, 76, 131, 138, 260, 272, 281, 302, 334

Midtown 中城, 22, 155, 168

Morningside Heights 晨边高地, 5ff, 102ff, 114, 260—261

Public Library 公共图书馆, 156, 159, 174, 254, 385, 387

Sidewalks 人行道, 31, 364, 另见 Sidewalks; Streets

Upper East Side 上东区, 148—149

Upper West Side 上西区, 113, 399

West Side 西区, 123, 302, 380

Yorkville 约克维尔, 71, 203

New York City Housing Authority 纽约市住宅当局, 316

New York City Planning Commission 纽约市规划委员会, 235, 261—262, 353, 361

New Yorker《纽约客》, 109, 185ff

Nicola, Frank 尼古拉, 弗兰克, 170

Niebuhr, Reinhold 尼布尔, 莱因霍尔德, 113

North End Union (Boston) 北角区协会 (波士顿), 33

O

Oak Ridge (Tenn) 奥克里奇 (田纳西), 49

Oakland (Calif) 奥克兰 (加利福尼亚), 204

Office of Dwelling Subsidies 住宅资助局,326ff

One-way streets 单行道,351

Oniki, Rev. Jerry 奥尼吉牧师,75—76

Open spaces 开阔空间,见 Parks

Order 秩序,见 Visual order

Organized complexity 有序复杂性,429ff,439ff

Outdoor advertising 室外广告,226,234,389

Overcrowding of dwellings 住宅的过于拥挤,9,205,207,276,333

Overhead costs 间接费用,155,196,另见 Aged buildings;Depreciation

Owens, Wilfred 欧文斯,威尔弗雷德,358

P

Padilla, Elena 帕迪利亚,埃琳娜,59

Panuch, Anthony J. 邦奇,安东尼·J.,311ff,314,316

Park Avenue (NY) 公园大道(纽约),39ff,120,168,227

Park design 公园设计,103

    centering 中心,104

    enclosure 周围,106

    intricacy 互构性,103

    sun 阳光,105

Park West Village (NY housing project) 公园西村(纽约住宅项目),48

Parkchester (Bronx housing project) 帕克切斯特(布朗克斯住宅项目),195

Parking areas 停车场,170,258,366,另见 Traffic

Parks 公园,6,15,21,23;第四、五章;112,129,144,258ff,264,364,382,395,433

Pedestrians 行人,9,23,186,269,344ff,366

Peets, Elbert 皮茨,埃尔伯特,173,228

Perkins & Will 波金斯和维尔,397

Pershing Square (Los Angeles) 潘兴广场(洛杉矶),100

Petitions 请愿,70

Philadelphia 费城,5,15,24,76,92,96,130,161,185,192,246,355,385ff,400,416

    crime 犯罪,32,92

    North Philadelphia 北费城,203

    Society Hill 社会山,192,302

Pittsburgh 匹兹堡,15,113,130,170ff,350,355,385,402

Planning and Community Appearance《规划和社区外表》,389

Planning commissions 规划委员会,415ff,418

Platt, Charles 普拉特,查尔斯,336

Playgrounds 游憩场地,见 Parks

Plaza (Los Angeles) 普拉扎(洛杉矶),93

Political action 政治行动,见 Self-government

Population (district) 人口(街区),

130ff, 424ff

Population (metropolitan area) 人口
（大都会区域），218ff

Population density 人口密度，见
Density

Population instability (and stability)
人口不稳定性（和稳定性），
133ff, 139ff；第十五章；328,
333

"Post officing" "邮局服务"，346

Potter, Dr. Van R. 波特博士，252

Prado (Boston) 布拉多（波士顿），
102

Primary uses 主要用途，150；第八、
九、十、十二、十三章；333, 385,
393

Privacy 隐私，56, 58ff, 64ff, 72

Private spaces 私人空间，35ff, 79ff,
107, 217

Problem uses 问题用途，230, 234

Promenades 散步道，见 Malls

Prospect Park (NY) 展望公园（纽
约），90

Public buildings 公共建筑，229,
381，另见 Landmarks

Public characters 公共人物，68ff,
394, 399ff

Public housing 公共住宅，见
Housing and its subheads，特别是
Housing projects

Public life 公共生活，第三章；279,
354

Public responsibility 公共责任，82ff

Public space 公共空间，29, 35ff, 394

Public transportation 公共交通，
369，另见 Buses；Traffic

Puerto Ricans 波多黎各人，110,
136, 283, 306

Q

Quick-take laws 快速执行法律，315

R

Racial discrimination 种族歧视，见
Segregation

Radburn (NJ) 拉德布恩（新泽西），
18

Radiant City 光明城市，21ff, 42, 50,
93, 106, 185, 342, 360, 371, 374,
436

Radiant Garden City 光明花园城
市，25, 45, 47—48, 50, 79, 102,
287, 300, 305, 417

Railroad tracks 铁轨，257ff, 262, 264

Rapkin, Dr. Chester A. 拉普金博士，
302

Raskin, Eugene 拉斯金，尤金，224,
229

Ratcliff, Richard 拉特克力夫，理查
德，165ff

Rats 老鼠，334

Redevelopment 重新开发，见 Urban
renewal

Regional Plan Association of New
York 纽约地区规划协会，84,
336, 389

Regional Planning 地区规划，19ff,
219ff, 289

Reichek, Jesse 赖歇克, 杰西, 77

Renewal 更新, 见 Urban renewal

Rent 租金, 326ff, 401

Restaurants 餐馆, 见 Stores

Rittenhouse Square (Philadelphia) 里顿豪斯广场 (费城), 89, 92ff, 96ff, 102, 104ff, 121, 175, 185, 202, 203, 207, 211, 227

Riverside Drive (NY) 河滨大道 (纽约), 204

Rockefeller Plaza (NY) 洛克菲勒广场 (纽约), 89, 104, 110, 181, 386, 439

Rogan, Jimmy 罗根, 杰米, 54

Roosevelt, Mrs. Eleanor 罗斯福太太, 135

Rouse, James 劳斯, 詹姆斯, 335

Roxbury (Mass) 罗克斯伯里 (马萨诸塞), 33ff, 203

Rubinow, Raymond 鲁宾诺, 雷蒙德, 127

Rush, Dr. Benjamin 拉什医生, 12—13

S

Saarinen, Eliel 萨里能, 伊莱尔, 383

Safety 安全, 第二、四、十四章; 30, 279, 328, 333, 354, 393ff, 397, 399, 401

St. Louis 圣路易斯, 5, 24, 75, 77, 334, 388

　crime 犯罪, 32

　water tank 水塔, 388

Salisbury, Harrison 索尔兹伯里, 哈

里森, 137, 277, 354ff, 358, 415

San Francisco 旧金山, 5, 24, 69, 104, 107, 172ff, 225, 355, 368, 381, 385, 402

　North Beach 北滩, 71, 149, 202, 203, 211, 271

　Telegraph Hill 电报山, 71, 149, 202, 203, 211, 227

　Western Addition 西增, 202

Santangelo, Alfred E. 桑唐基罗, 艾尔弗雷德·E., 303

Sara Delano Roosevelt Park (NY) 莎拉·德拉诺·罗斯福公园 (纽约), 75, 100, 105

Satellite towns, planned 卫星城镇, 规划的, 219ff, 另见 Green Belt towns; Garden City

Schools 学校, 64, 81, 112ff, 114, 116

Scientific thought 科学思想, 429ff

Secondary diversity 第二类多样性, 153ff, 162ff, 170, 174, 402—403, 另见 Mixed uses

Segregation 隔离, 71ff, 274, 283ff

Self-government 自治, 114ff, 117, 119, 129, 138, 414, 422

Self-isolated streets 自我隔离的街, 182ff

Settlement houses 街区服务中心, 81, 135, 419ff, 另见各个有名字的住宅区

Seward Houses (NY housing project) 西沃德住宅 (纽约住宅项目), 334

Shaffer, Marshall 谢弗, 马歇尔, 324

Sheil, Bernard J. 希尔, 伯纳德·J., 297

Shopping centers 购物中心, 4, 6, 71, 162, 191ff, 195, 230, 269, 338, 347, 437

Short blocks 短街段, 见 Small blocks

Sidewalk ballet 人行道芭蕾, 50ff, 96, 153

Sidewalks 人行道, 第二、三、四章; 124, 279, 363ff, 另见 Streets

Simkhovich, Mary K. 司米克维奇, 玛丽·K., 138

Simon, Kate 西蒙, 凯特, 149ff, 238

Simplicity, problems of 简单性, 问题, 429, 435

Sinclair, Upton 辛克莱, 厄普顿, 297

Sixth Avenue (NY) 第六大道 (纽约), 184

Skating rinks 溜冰场, 110, 266

Skid Row parks 流浪者公园, 99ff

Slube, Mr. 斯卢布先生, 52

Slum clearance 贫民区清除, 见 Urban renewal

Slums 贫民区, 4, 8, 10, 113, 204, 218; 第十五章; 393ff
    landlords 房东, 288, 314, 316
    perpetual 永久性, 272ff, 276ff

Small blocks 小街段, 8, 150; 第九章; 364, 380, 395

Smith, Larry 史密斯, 拉里, 167

Smog 烟雾, 91, 232

Special land 特殊用地, 262ff

Spokane 斯波坎, 386

Sports 体育, 108ff

Standard metropolitan areas 标准大都会区域, 425

Staunchness of public buildings 公共建筑的坚强性, 252ff

Steffens, Lincoln 斯蒂芬斯, 林肯, 275

Stein, Clarence 斯坦恩, 克莱伦斯, 17, 19ff, 374, 437

Stores (under this entry are all forms of retail commerce) 小店 (此条目指各种零售商业) 4, 9, 20, 36, 63, 69, 71, 109ff, 145ff; 第八章; 231, 235ff, 260, 266, 331, 395ff, 另见 Secondary diversity; Mixed uses

Strangers 陌生人, 36, 42, 114, 119

Street lighting 街道照明, 41ff

Street neighborhoods 街道街区, 117, 119, 122ff, 178ff, 409

Street safety 街道安全, 见 Safety

Street widening 街道拓宽, 124ff, 349, 364

Streets 街道, 9ff, 20, 23; 第二、三、四章; 94, 119, 129, 162ff, 167, 177; 第九章; 217, 238, 245ff, 260, 333, 351, 365, 378, 380, 395, 另见 Sidewalks

Stuyvesant Town (NY housing project) 斯特伊佛桑特镇 (纽约住宅项目), 49, 191ff, 215

Suburbs 郊区, 4, 16, 53, 72, 146, 196, 201, 209, 219, 229, 356, 445ff

Super-blocks 超级街段，8，20，76，79，186

Supreme Court 最高法院，311

Sweden 瑞典，18

Swimming pools 游泳池，108ff

T

Tankel, Stanley 坦科尔，斯坦利，336

Tannenbaum, Dora 坦能鲍姆，多拉，130

Tax adjustments and abatements 税收的调整和减少，253，316，329

Tax base 税收基数，5，254

Tax funds 税收基金，见 Money

Television in parks 公园里的电视机，95

Third Avenue (NY) 第三大道（纽约），184

Thirty-fourth Street (NY) 三十四街（纽约），168

Thompson, Stephen G. 汤普森，斯蒂芬·G.，197

Tillich, Paul J. 蒂利希，保罗·J.，238

Time (building costs) 时间（建筑价格），189ff

Time (continuous use) 时间（持续使用），35，152，154ff，162ff，167，183，243，399

Time (neighborhood stability) 时间（街区稳定性），133，139

Time Inc. 时代公司，197

Times Square (NY) 时报广场（纽约），109

"Togetherness" "共有"，62ff，67ff，73，80，82，238

Towns 城镇，16，17，20，115，146，219，421

Traffic 交通，4，23，91，170，222，229，321；第十八章

Trinity Church (NY) 三一教堂（纽约），384

Trucks 卡车，343ff，365，367

Trust 信任，56ff，281

Tugwell, Rexford G. 特格韦尔，雷克斯福德·G.，310

Turf (system) 地盘（制度），47ff，57，75，109，112，115，130，330，401

Turner, William 特纳，威廉，13

U

"Unbuilding" "建设停滞"，408，417

Union Carbide Building 联合碳化物公司大楼，381

Union Settlement (East Harlem, NY) 联合社区（东哈莱姆，纽约），16，69，278，397

Union Square (San Francisco) 联合广场（旧金山），104

University of Chicago 芝加哥大学，44ff

Unslumming 非贫民区化，9，185，203，232；第十五章；314，409

Unspecialized play 非专门的嬉戏，81

Unwin, Sir Raymond 昂温，雷蒙德，17，206

Urban renewal 城市更新，4，8，15，

23,25,44,137,197,202,207,
270,287,303,311ff,400

Urban sprawl 城市扩张,6ff,219,
308,310,445ff

Utopia 乌托邦,17ff,41,193,289,
324,374

V

Vandalism 破坏,见Crime

Vernon, Raymond 弗农,雷蒙德,
145,166

Visual order 视觉秩序,171,173,
222ff,235ff,321;第十九章;
409

Vladeck Houses (NY housing
project) 福莱德克住宅(纽约住
宅项目),48

W

Wagner Houses (NY housing
project) 瓦格纳住宅(纽约住宅
项目),306

Wall Street (NY) 华尔街(纽约),
154,347,384

Wanamaker's 沃纳梅克,147

Washington (DC) 华盛顿(哥伦比亚
特区),5,173

Georgetown 乔治敦,71,185

Washington Houses (NY housing
project) 华盛顿住宅(纽约住宅
项目),34,42

Washington Square (NY) 华盛顿广
场(纽 约),70,89,92ff,102,

104ff,127,360

Washington Square (Philadelphia) 华
盛顿广场(费城),97ff

Washington Square Village (NY
housing project) 华盛顿广场村
(纽约住宅项目),194

"Wasteful" streets "浪费型"街道,
8,185

Waterfronts 河滨区域,8,114,159,
258,267,269

Weaver, Dr. Warren 韦弗博士,429ff

Wells, Orson 韦尔斯,奥森,73

Welwyn (England) 维尔温(英格
兰),18

Wheaton, William 惠顿,威廉,336

White Horse (bar) 白马(酒吧),40,
52

White House Conference on Housing
白宫住宅会议,310

Whitney, Henry 惠特尼,亨利,215

Whyte, William H., Jr. 怀特,小威
廉·H.,136

Wilshire Blvd (Los Angeles) 威尔榭
大道(洛杉矶),225

World's Fair (NY) 世界博览会(纽
约),439

Wright, Henry 赖特,亨利,19ff

Z

Zoning 划分,6,23,84,186,192,
226,232,235ff,389,390
for diversity 目标是多样性,229,
252ff